煤炭高等教育“十四五”规划教材

能源工程导论

主　编　沈玉旭　冯国瑞
副主编　韩　波　张凌云

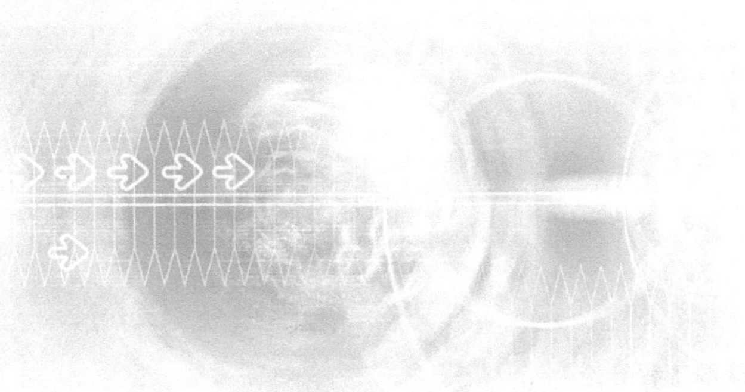

中国矿业大学出版社
·徐州·

内 容 提 要

本书阐述了国内外能源的概况和发展趋势，详细介绍了煤炭、石油、天然气、水能、核能、太阳能、风能、生物质能、地热能、氢能、天然气水合物和海洋能的成因、种类、特点、储存、开发、利用、发展现状和趋势等。本书可作为高等院校能源类专业本科生教材和其他专业学生了解能源工程的选修课教材，也可作为能源工程领域各级管理部门及企事业单位相关人员的参考书。

图书在版编目(CIP)数据

能源工程导论 / 沈玉旭，冯国瑞主编. — 徐州 ：中国矿业大学出版社，2024. 11. — ISBN 978-7-5646-6575-3

Ⅰ. TK01

中国国家版本馆 CIP 数据核字第 2024WY6913 号

书　　名　能源工程导论
主　　编　沈玉旭　冯国瑞
责任编辑　耿东锋
出版发行　中国矿业大学出版社有限责任公司
　　　　　　(江苏省徐州市解放南路　邮编 221008)
营销热线　(0516)83885370　83884103
出版服务　(0516)83995789　83884920
网　　址　http://www.cumtp.com　**E-mail**:cumtpvip@cumtp.com
印　　刷　江苏淮阴新华印务有限公司
开　　本　787 mm×1092 mm　1/16　**印张** 17　**字数** 435 千字
版次印次　2024 年 11 月第 1 版　2024 年 11 月第 1 次印刷
定　　价　42.00 元

前　言

随着世界经济的快速发展,能源需求量逐年增加。人们从来没有像今天这样重视能源,世界能源形势的热点问题更是举世瞩目。当前世界能源利用结构仍然是以石油、天然气和煤炭三大传统能源为主,但传统化石能源日益枯竭,给世界经济发展造成困扰。与此同时,大量使用化石能源产生大量有毒有害的废弃物以及温室气体,这造成生态恶化、空气污染等环境问题。如何高效清洁利用化石能源是人类在现阶段需要解决的一个难题。更加高效合理地利用化石能源以提高能源利用效率和改善生态环境,是当下迫切需要的。面对保障能源安全和实现气候稳定目标,世界各国迫切需要加快能源利用转型。新能源的开发利用引人瞩目,太阳能、风能、生物质能、地热能、海洋能等新能源发展迅速。全球各国都在加大对新能源的开发和利用力度,形成以传统化石能源为主、新能源为辅的能源发展格局。

本书阐述了国内外能源的概况和发展趋势,详细介绍了煤炭、石油、天然气、水能、核能、太阳能、风能、生物质能、地热能、氢能、天然气水合物和海洋能的成因、种类、特点、储存、开发、利用、发展现状和趋势等。本书可作为高等院校能源类专业本科生教材和其他专业学生了解能源工程的选修课教材,也可作为能源工程领域各级管理部门及企事业单位相关人员的参考书。

本书由山西能源学院沈玉旭、冯国瑞担任主编,山西能源学院韩波、张凌云担任副主编。本书具体编写分工如下:绪论由山西能源学院冯国瑞编写,第 1 章由山西能源学院沈玉旭编写,第 2 章由山西能源学院张凌云编写,第 3 章由山西能源学院马雄强编写,第 4 章由山西能源学院韩波编写,第 5 章由山西水利职业技术学院姚辉苗编写,第 6 章由山西能源学院石家榕编写,第 7 章由山西能源学院李彦荣编写,第 8 章由山西水利职业技术学院姚辉苗编写,第 9 章由山西能源学院梁晨希编写,第 10 章由山西能源学院王金策编写,第 11 章由山西能源学院刘盼盼编写,第 12 章由山西能源学院刘俊杰编写,第 13 章由山西能源学院武茹光编写。

本教材在编写过程中,得到了能源领域工程技术人员的大力支持、帮助和配合,在此表示诚挚的感谢;参考了许多文献资料,在此向这些文献资料的作者和提供者表示衷心的感谢。

由于水平所限,书中难免会出现不妥之处,希望广大读者批评指正。

编　者

2024 年 4 月

目　录

绪　论

一、世界能源概况

当今时代堪称“世界能源时代”，能源问题从未像今天这样受到全球的广泛关注，世界能源形势的热点议题更是举世瞩目。目前，全球能源使用结构仍以石油、天然气和煤炭三大传统能源为主，核能、风能、生物质能等清洁能源是重要补充，同时各国正大力开发新能源，推动能源结构向绿色低碳转型。这一格局反映了能源转型的复杂性和长期性，也凸显了传统能源与清洁能源并存的现实。在全球应对气候变化和追求可持续发展的背景下，能源领域的变革正深刻影响着世界经济和地缘政治格局。

截至2023年，全球能源年总消费量约为620艾焦(EJ)，其中石油、天然气和煤炭等化石能源占比约为81%，而核能、太阳能、水能、风能等清洁能源占比已提升至19%。化石能源因其价格相对稳定、技术成熟且供应链完善，在全球能源体系中仍占据主导地位。然而，随着全球能源转型加速，清洁能源的成本持续下降，其竞争力将显著增强。

尽管发达国家在经历了20世纪70年代的两次石油危机后，努力减少了对石油的过度依赖并推动能源多样化，但石油仍将是全球最主要的能源之一。据2023年相关机构的预计，全球石油需求量将以年均1%的速度增长，主要受新兴经济体工业和交通需求的推动。煤炭需求在发达国家持续下降，但在亚洲等地区仍是电力生产的重要燃料，全球煤炭需求量预计将以年均0.5%的速度缓慢下降。天然气作为过渡能源，需求保持稳定增长，尤其在发电领域。与此同时，清洁能源发展势头强劲。2023年，可再生能源(包括水能、风能、太阳能等)占全球发电量的比例已超过30%，其中风能和太阳能贡献显著。国际能源署(IEA)预测，到2025年，可再生能源将超过煤炭，成为全球最大的电力来源。总体来看，尽管化石能源在短期内仍将是能源体系的重要支柱，但清洁能源的快速发展和技术进步正在加速全球能源结构的转型，为实现碳中和目标奠定坚实基础。

新能源的开发利用正成为全球能源转型的核心驱动力。太阳能、风能、地热能、海洋能、生物质能、氢能等可再生能源的研发与应用迅速推进，尤其是美国、日本、中国等国家在氢燃料电池技术领域取得突破性进展，氢燃料电池汽车已进入商业化推广阶段，并在多个国家实现规模化应用。根据国际能源署发布的《2024年世界能源投资报告》，2023年全球能源投资总额达到2.8万亿美元。报告指出，随着光伏发电、风能和电池存储技术的快速进步，到2030年，可再生能源在全球电力供给中的比重预计将提升至50%。未来几十年内，太阳能和风能将成为全球电力系统的核心能源。具体来看，到2030年，全球太阳能光伏装机容量将达到5.5 TW，而风电装机容量将达到2 TW。这些进展不仅可加速全球能源结构的绿色转型，也可为实现碳中和目标提供坚实的技术支撑。与此同时，储能技术的突破和电网基础设施的升级将进一步推动可再生能源的大规模应用，为全球能源可持续发展奠定坚实基础。

面对保障能源安全和实现气候稳定的双重目标，世界各国迫切需要加快能源转型。一方面，化石能源仍是当前保障能源安全的主要组成部分。通过技术进步强化综合能源保障体系，提高能源利用效率，是实现全球能源消费达峰、减少浪费和碳排放的关键。另一方面，加速发展可再生能源及能源储备、封存等技术，是引领能源转型和实现深度脱碳的核心路径。在全球层面，能源安全备受重视。各国正加快构建煤、油、气、电一体化的综合能源体系，推动化石能源与非化石能源协同发电，增强能源供应和调节能力。同时，清洁能源技术创新活跃，水能、太阳能、氢能、生物质能等技术快速更新，发电成本持续下降，应用规模不断扩大。长期来看，全球需加快转型步伐，推进油气与新能源融合，构建以油气高效开发为基础、与清洁能源协同发展的体系。强化科技创新，提升电池高效利用、高压传输及碳捕集与封存(CCUS)等低碳技术。加大创新力度，构建以先进工艺和设备为载体的能源技术体系，打造全产业链创新生态。此外，数字技术的兴起正重塑经济发展方式。数字技术与能源转型的融合，将推动能源数字化，促进绿色转型和行业减碳，助力能源系统高效发展，为实现碳中和目标注入新动力。

二、我国能源概况

1. 我国能源的特点

(1) 能源资源总量比较丰富

中国拥有较为丰富的化石能源资源，其中煤炭占据主导地位。截至 2022 年年底，全国煤炭储量达到 2 080 亿 t。分地区统计，西部地区储量最高，约占全国总储量的67%；中部地区次之，占比约为 27%；东部和东北地区储量较低，合计占比仅约为 6%。目前，全国有 27 个省区市保有煤炭资源，其中储量最高的 5 个省(区)分别为山西、内蒙古、新疆、陕西和贵州，储量均超过 100 亿 t。山西省储量居首，达到 483 亿 t；五省(区)合计储量占全国总储量的 81.3%。

相比之下，我国石油和天然气资源储量相对有限。根据《中国矿产资源报告(2024)》，截至 2023 年年底，全国石油剩余技术可采储量为 38.5 亿 t，天然气剩余技术可采储量为 6.7 万亿 m^3，煤层气探明技术可采储量为 3 700 亿 m^3，页岩气探明技术可采储量为 5 650 亿 m^3。近年来，随着油气资源勘探开发力度的加大，国内油气产量持续增长。2023 年，国内油气产量突破 3.9 亿 t 油当量，年均增幅达 1 200 万 t 油当量。原油产量达到 2.08 亿 t，较 2018 年增产近 2 000 万 t，进一步巩固了国内原油产量 2 亿 t 长期稳产的基础。海洋原油产量突破 6 200 万 t，连续五年占全国石油增产量的 60%以上，成为关键增量。页岩油勘探开发稳步推进，新疆吉木萨尔、大庆古龙、胜利济阳等国家级示范区加快建设，苏北溱潼凹陷多井型试验取得商业突破，页岩油产量突破 400 万 t，创历史新高。陆上深层-超深层勘探开发持续取得重大发现，高效建成多个深层大油田，进一步巩固了我国在全球超深层油气领域的领先地位。

天然气方面，2023 年全国天然气产量超过 2 324 亿 m^3，连续三年保持百亿立方米增产。四川、鄂尔多斯、塔里木三大盆地是增产主阵地，2018 年以来增产量占全国总增产量的 72%。非常规天然气产量突破 963 亿 m^3，占天然气总产量的 41.4%。其中，致密气产量超 605 亿 m^3，页岩气产量达 253 亿 m^3，煤层气产量突破 105 亿 m^3。

此外，中国拥有丰富的可再生能源资源。2023 年，水力资源理论蕴藏量为 6.08×10^{12} kW·h，经济可开发量约 1.75×10^{12} kW·h，占全球水力资源总量的 12%，居世界首位。风能、太阳能等可再生能源的开发规模也持续扩大，为能源结构绿色转型提供了重要支撑。

总体来看，中国在化石能源和可再生能源领域的资源禀赋与开发成果，为保障能源安全和实现"双碳"目标奠定了坚实基础。

(2) 人均能源资源拥有量较低

中国人口众多，人均能源资源拥有量在世界上处于较低水平。截至2023年，煤炭人均储量约为世界平均水平的58%，而人均石油储量仅为世界平均水平的7.1%，人均天然气储量约为世界平均水平的22%，人均水能资源约为世界平均水平的53%。此外，耕地资源不足世界人均水平的30%，这在一定程度上制约了生物质能的大规模开发。这些资源禀赋的局限性凸显了中国在能源安全和可持续发展方面面临的挑战，同时也推动了中国在能源效率提升、清洁能源技术创新以及多元化能源供应体系构建方面的持续努力。

(3) 能源资源赋存分布不均衡

中国能源资源分布广泛但不均衡。煤炭资源主要集中在华北和西北地区，水力资源主要分布在西南地区，而石油和天然气资源则主要赋存在东、中、西部地区及海域。然而，中国主要的能源消费集中在东南沿海经济发达区域，资源赋存与能源消费地域之间存在显著差异。这种不均衡的分布格局导致了大规模、长距离的能源输送，形成了"北煤南运、北油南运、西气东输、西电东送"的显著特征和基本格局。截至2023年年底，这一格局进一步强化，特高压输电、长输管道等基础设施的完善，有效缓解了能源供需的地域矛盾，为保障国家能源安全和区域经济协调发展提供了重要支撑。

(4) 能源资源开发难度较大

中国煤炭资源的地质开采条件较差。截至2023年年底，全国煤炭储量中，约90%需要通过井工开采，仅有10%左右适合露天开采。石油和天然气资源的地质条件复杂，埋藏深度大，勘探开发技术要求较高，开采成本显著高于全球平均水平。未开发的水力资源主要集中在西南部的高山深谷地区，远离主要负荷中心，开发难度大且成本高昂。此外，非常规能源资源(如页岩气、煤层气等)的勘探程度较低，经济性较差，目前尚缺乏市场竞争力。这些因素对中国能源资源的开发利用提出了更高的技术要求和成本挑战，同时也推动了相关领域的技术创新和产业升级。

(5) 能源消费结构不合理

在21世纪前50年内，世界能源的发展趋势仍将以化石能源为主。随着石油、天然气资源的日渐短缺以及洁净煤技术的进一步发展，煤炭在我国能源体系中的重要性和地位仍将长期保持。根据我国资源禀赋和煤炭在能源生产及消费结构中的占比，以煤炭为主体的能源结构在相当长一段时间内不会发生根本性改变。我国能源资源的基本特点(富煤、贫油、少气)决定了煤炭在一次能源中的核心地位。目前，我国属于以煤为主的低质型能源消费结构，而全球能源消费结构则以石油为主。2023年，全球石油总消耗占比为32%，煤炭消耗占比为26%。相比之下，2023年我国能源消费结构中，煤炭占比仍超过55%，远超全球平均水平，而石油和天然气的消费占比相对较低。

在"双碳"目标的推动下，我国正加速优化能源结构。根据相关机构的预测，未来煤炭消费占比将逐步下降，而非化石能源占比将持续提升。到2030年，煤炭消费占比预计降至50%以下，非化石能源占比将超过25%。这一转型不仅体现了我国对绿色低碳发展的承诺，也为全球能源结构的优化提供了重要参考。

2. 我国能源发展现状

目前,通过持续推进能源领域的改革与创新,我国已逐步构建起全球规模最大的能源供应体系。这一体系以煤炭为主体、电力为核心,同时实现了石油、天然气和可再生能源的全面发展,形成了多元化的能源供应格局。这一格局不仅有效保障了国家能源安全,还为国民经济和社会的快速发展提供了坚实支撑,推动了我国在全球能源格局中的地位不断提升。

(1) 化石能源是我国能源供应的主体

以煤炭、石油和天然气为主的化石能源在我国能源供应中占据主导地位。截至2023年年底,煤炭在一次能源生产和消费结构中的占比仍超过55%,是国家能源安全的“压舱石”“稳定器”,为能源供应提供了重要保障。中华人民共和国成立以来,全国累计生产煤炭约860亿t,其中改革开放以来累计生产煤炭约790亿t,占全国一次能源生产总量的70%以上。我国在煤炭安全高效开采技术、燃煤发电大容量高参数机组、大气污染物超低排放技术等领域已达到世界领先水平,百万吨级煤直接液化、60万吨级煤制烯烃等新型煤炭转化技术更是全球首创。与此同时,随着油气资源的大规模勘探和开发,我国油气产量逐年提升。2023年,国内原油产量2.08亿t,天然气产量超过2 324亿 m^3,油气储备体系不断完善,进口依赖度逐步下降,为国家能源安全供应提供了重要支撑。这些成就不仅彰显了我国在化石能源领域的技术实力,也为能源结构转型和可持续发展奠定了坚实基础。

(2) 新能源和可再生能源快速发展

新能源和可再生能源在我国能源消费结构中的占比持续提升,未来发展潜力巨大。截至2023年年底,非化石能源占一次能源消费比重已接近18%,其中风能、太阳能发电装机容量分别达到4.4亿kW和6.1亿kW,均居世界首位。核电领域,我国已成功开发具有自主知识产权的第三代先进压水堆核电技术(如“华龙一号”),并实现技术装备的国际化输出,标志着我国核电技术跻身全球领先行列。此外,风能、光伏等非水可再生能源的装备制造和技术应用已达到国际先进水平,为我国能源结构绿色转型提供了强有力的支撑。未来,随着技术进步和成本下降,新能源和可再生能源将在我国能源体系中扮演更加重要的角色。

(3) 能源增产保供成效明显

2023年,我国一次能源生产总量达到48.1亿t标准煤,同比增长3.3%。能源生产结构中,煤炭占比66.6%,石油占比6.1%,天然气占比6.1%,水电、核电、风电、太阳能发电等非化石能源占比21.1%。能源消费总量为55.4亿t标准煤,同比增长2.7%,能源自给率为86.8%。这一数据表明,我国能源生产结构持续优化,非化石能源占比进一步提升,能源消费增速保持平稳,能源自给率稳中有升,为能源安全和绿色低碳转型提供了坚实保障。

(4) 能源消费结构持续优化

中国能源消费结构不断优化,绿色低碳转型成效显著。2023年,煤炭消费占一次能源消费总量的比重下降至55.3%,石油占比18.3%,天然气占比8.5%,水电、核电、风电、太阳能发电等非化石能源占比提升至17.9%。与十年前相比,煤炭消费占比累计下降12.1个百分点,非化石能源消费占比累计提高7.7个百分点。这一变化表明,我国能源消费结构正朝着清洁化、低碳化方向稳步推进,为实现“双碳”目标奠定了坚实基础。

(5) 能源科技创新成果显著

作为全球第一大能源生产国和消费国,我国能源技术创新能力显著提升,装备国产化和成果产业化水平持续突破,能源科技领域取得了一系列瞩目成就。具体来看,我国百万千瓦级煤电机组数量和装机容量稳居世界首位，百万吨级煤炭直接液化技术保持全球领先地位，光伏发电装机规模连续多年位居世界第一，海底可燃冰试采技术达到国际领先水平。在电力传输领域，自主研发的世界首个多端柔性直流输电工程在广东南澳示范成功，标志着我国在柔性直流输电技术上的领先地位。水电领域，白鹤滩水电站百万千瓦水轮机模型再次刷新世界水电装备制造纪录，彰显了我国在水电技术上的卓越实力。此外，先进晶体硅电池技术多次打破世界纪录，自主研发的百万千瓦级三代核电“华龙一号”和 CAP1400 的主要技术及安全性能指标均达到国际领先水平。总体来看，我国能源技术创新不断实现新突破，关键技术的突破为能源行业的高质量发展提供了强有力的支撑。

3. 我国能源发展面临的问题

(1) 化石能源开发引发生态环境破坏

传统能源的粗放式开发和非清洁利用对生态环境造成了严重破坏，主要表现为水资源污染、大气污染、水土流失、有害气体排放及温室气体排放等。具体来看，煤炭开采导致地表沉陷、含水层破坏和植被退化，2023 年因煤炭开采所造成的土地损伤面积约为 6.5×10^4 ha，地表生态修复率不足 35%；每年破坏的地下水资源约为 6.8×10^9 t。石油开采引发的地下水位下降也对周边水质产生了显著影响。

此外，化石能源的非清洁利用加剧了大气环境污染。民用燃煤污染物排放量大且集中处理难度高，2023 年我国民用煤炭消耗量约为 1.8×10^8 t，其吨煤污染物排放量是电厂的 10 倍以上。这些问题凸显了化石能源开发利用对生态环境的深远影响，同时也表明加快能源结构绿色转型和推进清洁利用技术的紧迫性。

(2) 温室气体减排面临挑战

当前，我国在实现碳达峰和碳中和目标方面面临较大压力。2023 年，全球二氧化碳排放量约为 3.8×10^{10} t，我国碳排放量约占全球总量的 27.6%，是全球年度碳排放量最大的国家。

为实现 2030 年碳达峰和 2060 年碳中和目标，我国需在“十四五”期间推动煤电装机达峰，并在 2030 年后加速下降。为此，我国不仅需要全面提升各行业的减碳水平，还需加快产业结构调整，重点推进高耗能产业的节能减排和能效提升工作。这一过程既充满挑战，也为绿色技术创新和可持续发展提供了重要机遇。

(3) 能源利用效率总体偏低

能源利用效率可以通过单位 GDP(国内生产总值)能耗及相关指标来衡量。长期以来，我国经济增长主要依赖投资和出口拉动，高耗能产业快速发展，导致单位 GDP 能耗远高于世界平均水平。2019 年，我国每万元 GDP 能耗为 0.49 t 标准煤(tce)。近年来，随着节能减排工作的稳步推进，单位 GDP 能耗持续下降。数据显示，2023 年我国万元 GDP 能耗较上年下降 0.5%，万元 GDP 二氧化碳排放量下降 0.8%。

然而，我国仍处于工业化、城镇化和现代化的发展阶段，能源消费总量预计将继续增长，进一步提升能源利用效率的需求极为迫切。这不仅关乎能源资源的可持续利用，也是实现“双碳”目标和推动经济高质量发展的重要抓手。未来，需通过技术创新、产业结构优化和政策引导，持续提升能源利用效率，推动经济增长与能源消费逐步脱钩。

(4) 能源安全形势依然严峻

根据中国工程院的研究测算，我国预测煤炭资源总量约为 5.97×10^{12} t，探明煤炭储量

约为 1.3×10^{12} t，其中绿色煤炭资源量约为 5.05×10^{11} t，约占全国煤炭资源总量的不到10%。煤炭资源平均回收率仅为50%左右，按照当前国家能源战略需求，绿色煤炭资源可开采年限仅为40～50 a。

自1993年我国成为石油净进口国以来，石油对外依存度已从21世纪初的32%上升至2023年的71%；同时，天然气对外依存度也高达42.5%。随着全球地缘政治局势复杂化、国际能源需求增长以及资源市场竞争加剧，我国能源安全形势依然严峻。为应对这一挑战，我国需加快推进能源多元化战略，提升能源自主保障能力，同时加强国际合作，确保能源供应链的稳定与安全。

第1章 能源概述

能源事关国计民生和国家安全，关系人类生存和发展，对于促进社会经济发展、增进人民福祉至关重要。本章首先介绍了能源的概念、分类、评价方法，使读者对能源的基本概况有初步认识；然后介绍能量的基本形式、能量的性质、能量的转换、能量的储存，使读者对自然界能量的存在及利用形式有所了解。

1.1 能源

1.1.1 能源的概念和分类

能源也称能量资源或能源资源，是可产生各种能量（如热能、电能、光能和机械能等）或可做功物质的统称。它是能够直接取得或者通过加工、转换而取得有用能的各种资源，包括煤炭、石油、天然气、水能、核能、风能、太阳能、地热能、生物质能等一次能源和电力、热力、成品油等二次能源以及其他新能源和可再生能源。

能源由于形式多样，因此通常有多种不同的分类方法，可按能源的来源、形成、形态、使用分类，也可从技术、环保角度进行分类。不同的分类方法从不同的侧重点来反映各种能源的特征。

(1) 按地球上的能量来源分类

按照来源的不同，能量可分为来自太阳辐射的能量、地球内部固有的能量、地球与其他天体相互作用产生的能量三大类，分别称为第一类能源、第二类能源、第三类能源。

① 第一类能源来自太阳辐射。它又可分为：a. 间接来自太阳辐射，经光合作用转化为生物质能（如草木中所含的能量），其中一部分又经过生物体的转化，变为煤、石油、天然气、沼气、油页岩等。b. 间接来自太阳辐射，经空气或水的吸收转化，变为风能、水能、波浪能、海水温差能等。c. 直接吸收太阳辐射，转化为热能或光能，如太阳能热水、太阳能采暖、太阳光伏电池、太阳灶做饭等。

② 第二类能源来自地球内部固有的能量。它又可分为地热水、热岩层、地震、火山运动、核能（铀、钍、氘、氚）等。

③ 第三类能源来自地球与其他天体的相互作用能。它主要是潮汐能，来自月亮和太阳对地球海水的引力。

(2) 按能量本身的性质分类

① 含能体能源：能量存在于物质中，易于储存，包括化石燃料（煤、石油、天然气等）、核燃料、地热水、氢能、可燃冰（天然气水合物）等。

② 过程性能源：能量存在于运动过程中，无法直接储存，包括太阳辐射、风、河流、潮汐、波浪等。

（3）按使用状态分类

① 常规能源：包括煤、石油、天然气、水能等。

② 非常规能源，简称新能源，是指正在研发、尚未普及的能源，如太阳能、风能、海洋能、地热能、生物质能、核聚变能等。

（4）按是否可再生分类

① 不可再生能源：只能一次性使用、不可再生的能源，包括所有化石能源和核能。

② 可再生能源：可以反复使用，不会耗尽的能源，包括太阳直接辐射能（简称太阳能）、风能、海洋能、地热能等。

（5）按能源的基本形态分类

① 一次能源：指自然界中以天然形态存在的可以直接被利用的能源，如原油、原煤、天然气、薪柴、水流、核燃料以及太阳辐射、地热、潮汐等。

② 二次能源：指由一次能源经过加工或转换得到的能源，如煤气、焦炭、汽油、煤油、热水、电能、氢能等。电能是最重要、最方便的二次能源。

（6）按能源的性质分类

① 燃料能源：可以作为燃料使用，包括各种矿物燃料，生物质燃料以及二次能源中的汽油、柴油、煤气等。

② 非燃料能源：不可作为燃料使用的能源，其含义仅指其不能燃烧，而非不能起燃料的某些作用（如加热等）。

（7）按对环境的污染情况分类

① 清洁能源：对环境无污染或污染很小的能源，如太阳能、水能、海洋能等。

② 非清洁能源：对环境污染较大的能源，如煤、石油等。

能源的分类见表 1-1。

表 1-1　能源的分类

按使用状态分类	按性质分类	按能源的基本形态分类	
		一次能源	二次能源
常规能源	燃料能源	煤炭、石油、天然气、生物质能、天然气水合物	煤气、焦炭、汽油、煤油、柴油、液化气、甲醇、酒精
	非燃料能源	水能	电、蒸汽、热水、余热
非常规能源（新能源）	燃料能源	核能	沼气、氢能
	非燃料能源	太阳能、风能、地热能、海洋能	激光能

1.1.2　能源的评价

能源多种多样，各有优缺点。为了正确地选择和使用能源，必须对各种能源进行正确的评价，通常能源评价包括储量、能量密度、储能的可能性等方面。

（1）储量

储量是能源评价中的一个非常重要的指标，作为能源的一个必要条件是储量要足够丰富。对储量常有不同的理解，一种理解认为，对煤和石油等化石燃料而言，储量是指地质资源量，对太阳能、风能、地热能等新能源而言则是指资源总量；而另一种理解认为，储量是指有经济价值的可开采的资源量或技术上可利用的资源量。在油气开采中，通常又将累计探明的可采储量与可采资源量之比称为可采储之比，用以说明资源的探明程度。储量丰富且探明程度高的能源才有可能被广泛地应用。

储量可分为探明储量（既不考虑可采率，也不扣除已采出量）、可采储量（按现在或近期技术水平可以开采的储量）和经济可采储量（在最近或不远的将来不仅技术上可开采，而且经济上也合理的储量）。其关系为：可采储量＝探明储量×可采率－已采出量。

（2）能量密度

能量密度是指在一定的质量、空间或面积内，从某种能源中所能得到的能量。显然，如果能量密度很小，就很难用作主要能源。太阳能和风能的能量密度就很小，各种常规能源的能量密度都比较大，核燃料的能量密度最大。几种能源的能量密度见表1-2。

表1-2　几种能源的能量密度

能源类别	能量密度/(kW/m^2)	能源类别	能量密度/(kJ/kg)
风能（风速 3 m/s）	0.02	天然铀	5.0×10^{8}
水能（流速 3 m/s）	20	铀235（核裂变）	7.0×10^{10}
波浪能（波高 2 m）	30	氘（核聚变）	3.5×10^{11}
潮汐能（潮差 10 m）	100	氢	1.2×10^{5}
太阳能（晴天平均）	1.0	甲烷	5.0×10^{4}
太阳能（昼夜平均）	0.16	汽油	4.4×10^{4}

（3）储能的可能性和供能的连续性

储能的可能性是指能源不用时是否可以储存起来、需要时能否立即供应。供能的连续性是指能否按需要的量和所需的速度连续不断地供给能量。化石燃料容易储能，也可以持续供应能量，而太阳能、风能则比较困难。大多数情况下，能量的使用是不均衡的。通常白天用电多，深夜用电少；冬天需要热，夏天需要冷。因此在能量利用中，储能是很重要的一环，常常需要储能装置来保证供能的连续性。

（4）能源的地理分布

能源的地理分布和能源的使用关系密切。能源的地理分布不合理，会导致开发、运输、基本建设等费用都大幅度增加。例如，我国煤炭资源多在西北，水能资源多在西南，工业区却在东部沿海。因此，能源的地理分布对其使用很不利，带来“北煤南运”“西电东送”等诸多问题。

（5）开发费用和利用能源的设备费用

各种能源的开发费用以及利用该种能源的设备费用相差悬殊。太阳能、风能不需要任何成本即可得到，各种化石燃料从勘探、开采到加工却需要大量投资。但利用能源的设备费用正好相反，对于太阳能、风能、海洋能等能量密度低的能源，其单位能量的利用设备费用远高于利用化石燃料的费用。核电站的核燃料费远低于燃油电站的，但其设备费用却高得多。因此，在对能源进行评价时，开发费用和利用能源的设备费用是必须考虑的重要因素，需进行经济分析和评估。

(6) 运输费用与损耗

运输费用与损耗是能源利用中必须考虑的问题。例如,太阳能、风能和地热能都很难输送出去,煤、石油等化石燃料很容易从产地输送到用户。核电站的核燃料运输费用极少,因为核燃料的能量密度是煤的几百万倍,而燃煤电站的输煤费用很高。此外,运输中的能源损耗也不可忽视。

(7) 能源的可再生性

在能源日益短缺的今天,评价能源时必须考虑能源的可再生性。太阳能、风能、水能等都可再生,而煤、石油、天然气不可再生。在条件许可和经济上基本可行的情况下,应尽可能采用可再生能源。

(8) 能源的品位

能源的品位有高低之分。例如,水能可以直接转换为机械能和电能,其品位必然要比先由化学能转换为热能,再由热能转换为机械能的化石燃料的要高一些。在热机中,热源的温度越高、冷源的温度越低,循环热效率就越高,因此温度高的热源品位比温度低的热源品位高。在使用能源时,特别要防止高品位能源降级使用,应根据使用需要适当安排不同品位的能源。

(9) 对环境的影响

使用能源一定要考虑对环境的影响。化石燃料对环境的污染大,太阳能、氢能、风能对环境基本上没有污染,在使用能源时应尽可能地采取各种措施防止对环境的污染。

1.2 能量

1.2.1 能量的基本形式

能源只是一种能量的载体,人们利用能源实质上利用的是能量。在物理学中,能量是指物质做功的能力。而作为哲学概念,能量是一切物质运动、变化和相互作用的度量。因此,任何物质都可以转化为能量,但转化的难易程度差别很大。利用能量实质上是利用自然界的某一自发变化的过程来推动另一人为变化的过程。例如,水力发电,就是利用水从高处流向低处这一自发过程,把水的势能转换为动能推动水轮机转动,水轮机又带动发电机,通过发电机将机械能转换为电能,电能可转换为人们需要的其他能量形式。对能量的分类方法没有统一的标准,到目前为止,人类认识的能量有如下六种形式。

(1) 机械能

机械能是与物体宏观机械运动或空间状态相关的能量,前者称为动能,后者称为势能,它们都是人类最早认识的能量形式。具体而言,动能是指系统(或物体)由于做机械运动而具有的做功能力。物体的动能(E_k)可以用下式计算:

$$E_k = \frac{1}{2}mv^2 \tag{1-1}$$

式中 m——物体的质量;

v——物体的运动速度。

势能与物体的状态有关。除了受重力作用的物体因其位置高度而具有重力势能外,还有弹性势能,即物体由于弹性变形而具有的做功能力;还有表面能,即不同类物质或同类物质不同相的分界面上，由于表面张力的存在而具有的做功能力。物体的重力势能(E_p)可以用下式计算：

$$E_p = mgH \tag{1-2}$$

式中 m——物体的质量；

g——重力加速度；

H——物体的高度。

物体的弹性势能(E_τ)可以用下式计算：

$$E_\tau = \frac{1}{2}kx^2 \tag{1-3}$$

式中 k——物体的弹性系数；

x——物体的变形量。

物体的表面能(E_s)可以用下式计算：

$$E_s = \sigma S \tag{1-4}$$

式中 σ——物体的表面张力系数；

S——相界面的面积。

(2) 热能

热能是能量的一种基本形式。所有其他形式的能量都可以完全转换为热能，而且绝大多数的一次能源都是首先经过热能形式而被利用的。因此，热能在能量利用中有重要意义。构成物质的微观分子运动的动能和势能总和称为热能，这种能量的宏观表现是温度的高低，它反映了分子运动的激烈程度。通常，物体的热能(E_q)可以用下式计算：

$$E_q = \int T\mathrm{d}s \tag{1-5}$$

式中 T——物体温度；

$\mathrm{d}s$——熵增。

(3) 电能

电能是和电子流动与积累有关的一种能量，通常由电池中的化学能转换而来，或是通过发电机由机械能转换得到。电能也可以通过电动机转换为机械能，从而显示出电做功的能力。物体的电能(E_e)可以用下式计算：

$$E_e = UI \tag{1-6}$$

式中 U——驱动电子流动的电动势；

I——电流强度。

(4) 辐射能

辐射能是物体以电磁波形式发射的能量。物体会因各种原因而发出辐射能，其中从能量利用的角度而言，因热的原因而发出的辐射能(又称热辐射能)是最有意义的。例如，地球表面所接收的太阳能就是最重要的热辐射能。物体的辐射能(E_r)可由下式计算：

$$E_r = \varepsilon c_0 \left(\frac{T}{100}\right)^4 \tag{1-7}$$

式中 ε——物体的发射率；

c_0——黑体辐射系数；

T——物体的绝对温度。

(5) 化学能

化学能是物质结构能的一种,即原子核外进行化学变化时放出的能量。按化学热力学定义,物质在化学反应过程中以热能形式释放的内能称为化学能。人类利用最普遍的化学能是燃烧碳和氢,而这两种元素正是煤、石油、天然气、薪柴等燃料中最主要的可燃元素。燃料燃烧时的化学能通常用燃料的发热值表示。

单位质量(固体、液体燃料)或体积(气体燃料)的物质在完全燃烧,且燃烧产物冷却到燃烧前的温度时所放出的热量称为燃料的发热量(发热值或热值),单位为 kJ/kg 或 kJ/m^3。应用上又将发热量分为高位发热量和低位发热量。高位发热量是指燃料完全燃烧,且燃烧产物中的水蒸气全部凝结成水时所放出的热量;低位发热量是燃料完全燃烧,而燃料产物中的水蒸气仍以气态存在时所放出的热量。显然,低位发热量在数值上等于高位发热量减去水的汽化潜热。由于燃料在燃烧设备(如锅炉)中燃烧时,燃料中原有的水分及氢燃烧后生成的水均呈蒸汽状态随烟气排出,低位发热量接近实际可利用的燃料发热量。所以,在热力计算中均以低位发热量作为计算依据。表 1-3 所列为不同燃料低位发热量的概略值。

表 1-3　不同燃料低位发热量的概略值

物态	燃料来源	燃料种类	低位发热量
固体燃料	天然固体燃料	木材	13.8 MJ/kg
		泥煤	15.89 MJ/kg
		褐煤	18.82 MJ/kg
		烟煤	27.18 MJ/kg
	人工固体燃料	木炭	29.27 MJ/kg
		焦炭	28.43 MJ/kg
		焦块	26.34 MJ/kg
液体燃料	天然液体燃料	石油(原油)	41.82 MJ/kg
	人工液体燃料	汽油	45.99 MJ/kg
		液化石油气	50.18 MJ/kg
		煤油	45.15 MJ/kg
		重油	43.91 MJ/kg
		焦油	37.22 MJ/kg
		甲苯	40.56 MJ/kg
		苯	40.14 MJ/kg
		酒精	26.76 MJ/kg
气体燃料	天然气体燃料	天然气	37.63 MJ/m^3
	人工气体燃料	焦炉煤气	18.82 MJ/m^3
		高炉气	3.76 MJ/m^3
		发生炉煤气	5.85 MJ/m^3
		水煤气	10.45 MJ/m^3
		油气	37.65 MJ/m^3
		丁烷气	125.45 MJ/m^3

(6) 核能

核能是蕴藏在原子核内部的物质结构能。轻质量的原子核(氘、氚等)和重质量的原子核(铀等)其核子之间的结合力比中等质量原子核的结合力小，这两类原子核在一定的条件下可以通过核聚变或核裂变转变为在自然界更稳定的中等质量原子核，同时释放出巨大的结合能，这种结合能就是核能。由于原子核内部的运动非常复杂，目前还不能给出核能的完全描述，但在核裂变和核聚变反应中都有“质量亏损”，这种质量和能量之间的转换可以用式(1-8)来描述。

物质是既定的，既不能被创造也不能被消灭。因此，作为物质属性的能量也一样不能被创造和消灭。能量和物质质量之间的关系是爱因斯坦揭示的。其关系式为：

$$E = mc^2 \tag{1-8}$$

式中 E——物质释放的能量，J；

m——转变为能量的物质的质量，kg；

c——光速，3×10^8 m/s。

式(1-8)为一个可逆过程，其前提是质量和能量的总和在任何能量的转换过程中都保持不变。

在国际单位制中，能量的单位、功及热量的单位通常都用焦(J)表示，而单位时间内所做的功或吸收(释放)的热量称为功率，单位为瓦(W)。因为在能量的转换和使用中，焦和瓦的单位都太小，因此，更多地使用千焦(kJ)和千瓦(kW)，或兆焦(MJ)和兆瓦(MW)。在能源研究中还会用到更大的单位，如 GW、TW 等。能源利用中常用的国际单位制的词头见表 1-4。

表 1-4 常用的国际单位制的词头

幂	词头	英文代号	中文简称
10^{18}	艾(exa)	E	艾
10^{15}	拍(peta)	P	拍
10^{12}	太(tera)	T	太
10^{9}	吉(giga)	G	吉
10^{6}	兆(mega)	M	兆
10^{3}	千(kilo)	k	千
10^{2}	百(hecto)	h	百
10	十(deca)	da	十

在工程应用和一些有关能源的文献中，还会见到其他一些单位，如卡(cal)、大卡(kcal)、标准煤当量(coal equivalent，ce)、标准油当量(oil equivalent，oe)、桶(石油)、百万吨煤当量(Mtce)、百万吨油当量(Mtoe)等。它们与国际单位之间的关系是：1 卡(cal)=4.186 焦(J)；1 千克标准煤当量(kgce)=7 000 大卡(kcal)；1 千克标准油当量(kgoe)=10 000 大卡。据此即可对有关数据进行换算。

1.2.2 能量的性质

能量的性质主要有：状态性、可加性、传递性、转换性、做功性和贬值性。

(1) 状态性

能量与物质所处的状态有关。物质的状态不同，所具有的能量也不同（包括数量和质量）。对于热力系统而言，其基本状态参数可以分为两类：一类与物质的量无关，不具有可加性，称为强度量，如温度、压力、速度、电势和化学势等；另一类与物质的量相关，具有可加性，称为广延量，如体积、动量、电荷量等。对能量利用中常用的公式，它的能量 E 的状态可表示为：

$$E = f(p,T) \quad 或 \quad E = f(p,V) \tag{1-9}$$

式中 T——温度；

p——压力；

V——体积。

(2) 可加性

物质的量不同，所具有的能量也不同，即可相加。不同物质所具有的能量亦可相加，即一个体系所获得的总能量为输入该体系多种能量 E_1、E_2、…、E_n之和。故能量的可加性可由式(1-10)表示。

$$E = E_1 + E_2 + \cdots + E_n \tag{1-10}$$

(3) 传递性

能量可以从一个地方传递到另一个地方，也可以从一种物质传递到另一种物质。例如，对传热来讲，传递的热量为 Q，可用式(1-11)表示。

$$Q = KA\Delta T \tag{1-11}$$

式中 K——传热系数；

A——传热面积；

ΔT——传热的平均温差。

(4) 转换性

各种形式的能量可以互相转换。其转换方式、转换数量和难易程度均不尽相同，即它们之间的转换效率是不一样的。研究能量转换方式和规律的科学是热力学，热力学的核心任务就是研究如何提高能量转换的效率。

(5) 做功性

利用能量做功，是利用能量的基本手段和主要目的。这里所说的功是广义功，但通常是针对机械功而言的。各种能量转换为机械功的本领是不一样的，转换程度也不相同。通常按其转换程度可以把能量分为无限制转换（全部转换）能、有限制转换（部分转换）能和不转换能，又分别称为高质能、低质能和废能。显然这一分类也是以转换为功的程度来衡量的。能量的做功性用能级 ε 表示，通常以式(1-12)表示。

$$\varepsilon = \frac{E_x}{E} \tag{1-12}$$

式中 E——物质的总能量；

E_x——完全转换能，即最大有用功，称为“㶲”。

㶲是一种在给定环境条件下的能量，它可以连续地完全转换为任何一种其他形式的能量，所以㶲又称为可用能或有效能。

(6) 贬值性

根据热力学第二定律，能量不仅有“量的多少”，还有“质的高低”之分。能量在传递与转换等过程中，由于多种不可逆因素的存在，总伴随着能量的损失，表现为能量质量和品位的降低，即做功能力的下降，直至达到与环境状态平衡而失去做功本领，成为废能。这就是能的质量贬值。例如，最常见的有温差的传热与有摩擦的做功，就是两个典型的不可逆过程，在这两个不可逆过程中，能量都会贬值。能量的贬值，即能量的质量损失(或称内部损失、不可逆损失)。其贬值程度可用参与能量交换的所有物体熵的变化(熵增)来反映。能量传递与转换过程中的贬值能量 E_0 可由式(1-13)表示。

$$E_0 = T_0 \Delta S \tag{1-13}$$

式中 T_0——环境温度；

ΔS——系统的熵增。

1.2.3 能量的转换

(1) 能量转换的方式

能源除了作为工业原料以外，其本身一般不直接被利用，而是利用由能源直接提供或通过转换而提供的各种能量。多数能源或能量的形态可以通过各种方式相互转换，以便于人们应用。例如，矿物燃料首先通过燃烧将化学能转变为热能，然后通过汽轮机将热能转换成机械能，再通过发电机将机械能转换成电能，同时电能又可以通过电动机、电灯或电灶等设备转换为机械能、光能或热能等。从能量的转换过程来看，人类利用的各种形式的能量归根结底都是由一次能源转换而来的，任何能源的转换过程都是在一定的转换条件下，通过相关的设备或系统实现的。图 1-1 给出了各种主要能源的转换和利用途径。能量转换过程及实现转换所需的设备或系统见表 1-5。

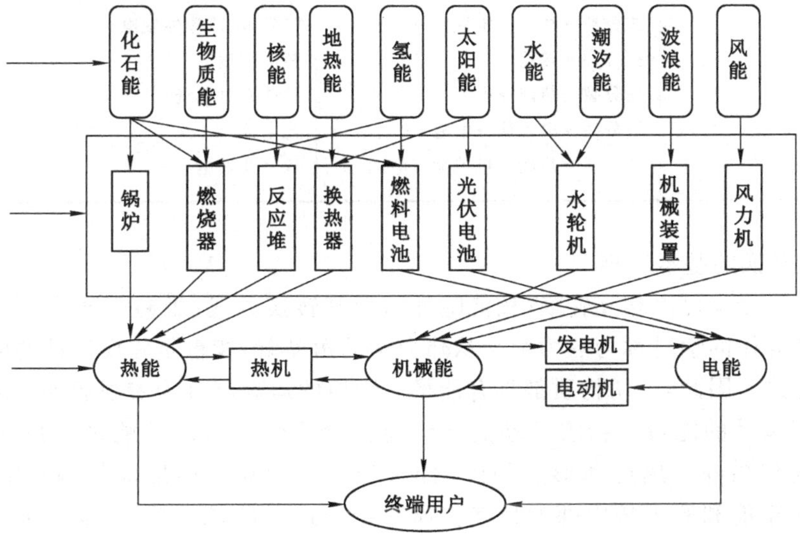

图 1-1 各种主要能源的转换和利用途径

表 1-5　能量转换过程及实现转换所需的设备或系统

能源	能量形态转换过程	转换设备或系统
石油、煤炭、天然气等化石燃料，氢、酒精等二次能源	化学能→热能 化学能→热能→机械能 化学能→热能→机械能→电能 化学能→热能→电能 化学能→电能	锅炉、煤气灶、燃烧器 各种热力发电机 热机、发电机、磁流体发电、压电效应 热力发电、热电子发电 燃料电池
水能、风能、潮汐能、海流能、波浪能	机械能→机械能 机械能→机械能→电能	水车、水轮机、风力机 水轮发电机组、风力发电机组、潮汐发电装置、海流发电装置、波浪发电装置
太阳能	辐射能→热能 辐射能→热能→机械能 辐射能→热能→机械能→电能 辐射能→热能→电能 辐射能→电能 辐射能→化学能 辐射能→生物能	热水器、采暖、制冷、太阳灶、光化学反应 太阳能热机 太阳热发电 热力发电、热电子发电 太阳电池、光化学电池 光化学反应(水分解) 光合成
海洋温差能	热能→机械能→电能	海洋温差发电(热力发电机)
海洋盐度差能	化学能→电能 化学能→机械能→电能 化学能→热能→机械能→电能	浓度发电 渗透压电机 浓度差发电
地热能	热能→机械能→电能 热能→电能	热力发电机 热力发电
核能	核分裂→热能→机械能→电能 核分裂→热能 核分裂→热能→电能 核分裂→电磁能→电能 核聚变→热能→机械能→电能	核发电、磁流体发电 核能炼钢 核能发电系统 光电池 核聚变发电

(2) 能量转换的基本原理

各种形式的能量可以相互转换(核能除外)，但其转换方式、难易程度均不相同，研究能量转换方式和规律的学科称为热力学。从热力学的角度看，能量是物质运动的度量，运动是物质存在的方式。因此，一切物质都具有能量。物质的运动可分为宏观运动和微观运动。

物质宏观运动的能量包括宏观动能和势能。物质微观运动的能量就是热力学能，广义的热力学能包括分子热运动形成的内动能、分子间相互作用形成的内势能、维持一定分子结构的化学能和原子核内部的核能。通常物质运动状态一定时，物质拥有的能量就确定了。

物质的运动状态虽多种多样，但就其形态而论只有有序运动和无序运动两类，因而能量也可分为有序能和无序能。有序能是指一切宏观整体运动的能量和大量电子定向运动的电能,无序能是指物质内部分子杂乱无章的热运动的能量。有序能可以完全、无条件地转换为无序能,但相反的转换却是有条件的、不完全的。这就导致了能量有量和质的区别。

能量在量方面的变化遵循能量守恒与转换定律。热能是人类使用最为广泛的一种能量形式,其他形式的能量(如机械能、电能、化学能等)都很容易转换成热能。热能与其他形式能量之间的转换也必然遵循能量守恒和转换定律——热力学第一定律。热力学第一定律指出:能量可以由一种形式转换为另一种形式,从一个物体传递给另一个物体,但在转换和传递过程中,其总量是保持不变的。

能量不仅有量的多少,还有质的高低。热力学第一定律说明了不同形式的能量在转换时数量上的守恒关系,但它没有区分不同形式的能量在质上的差别。例如摩擦生热,由于摩擦,机械能可以完全转换为热能,即有序能转换为无序能。从数量上看能量没有发生变化,但能量的品质却降低了,即它的利用价值变小了。反过来讲,热能却不可能全部转换为机械能,因为有序能之间可以无条件地完全转换,而无序能却不能。因此,从能量的品质上看,摩擦使高品质的能量(机械能)贬值为低品质的能量(热能),这种情况称为能量贬值。所以有序能比无序能更宝贵和更有价值。

能量贬值原理也就是热力学第二定律揭示的内容。它表明:能量转换过程总是朝着能量贬值的方向进行。高品质的能量可以全部转换成低品质的能量,能量传递过程也总是自发地朝着能量品质下降的方向进行;反之,能量品质提高的过程不能自发地单独进行。一个能量品质提高的过程肯定伴随有另一个能量品质下降的过程,并且这两个过程是同时进行的。在以一定的能量品质下降作为补偿的条件下,能量品质的提高也必定有一个最高的理论限度。显然,这个最高的理论限度是:能量品质的提高值正好等于能量品质的下降值,此时系统总的能量品质不变。

热力学第二定律还指出了能量转换的方向性。它指出:自然界中一切自发的变化过程都是从不平衡态趋于平衡态,而不可能相反。例如,热能自发地从高温物体传向低温物体,高压流体自发地流入低压空间等。相反的过程,如让一杯温水中的一半放出热量变为冷水,另一半吸收热量变为热水,虽不违反热力学第一定律,但这样的过程不可能自发地发生。绝热节流过程是节流前后能量不变的过程,但是节流后的压力降低,能量的品质下降。

热力学第一定律和热力学第二定律是两条相互独立的基本定律。前者揭示在能量转换和传递过程中,能量在数量上必定守恒;后者则指出在能量转换和传递过程中,能量在品质上必然贬值。一切能量转换与传递过程必然同时遵守这两条基本定律,违背其中任何一条定律的过程都是不可能实现的。

(3) 能量转换的效率

由能量贬值原理可知,不是每一种能量都可以连续地、完全地转换为任何一种其他形式的能量。衡量能量质量的物理量是“可用能”或“㶲”,即在一定环境条件下,通过一系列可逆的变化过程,最终与环境达到平衡时,所能做出的最大功。或者说,某种能量在理论上能够可逆地转换为功的最大数量,称为该能量中具有的可用能,用 E_x 表示。由此可见,㶲是指能量中的可用能部分。能量可分为可用能和不可用能两部分,不可用能用 A_n 表示。其满足:

$$E = E_x + A_n \tag{1-14}$$

不同能量的可转换性不同,反映了其可利用性不同,也就是它们的质量不同。当能量已无法转换成其他形式的能量时，就失去了利用价值。能量根据可转换性不同分为以下三类。

第一类是可以不受限制完全转换的能量，例如电能、机械能、势能（水力等）、动能（风力等），称为高级能。从本质上来说，高级能是完全有序运动的能量，它们在数量上和质量上是统一的，$E=E_x$，$A_n=0$。

第二类是具有部分转换能力的能量，例如热能、物质的热力学能等。它只能一部分转变为第一类有序运动的能量。根据热力学第二定律，热能不可能连续地、全部变为功，它的热效率总是小于1，这类能属于中级能，它的数量与质量是不统一的。对热能这样的中级能，$E>E_x$，$E=E_x+A_n$。

第三类是受技术水平所限，完全没有转换能力的能量。例如，处于自然环境状态下的大气、海洋、岩石等所具有的热力学能。虽然它们具有相当数量的能量，但在技术上无法使它转变为功。所以，它们是只有数量而无质量的能量，称为低级能。对于低级能，$E_x=0$，$E=A_n$。

在能量的转换系统中，当耗费某种能量转换成所需的能量形式时，一般来说不可能实现百分之百的转换，实际过程总会存在各种损失。损失的大小并不能确切评价转换装置的完善程度，一般采用“效率”这个指标进行评价。

效率一般定义为效果与代价之比。在能量转换装置中，就是指取得的有效能（收益能）与供给装置耗费的能（支付能）的比值。

实际上，能量转换过程不可避免地存在各种能量损失，都是不可逆过程。因此，即使对高品质能量而言，其传递和转换的效率也达不到100%。如在机械能的传递过程中，由于传动机构（如变速箱）或支撑件（如轴和轴承）之间存在摩擦，部分机械能必然被转换成热能，从而造成能量损失。在机械能转换成电能的装置（如汽轮发电机组、水轮发电机组）中，由于摩擦、电阻等因素，发电的效率也不是100%。

1.2.4 能量的储存

能源或能量的储存是能量在时间上的转换。例如，人类如今所利用的矿物燃料，就储存了若干年前的太阳能。目前，我国使用的电能绝大部分来自火力发电，如果满足了白天用电高峰的需求，则夜间的用电低谷必然造成电力浪费。因此，如何将用电低谷时的电能储存起来，是有待进一步研究的课题。

储能又称为蓄能，是指将能量转化为在自然条件下比较稳定存在形态的过程。也可以说，储能是在能量富余的时候，利用特殊装置把能量储存起来，并在能量不足时释放出来，从而调节能量供求在时间和强度上的不匹配。

储能包括自然储能和人为储能两类。自然储能，如植物通过光合作用把太阳辐射能转化为化学能储存起来；人为储能，如旋转机械钟表的发条、儿童玩具中的弹簧等把机械能转化为弹性势能储存起来。

按照储存状态下能量的形态不同，储能可分为机械储能、化学储能、电磁储能（或蓄电）、风能储存、水能储存等。与热有关的能量储存，不管是把传递的热量储存起来，还是以物体内部能量的方式储存，都称为蓄热。

储能技术是解决风能、太阳能等新能源大规模并网和“弃风、弃光”（由于电网接纳能力不足以及风电、太阳能发电不稳定等，风力发电设施、太阳能发电设施所产生的电能无法被有效利用而被舍弃）问题的关键技术，是分布式能源、智能电网、全球能源互联网发展的必备技术，也是解决常规电力削峰填谷，提高常规能源发电与输电效率、安全性和经济性的重要支撑技术。例如，对电力工业而言，电力需求的最大特点是昼夜负荷变化很大，巨大的用电峰谷差使峰期电力紧张，谷期电力过剩。目前，国内日峰谷差最大时间段一般出现在夏季。以北京、天津和河北地区电网为例，峰谷差率已经超过30%。如果能将谷期（深夜和周末）的电能储存起来供峰期使用，将大大改善电力供需矛盾，提高发电设备的利用率，节约投资。在太阳能利用中，由于昼夜的变化，同时受天气、季节的影响，需要有一个储能系统（储热箱或蓄电瓶）来保证太阳能利用装置（过热水或光电）连续工作。

在能源的开发、转换、运输和利用过程中，能量的供应和需求之间往往存在数量、形态和时间上的差异。为了弥补这些差异，有效地利用能源，常常人为地控制能量的储存和释放，这种储存和释放能量的人为过程和技术手段称为储能技术。储能技术有如下用途：

① 防止能量品质的自动恶化。自然界一些不够稳定的能源容易发生能量的变质和耗散，逐渐丧失其可转化性，如水自发地由高处流向低处。采用储能技术，就可以避免能量自动变质造成的浪费。

② 改善能源转换过程的性能。例如矿物燃料和核燃料本身性质稳定，它们用于发电时，转换而来的电能却是不易储存的能量，并且电量会随时间的变化出现电力系统负荷的高峰和低谷。因此，可以通过大容量、高效率的电能储存技术对电力系统进行调峰。

③ 为了方便经济地使用能量，也要用到储能技术。例如汽车利用蓄电池解决发动机启动的难题。

④ 为了减少污染、保护环境，也需要储能技术。储能技术可提高清洁能源的发电效率，进而实现化石能源的清洁高效利用，有效减少污染物的排放，对于雾霾等环境问题的治理和改善人居环境将起到极大的推动作用。

综上所述，储能技术是合理、高效、清洁地利用能源的重要手段。尤其是在当今化石能源枯竭日益加剧、能源消费供求不平衡的大环境下，储能技术能够突破传统能源利用模式在时间与空间上的限制，其重要作用日益凸显，已成为各国竞相发展的战略性新兴产业。

衡量储能材料及储能装置性能优劣的主要指标有储能密度、储能功率、蓄能效率、储能价格及对环境的影响等。显然，作为核能和化学能的储存者，核燃料、化石燃料有很大的储能密度；而电容器、飞轮等储能装置的储能密度就非常小。储能系统的种类繁多、应用广泛。按照储存能量的形态分为机械储能、热能储存、化学能储存和电磁储能。

储能将日益趋于共享化、集约化发展。围绕提升储能的共享性，应着力构建储能企业和新能源发电企业或用户之间的交易机制，促进储能电站通过市场化交易为多个市场主体提供电力辅助服务，加速推动支撑储能多功能复用的"云大物移智链"技术、规划配置优化技术、协调控制技术以及系统集成技术的提升，催生更加多样化的商业模式创新，促进储能产业规模化发展。

（1）电能储存技术

目前国内外电能高效储存技术主要包括超导储能技术、电容器储能技术、压缩空气储能技术、抽水蓄能技术、电化学储能技术等。

① 超导储能技术

超导储能系统（SMES）利用超导线圈产生的磁场来进行能量的储存，需要时可将电磁能返回给电网或其他负载。SMES具有响应速度快、响应功率高等优点，用于电网系统可以改善电压稳定性、电能品质，并提高功率因数。

近年来，随着高温超导材料的发展和高温超导带材商业化产品的出现，韩国、日本、美国、中国等的高温超导储能系统的研究开发取得了很大进展。中国科学院电工研究所、清华大学、华中科技大学等均开展了高温超导储能系统的研究，取得了良好的示范或试验效果。中国科学院电工研究所研发成功的 1 MJ/0.5 MV·A 高温超导储能系统于 2011 年在 10 kV 超导变电站并网示范运行，这是国际首台并入实际电网示范运行的高温超导储能系统。在此基础上，结合超导储能和超导限流器的特点，中国科学院电工研究所与西电集团公司合作，成功联合研发 1 MJ/0.5 MV·A 高温超导储能-限流系统，在一套装置上实现了两种功能。其中，高温超导储能线圈的电感 13.3 H，额定储能量 1 MJ，线圈照片及内部接线见图 1-2。该装置利用超导线圈大电感的特性，同时将超导线圈作为储能和限流的环节。在正常状态下，利用超导线圈的储能特性，对风力发电输出波动的有功功率进行补偿；而在故障状态下，将超导线圈串入风力发电机的定子回路，抑制风力发电机的定转子过电流，并减小转子反向感生电动势，从而大大提高了风力发电机的低电压穿越能力。2016 年，该项目团队完成系统集成并在玉门风电场并网试验，其试验现场如图 1-3 所示。在弱风和强风条件下的现场测试结果表明：高温超导储能-限流系统对风力发电机的有功补偿和有功平滑效果明显。

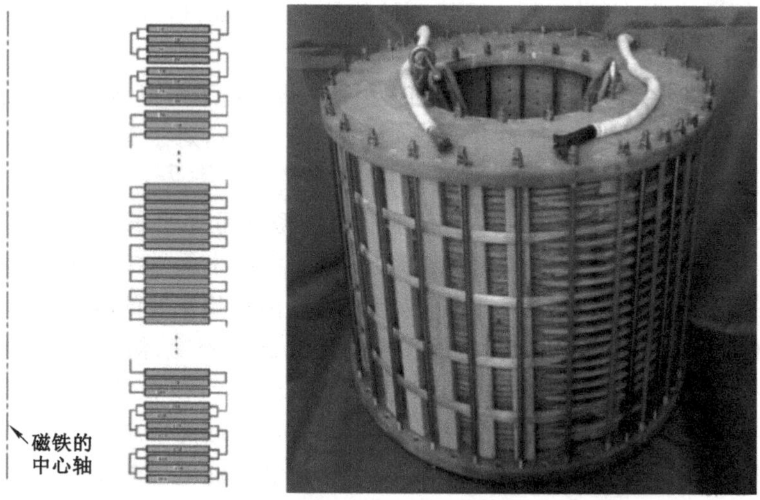

图 1-2　超导储能-限流系统采用的混合型高温超导线圈(右)及内部自绕组接线图(左)

② 电容器储能技术

电化学电容器(或称超级电容器)因其功率密度大、使用温度范围大(−20～60 ℃)、无污染、长寿命和充电快速等特点成为一种介于普通电容器和电池之间的新型储能器件。近年来，超级电容器作为 21 世纪新型能源器件引起了学术界和产业界的广泛关注。它不仅可以作为电动车的混合动力系统、移动通信装置和大功率大电荷输出装置，而且在废水去离子化脱盐处理、太阳能发电和风力发电机组的储能装置等领域有重要的应用前景。

早在 20 世纪 60 年代，超级电容器的概念就出现了。超级电容器是由一对电极、隔膜和电解质溶液共同组成的储能体系。其中隔膜起到电绝缘和离子导通的作用，而多孔电极则起到能量存储的作用。超级电容器的电能储存机理有两种：一种是将电荷存储在电极和电解液界面处的双电层中，典型的是以高比表面积炭材料为多孔电极材料，它像电子海绵一

图 1-3 1 MJ/0.5 MV·A 超导储能-限流系统在玉门风电场并网试验现场

样，在充电时吸附离子，在放电时脱附离子，形成双电层型电化学电容器；另一种是利用发生在电极表面的快速法拉第反应来存储电荷，一般是以过渡金属氧化物或导电聚合物为电极材料的一种电容器，又被称为准电容器或赝电容器。研究表明，孔径小于 1 nm 的多孔炭表现出异常高的电容量，颠覆了微孔对电容贡献不大的传统观念。依据双电层理论，容量与双电层距离之间遵循倒数关系，当炭的孔径 $d<1$ nm 时，离子在孔道中会发生脱溶剂化，使电荷在电极和电解质界面处能更紧密地堆积排列，缩短了离子与电极表面的双电层的距离，从而增加了电容量。

由于超级电容器具有功率密度高、可大电流充放电、反复循环无损耗等特点，目前对于超级电容器在储能应用方面的研究越来越多。在光伏发电领域已经出现了一些使用超级电容器代替蓄电池的试验，而使用超级电容器与蓄电池结合的储能装置已经进入实际应用阶段。基于超级电容器储能的光伏发电系统见图 1-4。

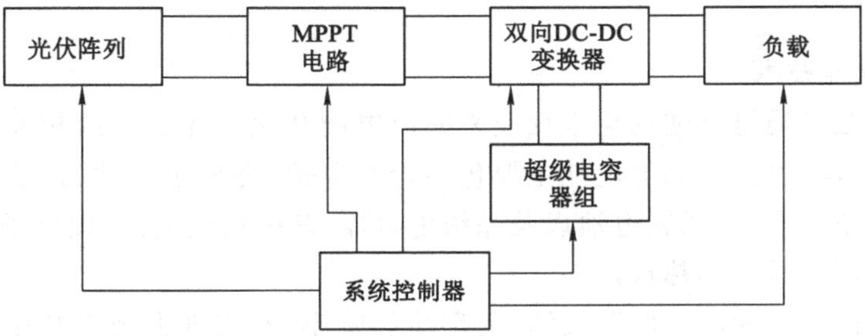

注：MPPT 为最大功率点追踪；DC-DC 变换器为直流-直流变换器。

图 1-4 基于超级电容器储能的光伏发电系统

③ 压缩空气储能技术

压缩空气能源储存(CAES)的基本做法就是将基础核电或煤电设施产出的非高峰时期的电能转移到用电高峰时期，而仅仅消耗原本用于用电高峰时期发电(比如传统的燃气轮机)的燃气或燃油的一部分。

风能或太阳能发电的过剩电量可以用于空气的压缩。这种方式主要是为了使产生的热量降到最低，因为热能无法进行长期储存。在需要时压缩空气被释放，通过涡轮进行发电。压缩空气释放后会产生较强的冷却效应，这时必须进行加热，这样才能使压缩空气在环境温度下释放出来。

储存循环效率通常为40%～50%，而能源储存设施最初只是用来解决用电高峰需求，也就是在夜间进行充电，在用电高峰进行放电。但是为了吸纳更多的可再生能源，就需要延长储存时间，这样就会产生更多的热能，从而降低充放电的效率。

④ 抽水蓄能技术

在目前的电力系统中，抽水蓄能电站是公认的寿命长、容量大、可靠、经济、技术成熟、环境友好的储能方式，具有启动迅速、爬坡卸荷速度快、运行灵活可靠等特点，既能削峰又可填谷。抽水蓄能电站能很好地适应电力系统负荷变化，改善火电和核电机组运行条件，平滑规模化新能源输出功率，提高电网运行经济效益。传统的抽水蓄能机组一般为定速运行机组，运行效率相对较低，调节速度相对较慢，并且在水泵工况下只能满负荷抽水，不能根据系统需求进行抽水功率的调节，在水泵工况下也不具备无功调节能力，因此无法满足快速、准确进行电网频率调节的要求。随着电力电子技术的发展，采用变速技术的抽水蓄能机组，可以快速调节有功功率和无功功率，提高系统的稳定性和快速响应能力，实现电站和系统的柔性连接，具备大范围无功补偿能力，可以有效地控制电网负荷频率，平衡可再生能源引起的频率波动，提高新能源利用效率。

抽水蓄能是全球范围内广泛采用的一种能源储存技术，主要有如下两种运行方式：

一是系统将水抽到高位，然后释放到低位，通过普通的水轮机进行重新发电。

二是不需要将水抽到高位，而是采用水库的水电系统与需要储存的风能或太阳能发电系统之间的协作运行方式。当风力发电或太阳能发电系统无电能产出时，水力发电就可以填补消费者的需求；当风力发电或太阳能发电供过于求时，水力发电量就会相应减少。这种能源储存方式需要在两种子系统之间建立较强的电力传输网络。目前，全球只有为数不多的几个地方建有这样的水电设施，且拥有上述这种大型水库(季节性的或年度性的)。

⑤ 电化学储能技术

电化学储能是指通过可逆的化学反应来完成电能和化学能之间的相互转换，进而实现电能的存储和释放。电化学储能电池主要包括铅酸电池、锂离子电池、钒液流电池、钠硫电池、氢镍电池、锌空气电池、燃料电池以及超级电容器，其中铅酸电池、锂离子电池、钒液流电池和钠硫电池是研究重点和热点。

电化学储能的能量和功率配置灵活，受环境影响小，易实现大规模利用。然而，电化学储能目前仍存在电池充放电次数有限、使用寿命短、成本较高等缺点。随着大规模储能需求增加和电动汽车的发展，提升电池寿命和降低成本将是研究的重点。传统的电化学储能以铅酸电池和锂电池为主，随着技术的进步，铅酸电池和锂电池在生产制造工艺上将会取得一定的进步。大规模存储能量对电池的储能系统要求越来越高，一些新型电池如全钒液流电池以及钠硫电池等不断被研发出来。随着电动汽车等产业的快速发展，锂空气电池、锂硫电池等也逐渐被开发出来。

电化学储能技术最重要的应用领域就是电动汽车。电动汽车以电池作为能量来源，利用控制器、电动机等部件，将电能转化为机械能，通过控制电流大小来改变车辆的行驶速度。

现阶段的电动汽车分为纯电动汽车(BEV)、混合动力汽车(HEV)和燃料电池汽车(FCEV)。纯电动汽车是指完全由动力蓄电池提供电力驱动的电动车，具有零排放、噪声小、能源利用率高的特点；混合动力汽车是指拥有两种不同动力源的汽车，又分为插电式混合动力和增程式混合动力汽车；燃料电池汽车是指以燃料电池作为动力电源的汽车。燃料电池的化学反应过程不会产生有害物质，因此，燃料电池汽车是无污染汽车。燃料电池的能量转换效率比内燃机的要高 2～3 倍，从能源的利用和环境保护方面来看，燃料电池汽车是一种理想的车辆。

(2) 热能储存技术

在现有的能源结构中，热能是最重要的能源之一。但目前的大多数能源，如太阳能、风能、地热能以及工业余热等，都具有间断性和不稳定的特点，在现有的技术方案下并不能对其直接利用。尤其是热能，在急需时不能及时提供，而在不需要时却可能大量产生。于是，人们希望找到一种方法，能像蓄水池储水一样把暂时不用的热量以某种方式储存起来，等到需要时再把它释放出来。热能储存就是这样的一种技术。

热能储存技术是提高能源利用效率和保护环境的重要技术，一般是将暂时不用的热量或多余的热量以物理热的形式储存于适当的介质中，当需要时再通过一定方式将其释放出来，从而解决由于时间或地点上供热与用热的不匹配和不均匀所导致的能源利用率低的问题，最大限度地利用加热过程中的热能或余热，提高整个加热系统的热效率。热能储存技术的应用已有很长的历史。在古代，人们已经知道利用天然冰来保存食物和改善环境，或者利用地窖将冬天的冰储藏起来以备炎热的夏季使用。现代热能存储技术起源于 20 世纪 70 年代发生石油危机以后，世界上一些工业大国开始重视太阳能、风能等不连续能源的开发研究，高效、经济的热能储存技术研究日益活跃。

目前，热能储存技术主要研究显热、潜热和化学反应热三种热能的存储，研究内容可归纳为两大类：一类是热能储存材料的研究，包括材料的物性及材料与容器的相容性、材料的寿命及稳定性等；另一类是热物理问题的研究，包括热能存储过程中传热的基本机理、储热装置的强化传热、储热(换热)器的设计及运行工况的控制等。

① 显热储存

物质随吸热而温度升高，或随放热而温度降低的现象称为显热变化。显热储存通过提高蓄热材料的温度达到蓄热的目的。显热储存是所有热能储存方式中原理最简单、技术最成熟、材料来源最丰富、成本最低廉，也是应用最早、推广使用最普遍的。但一般的显热储存介质的储能密度都比较低，装置体积庞大，因此它在工业上的应用价值不高。

任何一种物质均具有一定的比热容，在物质形态不变的情况下，随着温度的变化，它会吸收或放出热量。显热储存技术利用的就是物质的这一特性，其储热效果与材料的比热容、密度等因素有关。从理论上说，所有物质均可以被应用于显热蓄能技术，但实际应用的是比热容较大的物质(如水、岩石、土壤等)，因为蓄热材料的比热容越大、密度越大，所蓄的热量也越多。常用的显热蓄热介质有水、水蒸气、砂石等。水具有清洁、廉价、比热容高的优点。水的比热容大约是石块的 4.8 倍，而石块的密度是水的 2.5～3.5 倍，因此水的蓄热容积密度比石块大。石块的优点是不像水那样存在漏损和腐蚀。显热蓄热主要用来储存温度较低的热能，这种系统的主要储存物质为液态水和岩石等。显热储存技术所能达到的温度较低，一般低于 150 ℃，仅主要用于取暖，因为其转换成机械能、电能和其他形式的能量时效率不高，并受到热动力学基本定律的限制。

② 潜热储存

潜热储能利用物质在凝固/熔化、凝结/气化、凝华/升华以及其他形式的相变过程中，都要吸收或放出相变潜热的原理进行蓄热，因而也称为相变储能。相变的潜热比显热大得多，因而潜热储存有更高的储能密度。与显热蓄热相比，潜热蓄热的优点是蓄热容积密度大，可使集热器的面积做得较小；在蓄热和取热过程中蓄热设备的温度变化小，进而可以使得蓄热系统在稳定状态下运行。因此，蓄存相同的热量时，潜热蓄热设备所需的体积要比显热蓄热设备小得多，从而可提高集热器的热效率，改善集热系统的经济性。潜热储能中可以发生固-液、液-气及固-气相变，其中以固-液相变最为常见。虽然液-气或固-气转化时伴随的相变潜热远大于固-液转化时的相变潜热，但液-气或固-气转化时体积的变化非常大，很难用于实际工程。目前，有实际应用价值的只有固-液相变式蓄热。优良蓄热材料的性能主要体现在以下几方面：熔化潜热大、熔点范围适当、冷却时结晶率大、化学稳定性好、热导率大、对容器的腐蚀性小、不易燃、无毒、价格低廉等。

③ 化学反应热储存

化学反应热储存利用储能材料接触时发生可逆的化学反应来储、放热能。例如，化学反应正向进行时吸热，热能被储存起来；逆向进行时放热，则热能被释放出去。这种方式的储能密度虽然较大，但是技术复杂并且使用不便，目前仅在太阳能领域受到重视，离实际应用尚远。

热化学蓄热方式大体可分为三类：化学反应蓄热、浓度差蓄热以及化学结构变化蓄热。化学反应蓄热时，发生的化学反应可以有催化剂，也可以没有催化剂，这些反应包括气相催化反应、气-固反应、气-液反应、液-液反应等。浓度差蓄热是利用酸碱盐溶液在浓度发生变化时产生热量的原理来储存热量的。化学结构变化蓄热是指利用物质化学结构的变化而吸热、放热的原理来蓄放热的方法。

实际应用中，上述三种蓄热方式很难截然分开。例如，潜热型蓄热液同时会把一部分显热储存起来，而反应型蓄热材料则可以把显热或潜热储存起来。在三种类型的蓄热方式中，潜热蓄热方式最具有应用前景，也是目前应用最多和最重要的储能方式。

（3）机械能储存技术

机械能常以动能或势能的形式储存。动能通常储存于旋转的飞轮中，利用飞轮储能是一项早已在机械工业中广泛采用的技术。飞轮储存的动能 E_k 可以用下式计算：

$$E_k = \frac{1}{2}J\omega^2 \tag{1-15}$$

式中 ω——飞轮旋转的角速度；

J——飞轮的惯性矩。

在许多动力装置中，常采用旋转飞轮来储存机械能。例如，空气压缩机、带连杆曲轴的内燃机等，都是利用旋转飞轮储存的机械能使气缸中的活塞顺利通过上止点，并使机器运转更加平稳；曲柄式压力机更是依靠飞轮储存的动能工作。核反应堆中的主冷却剂泵通过一个巨大的质量约 6 t 的飞轮来储存机械能，从而可以在电源突然中断的情况下使泵的转动时间延长达数十分钟之久，而这段时间是确保紧急停堆安全所必需的。

机械能以势能的形式储存是最古老的能量储存形式之一，如重力装置、压缩空气、水电站的蓄水池、弹簧、扭力杆、机械钟表的发条等，其中机械钟表的发条、弹簧和扭力杆储存的能量都较小。压缩空气储能和抽水储能可以储存较多的势能。

思考题

1. 能源的概念是什么?
2. 能源的评价指标有哪些?
3. 能量的基本形式有哪些?
4. 简述能量转换的基本原理。
5. 电能的储存技术有哪些?其特性分别是怎样的?
6. 简述超导储能技术的原理。
7. 热能的储存技术有哪些?其特性分别是怎样的?
8. 简述机械能储存技术特性。

第2章 煤炭开发与利用

煤炭资源是地球上分布最广、储量最大的能源矿产资源之一，也是重要的战略资源，广泛应用于钢铁、电力、化工等工业生产及居民生活领域。本章首先介绍煤炭的概念、形成过程、分类、资源分布等。然后根据煤炭开采技术的发展历程，介绍了采煤方法与工艺、煤炭绿色开采技术及智能化综采技术。围绕煤炭的利用，详细介绍了当前煤炭的综合利用途径及洁净煤技术与发展。最后介绍了近年来煤炭开采技术的发展趋势及存在的问题，展望了煤炭资源开发利用的前景。

2.1 煤炭概述

2.1.1 煤的形成与分类

煤是一种固体可燃有机生物岩，是以碳、氢元素为主，同时含有少量氧、硫、氮等元素的矿物燃料，是千百万年前远古时代植物残骸经过极其复杂的生物化学、地球化学、物理化学作用缓慢地转变而成的。

(1) 煤的形成

从远古时代植物死亡、堆积到转变为煤需经过一系列的演化过程，这个过程称为成煤过程。该过程大致可分为两个阶段:泥炭化阶段和煤化作用阶段。

植物残骸大量堆积在沼泽浅部，在需氧微生物的分解作用下，一部分被彻底破坏分解成气体和水，未被分解的稳定部分则保留下来。在沼泽水的覆盖下，植物残骸逐渐和空气隔绝，厌氧微生物利用植物有机质中的氧发生氧化分解、去羧基和脱水作用，放出二氧化碳和甲烷气体，形成一种凝胶状、含水分很高的棕褐色物质。这个过程就是泥炭化过程(阶段)，形成的物质也就是泥炭(也称为泥煤)。随着地壳的不断运动、下沉，泥炭层被深埋于地下，以泥炭层被无机沉淀物覆盖为标志，泥炭化过程结束。

当泥炭化过程终止后，生物化学作用也逐渐减弱以至停止，在物理化学及化学作用下，泥炭开始向褐煤、烟煤和无烟煤转变，这个过程称为煤化。由于作用因素和结果不同，这个阶段可以划分为成岩阶段和变质阶段。在成岩阶段，无定形的泥炭因受到上面覆盖无机沉积物的巨大压力逐渐地发生压紧、失水、胶体老化硬结等物理化学及化学变化，转变为具有生物岩特征的褐煤。当地层继续下沉和顶板加厚时，由于温度明显升高，压力继续加大，煤质的变化转入变质阶段。在变质阶段，具有生物岩特征的褐煤沉降到地壳深处，在长时间地热和高压作用下发生化学反应，其组成、结构和性质都在发生变化。

(2) 煤的分类

根据成煤植物的不同种类可以划分出以高等植物为主形成的腐植煤和以低等植物为主形成的腐泥煤两大类，自然界腐泥煤很少见，工业开采中绝大多数开采的是腐植煤。除特别说明外，人们通常讲的煤就是腐植煤。腐植煤是近代煤综合利用的主要物质基础，根据煤化程度不同，可分为泥炭、褐煤、烟煤和无烟煤四大类。

2.1.2　煤层的埋藏特征

煤层的埋藏特征主要包含煤层的形态、结构、厚度、产状要素、顶底板及其稳定性。煤像其他沉积岩层一样，一般呈层状分布，但也有的呈鸡窝状、扁豆状或其他似层状分布。

煤层的顶板与底板之间的垂直距离叫煤层厚度。根据厚度不同，煤层可以分为薄煤层（厚度小于 1.3 m）、中厚煤层（厚度在 1.3～3.5 m 之间）和厚煤层（厚度大于 3.5 m）。特别厚的煤层有时也被称为特厚煤层。在生产工作中，习惯将厚度大于 6 m 的煤层称为特厚煤层。

煤层产状要素包含煤层走向、倾向和倾角。煤层层面与水平面的交线称为走向线，走向线两端所指的方向就是走向。在煤层层面上与走向线垂直向下延伸的直线叫作倾斜线，倾斜线的水平投影所指的方向称为倾向。倾角是指煤层倾斜面与水平面的夹角。根据倾角的不同，煤层可以分为近水平煤层（倾角为 8°以下）、缓倾斜煤层（倾角为 8°～25°）、倾斜煤层（倾角为 25°～45°）和急倾斜煤层（倾角大于 45°）。

煤层顶底板是指含煤地层中位于煤层上下一定距离内的岩层。按照沉积顺序，先于煤生成的岩石是煤层底板，后生成的是煤层顶板。顶板可分为伪顶、直接顶和基本顶三种类型。伪顶是位于煤层之上随采随落的极不稳定岩层，其厚度一般在 0.5 m 以下，多为碳质页岩和泥质页岩等。直接顶是位于伪顶之上或直接位于煤层（无伪顶时）之上，具有一定的稳定性，移架或回柱后能自行垮落的岩层，多由砂质岩等组成。基本顶位于直接顶或煤层之上，其厚度及岩石强度较大，是坚硬又难以垮落的岩层，通常由粗砂岩、砾岩、石灰石等组成。在采煤过程中，基本顶是顶板管理的主要对象。煤层底板可分为直接底和基本底。直接底位于煤层之下，厚度数十厘米至数米，多为泥岩、页岩或黏土岩。有的直接底遇水膨胀，容易发生底鼓现象，致使巷道遭到破坏。基本底是位于直接底之下的较坚硬岩层，常为厚层状砂岩、砾岩或石灰岩。

煤层根据稳定程度可划分为四种类型：稳定煤层、较稳定煤层、不稳定煤层及极不稳定煤层。稳定煤层的煤层厚度变化很小，变化规律明显，结构简单至较简单，煤类单一，煤质变化很小，全区可采或大部分可采；较稳定煤层的煤层厚度有一定变化，但规律较明显，结构简单至复杂，有两个煤类，煤质变化中等，全区可采或大部分可采，可采范围内煤层变化不大；不稳定煤层的厚度变化较大，无明显规律，结构复杂至极复杂，有三个或三个以上煤类，煤质变化大；极不稳定煤层的厚度变化极大，呈透镜状、鸡窝状，一般不连续，很难找出规律，可采块段分布零星，或无法进行分层对比，层组对比也有困难，煤质变化很大，且无明显规律。

2.1.3　煤炭资源分布

煤炭是储量最丰富的化石能源。世界各地的煤炭资源分布并不平衡，以两条巨大的聚煤带最为突出：一条横亘于欧亚大陆，西起英国，向东经德国、波兰、俄罗斯，直到我国的华北地区；另一条呈东西向绵延于北美洲的中部，包括美国和加拿大的煤田。南半球的煤炭资源主要分布在温带地区，比较丰富的有澳大利亚、南非和博茨瓦纳。

中国的煤炭资源主要分布在华北、西北、西南、华东和中南五个区域。这些区域的煤炭资源丰富，地质条件适宜开采。其中，华北地区的煤炭资源最为丰富，主要集中在山西、陕西和内蒙古等地；西北地区的煤炭资源主要分布在宁夏、甘肃和新疆等地；西南地区的煤炭资源主要集中在云南、贵州和四川等地；华东地区的煤炭资源主要分布在安徽、山东和江苏等地；中南地区的煤炭资源主要集中在河南、湖北和湖南等地。

2.2 煤炭开采

我国煤炭以地下开采为主。有些煤层含有镓、锗、铀等稀有或放射性元素，因此合理开发利用煤炭资源需要合理的采煤方法、工艺以及开采技术。本章主要介绍煤炭地下开采。

2.2.1 采煤方法与工艺

(1) 采煤方法分类

根据不同的地质条件和开采技术条件，选用不同的采煤工艺与回采巷道布置相配合，形成了多种多样的采煤方法。

采煤方法的分类方法很多，我国是世界上采煤方法最多的国家，按采煤工艺和矿压控制特点可以将采煤方法分为壁式和柱式两大体系，如图 2-1 所示。

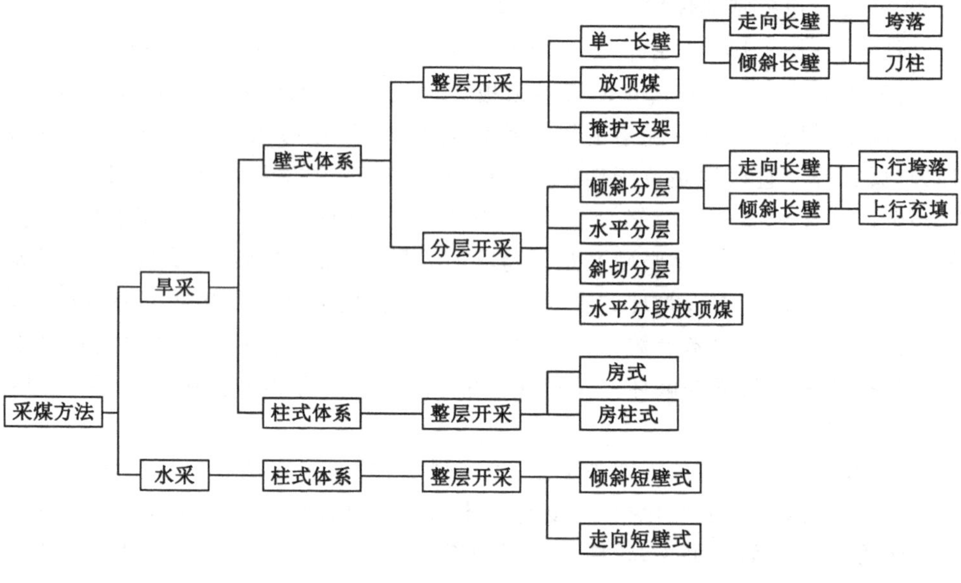

图 2-1 采煤方法分类框图

① 壁式体系采煤法

根据煤层厚度不同，对于薄及中厚煤层，一般采用一次采全厚的单一长壁采煤法；对于厚煤层，一般是将其分成若干中等厚度的分层，采用分层长壁采煤法（或采底分层放顶煤采煤法）。按照采煤工作面的推进方向与煤层走向的关系，壁式体系采煤法又可分为走向长壁采煤法和倾斜长壁采煤法两种类型。走向长壁采煤法工作面在一个区段内是沿倾向布置、沿走向推进的；倾斜长壁采煤法的工作面在一个分带内是沿走向布置、沿倾向向上（仰斜）或向下（俯斜）推进的。

壁式体系采煤法有以下主要特点：

a. 具有较长的工作面。

b. 采煤工作面两端至少有两条巷道，用于通风及运输。

c. 煤炭沿平行于工作面推进方向运出工作面。

② 柱式体系采煤法

柱式体系采煤法分为两种类型：房式和房柱式。房式及房柱式采煤法的实质，是在煤层内开掘一些煤房，煤房与煤房之间以联络巷相通。回采在煤房中进行，煤柱可留下不采；或在煤房采完后，再回采煤柱。

柱式体系采煤法有以下几个主要特点：

a. 采煤工作面的长度较短，但数目多。

b. 在回采过程中采空区处理工序简单，有时也可以不处理采空区。

c. 在采场中运煤方向是垂直于工作面的。

d. 采场通风条件较壁式采煤法的恶劣，采出率较低。

比较上述两大体系采煤法不难看出：壁式体系采煤法煤炭损失少，回采工作连续性强，采煤系统简单、安全，通风条件良好，但回采工艺过程较为复杂。由于开采深度不断增加，柱式采煤遗留的煤柱对岩层所产生的压力影响是极为不利的，这种情况到采深达 300 m 时就会有所显现。当采深达 600 m 时，柱式体系采煤法使用将更加困难，甚至不可能使用，而采用长壁采煤法则可避免这个问题。

(2) 采煤工艺及选择依据

采煤工艺，是指采煤工作面各工序所用方法、设备及其在时间、空间上的相互配合，又称回采工艺。我国长壁工作面的采煤工艺主要有三种：爆破采煤工艺、普通机械化采煤工艺、综合机械化采煤工艺。

① 爆破采煤工艺

其工作流程主要包括打眼、爆破、装煤、运煤、爆破工作管理、采空区处理等。炮采技术一般都简单易学，相关的设备成本较低，在很多煤矿开采工作中都适用。但是在应用炮采技术开展煤炭开采的过程中，劳动条件一般比较差，并且开采效率较低。部分无法使用综合机械化采煤技术的开采区域，大多能够使用炮采。因此，在地质条件比较复杂的区域，可以利用炮采，以提高煤矿开采效率。

② 普通机械化采煤工艺

用采煤机械破煤和装煤、输送机运煤、单体支柱支护顶板的采煤工艺，即普通机械化采煤工艺，简称普采。

与综采相比，普通机械化采煤工艺在应用过程中，不需要投入过多的经济成本，这对煤矿节约开支具有非常重要的作用。这种工艺，在实际采煤工作中具有非常好的实用性。而且该工艺在煤矿开采过程中，对地质条件要求不是很严格，尤其是在一些比较复杂的地质结构中进行开采比较适合。该工艺非常适用于较短长度工作面的井下开采，易于操作，资金投入少，因此在一些中小型煤矿中应用较普遍。

③ 综合机械化采煤工艺

综合机械化采煤工艺指的是井下采煤所涵盖的包括采煤、运煤、采空区处理以及工作空间顶板支护等所有工序都通过相应的设备机械化连续作业完成。此采煤工艺的显著优势在于安全性及采煤效率更高，而劳动强度相对较低。因此，自首次从国外引入采煤机、垛式支架以来，综合机械化采煤工艺逐渐发展成为我国煤炭企业最为常用的采煤工艺。

2.2.2 煤炭绿色开采技术

绿色开采是煤炭开采的发展方向，对提高煤炭采出率、保护生态环境和实现煤矿可持续发展都具有十分重要的意义。

（1）煤炭绿色开采体系

煤炭绿色开采以及相应的绿色开采技术，在基本概念上是要从广义资源的角度来认识和对待煤、瓦斯、水等一切可以利用的资源。其基本出发点是防止或尽可能减轻开采煤炭对环境和其他资源的不良影响，其目标是取得最佳的经济效益和社会效益。绿色开采主要包括以下内容：保水开采、煤与瓦斯共采、充填开采、煤炭地下气化等。2003 年，中国矿业大学钱鸣高院士首次提出了关于煤矿绿色开采的概念和技术体系，随后明确了实现煤炭资源开采和环境保护协调发展的绿色开采研究目标，为我国绿色开采技术的研究指明了方向。煤矿绿色开采技术体系见图 2-2。

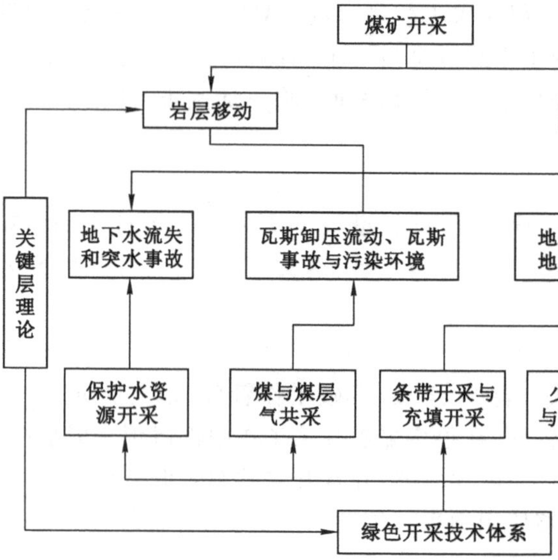

图 2-2　煤矿绿色开采技术体系

（2）绿色开采主要内容

① 保水开采

保水采煤在不同的矿区有不同的技术内涵：缺水矿区要以水资源保护和利用为主；富水矿区，要以减少水资源破坏和防治水灾害为主。因此，保水开采包含水资源保护、水资源利用（煤水共采）和水灾防治等多项重要内容。煤矿开采过程破坏了地下含水层的原始径流，大量排出地下水；采空区上方导水裂缝带与地下水体贯通，形成大规模地下水降落漏斗，造成区域含水层水位下降，直接影响区域水文地质条件；采动影响稳定后产生的地表沉陷往往影响地表水体（河流、湖泊、井泉等）的原来形态，造成部分沟、泉水量减少甚至干涸，影响当地居民正常的生产生活，影响区域植被生长，甚至使土地沙漠化。

② 煤与瓦斯共采

瓦斯既是矿井有害气体也是洁净能源。因此，应尽量使其资源化。瓦斯资源化技术途径如下所述。

a. 采前抽采：若能在开采前将煤层内瓦斯抽出，则是改善煤矿安全性的最好办法。但由于我国大部分煤体透气性低，在本层内抽采瓦斯有难度。

b. 煤与瓦斯共采：煤开采后围岩压力降低，大量瓦斯在采空区释放，有利于瓦斯抽采，由此形成煤与瓦斯共采体系。煤与瓦斯共采的技术主要有留巷钻孔法、卸压法等。

c. 废弃矿井抽采瓦斯：鉴于废弃矿井原煤层区域经过采动而充满瓦斯，因而可以利用采动后岩体内裂隙场的分布及钻孔，将瓦斯抽采管装在井下，封闭井口后，抽出瓦斯。

d. 回风井回收瓦斯。

③ 充填开采

我国很多煤矿存在建筑物下、水体下、铁路下压煤的问题。充填开采法对解决这类问题具有重要的意义。充填开采法是用充填材料充填采煤工作面采空区的岩层控制方法。该法可以缓和工作面支承压力造成的矿压显现，改善采场和巷道维护状况，有效减少地表下沉和变形，提高采出率，保护地面建筑物、构筑物、生态环境和水体。按照充填材料的不同，充填开采法分矸石充填、水砂充填和膏体充填。

a. 矸石充填

矸石充填是利用井下采空区处置煤矸石的充填采煤方法，既可以减少煤矿固体废弃物排放，又可以减轻开采沉陷灾害、提高矿井资源回收率，是实现煤矿绿色开采的一种关键技术途径。

Ⅰ. 抛矸机抛矸充填

将岩巷和半煤岩巷掘进矸石用矿车运至井下矸石车场，经翻车机卸载、破碎机破碎，而后进入矸石仓。在矸石仓下口，由带式或刮板输送机将破碎后的矸石运入上、下山，而后由带式或刮板输送机转载进入采煤工作面回风平巷，再由工作面采空区可伸缩带式输送机运至工作面采空区抛矸带式输送机尾部，由抛矸带式输送机向采空区抛矸充填。

Ⅱ. 刮板输送机卸矸充填

充填装备由后端带悬梁的自移式液压支架和充填刮板输送机组成。在自移式液压支架后端增加后悬臂等配件，采用可调高的挂链悬挂充填刮板输送机溜槽，悬挂是为了增加充填垂直高度。由电机车牵引矸石矿车至采区矸石车场，通过翻车机卸载，矸石经转载机、破碎机进入矸石仓。矸石仓的矸石经上、下山输送机，平巷输送机运至液压支架后的充填刮板输送机，在采空区卸载充填。

Ⅲ. 风力抛矸充填

风力充填材料粒度不宜大于充填管道直径的 1/3～1/2，并且风力充填要求充填材料沉缩率低、不自燃、腐蚀性小，矸石经充填机、充填管路充填至采空区。一般采煤机割两刀煤充填一次，充填步距 1.2～1.6 m，每次充填长度 6～9 m；工作面每向前推进 50～100 m，充填机前移一次。

b. 水砂充填

水砂充填采煤法是利用水力通过管道把充填材料（砂粒）送入采空区的充填采煤法。我国早在 20 世纪初就开始应用水砂充填采煤法，目前水砂充填技术已经十分成熟。砂与水混合成砂浆，经充填管路送至工作面采空区，并在采空区脱水形成充填体。废水经采区流水上山和流水道流入采区沉淀池，经沉淀后，澄清的水流入水仓；用水泵经排水管将水排至地面储水池，以供循环利用。水砂充填采煤法充填致密，可减少煤尘危害，能有效控制地表下沉和变形，但井上下充填系统复杂，设备及设施投资大，充填材料昂贵，提高了吨煤成本。

c. 膏体充填

由于膏体充填具有料浆质量分数高、充填效率高、成本较低等优点，这项技术试验成功以后在金属矿山得到较快的发展，包括中国在内的许多国家都在推广应用。膏体充填采煤技术主要涉及三部分(即充填材料、充填设备与工艺、采动岩层充填控制理论)。膏体是由煤矸石、粉煤灰、水砂、水泥等组成，由地面设备加工而成的膏状流体，具有十分良好的流动性和可泵性。充填时，膏体通过巷道中的管路，由充填泵提供动力，输送到液压支架后的采空区。膏体充填技术的核心是膏体充填材料，其强度对膏体充填的效果起决定作用。膏体充填后，可有效减小地表下沉。

④ 矸石减排

矸石减排就是减少煤矿矸石排放量、消除矸石山的堆积。矸石减排技术体系如图 2-3 所示。

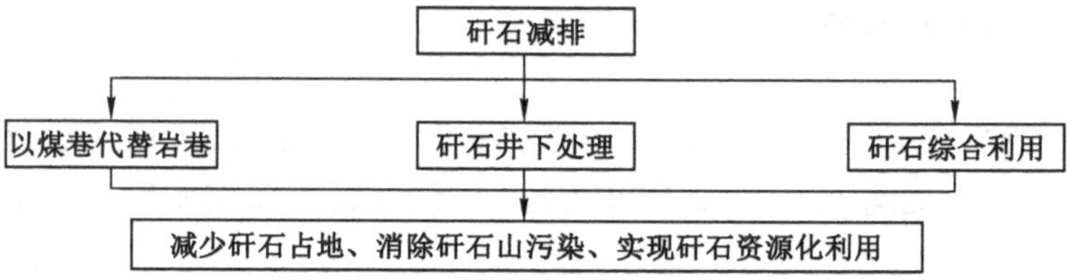

图 2-3 矸石减排技术体系

首先是少出或不出矸石，以煤巷取代岩巷，涉及煤巷维护问题，需要不断研发煤巷高效支护技术。矸石井下处理就是井下岩巷掘进矸石不出井，通过建立井下矸石转运、储存与充填系统，将矸石充填到采空区，或进行巷旁与废弃巷道充填及矸石充填置换井下煤柱等。矸石综合利用包括将地面矸石作为减沉充填或复垦充填、矸石制砖、矸石发电等的材料。

⑤ 煤炭地下气化

煤炭地下气化是一种整体绿色开采技术，是指在煤层赋存地点直接获得可燃气体的技术。在地下将固态矿物通过热化学过程转化为气态燃料，然后由钻孔排到地面，供给用户。由气化原理可知，必须首先建造地下煤气发生炉(即生产车间)，有矿井式和无井式气化两种方法。

煤炭地下气化技术具有投资少、安全、工期短、见效快、用人少、效率高、成本低、效益好等优点，尤其适合我国煤矿地质条件复杂、劣质煤比例高、“三下”压煤严重的矿区。

2.2.3 智能化综采技术

智能化综采技术是指采用具有感知能力、记忆能力、学习能力、决策能力的液压支架、采煤机、刮板输送机等装备，以自动化控制系统为核心，以可视化远程监控为手段实现综采工作面采煤全过程智能化安全高效开采的技术。

(1) 国外自动化及智能化综采技术

自第一个综合机械化采煤工作面诞生以来，经过不断完善和提高，综采技术装备日益成熟；20 世纪 70 年代后期，各先进产煤国家的综采工作面不断创出高产高效的新纪录；进入 20 世纪 90 年代，高产高效矿井综采工作面年产量的世界纪录不断被刷新，且综采技术多向一矿一面发展。

目前，国外高产高效综采工作面正向“设备重型化，工作面大型化”的方向发展。综采工作面长度达到 450 m，工作面推进长度达 6 000 m，采高达 6.0 m，采煤机装机功率超过 2 000 kW，牵引速度达到 15～21 m/min。同时，采煤机均装备了以计算机为核心的电控系统，采用先进的信息处理和传感技术，对采煤机的运行工况及各种技术参数和信息进行采集、处理、显示、储存和传输。国外生产条件较好的长壁工作面，不断提高机械化标准，以及自动化和智能化程度，逐步实现了远程操作和无人操作。

(2) 我国的自动化及智能化综采技术

我国自动化开采技术起步较晚，2007 年才实现了电液控制系统的国产化。在国家科研项目的支持下，科研人员研发了采掘装备远程遥控、自动化放煤、直线度控制、采煤机自动调高等技术，在实现单机装备自动化的基础上，实现了工作面“三机”(采煤机、刮板输送机、液压支架)的协调联动控制、可视化远程干预控制，建设了黄陵一矿等智能化开采示范项目。在智能放煤方面，2003—2008 年期间，我国研发了首套电液控制的两柱放顶煤液压支架及自动化放顶煤技术，试验了基于放煤声音识别的煤岩识别技术，“十二五”期间提出了基于煤矸识别、时间因子控制与人工干预协调的智能化放煤方法。

随着综采智能化发展，其战略地位越来越突出，智能开采成为智慧煤矿核心系统之一，精准开采也将远程可控的少人、无人智能化开采作为重要支撑。当前，许多煤炭企业把握技术发展的新趋势，大力实施开采技术装备升级，为智能化综采技术提供了重要机遇。

国内正在运行的有代表性的智能化采煤工作面实例如下：

① 国能神东集团榆家梁煤矿智能化采煤工作面。榆家梁煤矿 44305 工作面位于榆家梁井田中南部，工作面推进长度 2 298 m，工作面长度 300 m，煤层可采面积 690 579 m^2，煤层厚度 1.7～2.0 m，平均厚度 1.85 m，倾角 1°。工作面采用美国 JOY 公司的 7S-1A 型采煤机，波兰生产的液压支架(176 台)，包括机头的 3 台端头架、1 台过渡架，机尾的 1 台端头架、1 台过渡架。该工作面实现了远程操作的跟机自动化作业、采煤机(具有机载视频)记忆割煤、振动方式的煤岩识别技术和无线接力通信技术，实现了采煤机记忆割煤＋支架全工作面跟机＋端头集控台远程干预。

② 华阳集团新元矿智能化采煤工作面。新元矿 310205 工作面走向长度 2 105 m，工作面长度 240 m，平均煤厚 2.85 m，平均倾角 3°，煤炭可采储量 21 万 t。310205 工作面煤层软、瓦斯含量大、构造多、底板软、顶板压力大。工作面综采设备采用 ZY6800/18/37D 型液压支架，配套 SAC 电液控制系统；MC400/930 型采煤机，配套远程控制操作终端和采煤机自动记忆截割系统；SZZ1000/400 型转载机，加装 ZQ127-Z 型监控系统；SGZ1000/1400 型刮板输送机，加装 ZGS127-Z 型监控系统；BRW400/31.5 型乳化液泵，远距离集成供液。该工作面实现了综采设备的自动运行，在顺槽监控中心对综采设备进行远程干预控制，同时实现了远程自动配液、远程供液、泵站无人值守。

③ 冀中能源峰峰集团薛村矿采煤工作面。薛村矿 94702 工作面采用 ZY3300/07/13D 型电液控制支架，配远程控制系统，配套可远程控制、记忆截割的 MG160/360-BWD 型交流变频电牵引采煤机和 SCZ-630/220 型刮板输送机。在坚硬顶板条件下，实现采高 0.9 m，工作面少人或无人值守，日进度最高达到 13.5 m(早班 12 刀，中班 3 刀，夜班 12 刀)，日产原煤最高 4 400 t，最高月进度 358 m。

(3) 智能化无人综采的关键技术

智能化无人综合机械化采煤工作面的生产过程以无人跟机作业为目标，其主要技术难点在于综采设备的自动运行及相互配合，对地质条件变化的智能识别及自动调整设备运行状态，以及远程遥控干预，这是集自动化、检测、视频、通信、控制、计算机等多种技术的综合应用，其关键技术如下：

① 采煤机全工作面记忆截割

在采煤机实现全工作面记忆截割和煤岩识别技术的基础上，实现自动割煤及滚筒自动调高。同时，将采煤机实时数据与煤壁视频相结合，通过监控中心远程操作台可以实现对采煤机进行人工干预，以满足复杂环境下采煤机的远程控制要求。

② 液压支架全工作面跟机自动化及远程人工干预技术

在电液控制系统实现全工作面液压支架跟机自动化以及判别采煤机位置技术的基础之上，将电液控制系统的数据与液压支架视频相结合，通过监控中心远程操作台对液压支架进行人工干预，以实现复杂环境下液压支架的远程控制。

③ 工作面视频监控技术

根据工作面实际情况，设计并安装高清晰度视频监控系统，实现在井下监控中心和地面指挥控制中心对整个综采工作面的视频监控，尤其是将煤壁监控摄像仪采集的视频上传至监控中心，以提高煤岩界面可视化程度。由红外线传感器获得采煤机位置，通过软件处理实现摄像仪画面跟随采煤机的无缝切换。每 3 台支架安装 1 台煤壁摄像仪，每 6 台支架安装 1 台支架摄像仪，重点部位安装云台摄像仪，实现对工作面的全方位监控。

④ 综采自动化远程集中控制技术

将综采工作面主要设备，包括采煤机、液压支架、运输系统、供电系统、供液系统等通过自动化控制系统连接起来，实现在井下监控中心和地面指挥控制中心远程集中控制，并实现“一键启停”。

⑤ 智能化集成供液控制系统

将远程配液、乳化液泵站、喷雾泵站、高压过滤、变频控制等系统串联起来，形成智能化集成供液控制系统，提高供液系统自动化水平及运行效率，降低系统损耗及能源消耗。

2.3 煤炭利用

2.3.1 煤炭的综合利用

(1) 煤炭综合利用概述

资源综合利用是指对以废渣、废水、废气等为主的废弃资源的再生利用。其具体包括三个方面：一是在矿产资源开采过程中对共伴生矿物进行综合开发利用；二是对生产过程中产生的废渣、废水、废气等进行回收利用；三是对社会生产和消费过程中产生的各种废旧物进行回收再生利用。

煤炭资源是不可再生资源，对其进行合理开发和利用是保护煤炭资源和生态环境的有效途径，对实现煤炭工业可持续发展具有重要的意义。应建立健全的煤炭资源综合利用管理制度，创新煤炭资源管理模式，促进煤炭资源的综合利用，以可持续发展、循环经济理论为指导，以洁净煤技术为技术依靠，优化煤炭产业链条，提高煤炭资源综合利用效益。

煤炭综合利用的意义如下。

① 产生高的附加值

煤炭资源的综合利用是当今及今后发展的一个重要方向。如果以煤炭作为燃料的价值为 1，则加工成煤焦油能增值 10 倍，加工成塑料能增值 90 倍，制成合成燃料能增值 375 倍，制成药品增值 750 倍，而制成合成纤维增值高达 1 500 倍。

② 实现废物利用和保护环境

煤炭在开采和加工过程中产生的煤炭、煤渣、废气、废液都是环境污染重要来源之一，将其合理利用，不但能充分利用有限资源带来利润的增长，而且能消除污染，利于环境保护。

③ 促进煤炭利用技术的不断创新

煤炭的综合利用将促进煤炭利用技术的不断创新。如煤的快速热解和超高温热解等，将促进煤化学加工工业和碳素制品工业的发展。

(2) 煤炭的综合利用

① 煤的焦化

a. 煤的焦化过程

将具有较好黏结性的肥煤和焦煤等用溶剂(能够提供氢的溶剂，如四氢萘和四氢喹啉等)作介质，在隔绝空气条件下加热，煤的外表面逐渐出现液泡软化；再加热至 500～550 ℃且供氢溶剂不足时，煤热裂解成带有自由基的更小碎片，形成半焦，煤块的中间为胶质体，煤块的内部为未裂化的煤；很快外层半焦出现裂纹，胶质体流出，持续一段时间后整个煤变成半焦；当温度升至 1 000 ℃时，半焦有机质进一步热裂解和热缩聚，转入结焦后期，芳香环周围的氢原子脱落形成 CH_4 和 H_2，从而使碳网不断排列致密和增大，最终形成焦炭。

b. 焦炭的应用

焦炭主要用于高炉炼铁和用于铜、铅、锌、钛、锑、汞等有色金属的鼓风炉冶炼，起还原剂、发热剂和料柱骨架作用。炼铁高炉采用焦炭代替木炭，为现代高炉的大型化奠定了基础，是冶金史上的一个重大里程碑。焦炭除大量用于炼铁和有色金属冶炼(冶金焦)外，还用于铸造、化工、电石和铁合金等领域。不同行业对焦炭质量的要求有所不同。例如，铸造用焦，一般要求粒度大、气孔率低、固定碳高和硫分低；化工气化用焦，对强度要求不严，但要求反应性好，灰熔点较高；电石生产用焦要求尽量提高固定碳含量。

② 煤的磺化制分子筛

浓硫酸或发烟硫酸与煤进行磺化反应，使煤的缩合芳香环和侧链上被引入—SO_3H，制成磺酸煤。经磺化后的煤粒带有了—COOH、—OH 和—SO_3H 等基团，可以与硬水中的 Ca^{2+} 和 Mg^{2+} 进行离子交换。

磺化工艺是将中等变质的烟煤粉碎成粒度为 2～4 mm 的煤粒，与浓度超过 90%的浓硫酸以 3∶1～5∶1 的质量比进行反应；温度控制在 110～160 ℃之间，反应 9 h 左右；磺化后，再用水洗涤、干燥和过筛制成多孔的氢型磺化煤。

氢型磺化煤廉价，制作工艺简单，用途广泛，主要用于硬水的软化处理、工业废水的重金属离子的处理、湿法冶金工业中的金属离子的回收、对有机反应的催化等。

③ 煤的加氢反应

煤的加氢反应分为轻度加氢和深度加氢两种。煤的加氢不仅是煤转化技术的基础，也是用煤制取清洁能源必不可少的过程。煤的加氢过程要经过热解软化、供氢形成半焦、脱去杂原子的反应等工艺。脱去杂原子的反应包括脱氧反应、脱氮反应、脱硫反应等。脱去杂原子的反应是制得高质量清洁能源的保障，也对环境保护起到从源头消除硫化物和氮化物的作用。

煤的深度加氢在 450 ℃左右，70～100 MPa 的氢压下进行。煤中大分子的部分化学键断裂，进行解聚或裂解反应，其基本结构并不变化。煤的轻度加氢反应的条件更温和，一般只需较低温度和 8～10 MPa 的低氢压。煤的轻度加氢过程对煤的结构和性质产生的影响小，几乎不改变煤的外形和结构，但煤的工艺性质和大多物化性质发生明显的变化，对工业上的应用具有广泛意义。

随着石油能源的快速消耗，石油资源短缺日益严重。早在第二次世界大战时，德国等国家就采用费-托工艺合成航空燃料油。煤炭中加氢液化的油类和气类也受到人们的青睐。煤加氢液化的产物主要是气体、液体和固体三类有机物。大部分液体是油类和沥青烯类，其中 80%是烃类，20%是富含酚类和杂环的化合物。

④ 煤制塑料

以低煤化度的褐煤等为原料，利用煤的熔组分在一定温度范围内可塑化成为煤的黏结组分的特性，通过裂解、气化或加氢液化成小分子的液态和气态，加入某些添加剂和改良剂等，加热成型冷却后，可制得具有一定强度和技术性能的改良塑料制品。这种塑料的主要用途是制作各种管材、阀门、电气套管等。而且这些产品具有耐无机酸碱、无机盐和有机酸等腐蚀的功能。

⑤ 煤的气化

煤的气化过程是将粒度小于 0.1 mm 的粉煤，在一定的温度和 0.7～3.5 MPa 的中等压力下，以气化剂（空气、水蒸气、富氧、CO_2 和 H_2 等）为介质，使煤分子发生还原和部分氧化反应，煤中的有机质转变为气体（CO、H_2、CH_4）的热力学加工过程。相关主要反应如下。

水蒸气转化反应：$C+H_2O═══CO+H_2-131$ kJ/mol。

水煤气变换反应：$CO+H_2O═══CO_2+H_2+42$ kJ/mol。

部分氧化反应：$C+\frac{1}{2}O_2═══CO+111$ kJ/mol。

完全氧化（燃烧）反应：$C+O_2═══CO_2+394$ kJ/mol。

甲烷化反应：$CO+3H_2═══CH_4+H_2O+74$ kJ/mol。

Boudouard 反应（碳气化反应）：$C+CO_2═══2CO-172$ kJ/mol。

通过对得到的粗气体产品进一步加工、精制，制得高热能、低污染的高效清洁能源。也可以用此精制能源作为合成氨、合成甲醇等的原料而不需进行使用前的预处理。这样就更能发挥煤的内在价值。

⑥ 煤制烯烃工艺（聚乙烯和聚丙烯合成工艺）

a. 原料煤粉碎成浆、成气及净化

块煤经输送进入破碎机破碎，破碎合格后，经输送带输送到煤气化和热电站系统。由运煤系统送来的原料煤送至煤贮斗，称量后经给料机控制输送量，送入棒磨机，出棒磨机的煤浆浓度约 60%，经出料槽泵加压后送至气化工段煤浆槽。煤浆由煤浆槽经煤浆给料泵加压后，连同空气分离器送来的高压氧通过烧嘴进入气化炉，在 6.5 MPa、1 350～1 400 ℃的条件下进行气化反应，生成 CO_2、H_2、CO、H_2O 及少量 CH_4 和 H_2S 等气体。

气化反应的热气体和熔渣进入冷水室，降温并被水蒸气饱和。然后出气化炉，经洗涤器、炭洗塔、除尘、冷却后送至变换工段。经气液分离器分离除去气体中的水分后，进入变换炉，与自身携带的水蒸气在耐硫变换催化剂作用下进行变换反应，出变换炉的高温气体经热量回收后进入低温甲醇洗系统，依次脱除 H_2S+CO、CO_2后，使净化气中 CO_2含量小于 3%、H_2S+CO 含量小于 0.000 1%，压力约为 5.76 MPa，送到甲醇合成系统。

b. 甲醇合成及精馏

通过脱硫脱碳净化后的合成气经压缩机增压，与甲醇合成回路的循环气被压缩至一定的压力后，进行甲醇合成工艺。CO_2、CO 和 H_2在铜锌催化剂的作用下，进行粗甲醇的合成。合成塔的热气体再经热量回收和冷却后，进入分离器，经其上部放出未反应的气体，粗甲醇则从分离器底部排出，进入甲醇精馏工段。经过脱烃组分塔，得到制烯烃标准级的甲醇。约 30%的粗甲醇进入精馏塔生产商品级的精甲醇，并副产甲醇油。精甲醇和制烯烃标准级的甲醇送入制烯烃装置。

c. 甲醇制烯烃及烯烃的回收

将制烯烃标准级的甲醇加热气化，与后续单元回收的轻烃一起送入流化床催化反应器进行烯烃合成。再经压缩、氧化物分离、洗涤和干燥，进入脱乙烷塔进行分离。塔顶物流经过乙炔转化后进入脱甲烷塔。脱甲烷塔塔顶产品主要是甲烷。塔底产品进入脱乙烯塔，在脱乙烯塔塔顶得到聚合级乙烯。而脱乙烷塔塔底物经过脱丙烷塔和脱丙烯塔精制后，脱丙烯塔塔顶流便是聚合级丙烯。聚合级的乙烯和丙烯产品分别送入合成聚乙烯装置和合成聚丙烯装置。

d. 合成聚丙烯

丙烯、乙烯、氢气和异丁烷等原料在净化单元净化、升压、计量后与催化剂、助催化剂在反应单元反应。反应单元生成的树脂粉料经脱气后，经挤压造粒、粒料产品精掺混，送至产品料仓。树脂输送及树脂脱气排放的放空气经冷冻、闪蒸、精馏、膜分离等，回收丙烯返回反应单元，回收富氮气。

e. 合成聚乙烯

原料经精制除去 H_2O、O_2、CO_2、CO 等使催化剂中毒的杂质，剩余乙烯、共聚单体丁烯-1、己烯-1、异戊烷、氮气等经过相关催化剂，在单反应器气相流化床上生产聚乙烯产品。产品再经脱气仓脱气、加入添加剂进入水下进行造粒。造粒成型的颗粒树脂经干燥后进行掺混得到产品。

(3) 粉煤灰综合利用

① 粉煤灰加气混凝土

粉煤灰加气混凝土是新型、轻质保温节能的墙体材料。其主要原料为粉煤灰，占 70%左右；其他原料为石灰、水泥、石膏、发气剂等。将这些原料经过加工配料、搅拌、浇注、发气稠化、切割、蒸压养护等工序制成成品。其可用于屋面保温、维护墙、隔断墙，亦可用于最高楼层为五层的承重墙，特别适用于高层建筑填充墙、寒冷地区的外墙和地震区建筑物，可减轻墙重，增加使用面积。

② 粉煤灰混凝土空心砌块

近年来，粉煤灰混凝土空心砌块发展较快。其主要原料为粉煤灰、集料、水泥等，将原料经计量配料、搅拌、成型、养护等工序制成成品。在普通混凝土砌块和轻集料混凝土砌块中，可掺入粉煤灰，但只能作为掺合料加入。而在粉煤灰混凝土砌块中，粉煤灰既是掺合料又是细集料，掺量较高。

③ 水泥粉煤灰膨胀珍珠岩混凝土保温砌块

其制作工艺流程基本上与粉煤灰混凝土空心砌块的相似。其具有质量轻、保温性能好，且有一定的强度等特点。影响其密度与强度的因素有珍珠岩的掺量、粉煤灰与水泥的比例以及工艺流程的控制。可加入适量的外加剂，以提高其强度。

④ 粉煤灰混凝土路面砖

粉煤灰混凝土路面砖以水泥和粉煤灰为混合胶结料再配以粗骨料等。它是将原料经计量、搅拌、成型、养护制成的。变更成型的模具可制成方砖、连锁路面砖、仿古砖、绿化种草砖、路缘块及其他形状的路面砖等。成型采用分层面料（即粉煤灰混凝土料和彩色料）。粉煤灰混凝土路面砖不但具有普通混凝土路面砖的优点和用途，而且质量轻、导热系数小，长期性能更好。粉煤灰混凝土路面砖可用于车行道、人行道、园林道路、广场、庭院、仿古建筑道路、停车场、护坡和绿化等。

⑤ 粉煤灰砖

粉煤灰砖以粉煤灰、石灰为主要原料，掺加适量石膏和骨料，经坯料制备、压制成型、高压或常压蒸汽养护而成。利用85%～90%的粉煤灰与部分添加剂为主要原料，经搅拌、半硬塑挤出或半干压法成型制成砖坯，再经焙烧制成无黏土烧结粉煤灰砖。这种砖打破了国内外烧结砖中最多掺60%粉煤灰的界限。

⑥ 粉煤灰陶粒及混凝土制品

陶粒是一种人造轻集料。粉煤灰陶粒以粉煤灰为主要原料，经加工成球、烧结或烧胀而成。经常温或蒸汽养护而成的称非烧结粉煤灰轻集料。粉煤灰陶粒可用于大型外墙板和混凝土砌块等新型墙体材料。

⑦ 粉煤灰混凝土轻质隔墙板

它主要是配料时加入部分粉煤灰生产的轻质隔墙板，或用水泥粉煤灰泡沫混凝土生产的轻质墙板。

⑧ 其他

粉煤灰还可用于合成肥料，用作废水、废气的絮凝剂等。

(4) 煤炭废弃物的综合利用

煤炭开采和分选加工过程产生的废弃物主要有煤矸石、煤泥、矿井瓦斯（煤层气）、粉煤灰、矿井水等。煤炭废弃物的资源化综合利用，不但可以节约资源、减少环境污染，而且能够促进资源利用的可持续发展。

① 煤矸石

煤矸石是煤炭开采和分选加工过程中产生的固体废弃物，是我国目前年排放量和堆积量最大的工业废弃物。其综合利用途径主要有：a. 煤矸石代替燃料发电，生产砖、水泥、陶粒制品等建筑材料，生产肥料，改良土壤，复垦，回填矿井采空区，铺设铁路等；b. 作为制备超细煅烧高岭土、合成碳化硅及沸石的原料等；c. 制备结晶氯化铝、氢氧化铝、氧化铝、聚合氯化铝、聚合氯化铝铁、白炭黑、水玻璃等化工产品；d. 回收有益成分（如硫铁矿、煤炭），提取微量元素镓、钛和钒等。其中高硫分选矸是高硫煤炭分选加工过程中排出的煤矸石，高硫煤矸石主要有用矿物为硫铁矿和煤。

② 煤泥

目前煤泥的处理和综合利用途径主要是采用浮选工艺回收精煤，压滤后制作型煤，干燥后用来发电等。

③ 矿井瓦斯

煤层气是煤炭生产的一大安全隐患，将其抽放势必造成大气污染，若能合理开发利用则其又是清洁高效的能源。我国已在山西、河南、辽宁、重庆等的瓦斯突出矿井及高瓦斯矿井建起了瓦斯发电站，电站余热还可用于供暖、洗浴。煤层气的资源化利用不仅可有效地解决煤矿瓦斯事故、改善煤矿安全生产条件，还有利于增加洁净能源供应、减少温室气体排放，实现保护资源、保护环境的多重效益。

④ 粉煤灰

粉煤灰是热电厂采用燃煤生产电力过程中排出的一种废渣，是排量较大的工业废渣之一。目前其综合利用的途径主要是用于建筑材料、回填、改良土壤、制备农肥以及高分子填充材料等。

⑤ 矿井水

我国煤炭行业每吨煤平均排水 4 m^3，资源化利用率仅占 20%左右，近 80%的矿井水不经处理直接排放。矿井水大量外排造成周边环境污染。矿井水的综合利用对实现矿区循环经济具有重要的现实意义。

⑥ 焦炉煤气和炼焦化学产品

煤炼焦过程中产生的荒煤气经过冷却和吸附剂处理得到净化的焦炉煤气和炼焦化学产品。发展焦炉煤气和炼焦化学产品的生产及综合利用在国民经济中具有重要作用，也是焦化厂提高经济效益的重要途径。

2.3.2 洁净煤技术

煤炭是世界一次能源的重要组成部分。但是它在为社会做出巨大贡献的同时，在其开采、加工、储运和使用过程中，也产生一系列环境污染问题。因此，必须提高煤炭的利用率，减少燃煤对大气的污染，发展洁净煤技术，以解决煤炭在开发利用中效率低和污染严重的问题。洁净煤技术以高效、清洁利用煤炭为目标，是当前世界各国解决环境问题、促进经济与社会可持续发展的主导技术之一，同时也是国际上高技术竞争的重要领域，从而引起世界各国的重视。我国是一个富煤、贫油、少气的国家，未来能源发展的政策仍是“煤为基础，多元发展”。因此，在我国大力发展洁净煤技术显得更为迫切。

(1) 洁净煤技术概述

① 洁净煤技术的提出

煤炭在其开发和利用过程中带来一系列环境污染问题，尤其在温室效应、酸雨、臭氧层破坏等全球环境以及煤烟型区域性污染方面，严重危及生态平衡与人类生存。全球变暖和酸雨等问题不断出现，严峻的现实迫使人们采取新的战略和措施，以维护人类赖以生存的条件。

“洁净煤技术”一词是美国和加拿大为解决燃煤跨国污染问题于 1986 年 1 月正式提出的。欧盟和日本于 20 世纪八九十年代相继投入巨资，开展洁净煤技术的研发。我国于 1995 年成立国家洁净煤技术推广规划领导小组，组织制定了《中国洁净煤技术“九五”计划和 2010 年发展纲要》。“十五”期间，洁净煤技术被列入国家 863 计划，成为能源技术领域主题之一。

② 洁净煤的概念

洁净煤技术(clean coal technology,CCT)是指在煤炭从开发到利用的全过程中,旨在减少污染物排放和提高利用效率的煤炭加工、转化、燃烧及污染控制等一系列新技术的总称,是使煤作为一种能源实现最大限度的潜能利用,而将释放的污染控制在最低水平,实现煤的高效、洁净利用的技术体系。

洁净煤技术具有以下几个显著特点:首先,洁净煤技术以高硫煤为原料,以碳化学为基础,采用多样化工艺,实现煤炭资源的优化配置、高效和清洁利用;其次,洁净煤技术涉及物理学、化学、生物学、地质学等多个学科,化工、热工、环境等多项技术,是一项多层次、多学科、综合性很强的系统工程;最后,洁净煤技术注重综合效益,实现了环境友好和经济发展的双重效益。

(2) 洁净煤技术内涵

由于各国的国情不同,洁净煤技术研究的重点也不同。通常,洁净煤技术研究领域包括煤炭燃前处理技术、煤炭燃中处理技术、煤炭燃后处理技术、煤炭转化技术、煤炭共伴生资源利用技术等五个方面。

① 煤炭燃烧前处理技术

煤炭燃烧前处理技术主要包括选煤、型煤、水煤浆技术。

a. 选煤

选煤是指除去或减少原煤中所含的灰分、矸石、硫分等杂质,并可在筛分过程中,按不同煤种、灰分、热值和粒度分成若干等级以满足不同用户需要。煤炭分选加工是提高热能利用率、减少环境污染的重要措施。根据原煤可选性,选煤厂常用的工艺有跳汰、重介旋流器、重介浅槽、动筛跳汰、浮选等。其他选煤方法还有风选、螺旋分选等。

b. 型煤

型煤工业的发展已有100多年的历史。型煤是以粉煤或其他碳质粉料为主体,配加或不配加黏结剂,用手工或机械方法加压成型的具有一定形状和大小的块状燃料。最早的型煤是利用劣质煤和煤矿区废弃的煤粉,予以加压代替块煤使用;随后市场上有黏结剂成型的型煤,及热压成型的型煤,生产出大批的民用、工业用型煤;随着环境保护对燃煤的要求日益升高,在型煤中开始添加一定比例的石灰,以减少硫的排放。同时,型煤燃烧时比粉煤及煤末燃烧要少排放微尘,且能提高燃烧效率。因而型煤的节能和环保双重效益引起了各国的重视和推广,其成为洁净煤技术之一。

c. 水煤浆

水煤浆是把低灰分的分选精煤研磨成微细煤粉,按煤约70%、水约30%和约1%化学添加剂配制而成的煤水混合物,是一种新型煤基液体燃料。这种煤水混合物既能保持煤的物理和化学性质,又能像石油一样具有良好的流动性和稳定性,并且易于储运;能雾化燃烧,其燃烧效率比烧一般煤的高;属于低污染的洁净燃料,能起到代油的作用,有节能、环保多种效益。

② 煤炭燃烧中处理技术

煤炭作为一次能源,主要是燃烧利用其释放的热能。煤炭燃烧大部分是用于发电,在煤炭燃烧发电过程中,采用先进的燃烧技术使产生的污染减到最少是洁净煤技术的一个重要部分。洁净煤发电技术有以下几种。

a. 先进的燃烧器

先进的燃烧器能够改进燃煤的电站锅炉、工业锅炉和窑炉的设计和燃烧技术，减少燃烧时产生的污染物排放，并提高燃烧效率。通过改进燃烧器(包括煤粉喷嘴)可以稳定燃烧，减少 NO_2 的生成，提高燃烧效率。对于中小容量的链条炉，采用分层燃烧方式，具有良好的提高燃烧效率及降低排尘的效果。

b. 常压流化床燃烧技术

流化床燃烧是一种在流化床锅炉内进行的流态化强力翻滚下的浓相燃烧。将 8 mm 以下的煤粒与石灰石一起送入锅炉，锅炉底部有无数喷嘴向上吹热风，使煤粒与石灰石粒随上升空气而上下浮动，形成沸腾状态(叫流化层)，炉内燃烧温度控制在 850 ℃以下。流化床技术早期应用于鼓泡流化床锅炉(或称为沸腾炉)。

c. 增压流化床联合循环技术

增压流化床联合循环技术是 20 世纪 80 年代开发的发电技术之一，它与常规的燃油、燃气联合循环发电技术相比，具有可直接燃煤且 NO_2 排放少的优点；它与常规的燃煤发电相比，具有热效率高、污染低的优点；与常压流化床技术相比，它具有煤种适应性更广，综合经济效益更高的优点。因而该技术具有十分广阔的发展前景。

d. 整体煤气化联合循环发电技术

整体煤气化联合循环发电技术，是一种先进的燃煤发电技术。它先将煤炭气化、净化，然后以煤气作为燃气轮机的燃料，其燃烧后的高温排气进入锅炉，产生蒸汽而驱动汽轮机发电。该技术系统主要由四个部分组成：原煤的加工处理装置、煤炭气化装置、煤气净化装置、联合循环发电装置。

该技术的主要特点是高效率。由于采用联合循环，热得以充分利用，其整体效率比一般燃煤电厂的效率可以高出 10%以上。对于该技术系统使用的燃料，褐煤、烟煤、硬煤、高硫煤、中硫煤等都可以，其他如重油、石油油渣、生物资源等也都能使用。由于采用了较彻底的烟气净化手段，控制了 SO_2、NO_2 及烟尘的排放，该技术是一种低污染、环保性能优良、节约燃料(热效率高)的发电方式。

③ 煤炭燃烧后处理技术

煤在燃烧时，其含有的硫将生成 SO_2，同时空气中的氮在燃烧煤时的高温下形成 NO_2，随烟气(包括 CO_2 及少量 CO)排入大气。煤中所含的灰，在煤中的碳及挥发分燃尽后大部分形成渣而从炉底排出，小部分形成颗粒很小的灰，随烟气排入大气。因此煤燃烧后的洁净技术主要是烟气净化技术；渣的污染程度不大，主要是其利用问题，现已有成熟的渣利用技术。

a. 烟气脱硫技术

燃煤中的硫含量，因煤的产地、品种不同而各异，优质煤硫含量在 0.5%以下，硫含量在 2%以上的煤为高硫煤。煤在燃烧过程中，煤中的硫将生成 SO_2。SO_2 排至大气中将形成酸雨，酸雨是地球环境的一大公害，对森林的损害特别严重，对国民经济也会造成巨大损失(包括损坏古迹等)。因此世界各国都对(特别是火力发电厂产生的)SO_2 的排放做了具体的规定(包括总排放量及单位烟气中含有 SO_2 的量)，有些要求燃煤电厂装设脱硫装置。

b. 烟气脱硝技术

燃煤产生的 NO_2(氮氧化物)是导致化学污染的主要原因之一，也是形成酸雨(硝酸)的原因之一，因此，对 NO_2 的排放有严格的要求。NO_2 主要是煤燃烧时产生的高温使空气中的氮与氧结合而生成的。因而主要应从改善燃烧着手，必要时再在烟气中采用脱硝技术。改进燃烧的主要技术有：降低空气的过剩系数；降低炉膛内的燃烧温度；采用分级燃烧、分级供风，使主燃烧区在供氧不足状况下燃烧，以降低燃烧温度；改进燃烧器，采用低 NO_2 燃烧器。

采用上述改进燃烧技术可以一定程度上降低 NO_2 含量，但烟气中的 NO_2 含量仍然很高时，就需要采用烟气脱硝技术。因为需要处理的烟气量很大，且烟气中还含有 O_2、H_2O、SO_2、CO_2 及烟尘等物质，所以处理起来比较困难且费用很高。一般以氨为还原剂，使烟气中的 NO_2 与氨在催化剂的作用下还原生成水和氮气。

④ 煤炭转化技术

该技术主要是指煤炭经过热加工或化学加工转变成新的物质（或热能）的各种工艺。世界上正在发展煤的气化及液化工业，并已取得了一定的效果。

a. 煤的气化

煤的气化在 200 多年前就已开始，指在一定的压力、温度条件下，在反应器内用某种气化剂使已做过适当处理的煤以一定的流动方式进行热加工，将煤转化为可燃气体。煤的气化使难于处理、难于去除杂质的固体煤转化为净化的燃料气体。通过多年的逐步改进，到目前已工业化的煤的气化方法有：固定床气化（包括常压、加压及固体排渣和液态排渣）、流化床气化（包括常压和加压）、气流床气化（包括常压和加压）、熔融床气化（常压）。气化技术可将所有种类的煤转化成各种气体产品（包括城市民用和工业工艺用燃料气、发电燃料气、化工原料气）。煤炭气化不仅可以提高煤炭利用效率，而且能很大程度上使煤中的硫、氮等氧化物被去除，减少污染物的排放。

b. 煤的液化

煤的液化是将煤转化为清洁液体燃料或化工原料的一种洁净煤技术，液化方法主要可分为直接液化和间接液化两大类。20 世纪初就开始了煤的直接液化研究工作并取得了成效。煤的液化是在较高压力和温度下，在催化剂作用条件下，采用加氢的方法而制取烃类燃料。现世界上已有多种工艺，如溶剂精炼煤法、供氢溶剂法、氢煤法、溶剂萃取法和溶剂分解法等，特别是两段液化和煤油共炼技术，已属于成熟的技术。

煤的直接液化主要采用费-托法。经过不断改进，低温费-托法及高温费-托法可以生产不同要求的液体燃料（如汽油、烃、柴油、燃料油等）。煤也可以液化制造甲醇。

⑤ 煤炭共伴生资源利用技术

a. 煤矸石综合利用

煤矸石中有不少共生矿物。将这些共生或伴生矿物分离出来，也是洁净煤技术中的重要部分。这些共生或伴生矿物可用于回填采空区、建筑工程填料、筑路造地、回收有用成分、燃料、建筑材料和改良土壤等方面。

b. 粉煤灰综合利用

从煤燃烧后的烟气中收捕下来的细灰称为粉煤灰，粉煤灰是燃煤电厂排出的主要固体废物。粉煤灰是我国当前排量较大的工业废渣之一，现阶段年排渣量已达 3 000 万 t。随着电力工业的发展，燃煤电厂的粉煤灰排放量也将逐年增加。

粉煤灰焙烧过程中不需要添加任何燃料，因此具有低能耗、无污染等优点。粉煤灰可用于矿区回填和改良土壤，掺于混凝土中可用于桥梁、堤坝、高层建筑底板、核发电站的安全壳等，还可用于墙体材料烧结砖、粉煤灰陶粒、陶粒混凝土、蒸养砌块、粉煤灰水泥、加气混凝土等领域。

c. 矿井水与煤泥水净化及利用

伴随着煤炭开采排出的矿井水是一种多元混合物，包括地面渗透水和岩体裂隙水等，含有机污染物和多种有毒、有害物质(如汞、镉、铬、砷、铅、硫等)。这些物质如果超过允许的限度，就会造成严重污染。大部分矿区的矿井水与生活用水一起排入河流，不但降低了水体质量，影响了水体的使用价值和水生生物的生长，也严重影响了河流沿岸的自然景观，造成了水资源的严重浪费。为此，矿井水处理及综合利用是当今急需研究的课题。

煤泥水处理技术主要是指煤炭在分选加工过程中产生的介质用水的处理技术。煤泥水处理和煤炭的分选加工密切相关，煤泥水处理的发展变化也紧密伴随着煤炭分选加工的发展变化。只不过随着对选煤产品的要求愈加严格、选煤工艺的愈加复杂、选煤厂的大型化愈加明显，以及水资源的愈加珍贵和环境保护标准的愈加苛刻，煤泥水处理已经变成了整个选煤工艺中涉及面最广、投资最大、最复杂、最难管理的工艺环节。煤泥水治理的目标就是泥水分离。采用工业上成熟的固液分离技术，从煤泥水中分离、回收不同品质的细粒产品和适合选煤厂循环的用水，做到分选水闭路循环，在煤泥水必须排放时做到能符合环境保护的要求，不污染环境。

d. 煤层气开发利用

煤层气是以吸附、游离状态赋存于煤层及其围岩中的以甲烷为主的天然气体。煤层甲烷随煤炭的开采涌入矿井，对煤矿安全生产造成严重威胁；煤层甲烷排入大气成为一种强烈的温室效应气体，能破坏臭氧层。甲烷是仅次于 CO_2 占第二位重要的温室气体，且对温室效应的时效快。实际上煤层甲烷也是一种优质、高效、洁净的能源，燃烧时无 SO_2 气体和烟尘排放，产生的 CO_2 气体少，热值达 33 494～37 681 J/m³。按热值计算，约 1 000 m³ 甲烷相当于 1 t 标准煤。

煤层气采集有两种途径：一是地面垂直井开采。这种方式是在地面打垂直井，直达煤层。通过钻井，在煤层中形成通道，然后利用抽采设备将煤层气抽至地面。它便于集中管理和大规模开采，可有效提高采收率。二是井下抽采，主要应用于煤矿开采过程中。在井下煤层中设置抽采钻孔或者利用巷道等空间，借助专门的抽采系统将煤层气抽出。这样做一方面可以降低煤矿开采中的瓦斯灾害风险，另一方面也能回收煤层气资源。

(3) 洁净煤技术在我国的重要地位

煤炭是我国能源的主体。在今后相当长的时期内，其主导地位不会发生根本性的改变，但煤炭开发和加工利用对环境保护产生的压力越来越大，所以我国加大了洁净煤研究与开发的力度。发展洁净煤技术，减少环境污染、提高能源利用效率、减少能源消费总量，是我国能源发展的必然选择。

① 发展洁净煤技术有利于提高煤炭利用效率，减少粉尘和污染。

a. 采用煤炭加工技术(如分选煤、型煤、配煤和水煤浆技术)，可有效减少原料煤的灰含量和硫含量，实现燃烧前脱硫降灰。采用先进选煤技术，可降低原煤灰分 50%～80%，脱除黄铁矿硫 60%～85%，还可大量减少煤炭无效运输。燃用固硫型煤可减少 SO_2 排放 30%～40%，减少烟尘 70%～90%，节煤 15%～27%，燃烧效率提高 10%～20%。水煤浆用于工业锅炉，燃烧效率可达94%～95%，锅炉效率可达80%～83%，排放SO_2、NO_2、烟尘等均低于国家排放标准。

b. 采用先进的煤炭燃烧技术，可有效提高燃烧效率，实现燃烧中脱硫。循环流化床燃烧劣质煤，效率可达85%，炉内脱硫率可达85%；IGCC（整体煤气化联合循环机组）能源利用效率可达42%；采用先进的工业锅炉技术，可提高锅炉热效率。

c. 采用煤炭气化和液化等转化技术，可将煤炭转化为清洁的二次能源，在加工过程中脱除硫、灰等有害物质。

d. 采用烟气净化技术可实现燃烧后脱硫，脱硫率达90%以上。

e. 采用矿区生态环境技术，可有效减少煤炭开采带来的矿石和水等的污染，有效改善矿区环境，实现资源综合利用。

洁净煤技术的广泛采用，将带来我国煤炭加工利用技术水平的总体提高，煤炭通过采用洁净煤技术可实现清洁利用，提高终端能源利用效率，并通过节能有效减少CO_2排放。

② 发展洁净煤技术有利于保障能源安全。

发展洁净煤技术，在充分利用我国丰富的煤炭资源的前提下，解决环境污染问题，在相当程度上也可以缓和我国石油、天然气供应不足的问题，且经济投入和运行成本大大低于采用石油和天然气的，有利于我国清洁能源的发展及长远的能源安全。

③ 发展洁净煤技术有利于调整产业结构。

目前是我国产业结构调整的重要时期。一些污染重、效率低的工艺、技术和设备将被逐步淘汰，而有利于环境保护、效率高的新技术和装备将逐步占领市场。利用洁净煤技术可将先进技术与传统技术的升级改造结合起来，在实现技术进步的同时，促进产业和产品结构的调整。

煤炭企业在调整产业结构中，通过大力发展先进的煤炭加工技术（原煤、配煤、水煤浆等）和加大煤炭就地转化（发电、气化、液化等），可生产适销对路产品，增加企业经济效益。其他主要用煤企业结合调整产业结构，采用先进的燃煤技术和煤转化技术，可有效提高能源利用效率，降低污染，提高企业整体技术水平。洁净煤技术集电子、信息、自动化、环境科学等高技术于一身，所以发展洁净煤技术可以带来洁净煤技术设备加工、后续服务等相关产业的发展，促进行业及区域经济的发展。

④ 发展洁净煤技术有利于国民经济可持续发展。

目前是我国国民经济的重要发展时期。发展洁净煤技术对于改善终端能源结构，实现能源、经济、环境协调发展将起到积极的促进作用。西北地区是我国的重要产煤区，发展洁净煤技术，将有利于西部大开发战略的实施。东南沿海发达地区采用先进的洁净煤技术，可保证清洁能源的安全供应，使经济和环境得到良性发展。

2.4 煤炭发展现状和前景

“十四五”期间，为积极应对国家日益严格的生态环保要求，煤炭企业增强生态环保意识、积极承担社会责任、大力开展生态环境保护和整治改善修复再造工作，努力发展资源综合利用、挖掘节能增效减排潜力，取得了较大的成果。生态文明矿山建设稳步推进，出现了一批科技装备先进、资源消耗少、生态环境好、智能化水平高的生态文明煤矿。充填开采、保水开采、煤与瓦斯共采、井下排矸、采空区地下水库等源头减损、减沉、减排绿色开采技术不断推广应用。节能降耗取得新进展，能源管理体系不断完善。矿井水源、乏风源等热泵余热利用技术发展较快，矿区新能源置换和替代燃煤小锅炉工作取得了较大成效，资源综合利用水平不断提高。共伴生高岭土、油母页岩、高铝粉煤灰、硫铁矿、石灰石等综合利用产业化步伐加快。煤矿节能减排和资源综合利用工作的深入开展，节约了资源，保护了生态环境，改善了矿区形象。

2.4.1　煤炭发展现状

(1) 煤矿开采技术的现状

我国地区经济和科学技术发展的不均衡，导致不同区域的煤矿开采技术有较大的区别，往往是机械化、半机械化和手工生产同时存在，结构较为复杂。经过多年的发展，我国已经有很多较为成熟的煤矿开采技术。

① 深矿井开采技术

深矿井开采是指开采深埋距地面800～1 200 m之间的煤层。深矿井中的煤层归纳起来有五个特点：原岩应力大、岩体塑性大、矿山压力显现剧烈、地温高、矿井瓦斯含量高。这五个特点对煤层开采的相关技术提出了很高的要求，与之相关的技术包括矿压控制、瓦斯和热害治理、围岩控制、巷道布置、冲击地压防治、深井通风等。

② 采场围岩控制技术

目前该技术也已成为众多采矿技术的核心。该项技术的相关研究人员为采场顶板结构、采场顶板运动参数、采场支承压力分布规律等理论的提出和革新做出了不可磨灭的贡献。

③ "三下一上"矿井采煤技术

"三下"是指在三类物体之下，即在建筑物、铁路、各种水体下；"一上"为承压水体之上。该技术是不会破坏地面的矿井采煤技术。该技术在我国的应用开始于20世纪50年代中期，一经提出便得到了广泛的应用。

(2) 煤矿开采中遇到的问题

① 水资源遭受破坏

在现代煤矿开采中，需要有先进的开采技术作为支撑，但是在此过程中难以避免对水资源的破坏。我国是世界上淡水资源严重缺乏的国家之一，也是淡水资源分布极不平衡的国家之一。如果在煤矿开采过程中不对水资源加以保护，会对水资源的循环带来威胁。

② 瓦斯处理系统不完善

瓦斯是煤矿开采安全的首要威胁，因此对于开采过程中瓦斯的处理会直接影响煤矿开采的安全。对于瓦斯的处理不完善也会对大气中的臭氧层造成较大破坏，加剧温室效应。

(3) 煤炭企业的行业特征

① 煤炭资源有限性

煤炭是不可再生的资源。为了有效地开发、利用煤炭资源，国家根据煤炭资源的分布情况，建设了若干煤炭生产企业，每一个企业拥有一定数量的煤炭资源。单从每一个企业拥有的煤炭资源的数量来看，是一个庞大的数字，但是随着开发利用的不断进行，煤炭资源的储量会越来越小，直到枯竭。所以一个大型煤炭生产企业的寿命也就是100 a左右的时间，这一点与非开发资源企业有着一定的区别。

② 投资建设规模庞大

大型煤炭生产企业的建设投资一般都在几十亿元以上，需要建设十几年，一旦建设起来便可以解决相当一部分人员的就业问题。从目前国有煤炭生产企业拥有的职工来看，加上附属企业职工和职工家属，一个煤炭生产企业一般都有十几万到几十万人，相当于一个中型城镇的规模。

③ 产品单一

在计划经济条件下，由于煤炭的销售、运输都由国家统一安排，这种单一产品的生产方式对企业没有什么影响。然而进入市场经济后，尤其随着社会的发展，煤炭生产企业的产品必须考虑满足市场的各种需求。

2.4.2 煤炭开发利用前景

(1) 煤矿开采技术的发展趋势

① 高效集约化

现代煤矿开采企业为了不断提高开采效率、降低人为安全事故概率、提高经济效益，需要采用大量先进的煤矿开采技术及相关设备，将计算机技术应用于煤矿开采生产，实现综合采矿机组的机电一体化目标，进而提高整个生产过程的自动化能力。

② 智能自动化

我国煤矿开采企业面临着智能化、自动化升级的要求，只有广泛地采用机械化、自动化、智能化的设备才能提升我国煤矿开采的技术水平。从当今科技发展水平来看，对煤矿开采的全程自动化监测控制已成现实。

③ 可持续发展

任何一个企业的可持续发展都离不开对环境保护的可持续性。因此国家对煤矿开采也逐渐侧重于环境保护，相继出台了一些相关规定，旨在保护环境免遭人为破坏。

(2) 煤炭资源高效利用发展趋势

① 煤炭地下气化

煤炭地下气化以其诱人的前景，促使各国投入了大量的人力、物力和财力进行研究，并取得了丰硕成果。美国能源部宣称：煤炭地下气化技术已经成熟，一旦再出现能源危机就将启用该项技术。我国目前利用有井式气化炉，采用长通道、大断面两阶段地下气化工艺，利用煤与水蒸气的热解反应，可以生产热值为 8.36 MJ/m^3 以上的水煤气，且氢含量 70%左右。水煤气除供直接燃烧使用外，还可以提取纯氢，为氢能开发提供廉价的原料气，是部分可再生能源。这一工艺为过渡到再生能源时代架起了桥梁。

② 废弃矿井资源利用

我国待开发利用的废弃矿井达 10 000 余处，废弃矿井中赋存煤炭资源量高达 420 亿 t，非常规天然气近 5 000 亿 m^3，地下空间资源超 156 亿 m^3，新增采煤沉陷区面积超 6 万 km^2，矿井水、地热等资源丰富，新型清洁能源供储潜力巨大。国内外在废弃矿井瓦斯抽采、抽水蓄能、压缩空气储能、油气储备、光伏发电等方面开展了部分研究工作，并取得了一定进展，其中徐州、抚顺等资源型城市以废弃矿井资源开发利用为抓手，提升了潘安湖采煤塌陷区、抚顺矿业集团西露天矿等资源区经济功能和生态功能，形成了建设“美丽中国”的生动实践，打造了废弃矿井资源开发利用的样板。

此外，我国每年因煤炭开采破坏地下水约 80 亿 t，而利用率仅 25%左右，损失的矿井水资源相当于我国每年工业和生活缺水量的 60%。西部矿区气候干旱，蒸发量是降雨量的 6

倍左右。为保障安全生产，过去的方法是将矿井水外排地表，由于蒸发量大，外排的矿井水很快蒸发损失。为此顾大钊等提出了“以导储用”为特征的煤矿地下水库储用矿井水理念，开发了煤矿地下水库设计、建设、运行和安全监控等关键技术，并在神东矿区成功建设运行了示范工程，构建了西部矿区煤矿地下水库水资源保护与利用理论框架与技术体系。

③ 煤基固废资源化利用

在煤炭开采和利用过程中不可避免会产生固体废弃物，如煤矸石、粉煤灰和炉渣等。若固废综合利用率低，会增加水、土、气等环境污染风险。国内外公开资料表明，煤基固废已有多种利用途径。根据煤矸石、粉煤灰、脱硫石膏、气化渣和炉底渣等煤基固废的组分和性质不同，可分别作为路基材料、建筑装饰材料、硅铝产品原材料、有价元素提取物的原料、土地修复治理材料等，变废为宝。

思考题

1. 什么是采煤工艺？长壁工作面的采煤工艺主要有哪几种？
2. 煤炭开采的主要技术有哪些？
3. 绿色开采的主要内容是什么？
4. 洁净煤技术的概念及煤炭综合利用的定义是什么？
5. 洁净煤技术的主要研究领域是什么？
6. 煤炭综合利用的意义是什么？
7. 粉煤灰的综合利用方式有哪些？
8. 煤炭企业的行业特征体现在哪些方面？

第3章 石油开发与利用

石油作为一种重要的战略资源，是当今世界的主要能源和化工原材料。本章首先详细介绍了石油的概念、组成、成因、性质、分类以及分布等，并从工程实践出发，将石油开采分为勘探工程、油藏工程、钻井工程以及采油工程。然后介绍石油资源从储层举升到地面的全过程，且在石油利用中阐述石油的产品分类及用途。最后，介绍了石油工业面临的问题，探讨未来石油工业的可持续发展路径。

3.1 石油概述

约在公元前3 000年，人类开始采集、利用石油。美索不达米亚、死海、尼罗河流域、阿普歇伦半岛的巴库、中国四川等地是世界上较早利用石油资源的地区。中国北宋的沈括在《梦溪笔谈》一书中最早正式命名“石油”，并预言“此物后必大行于世”。

3.1.1 石油的概念及组成

有人说“石油是工业的血液”，这一比喻揭示了石油在工业生产和现代经济体系中的核心地位，犹如生物体内的血液一样不可或缺。

(1) 石油的概念

根据美国化学家瓦拉斯的定义，一切天然的碳氢化合物(包括气体、液体和固体，煤炭除外)及其混合物，统称为石油。原油指原存于地下储层内，在采至地面后的常温、常压下，脱气未经加工的呈液态或半固态的石油。按这个定义来说，石油包括原油、天然气、天然汽油、地蜡、地沥青及油页岩干馏油等。

(2) 石油的组成

石油的元素组成主要是碳(C)和氢(H)，其次是氮(N)、硫(S)、氧(O)。不同产地的石油元素组成存在差异，但有一定的变化范围。根据相关统计，石油的平均元素组成为：碳85%、氢13%、氮+硫+氧2%。碳、氢两元素主要呈烃类化合物存在，是石油组成的主体。氮、硫、氧元素组成的化合物大多富集在渣油或胶质和沥青质中。

石油的主要成分是烃类，分为饱和烃和不饱和烃。石油中的烃类多是烷烃、环烷烃、芳香烃(图3-1)，而乙烯、乙炔等不饱和烃，一般只在石油加工过程中才能得到。

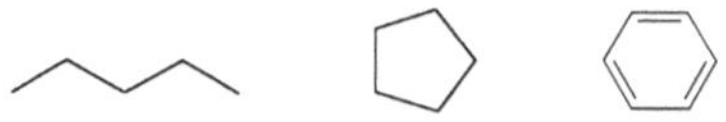

注：从左至右依次为戊烷、环戊烷、苯。

图3-1 三类烃的结构图

① 烷烃

烷烃的分子通式为C_nH_{2n+2}。烷烃是根据分子里所含碳原子的数目来命名的，碳原子数在10个以下的，从1到10依次用甲烷、乙烷、丙烷、丁烷、戊烷、己烷、庚烷、辛烷、壬烷、癸烷来表示，碳原子数在11个以上的，就用数字来表示。烷烃的结构特点是碳原子以单键相连，呈链式。石油中的烷烃包括正构烷烃和异构烷烃。正构烷烃在石蜡基石油中含量高，异构烷烃在沥青基石油中含量高。在常温、常压下，C_1～C_4的烷烃呈气态，C_5～C_{16}的烷烃是液态，C_{16}以上的烷烃为固态。

② 环烷烃

环烷烃的分子通式为C_nH_{2n}。最常见的是由5个C或6个C组成的环，前者叫环戊烷，后者叫环己烷。环烷烃又叫环烷族碳氢化合物，属饱和烃。

③ 芳香烃

芳香烃的分子通式为C_nH_{2n-6}，一般由一个或多个具有特殊结构的苯环组成。芳香烃又称芳香族碳氢化合物，属不饱和烃。

通常以烷烃为主的石油称为石蜡基石油，以环烷烃、芳香烃为主的石油称环烃基石油。介于二者之间的石油称中间基石油。我国原油的主要特点是蜡含量较多，凝固点高，硫含量低，镍、氮含量中等，钒含量极少。

3.1.2　石油的形成与富集

(1) 石油的成因

油气成因的研究是近代石油工业发展的客观要求。关于油气的成因，在学术界概括起来有三种观点：无机成因说、有机成因说和成因二元论。油气无机成因说认为油气是在地下深处高温、高压条件下由无机物变成的；油气有机成因说主张油气是在地质历史上由分散在沉积岩中的动物、植物有机体转化而成的；油气成因二元论是指油气既可以是由有机物转变而来的，也可以是由无机物转变而来的。不同学派在激烈的争论中不断去伪存真，使自身得到完善和发展。考虑目前人类以开发有机成因的油气为主，本书以此为依据进行阐述。

油气有机成因说认为，石油是生物(包括动植物、微生物等)死亡后演变而成的。该学说的主要依据为：几乎所有的油气田都是在沉积盆地的沉积岩中发现的，而在沉积岩中可以见到丰富的生物遗迹。在油气有机成因说中，对油气生成环境和有机质向石油、天然气演变的时期，也有不同的看法，有“海相生油”和“陆相生油”、“早期生油”和“晚期生油”的争论。

(2) 石油的形成过程

按照有机成因说的观点，生成油气的原始物质是地质历史时期中的生物有机质，在生物化学、温度、催化剂等作用下，有机质逐渐向油气转化，在浅层可生成大量天然气，埋藏到一定深度可大量生成石油。

① 沉积有机质

生物体及其分泌物和排泄物可直接或间接地进入沉积物，或经过生物降解作用和沉积埋藏作用保存在沉积物或沉积岩中，或经过缩聚作用，演化生成新的有机化合物及其衍生物，这些有机质通常被称为沉积有机质。油气是由生物死亡后转变而成的，大量有机质的存在就是油气生成的物质基础。

② 干酪根

干酪根是沉积有机质的主体，一般占总有机质的80%～90%。在不同沉积环境中，由不同来源有机质形成的干酪根，其性质和生油气潜能差别很大。干酪根可以划分为以下三种主要类型。Ⅰ型干酪根(称为腐泥型):主要来自藻类沉积物,生油潜能大,每吨生油岩可生油约1.8 kg。Ⅱ型干酪根:来源于海相浮游生物和微生物,生油潜能中等,每吨生油岩可生油约1.2 kg。Ⅲ型干酪根(称为腐殖型):来源于陆地高等植物,对生油不利,每吨生油岩可生油约0.6 kg,但可成为有利的生气来源。

③ 生油条件

沉积有机质是油气生成的物质条件,但要使有机物质有效地保存并向石油转化,还需要适当的环境条件。环境条件可以归纳为两个方面:一是古地理环境与地质条件,二是物理化学条件。适宜的古地理环境与地质条件包括长期被淹没的水体、离岸近的地区、浅海(湖)地区、稳定的水体、地壳长期稳定沉降等。物理化学条件包括细菌作用、温度与时间、压力作用、催化剂作用、放射性作用等,在有机质向油气转化的过程中,上述条件的作用强度不同。

④ 有机质演化成烃过程

在沉积盆地的发育过程中,原始有机质伴随其他矿物质沉积后,随着埋藏深度的逐渐加大,所处的地温不断升高,在缺氧的还原环境下有机质逐步向油气转化。在不同深度范围内,促使有机质演化的物理化学条件不同,致使有机质的转化反应及其主要产物都有明显的区别。油气形成过程大致可分为四个逐步过渡的阶段:生物化学生气阶段、热催化生油气阶段、热裂解生凝析气阶段及深部高温生气阶段。图3-2所示为有机质成烃演化模式,其中R_o代表镜质体反射率(油气成熟度的指标)。

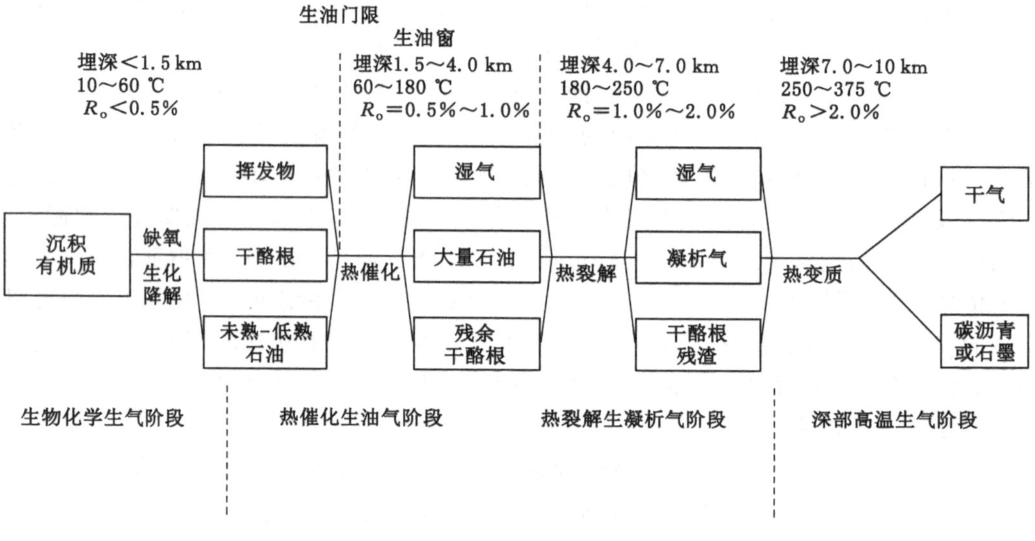

图3-2　有机质演化生烃模式

(3) 油气田形成及聚集

石油地质学家总结实践经验,提出油气田形成要具备生、储、盖、圈四大要素,要经历运移、聚集、保存等过程。生、储、盖、圈四大要素,是指生油层、储层、盖层和圈闭。生油层生成的油气,经过运移到储层,再在储层经过横向和纵向运移,进入圈闭,即形成油气藏。

油气藏是地壳上油气聚集的基本单元。在受单一局部构造控制的同一面积内,若干个油气藏可组成一个油气田;油气田常受一定地质条件的控制而成群、成带出现,构成油气聚集带;有些油气聚集带往往具有同样的油气来源,处在同一含油气区内,发生了油气生成和聚集的过程；一个或若干个含油气区具有统一的地质发展历史，可以组成一个含油气盆地。

3.1.3　石油的性质与分类

(1) 石油的基本性质

① 颜色

我国古代的《富顺县志》有对石油颜色的记载："井里出的油，米汤油色白，绿豆油色清，栀子油色黄，墨漆油色黑，白者为上选。"在重庆黄瓜山和华北大港的油井曾产无色石油，玉门油田曾产暗绿色石油，克拉玛依油田产棕黄色、深褐色石油，四川自流井油气田产黄绿色石油等。石油颜色的深浅主要取决于胶质和沥青质的含量，胶质和沥青质含量愈高，则颜色愈深。

② 密度和相对密度

石油的密度定义为单位体积石油的质量。石油的相对密度，在我国是指在 1 atm 条件下，20 ℃石油和 4 ℃纯水的密度比值，用 d_4^{20} 表示。欧美各国采用 1 atm 条件下，60 ℉石油与 4 ℃纯水的密度比值。美国常用 API 度表示原油的相对密度。

$$\text{API 度}=141.5/\text{原油的相对密度}[60\ ℉(15.6\ ℃)]-131.5$$

因此，API 度与相对密度呈反比关系，原油 API 度越高，相对密度越小，价格越高。原油比水轻，相对密度一般在 0.75～1.00 之间。按 API 度或相对密度对原油进行分类(表 3-1)，我国原油密度大部分在 0.86 g/cm³ 以上，偏重。

表 3-1　原油密度分类标准

类别	API 度	密度/(g/cm³)
轻质原油	＞32	＜0.855
中质原油	32～20	0.855～0.934
重质原油	20～10	0.934～1.000
特重原油	＜10	＞1.000

③ 黏度

石油黏度是指石油流动时分子之间相对运动所引起的内摩擦力。黏度大则流动性差，反之，则流动性好。黏度参数对了解油气运移、进行油井动态分析以及石油储运都有重要的参考价值。黏度大小主要取决于石油的化学组成。分子小的烷烃、环烷烃含量多，黏度就低；石蜡、胶质、沥青质含量高，黏度就高。

④ 溶解性

原油易溶于有机溶剂而难溶于水。原油在水中的溶解度取决于成分和外界条件。烃类在水中的溶解度(甲烷除外)随分子量增大而减小；碳数相同的烃类溶解度比较：烷烃＜环烷烃＜芳香烃。

⑤ 凝点

原油在温度降低到某点时，由于油中溶解的蜡结晶析出，原油黏度增大，失去流动能力，这时的温度叫凝固点或凝点。由于原油是多种烃的混合物，所以它不是在某一温度下凝固，而是在一个温度范围内凝固。一般来说，原油含蜡越多，凝点越高。

⑥ 导电性

原油是一种非导体，其电阻率高达 10^9～10^{16} Ω·m。可利用此性质，用电阻率曲线来判断油水层。

⑦ 荧光性

原油及大部分产品(轻汽油及石蜡除外),在紫外线照射下有发出特殊蓝光的现象,称为荧光。原油的发光现象取决于其化学结构。原油的荧光性现象非常灵敏,只要溶剂中含有十万分之一的原油或沥青物质就可发光。在油气田勘探中,荧光分析可鉴定岩样中是否含油,并大致确定组分。

⑧ 旋光性

当偏光通过原油时,偏光面会旋转一定角度,这个角度称为旋光角。这种能使偏光面发生旋转的特性,称为旋光性。旋光性是天然原油的一种重要特性,是原油有机成因的证据。

(2) 原油的分类

原油因产地、生成原因等不同其组成和性质也不同。为了合理地开采、集输和加工原油就必须对原油进行分类。原油工业分类也称商品分类,分类的根据包括硫含量、蜡含量、胶质含量等。但各国的分类标准都按本国原油性质规定,互不相同。

① 按原油的硫含量分类

低硫原油——硫含量<0.5%;

含硫原油——硫含量在0.5%~2.0%范围内;

高硫原油——硫含量>2.0%。

在所产原油中,大庆油田为低硫原油,胜利油田为含硫原油,孤岛油田则为高硫原油。在世界原油总产量中,含硫原油和高硫原油约占75%。

② 按原油的蜡含量分类

低蜡原油——蜡含量<2.5%;

含蜡原油——蜡含量在2.5%~10%范围内;

高蜡原油——蜡含量>10%。

3.1.4 石油资源的分布特征

(1) 全球石油资源分布

世界石油剩余可采储量分布很不均衡且相对集中,主要分布在中东和美洲地区。据美国《油气杂志》统计,截至2022年年底,全球探明石油剩余可采储量为2 406.9亿t(表3-2),其中欧佩克(OPEC)石油储量为1 701.1亿t,占全球储量的比例为70.68%。石油储量前五强是委内瑞拉、沙特阿拉伯、伊朗、加拿大和伊拉克,总储量高达1 490.5亿t,占全球储量的61.93%。中国剩余探明石油可采储量36.89亿t,在全球排名第13。

表3-2 截至2022年年底全球及各地区石油储量

地区/组织	石油储量/亿t	占比/%
全球	2 406.9	—
OPEC	1 701.1	70.68
中东	1 191.2	49.49
美洲	810.3	33.67
非洲	163.1	6.78
亚太	62.7	2.61
西欧	15.2	0.63

(2) 中国石油资源分布

中国石油资源量分布相对集中，从不同盆地资源情况来看，主要分布在渤海湾、松辽、塔里木、鄂尔多斯、准噶尔等 8 个盆地，且 8 个盆地的地质资源量均大于 10 亿 t，其中东部的渤海湾盆地和松辽盆地石油资源最为富集，石油地质资源量分别达 308 亿 t 和 150 亿 t；中部的鄂尔多斯盆地、西部的塔里木盆地和柴达木盆地石油地质资源量均超过 120 亿 t。从不同层系的资源分布来看，石油资源集中分布于新生界和中生界，其地质资源量分别为 299.73 亿 t 和 359.51 亿 t，分别占全国的 39.18%和 46.99%。从分布深度(图 3-3)来看，常规石油资源集中分布于浅层(＜2 000 m)、中深层(2 000～3 500 m)，深层(3 500～4 500 m)和超深层(＞4 500 m)石油资源量相对较少。

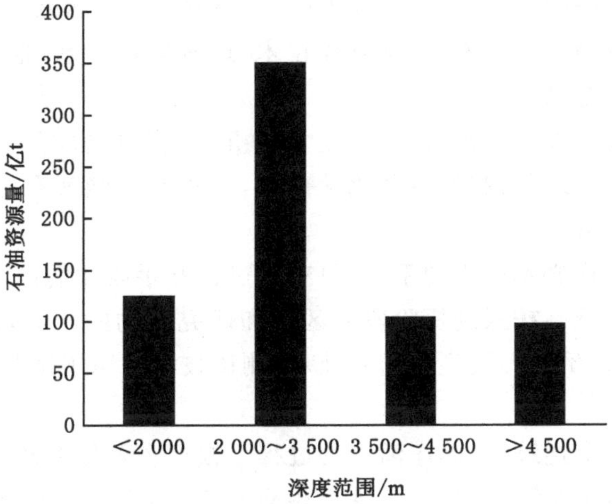

图 3-3　不同深度范围石油资源量分布情况

3.2　石油开采

石油开采是以原油为生产对象进行，根据油气和储层特性建立适宜的流动通道并优选举升方法，经济有效地将地下油气从油藏中开采到地面所实施的一系列工程和工艺技术的总称，整个流程包括勘探工程、油藏工程、钻完井工程和采油工程。

3.2.1　勘探工程

勘探工程是根据石油地质学及相关学科知识和勘探技术，通过一定的勘探方法以最佳方式探明石油储量的一项系统工程。勘探工程的主要任务是高水平、高效率地探明石油储量，按照一定的勘探程序，分阶段、逐级地进行地质和经济评价，筛掉无工业价值的地区，逐步集中勘探研究的“靶区”，直到发现和探明工业油田，收集齐全准确的资料，并计算出石油储量，为评价和开发油田创造条件。

(1) 勘探方法

石油勘探工作就是要寻找石油存在的标志，以便进行下一步的工作。石油存在的标志可分为直接标志和间接标志。直接标志主要有油苗、井下含油显示、荧光显示、气测异常等；间接标志也称地质环境标志，主要有生油岩体、圈闭、水文地质及水化学标志、地球物理和地球化学标志、有利成油带等。油气勘探方法主要有地质法、地球物理勘探法、地球化学勘探法和钻井法等。

地质法是石油勘探工作中贯穿始终的基本工作方法，其研究内容十分广泛，不仅包括石油地质勘探中的一切基本问题，如地面露头区岩性、地层、构造、含油气性研究，井下地质研究，以及地球物理、地球化学等方法进行成果解释的地质依据等，而且还研究区域和局部的油藏形成条件，如生油层条件、储油条件、运移条件、圈闭及保存条件，以确定油藏是否存在及进行远景评价。野外地质调查技术、地质录井技术等都属于地质法的范畴。

地球物理勘探法是根据地质学和物理学的原理，利用电子学和信息论等领域的新技术建立起来的一种间接寻找油气的方法。它利用物理仪器在地面、空中或地下观测地壳中的各种物理现象，根据物理现象的变化推断地下的地质构造特点，寻找可能的储油构造。遥感技术、重力勘探技术、磁力勘探技术、电法勘探技术、地震勘探技术、地球物理测井技术等都属于地球物理勘探法的范畴。

地球化学勘探法简称油气化探，是利用化学分析方法分析岩石、土壤、气体和水中的各种成分，测定地下油气扩散所引起的各种化学变化，分析地下油气存在与分布情况，进而寻找油气矿产资源的一种方法。

钻井是油田勘探工作必不可少的手段，只有通过钻井手段才能最终确定是否存在油藏，以及是否具有工业油气流。按照勘探阶段的区别和研究目的的不同，探井可以分为科学探索井、参数井、预探井、评价井等类型。钻井技术、测试技术等属于钻井法的范畴。

(2) 勘探程序

油气勘探工作是一个连续的、循序渐进的过程。根据主要任务及工作对象等的不同，可将整个勘探过程分为若干个阶段，各阶段既有相对独立性，又有连贯性，这种阶段与阶段之间的相互联系和工作上的先后顺序，称为勘探程序。根据主要任务的不同，常规勘探程序可分为区域勘探（又细分为区域普查、区带详查）、工业勘探（又细分为圈闭预探、油藏评价勘探）两个大阶段、四个小阶段。每个小阶段又可分为若干个小的阶段，分步实施。勘探程序的特点主要表现为：勘探范围由大区域到小区域，依次而又迅速地缩小靶区范围，尽快逼近最终目标——油藏，各个勘探阶段相互关联，资源储量逐步升级。

我国根据勘探开发各阶段对油藏的认识程度将油藏储量划分为探明储量、控制储量、预测储量三级。预测储量也叫可能储量，是Ⅲ级储量，它是在地震详查或用其他方法提供的圈闭内，经过钻预探井获得油气发现或油气显示之后，根据区域地质和类比方法，用容积法估算的储量。控制储量是Ⅱ级储量，它是指一个含油气圈闭有了油气发现之后，正在进行评价钻探，但评价工作尚未全部完成，在这种情况下所计算的储量。探明储量也叫证实储量，是Ⅰ级储量，它是油田在完成评价钻探之后所计算的储量。探明储量是编制油田开发方案、开发建设投资决策和油田生产分析的依据。

3.2.2 油藏工程

一个含油气构造经过初探发现其具有工业油气流以后，紧接着就要进行详探并逐步投入开发。油藏工程综合应用地球物理、油藏地质、油层物理、渗流理论和采油工程等方面的成果及它们提供的信息资料，对油藏开发方案进行设计和评价，以及应用有效的开采机理、驱替理论和工程方法来预测和分析油藏未来的开发动态，并根据这种预测结果提出相应的技术措施，以便获得最大的经济采收率。

（1）油藏工程原理与方法

随着石油科学和开采技术的发展，油田开发方式不断进步。在19世纪后半叶和20世纪初，人们主要采用消耗天然能量的方式开发油田。直到20世纪三四十年代，人工注水补充能量的开发方式才逐步发展起来，成为石油开发史上的重大突破。

利用天然能量开发是一种传统的开发方式，它的优点是投资少、成本低、投产快，只要按照设计的生产井网钻井，不需要增加另外的采油设备，依靠油层自身的能量就可将油气采至地面。依靠天然能量开采一般不能保持油层压力，而达不到油田长期高产、稳产和实现较高采收率的要求。在长期的油田开采实践中，人们找到了一种保持油层压力的方法，就是人工向油层内注水、注气或注其他液体，向油层输入外来能量来保持油层压力。

对于一个具体的油田，选择开发方式的原则是：既要合理地利用天然能量，又要有效地保持油藏能量，以确保油田具有较高的采油速度和较长的稳产时间。

（2）开发层系划分与组合

油田地下的油层通常不止一层，而是有许多油层，有的十几层，甚至几十层，而且每个油层的性质又不同。如果不做区分，将好油层与差油层放在一起进行开采，就会造成有些层出油多，有些层出油少，甚至不出油。

为了合理开发每一个油层，把油田地下渗透率等性质相似、延伸分布情况差别不大、油层压力相近的油层组合在一起，用同一套井网进行开发。在开发一些地质储量极为丰富的多油层油田时，可把多油层按照油层的性质分为几个层系，对每一个层系都单独钻一套井网，分别进行开发，这种方式叫作划分开发层系开采。对每一套开发层系要采用与之相适应的开发方式和井网部署，以减少好油层与差油层之间的相互干扰。

（3）井网部署与注水方式

油田开发的中心环节就是要分层系部署生产井网，并使该井网井距合理，对油藏的控制合理，达到所要求的生产能力。在油田开发所涉及的诸多问题中，人们最关心的问题之一就是井网问题，因为油田开发的经济效果和技术效果在很大程度上取决于所部署的井网。

油田注水方式就是指注水井在油藏中所处的部位和注水井与生产井之间的排列关系。目前，国内外油田应用的注水方式或注采系统，归纳起来主要有边缘注水、切割注水、面积注水等三种。

① 边缘注水

边缘注水就是把注水井按一定的形式布置在油水过渡带附近进行注水。边缘注水方式的适用条件为：油田面积不大，中小型油田，油藏构造比较完整；油层分布比较稳定，含油边界位置清楚；外部和内部连通性好，油层的流动系数较高，特别是注水井的边缘地区要有好的吸水能力，保证压力能够有效地传播，水线能够均匀地推进。

② 切割注水

切割注水方式就是利用注水井排将油藏切割成为若干区块，每个区块可以看成一个独立的开发单元，分区进行开发和调整，这种布井形式又称为行列切割注水（图3-4）。两排注水井排之间可以布置三排、五排生产井。

③ 面积注水

面积注水是指将注水井和油井按一定的几何形状和密度均匀地布置在整个开发区域进行注水和采油。这种注水方式实质上是把油田分割成许多更小的单元。一口注水井和几口

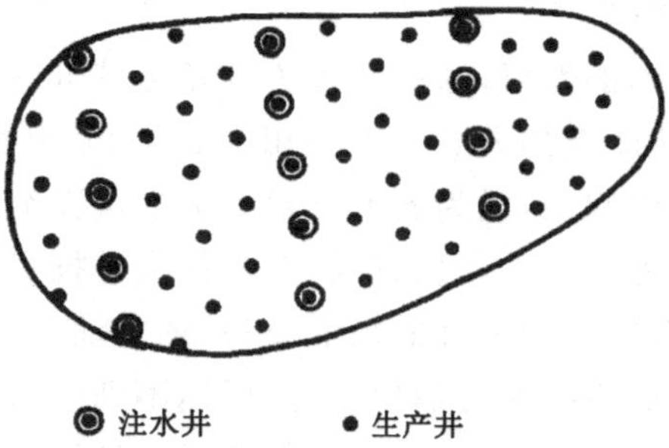

图 3-4　切割注水示意图

生产井构成的单元称为注采井组，又称注采单元。

面积注水方式适用的油层条件为：油层分布不规则，延伸性差；油层渗透性差，流动系数低；油田面积大，但构造不完整，断层分布复杂。

根据油井和注水井相互位置的不同，面积注水可分为四点法面积注水、五点法面积注水、七点法面积注水、九点法面积注水和直线排状系统等。不同的注水系统（图 3-5）都采用以三角形或正方形为基础的开发井网。

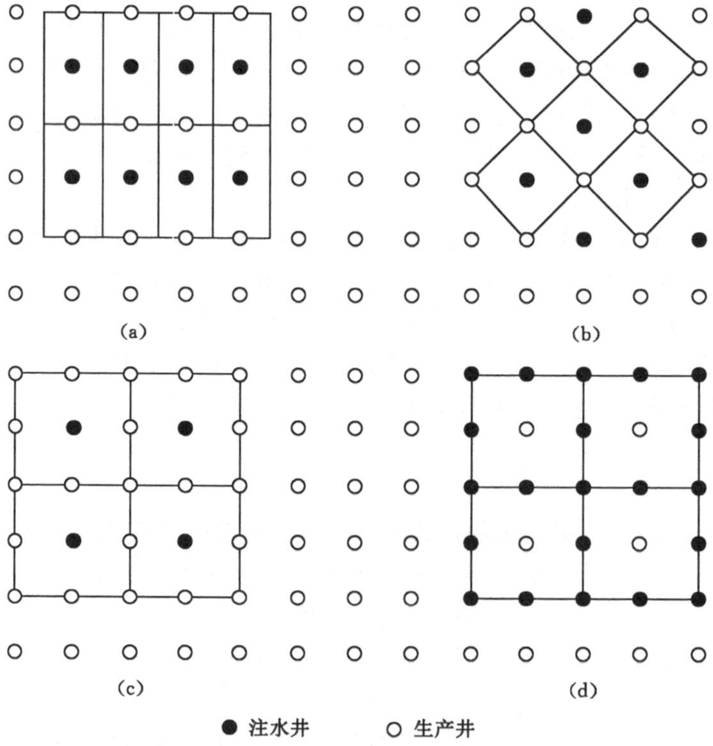

图 3-5　正方形井网下的注采系统示意图

3.2.3　钻完井工程

地下石油资源通常都埋藏在地表以下几百到近万米深的各种岩层内，为了勘探开发这些油气资源，必须从地面建立一条直达地下油藏的密闭通道。钻完井工程就是通过快速高效地破碎岩石、取出破碎岩屑、保护井壁等一系列的工艺技术，建立起一条开采油气的永久性通道。在石油勘探和油田开发的各项任务中，钻完井工程起着十分重要的作用，诸如寻找和证实含油气构造、获得工业油流、探明已证实的含油构造的含油面积和储量、取得有关油田的地质资料和开发数据等。

(1) 钻井

在远古时代，人类为生存和取得地下资源就开始掘井工作。钻井技术的发展一般可分为四个阶段：人工掘井、人力冲击钻、机械顿钻（冲击钻）和旋转钻。目前，在石油钻井中，尽管钻井目的不同，但都是用旋转方法钻井，包括转盘旋转钻井、井下动力旋转钻井及顶部驱动旋转钻井。

① 人工掘井

在未发明井以前，古人傍水而居，过着渔猎生活，河流两岸成为人类的发源地。当人类需要摆脱江河湖沼等天然水源的限制向更广阔的生存空间发展时，水井就应运而生了。水井不仅用来取饮用水，而且还用来灌溉农田。井田制的出现，促进了社会的发展。

挖掘井阶段大约从远古到西周末年，我们的祖先用原始的工具，诸如石铲等手工挖井，井的深度很浅。在公元前15世纪前后我国的甲骨文中就出现了“井”字。

② 人力冲击钻

随着冶铁业的发展，劳动工具不断改进，特别是机械生产工具，如滑轮、杠杆、水碓等的发明与应用，大大促进了钻井工具与技术的发展，出现了顿钻钻井技术。最初的顿钻设备，主要由踩架和井架组成。踩架上有碓板，碓板一端悬挂着钻头，它是直接钻凿岩石的工具；碓板另一端供人踩踏，使钻头反复上提、下顿，产生冲击运动。井架是用来提捞吊升的支架，它有两种形式：一种是四腿塔式的，一种是和“A”式很相似的。井架的顶部横梁上装有滑轮，也就是天车。清除井下岩屑的捞砂筒或汲取井中液体的提捞筒，就是由穿过天车滑轮的绳索提升、下降的。顿钻钻井技术由于采用了机械，所以比人力挖掘井，具有省力、钻进速度快以及能够钻凿较深井等优越性。

③ 机械顿钻（冲击钻）

从19世纪中叶到20世纪初是冲击钻井的近代顿钻阶段，也称机械顿钻阶段。1842年，蒸汽动力用于石油钻井；1859年，人类使用蒸汽动力的绳式顿钻钻机钻出第一口具有商业开采价值的油井。绳式顿钻钻机此后独占主流，20世纪初被旋转钻机所取代。

④ 旋转钻

日常生产和生活中的某些事物常给人以有益的启示：要在硬物上打孔，利用“钻子”钻比用“凿子”凿的速度快得多。旋转钻井方法，就是在这一简单道理的启发下诞生，并不断发展起来的。石油钻井是在钻头上给所钻的地层加一定的压力，使钻头的牙齿嵌入地层，然后旋转钻头，利用旋转钻头的扭矩来切削岩石，并用循环的钻井液将钻屑带出井眼，以保证持续钻进。

旋转钻井（图3-6）通过一套地面设备，即钻机、井架以及一套起升系统将井下钻具提起、下放。如果钻头发生磨损，可将钻具起出换上新钻头，再下钻钻进，这样井不断加深直到将井钻到预计井深。井架、天车、游车、大钩及绞车组成起升系统，以悬持、提升、下放钻柱。接在水龙头下的方钻杆卡在钻盘中，下部承接钻柱（包括钻杆和钻铤）、钻头。钻柱是中空的，可通过循环洗井液对井底进行清洗。工作时动力机驱动转盘，通过方钻杆带动井中钻柱，从而带动钻头旋转。与此同时，动力机驱动泥浆泵工作，使钻井液经由泥浆池→地面管汇→水龙头→钻柱内孔→钻头→井底→钻柱与井壁的环形空间→泥浆槽→泥浆池，形成循环流动，以连续地携带出被破碎的岩屑，清洗井底。

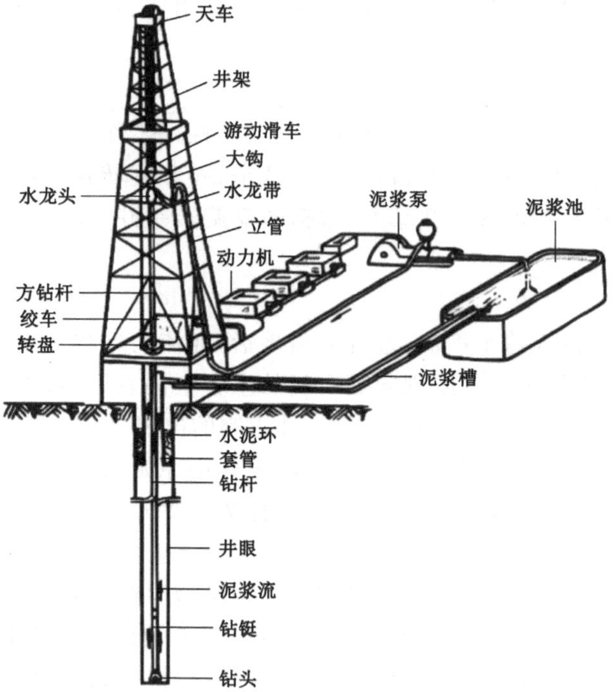

图 3-6　旋转钻井示意图

石油钻井的地面配套设备称为钻机。石油钻机是由多种机器设备组成的一套大功率重型联合工作机组，它的每一种设备和机构，都是有针对性地为满足钻井过程中某一工艺需要而设置的，整套钻井设备由六个系统组成，分别为动力系统、起升系统、旋转系统、循环系统、气控系统、井控系统。

（2）钻完井工艺流程

一口油井从选择井位开始到最后对生产层进行射孔、试油，建成一条永久性的油气流通道，要经过许多个工艺流程，按其顺序可分为四个阶段：钻前准备、钻进、固井和完井，而每个阶段又包括许多具体的工艺流程。

① 钻前准备

在确定井位、完成井的设计后，钻前准备是钻井施工中的第一道工序，主要包括如下几项。

a. 修公路：修建通往井场的运输用公路，以便运送钻井设备及器材等。

b. 井场及设备基础准备：根据井的深浅、设备的类型及设计要求来平整场地，进行设备基础施工（包括钻机、井架、钻井泵等）。

c. 钻井设备搬运及安装：该流程包括设备就位、找正、调整、固定，还有钻井循环管线和保温管线及罐、保温锅炉的安装等。

d. 井口设备准备：包括挖圆井（或不用）、下导管并封固、钻鼠洞及小鼠洞等。

② 钻进

钻进是以一定压力作用在钻头上，并带动钻头旋转使之破碎井底岩石。井底岩石被破碎后所产生的岩屑通过循环钻井液被携带到地面上来，这一过程称为洗井。加在钻头上的压力是利用部分钻柱（钻铤）的重力来完成的，钻头的旋转是由转盘或顶驱动力水龙头带动钻柱旋转来实现的。在使用井下动力钻具时，钻柱不旋转。在钻进过程中，只要钻具在井内，就应不断使钻井液形成循环以免造成井下事故。

在钻进中，钻头不断破碎岩石，井眼逐渐加深，则钻柱也需要接长，因而需要不断加接钻杆（接单根）。钻头在井底破碎岩石，钻头会逐渐磨损，机械钻速下降，当磨损到一定程度时需要更换新钻头。为此，需将全部钻柱从井内起出（起钻），更换新钻头后再将新钻头及全部钻柱下入井内（下钻），这一过程称为起下钻。有时为了处理事故、测井等也需进行起下钻作业。

③ 固井和完井

固井是在已钻成的井眼内下入套管，然后在套管与井壁之间的环形空间内注入水泥浆（在套管的下段部分或全部环空）将套管和地层固结在一起的工艺过程，这样可以保证安全地继续钻进下一段井眼。套管柱的上部在地面用套管头予以固定。完井工程包括：钻开生产层，确定油层和井眼的连通方式即完井井底结构，确定完井的井口装置及有关技术措施。完井的井底结构可分为四类，分别为封闭式井底、敞开式井底、混合式井底和防砂完井。

3.2.4　采油工程

在原始条件下，油层岩石与孔隙空间内的流体处于压力平衡状态，一旦钻开油层这种平衡就被破坏，由于井中的压力低于油层内部的压力，在井筒与油层之间就形成了指向井筒方向的压力降。这时，由于压力降低引起岩石和流体的弹性膨胀，相应体积的原油就被驱向井中，如果油藏压力足够，就可将原油举升到井口，形成自喷采油；如果油藏压力不能将原油举升到井口，就需要借助某些人工举升的办法采油。

（1）自喷采油

自喷采油是指原油从井底举升到井口，从井口流到集油站，全部依靠油层自身的能量来完成。油井自喷生产，一般要经过四种流动过程：原油从油层流到井底的流动——油层渗流、从井底沿着井筒上升到井口的流动——井筒流动、原油到井口之后通过油嘴的流动——油嘴节流、沿地面管线流到分离器/计量站——地面管线流动。四个流动过程，压力损耗占总压力损耗的百分比一般为10%～40%、40%～60%、5%～20%、5%～10%。

自喷采油的基本设备包括井口设备及地面流程主要设备。其中，井口设备主要由套管头（整套井口装置的下端）、油管头（装在套管头的上端）、采油树（油管头以上的部分）组成。地面流程设备主要包括加热炉、油气分离器、高压离心泵以及地面管线等。这一系列流程设备对其他采油方式也具有通用性。

总体来说，自喷采油井口设备简单、操作方便、油井产量高、采油速度高、生产成本低，是一种最佳的采油方式。在管理上要保持合理的生产压差，施行有效的管理制度，尽可能地延长油井自喷期，以获得更多的自喷产量。

（2）人工举升

人工举升采油包括气举采油、抽油机有杆泵采油、潜油电动离心泵采油、水力活塞泵采油和射流泵采油等。

其中，气举采油就是当油井停喷以后，为了使油井能够继续出油，利用高压压缩机人为地把天然气压入井下，使原油喷出地面的方法。该法基于U型管原理，通过装在油管上的气举阀将油套环空中天然气连续不断地注入油管，使油管内的液体与注入的高压天然气混合，以降低液柱的密度，减少液柱对井底的回压，从而使油层与井底之间形成足够的生产压差，使油层内的原油不断地流入井底，并被举升到地面上。

有杆泵采油是世界石油工业传统的采油方式之一，也是迄今为止在采油过程中一直占主导地位的人工举升方式。有杆泵采油包括常规有杆泵采油(图 3-7)和地面驱动螺杆泵采油，两者都是用抽油杆将地面动力传递给井下泵，前者将抽油机悬点的往复运动通过抽油杆传递给井下柱塞泵，后者将井口驱动头的旋转运动通过抽油杆传递给井下螺杆泵。

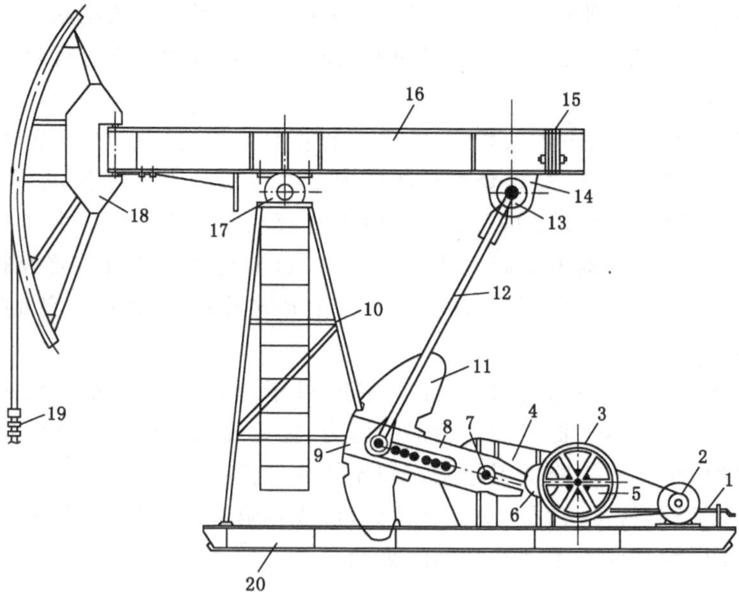

1—刹车装置；2—动力机；3—减速箱皮带轮；4—减速箱；5—输入轴；6—中间轴；7—输出轴；8—曲柄；9—连杆轴；10—支架；11—曲柄平衡块；12—连杆；13—横梁轴；14—横梁；15—游梁平衡块；16—游梁；17—支架轴；18—驴头；19—悬绳器；20—底座。

(a) 游梁式抽油机

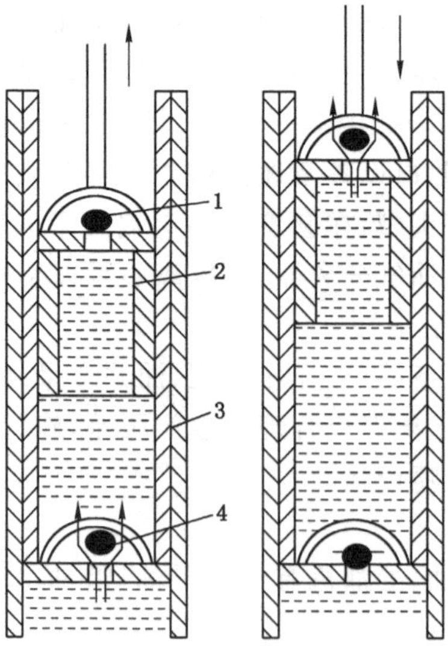

1—游动阀；2—柱塞；3—衬套；4—固定阀。

(b) 抽油泵工作原理

图 3-7　游梁式抽油机及抽油泵工作原理示意图

(3) 水力压裂

水力压裂是采油工程中油井增产和注水井增注的一项成熟技术，在国内外广泛应用。它不仅是已开发低产井增产的重要措施，还是低渗透油田经济高效开发的关键技术。水力压裂就是利用地面高压泵，通过井筒向油层注入具有较高黏度的压裂液。当注入压裂液的速度超过油层的吸收能力时，则在井底形成高压，当该压力超过井壁附近油层岩石的破裂压力时，油层被压开并产生裂缝。此时，继续向油层注入压裂液，裂缝就会在油层内部延伸。为了保持裂缝处于张开状态，向油层注入携带支撑剂的携砂液。携砂液进入裂缝之后，一方面可以使裂缝继续向前延伸，另一方面可以支撑裂缝不闭合。最后注入顶替液，将井筒的携砂液全部顶替进入裂缝。压裂后可在油层中留下一条或多条长、宽、高不等的裂缝，使油层与井筒之间建立起新的流动通道。油层压裂之后，油井的产量一般会大幅度增长。

3.3 石油利用

石油产品是指以石油为原料进行加工，生产出的符合使用标准的多种油品、化工产品等，主要包括石油炼制产品、石油化工产品和石油精细化工产品。

3.3.1 石油炼制产品

石油炼制产品又称油品，主要包括各种燃料油(汽油、煤油、柴油等)和润滑油以及液化石油气、石油焦、石蜡、沥青等。常用的油品大体上可以分为两大类：第一类油品如汽油、煤油、柴油、液化石油气等属于动力燃料范畴的油品，统称为燃料油品；第二类油品如润滑油、润滑脂以及石蜡等，可归类为润滑油品。

(1) 燃料油品

① 汽油

汽油是无色透明液体，比水轻，密度大体在 0.71～0.75 g/cm^3 之间，相当于水密度的 3/4。汽油可以分为车用汽油和航空汽油两种，主要用于点燃式汽油发动机，如用于轻型汽车、摩托车、螺旋桨式飞机等。

汽油的抗爆性能是汽油档次的主要标志，通常以辛烷值来衡量。所谓辛烷值就是人们一般所说的汽油牌号。将抗爆性能较好的工业异辛烷的辛烷值定为 100，较差的正庚烷的辛烷值定为 0，将两者按不同的比例混合，组成标准燃料，用来对比各种汽油的抗爆性。由于测定方法的不同，辛烷值有马达法辛烷值(MON)和研究法辛烷值(RON)两种。我国采用研究法辛烷值，常见车用汽油牌号有 $92^{\#}$、$95^{\#}$ 和 $98^{\#}$ 等。辛烷值越高，表示汽油的抗爆性能越好，油价也越高。

② 煤油

煤油除了点灯照明外，还在工业上被用作洗涤剂，在农业上被用作杀虫药的溶剂，在交通运输业中被用作喷气式飞机的燃料。航空煤油具有较高的热值和密度、良好的燃烧性能、良好的低温性能、良好的润滑性能以及良好的防静电性能。

③ 柴油

柴油是压燃式柴油发动机的燃料，主要用于农用机械、重型车辆、坦克、铁路机车、船舶快艇等。柴油内燃机促进了铁路运输的快速发展，促进了农业机械化的实现。由于柴油机的热效率大于汽油机，同时油耗比汽油机低20%左右，且温室气体CO_2的排放量也比汽油机低，再加上柴油机逐渐轻量化，所以发展了一系列的柴油汽车。

④ 液化石油气(LPG)

液化石油气主要成分为丙烷和丁烷，同时含有少量乙烷和戊烷，在常温常压下为气体，稍加压缩后可成为液态烃，可装入钢瓶送给用户。由于液化石油气的成本低廉、发热量大，所以工厂里常用它来代替乙炔切割金属。供居民生活及服务行业代替煤炭作燃料用的液化石油气，主要来自炼油厂炼制过程中产生的炼厂气以及油田生产的轻烃。

(2) 润滑油品

① 润滑油和润滑脂

润滑油又叫机油，在日常生活中应用广泛。凡是运动着的机器、转动着的部件，都离不开润滑油。润滑油除了具有润滑作用外，还有冷却、冲洗、密封、保护、绝缘、减振等作用。最常用的有代表性的润滑油有内燃机润滑油、机械油、压缩机油、汽轮机油、齿轮油、液压油等。润滑油的品种最多，每一种润滑油都有专门的用途和特殊要求，一般不能互换使用。

润滑脂是一种(或几种)稠化剂和一种(或几种)润滑液体所组成的具有可塑性胶体性质的固体或半固体的润滑剂。润滑脂可用于一般润滑油容易流失的摩擦表面，在常温和静止状态下，润滑脂能黏附在被润滑的表面上。当温度升高和在运动状态下，润滑脂会变软，直至成为流体而润滑摩擦表面；当去掉外界的热源和机械作用后，润滑脂又会逐渐恢复到可塑性状态而具有黏附性。

② 石蜡和地蜡

石蜡具有优良的绝缘性、热溶性、润滑性、可塑性、可燃性和密封性，广泛应用于轻工、化工、电子、建筑、交通运输、医药、农业、林业等领域。石蜡是白色或淡黄色的鳞片状结晶，地蜡则是白色或黄色的细小针状结晶。地蜡常用来制造鞋油、化妆油膏，在工业上还用来制作电气绝缘材料和油漆等。用地蜡还可以制成凡士林，医用的凡士林最纯，呈白色，常用来配制各种药膏。

3.3.2 石油化工产品

石油炼制产品大都是多种性质相近的烃类化合物的混合物，而化工产品大都是单一的化合物，所以化工产品讲求纯度、分子结构等。生产石油化工产品，第一步要从石油中制造出一级基本有机原料；第二步要用一级基本有机原料制造醇、醛、酮、酸、胺等基本有机原料；第三步才能进行各类石油化工产品的有机合成，制成一系列石油化工产品。

(1) 合成树脂

合成树脂最重要的应用是制造塑料。合成树脂占塑料总质量的40%～100%。虽然塑料的基体是树脂，但在大多数情况下塑料中加有添加剂(也称助剂)，这些添加剂常具有特定的功能，可以改进塑料的加工或使用性能。有时添加剂也仅仅作为增量剂使用，以降低制造成本。

塑料可按制造过程所采用合成树脂的性质来分类，一般可分为热塑性塑料和热固性塑料两大类。热塑性塑料加热即软化，并能成型加工，冷却即固化，可以多次成型，如聚乙烯、聚氯乙烯等。热固性塑料加热即软化，并能成型加工，但继续加热则固化成型，固化后的产品即使再进行加热，也不能使其熔化，如酚醛塑料。

在现代材料世界中，同时具有金属般牢固、棉絮般轻柔、玻璃般透明、黄金般稳定等性能者，首推塑料，从宇航员的登月服到手中的提包、衣上的纽扣等几乎都是塑料制品。

(2) 合成纤维

人造纤维是利用自然界中不能直接纺织的纤维素(如木材、棉短绒)，经过化学处理与机械加工制得的纤维，如人造丝、人造棉等。合成纤维以石油、天然气为原料，通过人工合成高分子化合物后经纺丝和加工制得纤维，如涤纶等。目前市场上合成纤维品种很多，主要有涤纶、锦纶、腈纶、丙纶、维纶、氯纶六种。

为了改进各种合成纤维的性能，弥补它们的缺陷，人们研制出各种改性品种和工艺，因而诞生了一系列如异形纤维、空心纤维、复合纤维等改性纤维。化学纤维技术的发展，已从单纯仿天然纤维阶段走向开发具有特殊性能如高强、耐磨、耐热、阻燃、异形、中空、超细、高膨松、高卷曲等阶段。同时，人们将天然纤维与化学纤维按照一定的比例混合纺织成混纺织物，用来制作各种服装，这样既吸收了棉、麻、丝、毛和化纤各自的优点，又尽可能地避免了各自的缺点，而且在价格上也相对低廉。

(3) 合成橡胶

通过人工合成的方法，采用不同的原料(单体)可以合成出不同种类的橡胶。按合成橡胶的用途，一般分为通用合成橡胶、特种合成橡胶以及其他橡胶三大类。

全世界生产的橡胶大约有 80%是用来制造轮胎的。丁苯橡胶比天然橡胶更耐磨，是制造轮胎的理想材料。硅橡胶既耐高温又耐低温，它在 350 ℃不会熔化，−90 ℃也不会龟裂，还能保持很好的弹性，因此，常用来制造适于热带、寒带地区使用的汽车轮胎，还用来制造人造卫星中的各种密封垫圈、胶管和薄膜。丁腈橡胶在汽油中浸泡几年也不会膨胀，所以人们就用丁腈橡胶制造各种耐油的橡胶制品。此外，如橡胶浮桥、橡皮艇、防辐射服装、潜水服等，也都离不开橡胶。

3.3.3　石油精细化工产品

精细化工是在与国民经济各部门相互协调、相互促进过程中发展起来的，它与人们的日常生活和各个产业部门的关系非常密切，涉及的领域也很广泛。精细化工产品品种多、批量少、技术密集、经济效益好。精细化工产品主要有表面活性剂、农药、染料(含颜料)、涂料、黏合剂、医药食品添加剂、助剂和催化剂等，此外还有感光材料、磁记录材料、化学试剂、香料、油田化学品、水处理剂、油品添加剂等。

(1) 表面活性剂

表面活性剂是能改变气-液、液-液、液-固表面性能的物质，通常只需加入少量即可取得明显的效果，以在水中应用为主，少量用在油中。表面活性剂的作用广泛，包括去污、乳化、润湿、分散、发泡、消泡、增溶等。从化学结构上看，表面活性剂由两部分组成，一部分具有亲水性，另一部分具有亲油性。根据在水中的分离情况，表面活性剂分为阳离子型、阴离子型、两性型、非离子型。阴离子型表面活性剂的产量最大，常见的洗衣粉主要是阴离子型。

(2) 农药

农药是发展农业生产必需的物资之一，目前的几百种主要农药都是用油气化工原料生产的。农药厂生产的农药被称为原药。根据农药的特点和施用方法需将原药做成一定剂型(如粉末、药片、药液等)，再作为商品出售。目前，农药正向高效、低毒、低残留的方向发展。

(3) 染料

染料对纺织工业和人们的生活都非常重要。染料主要用于天然纤维和合成纤维的着色。染料通常以粉状、粒状和浆液三种剂型供应市场,还需要进行多种加工并配合助剂(稳定剂、分散剂、润湿剂等)才能作为商品出售。

(4) 涂料

人们所用的家具色彩丰富,完全得益于涂料的使用。涂料不仅可以使家具"光彩夺目",而且可以使其更加牢固。汽车工业、造船工业和建筑行业都离不开涂料,如果没有好的涂料,汽车的外形就不会吸引人,而且寿命还会缩短;轮船常年浸泡在海水里,如果不喷上涂料,轮船航行不了几次就会被海水腐蚀穿孔,而且航行阻力也会增大很多;建造高楼大厦也必须使用防水、防火涂料;等等。

(5) 食品添加剂

我国的饮食文化丰富多彩,但是古老的饮食文化已不能满足现代生活的要求。试想今天的食品罐头、糖果、点心等,如果不加食品添加剂,那么在运输到较远地方的过程中就会变质发霉。食品添加剂不仅可以使食物色彩好、营养丰富,还可以使食物有较长的保质期。

3.4 石油发展现状和前景

石油是重要的战略性矿产资源,在全球经济发展、社会稳定和国家安全中发挥着举足轻重的作用。石油工业的可持续发展是指石油工业的发展要与环境保护、生态建设相统一,要高度重视和解决资源制约和生态环境问题。

3.4.1 石油工业面临的问题

石油工业诞生以来产生了两个重要的问题,一是石油安全生产问题,二是石油环境污染问题。

(1) 安全生产问题

石油安全生产存在防火、防爆、防雷、防静电等问题。

石油在一定温度条件下可以燃烧。通常石油遇热后会蒸发产生易燃性油蒸气,这种油蒸气与空气混合后会形成燃烧性混合物。当这种混合物达到一定浓度时,遇有火源便可燃烧,石油这种燃烧称为蒸发燃烧。石油及其产品属于易燃、可燃性物质,闪点、燃点和自燃点是衡量它们易燃性的三个基本指标。

石油的爆炸是指易燃性油蒸气或天然气与空气混合形成爆炸性混合物的爆炸。可燃气体或易燃液体蒸气与空气的混合物在一定的浓度范围内遇到火源可发生爆炸,遇到火源发生爆炸的浓度范围称为爆炸浓度极限,即爆炸极限。通常,当空气中混合物的浓度低于爆炸下限时,都不会发生爆炸,这是因为空气量过多,可燃物被稀释,使反应无法进行。

石油工业生产中产生的静电多数是由于不同物质的接触和分离或互相摩擦而产生的,例如,成品油在通过管线、过滤器、泵等设备流动时,接触与分离的现象连续发生。当二者接触时,电子从金属体转移至油品。由于油品是非导体,故二者分离后不可能马上恢复电中性,结果二者分别积蓄了等量的正负电荷。当电荷在某些点上积蓄足够多时,就会在电场力的作用下向附近电位较低的物体放电,从而产生火花。

(2) 环境污染问题

环境是指以人类为主体的外部的世界，即人类赖以生存和发展的物质条件的整体。石油工业可能会对大气环境、水环境、土壤环境、室内环境等产生污染。

随着人民生活水平的提高，石油消费量呈现上升趋势，石油燃烧后释放大量的CO_2，使太阳辐射到地球上的热量无法向外层空间发散，致使地球表面变热，这种作用叫温室效应。一种温室气体升温潜力取决于该气体的丰度、所吸收的太阳辐射波长及其在大气层中的寿命。CO_2是人类排放的最主要的温室气体，甲烷是第二大温室气体。另外，汽车尾气中含有上百种不同的化合物，其中污染物有固体悬浮微粒、CO、CO_2、碳氢化合物、氮氧化合物及硫氧化合物等。当上述污染物排入大气后会产生二次污染，产生光化学烟雾、破坏臭氧层等。

土壤污染物通常是指进入土壤环境中影响土壤正常功能、降低作物产量和生物学质量、有害于人畜健康的物质。具体来讲，土壤有机污染物主要有以下三种：一是难降解的有机物，如有机氯类农药、石油、多氯联苯等；二是降解中间产物毒性大于母体的有机物，如三氯乙醛、苯并芘等；三是可降解的有机物，如酚、有机洗涤剂等。

3.4.2 石油工业的可持续发展

石油资源的产量与世界经济的发展和石油资源的开发利用密切相关。自20世纪90年代以来，世界石油资源的探明储量呈逐年上升趋势，剩余探明可采储量稳中有升，非常规石油资源增长强劲。最新全球资源评价结果表明，世界石油资源在相当长的时间内仍可以支撑世界经济的发展。

(1) 常规石油资源

常规石油资源指的是赋存在岩石物性较好的储层中，利用常规的开发方法即能有效开采的石油资源，石油资源品质高，开采成本较低。全球常规石油可采资源量为$4\,879\times10^8$ t。

进入21世纪来，世界石油产量逐年攀升，近十年来产量更是连续高于40×10^8 t（表3-3），但是世界剩余探明石油储量仍在不断增加。剩余探明石油储量是建立在现行勘探技术、开采技术及商业价值基础上进行计算的。随着科技的进步和人类对石油资源认识的不断深化，世界和中国剩余探明石油储量（图3-8）还会增加。

表3-3　2013年以来历年石油产量

年份	全球石油产量/亿t	OPEC石油产量/亿t	非OPEC石油产量/亿t	年份	全球石油产量/亿t	OPEC石油产量/亿t	非OPEC石油产量/亿t
2013年	41.26	16.56	24.70	2018年	44.876	17.559	27.317
2014年	42.23	16.51	25.72	2019年	44.792	16.532	28.260
2015年	43.65	17.31	26.34	2020年	41.755	14.608	27.147
2016年	43.77	17.85	25.92	2021年	42.298	14.948	27.349
2017年	43.85	17.67	26.18	2022年	44.072	16.053	28.019

(2) 非常规石油资源

非常规石油资源指的是赋存在岩石物性较差的储层中，利用常规的开发方法不能有效开采的石油资源，其品质低，开采成本较高，包括重油、油砂油、油页岩油、致密油等。油页岩

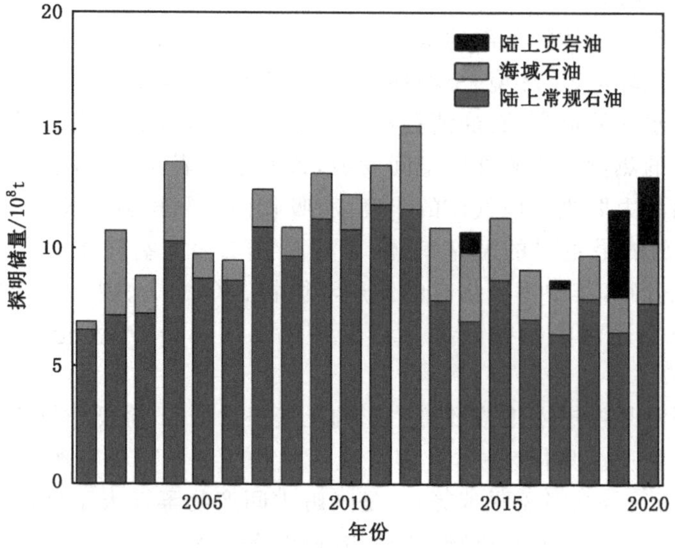

图 3-8 中国新增探明石油地质储量构成

油可采资源量为 2 099×10^8 t,重油可采资源量为 1 267×10^8 t,油砂油可采资源量为 641×10^8 t,致密油可采资源量为 413×10^8 t。在轻质原油唱主角的石油市场上,包括重油等在内的非常规油气资源一直因开采难度大而受到冷落。但随着技术的进步,特别是在轻油价格屡次刷新历史纪录之际,人们将目光投向非常规石油资源。

重油是非常规能源中的常规能源,它是所有非常规油气资源中勘探开发早、开发利用程度高、投入代价相对低的一种能源。广义上讲的重油是指 API 度小于 20、黏度大于 100 cP(1 cP=1 mPa·s)的原油。超重油指的是 API 度小于 10、黏度为 100~10 000 cP(油藏温度条件下)的原油。油砂油指的是 API 度小于 10、黏度大于 10 000 cP(油藏温度条件下)的原油。

油页岩(又称油母页岩)是一种高灰分的含可燃有机质的沉积岩,它和煤的主要区别是灰分超过 40%,与碳质页岩的主要区别是含油率大于 3.5%。油页岩经低温干馏可以得到页岩油。除单独成藏外,油页岩还经常与煤形成伴生矿藏,一起被开采出来。油页岩外观多呈褐色泥岩状,相对密度为 1.4~2.7。

3.4.3 石油工业的可持续发展

要实现石油工业的可持续发展,必须全面落实 HSE 管理体系、加速推进产业升级、大力发展循环经济。

(1) 全面落实 HSE 管理体系

HSE 是健康(health)、安全(safety)和环境(environment)管理体系的简称。HSE 管理体系是由实施健康、安全与环境管理的机构、职责、做法、程序、过程和资源等要素构成的有机整体,这些要素通过先进、科学、系统的运行模式有机地融合在一起,相互关联、相互作用,形成动态管理体系。HSE 管理体系是国际石油行业通行的科学管理体系,突出以人为本、预先策划、体系管理、全员参与、持续改进的管理标准。

HSE 管理体系是在世界石油界多年安全管理、环境管理和健康管理经验的基础之上,引入质量管理(ISO 9000)标准建立起来的,体现了现代石油企业一体化的管理思想。HSE管理体系是企业管理总体系的一部分,与企业控制指南和经营发展战略完全一致,并贯穿于企业管理系统运作的各个方面。

(2) 加速推进产业升级

石油工业依靠高新技术改造传统产业,进行产业升级换代,推动行业的可持续发展。

中石油首次在全球范围内提出了“数字油田”的概念,并将数字油田作为企业发展的战略目标。数字油田刚开始是较为模糊的新概念,但其基本思想立即得到了普遍认可。从2000 年开始,国内外石油和 IT 领域的众多企业家、技术专家、学者、工程师以及管理人员对数字油田的概念进行了深入研讨和完善。广义的数字油田定义为:数字油田是信息技术在油田应用的高级阶段,是油田生产经营业务与计算机网络、数据、应用系统的高度融合。数字油田包括数字石油业务、数字企业文化、数字员工。

石油专家系统是一种智能的计算机程序,它能够运用知识进行推理,解决只有专家才能解决的复杂问题,即一种模拟专家决策的计算机系统。专家系统以逻辑推理为手段,以知识为中心解决问题。据瑞士国际石油咨询公司的报告,该公司推出的石油专家系统可指导盆地的油气勘探与油气开采。

石油精细化工得到快速发展。从科学技术的发展来看,各国正以生命科学、材料科学、能源科学、空间科学和环境保护为重点进行开发研究。新材料如精细陶瓷、功能高分子材料和金属复合材料,现代生物技术如遗传基因重组利用技术、细胞大量培养及细胞融合利用技术等都与精细化工有着密切关系,必将有力地推动石油精细化工的发展。

(3) 大力发展循环经济

CCUS(carbon capture utilization and storage,碳捕获利用与封存)是能源转型的重要发展方向。在 2060 年“碳中和”愿景下,中国每年 CCUS 的碳封存量需要达到 5 亿～26 亿 t,这成为石油工业的重要挑战。美国的 CCUS 已开始进入规模工业化,正在建设的全球最大的 CCUS 项目,计划从休斯敦的石化工业和天然气处理中捕获 CO_2,并将其埋存于密西西比河三角洲的咸水含水层中,深度为 1 000～2 500 m。2030 年将达到 $5\ 000\times10^4$ t/a,在 2040 年将达到 1×10^8 t/a,项目总投资达 1 000 亿美元。中国目前还没有全流程 CCUS 科学研究设施,研究基本是在小规模的全流程 CCUS 先导试验项目以及 CO_2-EOR(二氧化碳强化采油)示范项目基础上开展的。从“碳达峰”到实现“碳中和”,全球平均用时需 53 a,美国用时需 46 a,西方发达经济体平均用时超过 70 a,而中国只有 30 a 时间。中国不但要完成全球最高碳排放强度降幅,还要用全球历史上最短的时间实现从“碳达峰”到“碳中和”,中国的 CCUS 技术发展任重道远。

炼油和石化生产过程向清洁化方向发展。“绿色化、清洁化”成为全球炼油和石化工业追求的目标,主要表现为:使用无毒、无害的原料、催化剂和绿色新材料,从源头控制和削减污染物的产生;改革现有工艺过程,开发绿色技术,减少废物排放,实现从原料供应、生产加工到终端消费全过程的清洁化;加强废物回收和副产品的循环利用,发展循环经济,实现废物处理的减量化和无害化;生产环境友好产品,尤其是清洁运输燃料、可降解合成材料等绿色产品,延长产品的生命周期;加大节能、节油、节水等技术的开发力度,不断提供节能、节油的新产品,提高资源利用效率。

思考题

1. 石油由哪些元素组成？
2. 石油的物理性质有哪些？
3. 生成石油的条件有哪些？
4. 非常规石油资源有哪些？
5. 石油的炼制产品有哪些？
6. 如何实现石油工业的可持续发展？

第 4 章　天然气开发与利用

在“双碳”目标背景下，天然气作为清洁能源在能源消费结构中扮演着重要的角色，有望获得大力发展和应用。本章首先详细介绍常规天然气的概念、性质、开采机理等，以对常规天然气的开发利用有初步认识。其次，介绍非常规天然气（包括煤层气、页岩气等）的概念、特征及开发方式，以了解常见的几种非常规天然气。然后，介绍天然气的利用形式，主要包括城市燃气、工业燃料等。最后，介绍目前我国天然气勘探开发以及生产利用现状，并对未来天然气行业发展前景进行展望。

4.1　常规天然气开采技术

4.1.1　常规天然气概述

(1) 天然气的概念

天然气是指自然界中天然存在的一切气体，包括在大气圈、水圈和岩石圈中各种自然过程形成的气体（包括油田气、气田气、泥火山气、煤层气和生物生成气等）。人们长期以来通用的“天然气”的定义，是从能量角度出发的狭义定义，是指天然蕴藏于地层中的烃类和非烃类气体的混合物。在石油地质学中，天然气通常指油田气和气田气，其组成以烃类为主，并含有非烃气体。天然气主要由气态低分子烃（如甲烷、乙烷、丙烷等）和非烃气体（如二氧化碳、氮气等）混合组成。天然气主要用途是用作燃料，同时也可用于制造乙醛、乙炔、氮、乙醇等化学产品，是一种重要的工业原料。

(2) 天然气的性质

烃类天然气的元素组成与石油的元素组成相似。对于天然气，C 含量占 65%～80%，H 含量占 12%～20%，H/C 原子比在 4～5 之间。从气体组分角度看，甲烷一般占总量的 85%以上；乙烷、丙烷较常见，占总量的 2%～12%；丁烷及以上的烃类含量较低。根据天然气中重烃（C_2以上）含量，把天然气分为干气（贫气）和湿气（富气）。重烃含量高于或等于 5%的定义为湿气，重烃含量低于 5%的定义为干气。湿气多与原油共存，常被称为伴生气。湿气中的乙烷、丙烷、丁烷在增压后可变为液态，故被称为液化石油气。不同地区天然气的组成不尽相同，同一个油气田的不同开采层位生产出来的天然气组成也不大相同，甚至差异巨大。

天然气的主要成分是甲烷，甲烷本身是一种无色、无味、无毒的气体。但空气中的甲烷含量达到 10%以上时，人就会因氧气不足而感到呼吸困难、眩晕虚弱，进而失去知觉、昏迷甚至死亡。天然气中常含有乙烷、丙烷等重烃，因而天然气略带汽油味。含有硫化氢的天然气略带臭鸡蛋味。天然气是多组分的混合物，各组分的密度不完全相同。在地面标准条件下，天然气的密度一般为 0.7～0.75 kg/m^3。天然气的密度随重烃含量增多而增大，随压力增高而增大，随温度增高而减小。对于某些油田伴生气，其密度可达 1.5 kg/m^3。天然气的相对密度是指在相同温度、压力条件下，天然气密度与空气密度的比值(一般在 0.56～1.0 之间)。天然气易与石油混溶，而与水则不易混溶。

热值是指单位质量的燃料燃烧时所产生的热量，是评价燃料质量的重要指标。热值单位以兆焦/千克(MJ/kg)表示。石油平均低位发热量为 41.87 MJ/kg，天然气为 38.97 MJ/kg，原煤为 20.93 MJ/kg。国际上多以标准燃料应用的基热值(标准煤当量的基热值)29.27 MJ/kg 为基础计量，石油、天然气的折算标准燃料系数分别为 1.423 和 1.33。与煤炭、石油等能源相比，天然气在燃烧过程中产生的影响人类呼吸系统健康的物质极少，产生的二氧化碳仅为煤在燃烧过程中产生的 40%左右，产生的二氧化硫也很少。天然气燃烧后无废渣、废水产生，具有使用安全、热值高、洁净等优势。

在常温常压下，天然气为气体形态，在使用过程中，存在天然气运输与储存的问题。甲烷是天然气的主要成分，甲烷的临界温度仅为 −83 ℃，因此，在常温下，不能仅依靠加压将其液化。通常，在一定压力下，当将天然气冷却至约 −162 ℃时，天然气由气态转变成液态，成为液化天然气(liquefied natural gas，LNG)。LNG 无色、无味、无毒且无腐蚀性，其体积约为同质量气态天然气体积的 1/600，其重量仅为同体积水的 45%左右，其热值为(1.2～1.54)×10^4 cal/kg(1 cal=4.186 8 J)，其体积能量密度为汽油的 72%，更便于输送和储存。

(3) 天然气的成因

对于天然气的成因，目前仍有争论，总体可概括为有机成因和无机成因两种学说。前者认为天然气是古代海洋和湖泊中的生物经过漫长的演化形成的，可概括为生物沉积生油生气。这种理论认为天然气形成时间非常漫长，在人类历史上是不可重复的，所以天然气为不可再生资源，这一学说是石油地质学界的主流观点。而后者认为天然气是由地壳内部本身的碳元素在高温高压的条件下经过多种物理化学反应而生成的，与生物无关。这一观点认为天然气是在地壳内每时每刻都在源源不断形成的可再生资源。作为天然气成因的主流学说，有机成因说将天然气的形成分为生物催化、热降解、热裂解三个阶段。

① 生物催化阶段

部分有机质在厌氧菌的分解作用下转变成二氧化碳、甲烷、氨等小分子产物，部分有机质被有选择性地分解为较小的化学单体，如苯酚、氨基酸、单糖、脂肪酸等。此外，分解产物之间又相互作用，形成复杂的高分子固态化合物。

② 热降解阶段

生物催化阶段形成的高分子固态化合物进一步发生热解和聚合加氢作用，转化成气态烃类(天然气)和液态烃类(石油)。

③ 热裂解阶段

催化分解和热降解的生成物进一步发生热裂解，高分子烃裂解成低分子烃，液态烃裂解为气态烃，最终形成以甲烷为主的烃类混合物——天然气。

(4) 天然气的分类

天然气的分类目前没有形成统一的、明确的标准，根据不同的研究和使用目的，对天然气的分类各有不同。

按产状，天然气可分为油田气、气田气、凝析气、水溶气、煤层气及固态气体水合物等。

按蕴藏状态，天然气可分为构造性天然气、水溶性天然气、煤矿天然气等。

按天然气相态，天然气可分为游离气、溶解气、吸附气、固体气(气体水合物)等。

按有机母质类型，天然气可分为腐殖气(煤型气)、腐泥气(油型气)、腐殖腐泥气(陆源有机气)。

按有机质演化阶段，天然气可分为生物气、生物-热催化过渡带气、热解气、高温热裂解气。

按酸气含量，天然气可分为酸性天然气和洁气。酸性天然气含有大量的硫化物和 CO_2 等酸气，必须经处理后才能达到管输标准或商品气质量标准。

4.1.2　常规天然气开采技术

天然气同原油一样埋藏在地下封闭的地质构造之中。有些天然气和原油储藏在同一层位，有些天然气单独存在。对于和原油储藏在同一层位的天然气，会伴随原油一起开采出来；对于只有单相气存在的，称之为气藏，其开采方法既与原油的开采方法十分相似，又有其特殊的地方。天然气密度小，井筒气柱对井底的压力小；天然气黏度小，在地层和管道中的流动阻力也小；天然气膨胀系数大，其弹性能量也大。因此，天然气开采时一般采用自喷方式，这和自喷采油方式基本一样，不过因为气井压力一般较高，加上天然气属于易燃易爆气体，因此对采气井口装置的承压能力和密封性能比对采油井口装置的要求要高得多。

(1) 天然气开采机理

与石油开采一样，天然气是在气层压力与采气井井底压力差作用下渗流到井底并喷出地面的，其差别在于天然气在压力下降时因体积迅速膨胀会吸热、降温，使部分成分冷凝为液体，甚至产生水化物冻堵现象。伴随天然气的开采，水体的弹性能量会驱使水沿高渗透带窜入气藏，在这种情况下，由于岩石本身的亲水性和毛细管压力的作用，水的侵入不是有效地驱替气体，而是封闭缝洞或孔隙中未排出的气体，形成死气区。这部分被圈闭在水侵带的高压气数量可以高达岩石孔隙体积的 30%～50%，从而大大地降低了气藏的最终采收率。气井产水后，天然气流入井底的渗流阻力会增加，气-液两相沿气井向上的管流总能量消耗将显著增大。随着水侵影响的日益加剧，气藏的采气速度下降，气井的自喷能力减弱，单井产量迅速递减，直至井底严重积水而停产。

(2) 天然气开采方法

① 小油管排水采气法

它利用的是在一定的产气量下，油管直径越小，则气流速度越大、携液能力越强的原理，如果油管直径选择合理，就不会形成井底积水。这种方法适用于产气初期，地层压力高、产水量较小的气井。

② 泡沫排水采气法

将发泡剂通过油管或套管加入井中，发泡剂溶入井底积水，与水作用形成气泡，不但可以降低积液相对密度，还能将地层中产出的水随气流带至地面。这种方法适用于地层压力高、产水量相对较少的气井。

③ 柱塞气举排水采气法

在油管内下入一个柱塞，下入时柱塞中的流道处于打开状态，柱塞在自重的作用下向下运动，到达油管底部时柱塞中的流道自动关闭。由于作用在柱塞底部的压力大于作用在其顶部的压力，柱塞开始向上运动并将柱塞以上的积水排到地面；当其到达油管顶部时柱塞中的流道又被自动打开，转为向下运动。通过柱塞的往复运动，就可不断将积液排出。这种方法适用于地层压力比较充足、产水量又较大的气井。

④ 深井泵排水采气法

它利用下入井中的深井泵、抽油杆和地面抽油机，通过油管抽水、套管采气的方式控制井底压力。这种方法适用于地层压力较低的气井，特别是产水气井的中后期开采，但是运行费用相对较高。

(3) 天然气勘探开发流程

① 地质勘探

勘探人员运用地质知识，携带罗盘、铁锤等简单工具，在野外通过直接观察和研究出露在地面的地层、岩石，了解沉积地层特性和构造特征，收集地质资料，以便查明油气生成和聚集的有利地带和分布规律，达到找到油气田的目的。地面地质调查法一般分为普查、详查和细测三个步骤。普查工作主要体现在“找”上，其基本图幅叫作地质图。它为详查阶段找出有含油希望的地区和范围。详查主要体现在“选”上。它对普查中有希望的地区进一步证实，选出更有利的含油构造。细测主要体现在“定”上。它把选好的构造，通过细测把含油构造具体定下来，编造出精确的构造图以供进一步钻探，目的是尽快找到油气田。

② 地震勘探

地震勘探是利用人工激发产生的地震波在弹性不同的地层内传播规律不同来勘探地下地质情况的方法。地震波在地下传播过程中，若地层岩石的弹性参数发生变化，会引起地震波场发生变化，并产生反射、折射和透射现象，通过人工接收变化后的地震波，经数据处理、解释后即可反演出地下结构及岩性，达到地质勘查的目的。地震勘探方法可分为反射波法、折射波法和透射波法三类，目前地震勘探主要以反射波法为主。

③ 钻井

在发现有利的储油气区块后，利用专用设备和技术，在预先选定的地表位置处，向下或一侧钻出一定直径的圆柱井眼，并钻达油气层的工作，称为钻井。钻井是油气勘探与开发的一个重要环节，是勘探和开发天然气资源的重要手段。诸如寻找和证实含油构造、获得工业油流、探明已证实的含油气构造的含油气面积和储量、取得有关油气田的地质资料和开发数据，最后将原油从地下开采到地面上来，无一不是通过钻井来完成的。

④ 录井

录井是利用地球化学、地球物理、岩矿分析等方法，观察、收集、分析、记录钻井过程中固体、液体、气体等返出物信息，以建立录井剖面，发现油气显示，评价油气层，为石油工程提供钻井信息服务的过程。

⑤ 测井

测井也叫地球物理测井或者矿场地球物理测井，是利用岩层电化学特性、导电特性、声学特征、放射性等地球物理特性，测量地球物理参数的方法，以此来评价油气层孔隙度、含油气饱和度等信息。测井主要包括自然伽马测井、自然电位测井、井径测井、声波测井、中子测井、电阻率测井等方法。

⑥ 固井

向井内下入套管，并向井眼和套管之间的环形空间注入水泥的施工作业称为固井。固井的主要目的是保护和支撑油气井内的套管，封隔油、气和水等地层，油井投产后为进行酸化压裂等增产措施创造有利条件。

⑦ 完井

根据油气层的地质特性和开发开采的技术要求，在井底建立油气层和油气井井筒之间的合理连通渠道或连通方式的过程叫完井。完井是钻井工程的最后环节。在石油开采中，油、气井完井包括钻开油层、完井方法的选择和固井、射孔作业等。对于低渗透率的生产层或受到泥浆严重污染时，还需实施酸化处理、水力压裂等增产措施，这样才能算完井。

⑧ 射孔

它是将射孔枪下至预定深度，靠射孔弹射开目的层位的套管及水泥环，构成地层至井筒的连通孔道，以便于采油、采气等作业。其工艺可分为正压工艺和负压工艺，用高密度射孔液使液柱压力高于地层压力的射孔为正压射孔；将井筒液面降低到一定深度，形成低于地层压力建立适当负压的射孔为负压射孔。

⑨ 压裂

在低渗透储层油气井投产前，一般会进行压裂施工作业，以便改善地层渗流特征，提高油气井产量。水力压裂是靠地面高压泵车组将流体高速注入井中，借助井底高压，使油层岩石破裂产生裂缝。为防止泵车停止工作后压力下降、裂缝又自行合拢，一般在地层破裂后注入的液体中，混入比地层密度大数倍的砂子，同流体一并进入裂缝，并使之永久停留在裂缝中，支撑裂缝使之处于开启状态，使天然气渗流状态长期得以改善。

⑩ 采气

经过勘探、钻井、完井之后，气井开始正常生产，气田也进入采气阶段。根据气田开发需要，最大限度地将地下油气开采到地面，提高气井产量和采收率，合理开发气藏，实现高产、稳产的过程叫作采气。

⑪ 天然气集输

将分散的气井所生产的天然气和其他产品集中起来，经过必要的处理、加工，将合格的天然气外输到天然气用户的全过程称为天然气集输。

4.1.3　天然气净化与处理

天然气是一种优质的能源，可直接作为民用燃气使用，也可作为电力生产的燃料，经过压缩后的天然气可作为车用燃料。然而，不同地区的天然气组成成分有显著的差别，多数地区的天然气存在少量的杂质。因此，天然气在输送或加工利用之前，需要进行净化以使其达到一定的质量指标要求，我国天然气质量要求如表 4-1 所示。为了达到天然气质量指标，从井口出来的天然气需要经过脱硫、脱碳、脱水等分离净化环节。

表 4-1　天然气质量要求

项目	一类	二类
高发热量/(MJ/m^3)	≥34.0	≥31.4
总硫/(mg/m^3)	≤20	≤100
硫化氢/(mg/m^3)	≤6	≤20
二氧化碳摩尔分数/%	≤3.0	≤4.0

注：气体体积的标准参比条件是 101.325 kPa，20 ℃。

天然气的分离和净化过程如图 4-1 所示，包括以下四个基本过程：① 原料气经过相分离脱除固体杂质;② 从气体中回收可凝析组分和烃蒸气;③ 从气体中除去水蒸气;④ 从气体中除去其他有害组分并回收有用组分(如除去硫化物和二氧化碳,回收硫磺)。

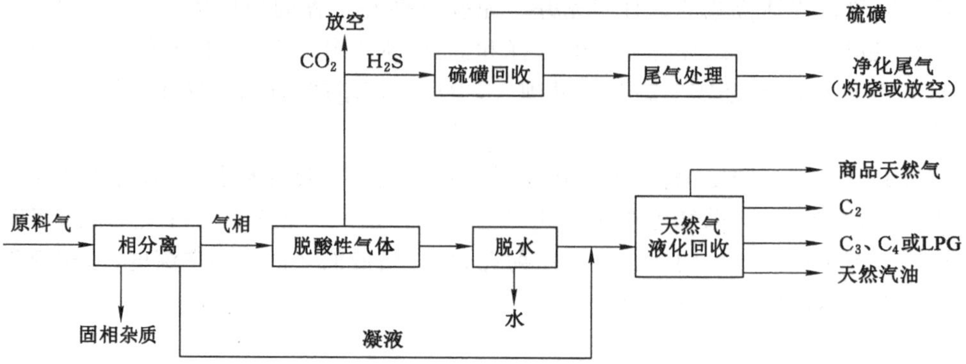

注:C_2 为乙烷,C_3 为丙烷,C_4 为丁烷。

图 4-1 天然气的分离和净化流程

(1) 天然气脱除固体杂质

重力分离和离心分离是天然气脱除固体和液体的常用方法。重力分离是利用固体和液体杂质受重力作用而自然沉降,达到与气体分离的目的。离心分离是使进入设备的流体旋转,通过调整流体的流速,可使流体所受到的离心作用力达到重力的几百倍以上,在离心力的作用下,将固体及液体与气体分离。

(2) 天然气的脱硫脱碳

从天然气中脱除酸性组分的工艺过程统称为脱硫脱碳或脱酸气。若此过程主要是脱除 H_2S 和有机硫化物,则称之为脱硫;若此过程主要是脱除 CO_2,则称之为脱碳。天然气脱硫脱碳的方法有很多,主要分为以下几种:化学吸收法、物理吸收法、化学-物理吸收法、直接转化法、膜分离法、生物化学法等。天然气脱硫脱碳的常见方法及分类如图 4-2 所示。

(3) 天然气脱水

天然气脱水是从天然气中脱除饱和水蒸气或从天然气凝液中脱除溶解水的过程。在未处理的天然气中,水蒸气是最常见的有害物质。在低温、高压条件下,水蒸气会变成液态水,并进一步形成固态的天然水合物,这会影响天然气的长距离输送,可能堵塞管道和其他设备。即使水蒸气不形成水合物,也可能造成段塞流现象,降低管道通流效率。此外,当有液态水存在时,天然气中所含的 CO_2 或 H_2S 会形成酸,进而腐蚀管道和设备。因此,在天然气凝液回收、天然气露点控制、天然气压缩及液化天然气生产过程中均需要脱水,采用湿法脱硫后的天然气也要脱水。天然气及其凝液的脱水方法有吸收法、吸附法、低温法、膜分离法、汽提法和蒸馏法等,其中,吸收法、吸附法和低温法应用较多。

(4) 硫磺回收及尾气处理

天然气中的硫主要以 H_2S 的形式存在。将天然气中的有毒气体 H_2S 进行提取、回收,不但有利于天然气的利用,而且可以避免污染环境、变害为宝。目前,全世界 50% 的硫磺来源于含硫的天然气。迄今为止,酸气处理的主要工艺仍是以空气为氧源,将 H_2S 转化为硫磺的克劳斯工艺,酸气处理的主要产品是硫磺。在天然气利用过程中,胺法和砜胺法等脱硫溶液再生所析出的含 H_2S 酸气,大多经克劳斯工艺来回收硫磺。在酸气 H_2S 浓度较低且

- 湿法
  - 化学吸收法
    - 醇胺法
      - 一乙醇胺法(MEA法)
      - 改良二乙醇胺法(SNPA-MEA法)
      - 二甘醇胺法(DGA)
      - 二异丙醇胺法(DIPA法)
      - 甲基二乙醇胺法(MDEA法)
    - 碱性盐溶液法
      - 改良热钾碱法
      - 氨基酸盐法
  - 物理吸收法
    - 多乙三醇醚法
    - 砜胺法
  - 直接氧化法
    - 蒽醌法
    - 改良砷碱法
- 干法
  - 分子筛法
  - 海绵铁法

图 4-2　天然气脱硫脱碳常见方法及分类

潜硫量不大的情况下,可采用直接转化法在液相中将 H_2S 氧化为元素硫。除此之外,还可利用酸气 H_2S 生产一些含硫的化工产品。

(5) 天然气凝液回收

天然气除主要含甲烷外,还含有一定量的乙烷、丙烷、丁烷、戊烷以及更重烃类。为了符合商品天然气质量指标和管输气烃露点的质量要求,同时获得液化燃料和化工原料,需要分离和回收天然气中乙烷以上组分的烃类。天然气中除了乙烷有时是以气体形式回收外,其他烃类都以液体形式回收。这种由天然气中回收得到的液烃混合物称为天然气凝液(NGL),我国习惯上称为轻烃。从天然气中回收凝液的过程称为天然气凝液回收或天然气液烃回收(NGL 回收),我国习惯上称为轻烃回收。回收的天然气凝液可直接作为商品,或根据有关产品质量指标进一步分离为乙烷、液化石油气(即 LPG)以及天然汽油。因此,天然气凝液回收也属于天然气分离净化过程。

天然气凝液回收属于物理过程。天然气凝液回收方法包括吸附法、油吸收法和冷凝分离法等。选择何种天然气凝液回收方法应根据天然气的组成、压力、所需凝液组分吸收率,以及相关的技术因素来决定。

4.2　非常规天然气开采技术

不同学者对非常规油气的定义不同,一般认为非常规油气是指在现有经济技术条件下,不能用传统技术开发的油气资源。非常规油气有两个关键标志:一是油气大面积连续分布,圈闭界限不明显;二是无自然工业稳定产量,达西渗流不明显。通常将非常规油气资源分为非常规石油资源和非常规天然气资源两大类。非常规天然气包括天然气水合物、煤层气、页岩气、无机气和浅层生物气等。本节介绍的非常规天然气主要是指煤层气、页岩气和天然气水合物。

4.2.1 煤层气的开发

(1) 煤层气的基本概念

煤层气是指赋存在煤层中,以甲烷为主要成分,主要吸附在煤基质颗粒表面,部分游离于煤孔隙或溶解于煤层水的烃类气体。煤层气以甲烷(包括重烃)为主,包含少量的二氧化碳、氮气等。煤层气是地质时期煤中有机质的热演化生烃产物,它的生成以煤岩有机组成为基础,以各种地质运动、构造活动引起的沉积埋藏导致的煤化作用为辅助条件,是内外因共同作用的结果。煤层气主要分布在大陆板块相对稳定区带的沉积构造盆地。

(2) 煤层气开发的意义

煤层中的瓦斯是煤矿安全生产中最大的威胁之一。为了确保煤矿安全生产,抽采煤矿瓦斯十分必要。瓦斯不仅是矿工的生命杀手,还是人类生存环境的破坏者,甲烷是造成环境温室效应的主要气体(甲烷、二氧化碳和氟利昂)之一。若以原子为基准,则甲烷的加热效应是CO_2的21倍;若以重量为基准,则其约是CO_2的70倍。甲烷排入大气,不仅引起温室效应,而且消耗大气平流层中的臭氧,甲烷对臭氧层的破坏能力是二氧化碳的7倍。甲烷排入大气会严重削弱臭氧层对太阳紫外线侵袭的防护作用,这会危害人类健康。煤层气不仅是一种非常规天然气资源,还是一种战略性的后备资源。由于能源危机和环保问题日益受到世界各国的重视,"清洁发展机制"允许就温室气体减排配额进行买卖,开发煤层气逐渐被提到议事日程上来,通过政策扶持和科研投入成功地实现了从"瓦斯灾害"到"优质能源"的认识转变以及从"井下抽采"到"地面开发"的技术革新。

开发利用煤层气是一个变废为宝的过程,能够实现社会效益、环境效益和经济效益的统一。通过对煤层气的开发将煤层中的瓦斯气体分离出来,可从根本上避免采煤工人受矿井瓦斯爆炸的威胁,这对于煤矿安全开采极其重要。通过钻井开采,将取出的瓦斯气体进行回收,对其经过处理之后即可作为新的替代能源,既能够保证煤矿安全生产,又能够保护环境和增加天然气产量。

(3) 煤层气的赋存机理

煤层气以游离、吸附和溶解三种状态赋存于煤层,以吸附状态为主,如图4-3所示。

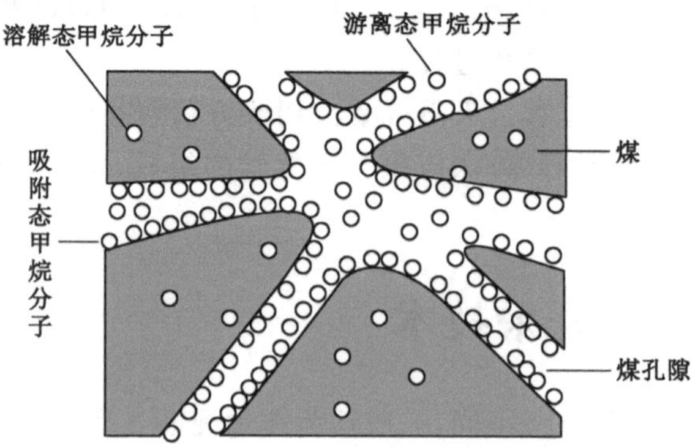

图4-3 煤层中煤层气的赋存状态示意图

① 游离状态

游离气主要存在于煤的微裂缝孔隙之中,游离态的天然气占10%~20%。这一部分气体的含量取决于煤的孔隙体积、储层温度、储层压力等参数。游离气一般服从气体状态方程，在等温条件下可按真实气体状态方程来描述，即满足

$$pV = nZRT \tag{4-1}$$

式中　V——气体体积，m^3；

p——气体压力，MPa；

T——绝对温度，K；

n——气体摩尔数，mol；

R——气体常数，$MPa \cdot m^3/(mol \cdot K)$；

Z——压缩因子。

② 溶解状态

煤储层的裂缝多是饱水的，在一定的压力下必会溶解一定量的煤层气，称为溶解气。与其他气体相比，CH_4 在水中的溶解度较小。CH_4 在水中溶解度用亨利定律来表征，其形式为：

$$p_b = K_c C_b \tag{4-2}$$

式中　p_b——CH_4在液体上方的蒸气平衡分压，Pa；

C_b——CH_4在水中的溶解度，mol/m^3；

K_c——亨利常数，$Pa \cdot m^3/mol$。

③ 吸附状态

煤岩基质内表面对 CH_4 分子的吸附属于物理现象，是可逆过程。煤层气藏中 70%～95%的天然气呈吸附态。描述煤层气吸附的模型主要有亨利模型、拉格朗日模型、BET 模型（一种用于计算多孔材料比表面积的模型）、Freundlich（费罗因德利希）模型、基于吉布斯法和基于吸附势理论的各类模型。

(4) 煤层气的解吸机理

CH_4在煤层中的吸附解吸是可逆过程。当储层压力降低时，以吸附态存在的 CH_4分子脱离煤基质内表面，解吸后成为游离态。CH_4解吸过程也可以用拉格朗日等温吸附模型描述。随着储层压力降低，煤层基质孔隙表面上的吸附气开始解吸时的压力称为临界解吸压力。当气体临界解吸压力等于煤层初始地层压力时，该煤层气藏属于饱和煤层气藏；当其小于初始储层压力时，该煤层气藏属于欠饱和煤层气藏。地质运动导致吸附气的逸散，若其没有得到补充往往会形成欠饱和煤层。含有游离气的饱和煤层，称为过饱和煤层。

煤层甲烷的产出需要经历排水降压过程，即随着储层水的排出，储层压力达到或者低于临界解吸压力时，甲烷开始解吸出来。煤层甲烷解吸过程如图 4-4 所示。

(5) 煤层气的开采机理

与常规油气的开采相比，煤层气的开采需要排水降压。按照煤储层中流体的状态，可将煤层气的生产过程（见图 4-5）分为如下三个阶段。

第一阶段：单相流阶段。在储层压力未达到临界解吸压力之前，该阶段只产水。近井周围储层压力开始降低，由于降低幅度较小，煤层中的吸附气还没开始解吸，所以近井周围只有单相水流动。

第二阶段：非饱和单相流阶段。储层压力低于临界解吸压力后，少量吸附气开始从煤岩基质表面解吸为游离气，游离气通过扩散进入煤层微裂隙。裂隙中开始出现气泡并阻碍微

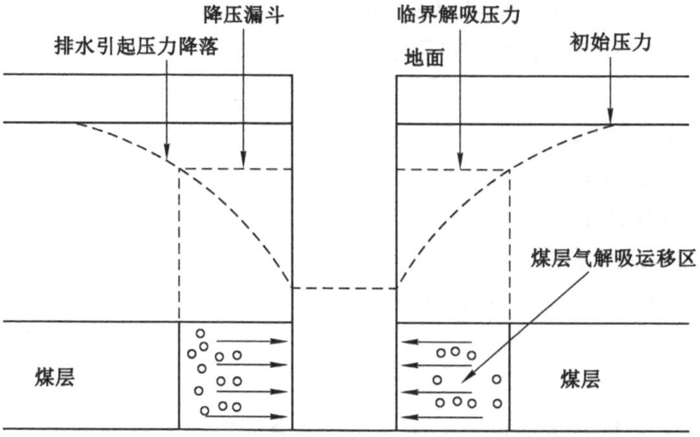

图 4-4　煤层甲烷解吸过程示意图

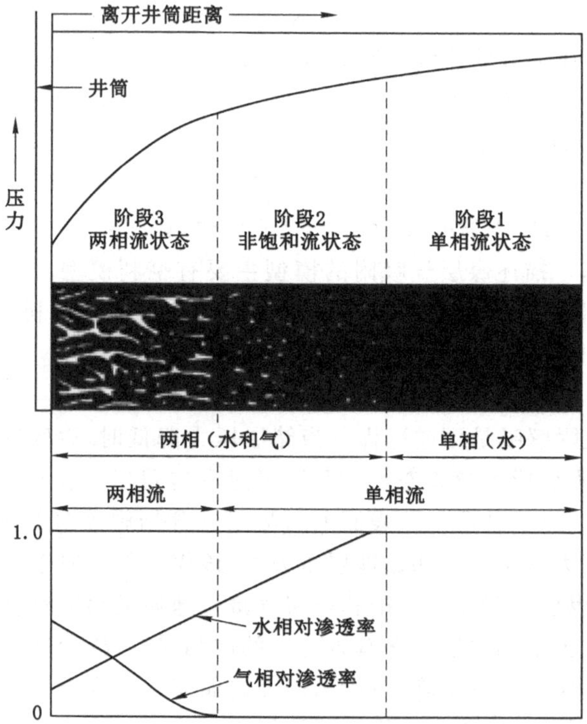

图 4-5　煤层甲烷开采过程示意图

裂缝中水的流动，从而导致水相对渗透率降低。此时储层水中的含气量尚未达到饱和程度，气泡并不连续，因此在这阶段开始出现气、水两相，但是只有水相是可以流动的。

第三阶段：气水两相流阶段。随着储层压力降低幅度增大，大量的吸附气开始解吸，然后通过扩散进入煤层微裂隙。此时，水中含气量已达到饱和状态，形成气相的连续流动，气体相对渗透率逐渐增大。由于煤层压力以及含水饱和度不断降低，水相对渗透率不断减小，而气相对渗透率增大，所以产气量逐渐升高，达到了开采中的气水两相流阶段。

上述三个阶段在煤层气开采过程中是连续的，并且随着生产时间的增长，压降漏斗不断扩展。排水降压时间越长，压降漏斗波及范围越大，气体开始解吸范围也越大。煤层气生产初期产量不断增加，通常峰值产量在生产 2～5 a 后出现，然后产量不断下降。一般煤层气井开采时间为 10～20 a，有些井生产 30 多年后仍有煤层气产出。

对应上述开采机理，煤层气井生产阶段也可以划分为以下三个阶段，如图 4-6 所示。

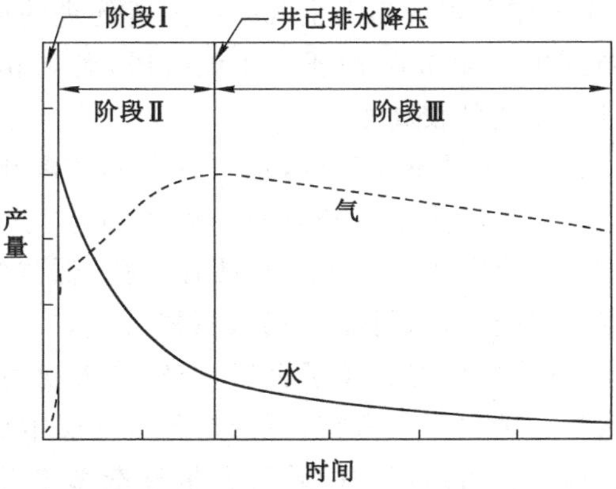

图 4-6　煤层气井生产阶段示意图

第一阶段：排水降压阶段。此阶段主要产水。当储层压力低于临界解吸压力时，吸附气开始解吸，煤层气井开始产气并且其产量逐渐上升。

第二阶段：稳定生产阶段。此阶段煤层气井产量基本保持平稳，产水量不断降低。此阶段为产气高峰阶段。

第三阶段：气产量下降阶段。此阶段储层压力不断下降，气井日产气量降低，并伴随有少量水产出。

4.2.2　页岩气的开发

(1) 页岩气的基本概念

页岩气是指在富含有机质的暗色泥页岩或高碳泥页岩中由于有机质吸附作用或岩石中存在着裂缝和基质孔隙，使之储集和保存了一定的具有商业价值的生物成因、热解成因及二者混合成因的天然气。页岩气主要以吸附、游离或溶解状态赋存于泥页岩之中。它与常规天然气藏最显著的区别是：它是一个自给的系统；页岩既是气源岩，又是储层和封盖层。

(2) 页岩气成藏机理

页岩气成藏机理兼具煤层吸附气和常规圈闭气藏特征，体现出了复杂的多机理递变特点。完整的页岩气成藏与演化可分为三个主要的作用过程，构成了从吸附聚集、膨胀造隙富集到活塞式推进或置换式运移的机理序列。

第一阶段是天然气在页岩中的生成、吸附与溶解逃离。在这一阶段，页岩气具有与煤层气成藏大致相同的机理过程。在天然气的最初生成阶段，主要由生物作用所产生的天然气首先满足有机质和岩石颗粒表面吸附的需要。当吸附气量与溶解的逃逸气量达到饱和时，富裕的天然气则以游离相或溶解相进行运移逃散。条件适宜时这些天然气可为水溶气藏的形成提供丰富气源，此时所形成的页岩气藏分布限于页岩内部且以吸附状态为主要赋存方式，其总体含气量有限。

第二阶段是热裂解气大量生成。天然气的生成主要来自热能和化学能的转化，将较高密度的有机母质转换成较低密度的天然气。在相对密闭的系统中，物质密度变小导致体积的膨胀和压力的升高。天然气的大量生成使原有的地层压力不断提高，从而产生原始的高异常地层压力，这就是“高压锅”原理。压力升高作用，致使页岩内部沿应力集中面、岩性接触过渡面或脆性薄弱面产生裂缝，天然气聚集其中，易于形成以游离相为主的工业性页岩气藏。这种页岩气藏的形成在主体上表现为由生气膨胀力所促进的成藏过程。天然气原地或就近分布，构成了挤压造隙式的运聚成藏特征。在该阶段，游离相的天然气以裂隙聚集为主，页岩地层的平均含气量丰度达到较高水平。

第三阶段是随着更多天然气源源不断生成，越来越多的游离相天然气无法全部保留于页岩内部，从而产生以生烃膨胀作用为基本动力的天然气“逃逸”过程。在通常情况下，与页岩交互出现的储层主要为粉-细砂岩类，粉-细砂岩具有低孔、低渗特点，它限定了天然气的运移方式(活塞式排水特点)。这种气水排驱方式从页岩开始，在页岩边缘以活塞式推进方式产生根缘气。此时的天然气聚集已经超越了页岩本身，其表现为无边水、底水和浮力作用的地层含气特点。因此，从整套页岩层系考察，不论是页岩地层本身还是薄互层分布的砂岩储层，均表现为普遍的饱含气性。若地层中的砂岩含量逐渐增多并逐步转变为以致密砂岩为主，则页岩气藏逐渐转变为根缘气藏。如果生气量继续增加，则天然气分布范围进一步扩大，直到遇常规储层或输导通道后，天然气受浮力作用而进行置换式运移，从而导致常规圈闭气藏的大范围出现。

(3) 页岩气储层物性

页岩的岩性多为沥青质或富含有机质的暗色、黑色泥页岩和高碳泥页岩。页岩岩石组成一般包括30%～50%的黏土矿物、15%～25%的粉砂质(石英颗粒)和4%～30%的有机质。正是由于页岩具有这样的特性，所以页岩中的天然气具有多种存在方式。页岩中天然气存在方式主要包括两种形式：游离态(大量存在于页岩孔隙和裂缝中)和吸附态(大量存在于黏土矿物、有机质、干酪根颗粒及孔隙表面上)。页岩气储层具有低孔、特低渗、致密的物性特征。根据相关资料，美国主要产气页岩储层的岩芯分析总孔隙度为2.0%～14%，平均为4.22%～6.51%；测井孔隙度为4%～12%，平均为5.2%；充气孔隙度为1.0%～7.5%，充水孔隙度为1.0%～8.0%。渗透率一般小于 $0.1\times10^{-3}\ \mu m^2$，平均喉道半径不到 $0.005\ \mu m$。

页岩储层的储渗空间可分为基质孔隙和裂缝。基质孔隙包括残余原生孔隙、有机质生烃形成的微孔隙、黏土矿物伊利石化形成的微裂(孔)隙和不稳定矿物(如长石、方解石)溶蚀形成的溶蚀孔等。

① 残余原生孔隙

它主要是指分散于片状黏土中的粉砂质颗粒间的孔隙。这部分孔隙与常规储层孔隙相似，随埋藏深度增加而迅速减少。

② 有机孔隙

有研究认为，页岩中的孔隙以有机质生烃形成的孔隙(见图4-7)为主。有机质含量为7%的页岩在生烃演化过程中，消耗35%的有机碳可使页岩孔隙度增加4.9%。有机微孔的直径一般为 $0.01\sim1\ \mu m$。

③ 伊利石化体积缩小的微裂(孔)隙

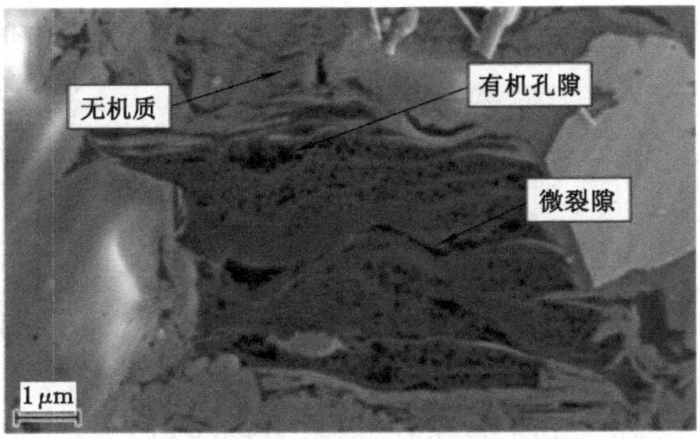

图 4-7　有机质生烃体积缩小形成的孔隙图

蒙皂石向伊利石转化是页岩成岩过程中重要的成岩变化。当孔隙水偏碱性、富钾离子时，随着埋深增加，蒙皂石向伊利石转化，伴随体积减小而产生微裂(孔)隙。

④ 次生溶蚀孔隙

王正普等在鉴定川东及邻区志留系龙马溪组暗色泥质岩时见有发育的溶孔。根据其研究结果，次生溶蚀孔隙的孔径多数为 0.01～0.05 mm，少数为 0.05～0.60 mm；连通孔隙率最低值仅为 0.82%(不含易溶矿物)，最高达 32.41%，一般为 16%；碳酸盐含量在 10%～30%时最易形成高孔段。该类次生孔隙是有机质脱羧后产生的酸性水对页岩储层的碳酸盐矿物强烈溶蚀而形成的。

⑤ 裂缝

页岩储层中的裂缝多以微裂缝形式存在。其产生可能与断层和褶皱等构造运动相关，也可能与有机质生烃时形成的轻微超压而使页岩储层破裂有关，还可能与水平压力的差异有关。

(4) 页岩气开采机理

页岩气不同的储存机理影响天然气的储量及天然气生产的速度和效率。天然气往往以逐步释放的形式产出，首先排出的是裂缝中的游离气，然后是吸附在裂缝面上的吸附气，最后逸出的是页岩基质中的吸附气。游离气快速释放，裂缝面吸附气的产出具有速度慢、产量低的特点，而基质吸附气则以非常稳定而又极其缓慢的速度排出。页岩气井以依次连续排出的机制进行生产，并表现出多孔隙系统的特征。气体的解吸作用是页岩气产出的根本机理，生产中通过排出页岩中的地下水来降低地层原始压力，促使气体解吸过程发生。解吸的气体通过扩散作用进入裂缝系统，然后在地层压差的驱动下，经裂缝网络流向井眼。页岩气开采过程如图 4-8 所示。

4.2.3　天然气水合物的开发

天然气水合物又称可燃冰(见图 4-9)，是一种在特定区域由水与天然气(主要是 CH_4)在低温、高压条件下结合形成的一种外观似冰的白色结晶固体化合物。在这种化合物中，水分子(主体分子)通过氢键作用形成具有一定尺寸空穴的晶格主体，较小的气体分子(客体分子，主要是 CH_4)则包容在空穴中，从而形成外观似雪花或者松散冰的固态化合物。其中，气体分子和水分子之间的作用力为范德瓦耳斯力。天然气水合物的分子式可以表示为 $CH_4 \cdot nH_2O$。从理论上讲，n 值为 5.6～5.75，但是实际 n 值一般为 6.3～6.6。

图 4-8　页岩气开采过程示意图

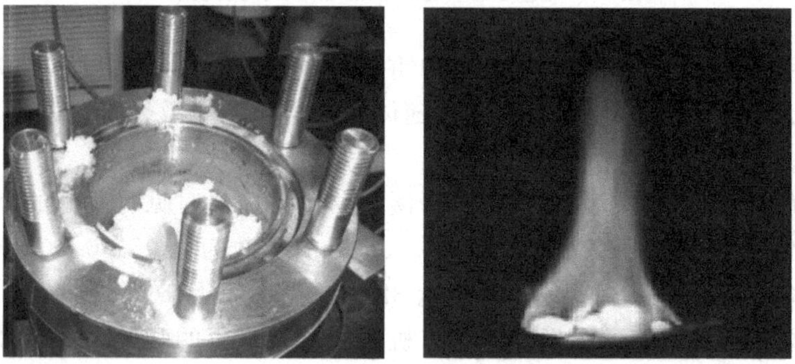

图 4-9　天然气水合物

目前各国科学家对全球天然气水合物的资源量较为一致地评价为 2×10^{16} m^3。如果将这些天然气水合物的储量折算为地球上的有机碳资源，那么它将占总资源的一半以上，即超过其他所有燃料(煤、石油和天然气)储量的总和。因此，天然气水合物作为潜在能源，无疑具有极大的吸引力。天然气水合物既是未来的新能源，又是一种危险的能源，对其开发利用需要非常小心谨慎。在考虑其资源价值的同时，必须充分注意其有关的开发利用可能给人类带来的严重环境灾难。如果天然气水合物开采不当，就会加剧全球气候变暖趋势。这种作用最终将使全球气候变得不稳定，从而造成环境灾害，严重危及人类自身的生存。在天然气水合物开发利用的设计和实施阶段，必须有足够的防范意识和技术措施，防止或尽可能减少天然气水合物开发利用造成环境影响。关于天然气水合物的开发与利用，本教材将在第 12 章进行详细介绍。

4.3　天然气综合利用

人类认识和使用天然气已有几千年的历史。我国是世界上最早开发利用天然气的国家之一。早在西周时期，劳动人民发现气体在水上燃烧的现象——“泽中有火”，这是人类发现天然气最早的文字记载。公元 1 世纪，四川自贡的制盐者已掌握用天然气熬制食盐的技术，从出土文物东汉画像砖上刻画的煮盐图中可以看到当时天然气利用的实例。到公元 9 世纪，我国开始有人采用竹管输送天然气用来加热和照明。而国外直到 1 800 年以后才开始大规模开发和利用天然气。

天然气作为一种重要的能源与原料，在人类生产生活中得到广泛的应用。根据国内统计及行业常用口径，天然气的利用主要可以分为四大类——城市燃气、工业燃料、天然气发电和天然气化工。

4.3.1　城市燃气

不同国家、不同地域，因经济发展的程度不同以及资源储藏方式的不同，选用的民用燃气也不同。发达国家主要将天然气作为城市燃气，发展中国家则多采取“有什么燃气资源用什么”的原则。我国地域辽阔、人口众多，属于发展中国家，采取多元化的城市燃气比较合理。在天然气富集的地区，天然气的使用率较大，在盛产煤的地区，则煤气的使用率较大。液化石油气作为城市燃气的一种，由于有瓶装液化石油气和管道液化石油气空混气两种供气方式，因此在城市中使用率增长较快。

我国大部分城市大面积应用天然气始自 2004 年西气东输一线贯通。据相关统计，2022 年，全国天然气消费量 3 646 亿 m^3，其中城市燃气消费天然气 1 203 亿 m^3，占比达 33%，明显高于天然气发电(17%)、化工(8%)等领域。随着全球经济的快速发展，以及环境保护意识的不断加强，人们要求减少污染、美化环境的呼声越来越高，天然气作为清洁燃料，将成为 21 世纪城市燃气的主要组成部分。

(1) 天然气作为城市燃气的发展历程

工业先进的国家大多在 20 世纪六七十年代实现了城市燃气由人工气向天然气的转换。如英国在 20 世纪 70 年代末全部废除煤制气，到 1990 年，北海气田供气规模达到 2 亿 m^3/d，50%～60%供民用。美国实现转换大约用了 5 年时间，天然气用量占民用和商业用能源的一半。

我国天然气作为城市燃气使用起步较晚，但发展迅速。最初受“天然气作为宝贵的化工原料，烧掉可惜”的理念所限，不允许天然气作为城市燃气气源。直到 20 世纪 90 年代末至 21 世纪初，以陕气进京为代表的天然气供应标志着城市燃气进入了一个新的时代。特别是 2004 年后，随着西气东输天然气管道建成投产，天然气开始大规模进入城市。城市天然气供应总量快速增长，从 1978 年的 6.91 亿 m^3 增至 2022 年的 1 203 亿 m^3。城市燃气普及率也从 1978 年的 14%发展到 2022 年的 98%，城镇用气人口从 1 127 万人增长至 6 亿人，管道长度从 4 717 km 增加到 980 400 km。

(2) 天然气作为城市燃气的优势

① 安全

天然气的气体密度是空气密度的二分之一，比空气轻，极易挥发，不易爆炸。天然气中所含的甲烷、乙烷、丙烷等本身是无毒性的。管道气与瓶装气在使用上相比较，其安全性高于瓶装气，原因在于管道气所采用的是气化站集中储存、集中供气的管理方式，避免了瓶装气由于家庭发散储存、自备自用而造成安全管理上的隐患。管道气的户内压力仅相当于自来水压力的 1/130，是瓶装气压力的 1/170。燃气管道自身的储气量非常小，以每户 12 m 的户内管道长计算，储气量大约是瓶装气的 1/3 000，万一有泄漏或因其他原因引起火灾等事故，只需将户内总阀或单元立管阀门关闭，即可切断气源，排除险情。而瓶装的石油液化气在遇到同样情况时，则很难采取有效措施关闭或移走石油液化气钢瓶，极易造成爆炸。

② 经济

经济实惠是天然气的优势之一，也是管道天然气得以在全国范围迅速普及的原因之一。

管道天然气与其他燃料市场价格比较，在同等使用量(热值)的条件下，比使用瓶装液化石油气每月至少节约费用25%～35%，不仅省去购买钢瓶和钢瓶定期检验费用支出，更会省去日常生活中搬运、更换钢瓶所带来的费用和烦恼。使用天然气的费用比用电的费用节约35%以上，使用天然气比用柴油、重油的费用节约25%～35%。

③ 环保

天然气中98%的成分是甲烷，在燃烧时天然气只产生少量二氧化碳与水蒸气($CH_4+2O_2\longrightarrow CO_2+2H_2O$)，无残液、无污染、无硫化物产生。推广和普及天然气能改善城市环境，美化家园。

④ 方便

天然气通过天然气管道直接进入城市的千家万户。管道输送天然气源源不绝，没有断气和更换钢瓶的烦恼，亦不需要在现场储存或添加。其由于方便性而被群众称为“自来气”。对于工业用户而言，天然气设备比燃烧煤及其他矿物燃料的设备简单、容易操作及方便保养，而且燃烧后无须处理固体废料或灰烬。

4.3.2 工业燃料

随着人民生活水平的不断提高，对城市环境保护的要求也日益升高。加之产品能耗成本降低的需求和使用绿色能源的趋势，原先一些自产焦炉煤气、发生炉煤气和水煤气的工业用户，尤其是大型工业用户纷纷拆掉原有的能耗大、污染大的发生炉、焦炉，对燃烧设备进行技术改造，使用燃烧热值高、无污染、排放量少的天然气。

在工业燃料领域天然气发展方向主要有两个方面：一是优化钢铁、陶瓷、玻璃、石化、有色金属等行业的燃料结构，二是改善城市中不同工业锅炉、窑炉的燃料结构。我国的《天然气发展“十三五”规划》提出，以京津冀、长三角、珠三角、东北地区为重点，推进重点城市“煤改气”工程，扩大城市高污染燃料禁燃区范围，大力推进天然气替代步伐，替代管网覆盖范围内的燃煤锅炉、工业窑炉、燃煤设施用煤和散煤。

天然气作为工业燃料具有如下优势：

(1) 工业用户一般能耗较大，与使用煤或燃料油相比，使用天然气不必建设燃料储存场所和设备，管理维护简单方便。天然气燃烧设备结构简单，操作方便，可大大节省土地、减少投资和操作费用。

(2) 与煤、燃料油相比，天然气燃烧后产生的CO_2较少，产生的硫化物和颗粒物极少，无灰渣，产生的氮氧化物也较少并且容易采取措施进一步减少。因此，燃烧天然气的工艺装置对环境污染较小，符合人们对清洁能源的要求。

(3) 燃烧天然气的工业炉温度方便控制，炉膛温度均匀，升温平稳，火焰清洁，有利于生产优质产品，提高产品质量，减少次品、废品，并且有利于提高装置生产率。同时天然气工业炉炉温调节灵活，可迅速调节炉内氧化、中性或还原的气氛，适应特种工艺制品的生产。炉内没有结渣、结焦问题，容易实现自动点火和火焰监视。

(4) 天然气能够灵活地与其他燃料搭配燃烧，达到增产、增能、降耗的效果。例如，在炼铁高炉风口上方装设天然气燃烧器，将天然气和焦炭共同作为高炉燃料，可使高炉产量增加30%～100%，焦炭消耗量减少30%～50%，热效率提高25%～50%。天然气与煤粉共燃，可使燃煤装置排放符合环保的规定。自20世纪80年代以来，美国、英国、德国等国家已经有相当部分的高炉炼铁选用了喷吹天然气工艺。

(5) 对于建筑陶瓷，如生产釉面砖的窑炉，使用天然气作燃料后，不会产炭黑、颗粒、气泡、麻点等缺陷，窑炉内温度均匀，产品变形小，能够生产出高品质、高档次的釉面砖。

(6) 锅炉是工业中的大耗能设备。我国燃煤锅炉效率为 50%～60%，而燃烧天然气的锅炉效率可达 80%～90%。

4.3.3 天然气发电

现阶段天然气在发电领域中的应用方式主要分为集中式和分布式两种。集中式发电采用联合循环发电技术，既能实现局部的电力供应，又能实现并网发电，易于大型化。分布式发电主要应用于大型楼房或楼群供电、制冷和采暖。

(1) 天然气联合循环发电技术

天然气联合循环发电系统是由燃气轮机发电和蒸汽轮机发电叠加组合起来的联合循环发电装置。天然气联合循环发电的效率为 52.4%～58%，远高于常规电站。与燃煤电厂相比，天然气联合循环电厂具有投资少、对环境污染小、整体循环效率高、调峰性能好、占地少、建设周期短、厂用电率低、耗水少、可用率高等优点。通过对比天然气发电和燃煤发电，可以得出一个结论：天然气发电在环保和发电效率方面都存在明显优势。这使得近年来发达国家大力发展天然气发电技术。天然气发电技术未来主要是向着高效率、高容量等方向发展，主要通过在发电时增加燃气轮机进气的温度和余热锅炉三压再热等方式实现。天然气发电工艺流程见图 4-10。

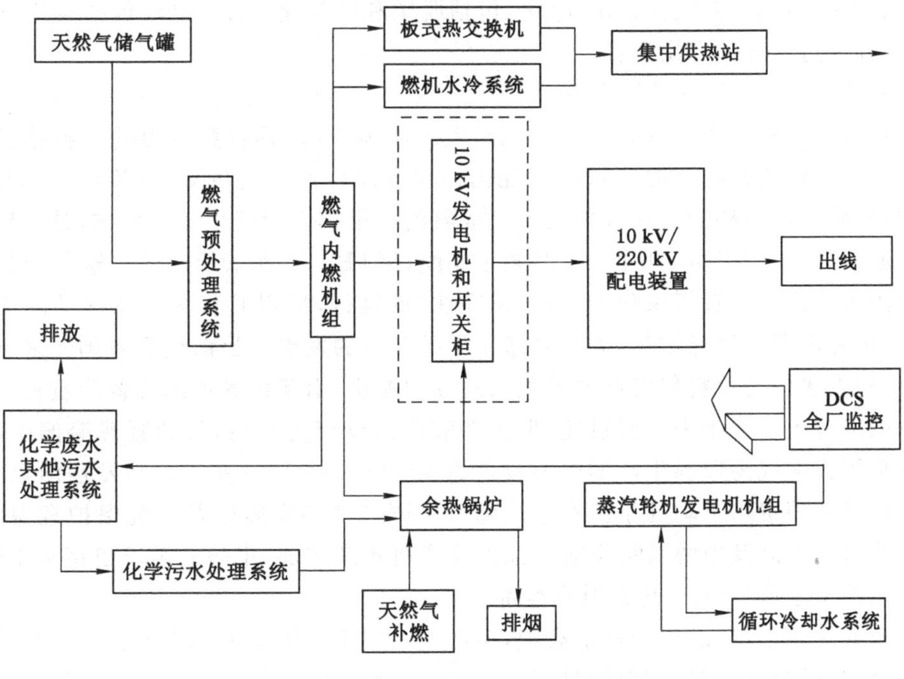

注：DCS—分布式控制系统。

图 4-10　天然气发电工艺流程

(2) 天然气热电冷联产

天然气热电冷联产系统，也被称为楼宇冷热电联产系统或现场冷热电联产系统，是一套系统解决建筑物电、冷、热等全部需要的建筑能源系统。该系统不但能向建筑物提供电力，还可以向建筑物提供制冷、供暖、热水等。该系统首先由发电机组燃烧天然气产生电能，排出的废热通过余热型吸收式冷温水机组回收直接进行制热和制冷。该系统可以是为单个建筑提供能源的较小型系统，也可以是为区域内多个建筑提供能源的分布式能源系统。

天然气热电冷联产系统主要由三部分构成——发电设备、余热锅炉、冷温水机。该系统的优点如下：效率高、占地面积小、环境友好、能够有效减少供电线损失；其缺点是：规模小，仅能提供一幢大楼或者仅在小区内实现冷热电联供。

4.3.4 天然气化工

(1) 天然气制合成氨

中国是世界上合成氨第一大生产国。合成氨生产规模除了向单系列大型化发展以外，撬装式的小型化生产装置特别适用于油气田早期开发或产量小的单气井。

① 合成氨

以天然气为原料生产合成氨和尿素是最经济的原料路线，全球约有75%的化肥是以天然气为原料生产的。全球生产化肥消耗的天然气约占天然气化工利用的90%。我国的化肥只有18%左右是以天然气为原料生产的，而以煤炭、液态烃和其他气态烃为生产原料的分别占67%、13%、2%。我国生产化肥消耗的天然气约占天然气化工利用的94%。

② 工艺简介

天然气制取合成氨要经过三个主要工序：a. 造气，包括天然气的压缩、脱硫、一段转化、二段转化、高温变换、低温变换。b. 净化，包括脱碳和甲烷化。c. 合成，包括合成气的压缩和氨合成，并经过冷冻分离出液氨。

(2) 天然气合成甲醇及其衍生品

以天然气为原料生产甲醇，建设投资少、生产成本低，是具有竞争力的原料路线。全球采用天然气为原料路线的甲醇装置生产能力占甲醇总生产能力的80%以上。在天然气化工利用中，甲醇生产消耗的天然气仅次于合成氨的。甲醇作为碳化学的母体，是一种重要的基本化工原料，主要用于生产甲醛、甲基叔丁基醚(MTBE)和醋酸等产品。这些产品经再加工可衍生出多种产品。近年来随着“空气洁净法”的推行，MTBE作为无铅汽油的优质添加剂，其生产量和消费量快速增长，大大刺激了甲醇工业的发展。目前世界各国越来越重视环境保护，甲醇直接作为原料代替汽油或加入汽油中掺烧，引起世界各国的普遍重视。

中国的甲醇生产近年来发展迅速，但大多数厂家以煤为原料，其装置普遍偏小，生产分散。中国采用天然气为原料生产的甲醇仅占总生产能力的10%左右。与发达国家相比，中国甲醇的产量和消费水平均处于低水平。随着中国经济的发展以及环境保护意识的增强，醋酸和甲醛系列产品及甲醇其他下游产品的需求将不断增加，甲醇的需求也将会不断增长。

(3) 天然气合成乙炔、乙烯及其衍生品

我国石油资源不足，乙烯产量也有限，生产的乙炔主要用于生产三大合成材料(塑料、合成橡胶和合成纤维)，即使如此仍满足不了我国日益增长的需求。在天然气丰富且价格低廉的地区，采用天然气合成乙烯路线发展下游精细化工产品是值得考虑的，这也是发展天然气精细化工产品的主要方向。天然气制乙炔，同时副产的尾气又可作为生产甲醇、合成氨或合成氨的原料。天然气部分氧化法制乙炔是较为经济的方法。

① 乙炔生产工艺

用天然气部分氧化法生产乙炔，再由乙炔进行延伸加工的技术是成熟可靠的，其尾气

($CO+H_2$)可副产甲醇。天然气制乙炔技术可引进德国先进技术,尾气制甲醇采用英国低压合成技术,中国已在某维纶厂引进采用这些技术,其规模是生产 3 万 t 乙炔,副产 9.5 万 t 甲醇,每生产 1 t 乙炔消耗 6 154 m^3天然气,副产 8 750 m^3尾气。

② 乙炔下游产品

乙炔副产甲醇的下游产品以聚甲醛、醋酸乙烯等为主导。此外,天然气裂解制乙炔,其尾气温度高达 1 500 ℃,通常采用水淬冷使其温度降低,若改用石脑油淬冷,则可得到少量乙烯,既节约了能源,又可利用乙炔发展下游产品,所得到的乙烯进一步采用乙烯合成技术生产丙醛,进而氧化成丙酸。

③ 天然气制乙烯路线

天然气制乙烯,理论上有三条路线。

a. 一步法,即天然气通过氧化偶联,生产乙烯。此法目前无工业化案例。

b. 二步法,天然气先生产氯甲烷,再制成乙烯。此法目前亦无工业化可能。

c. 三步法,由天然气裂解成合成气($CO+H_2$),再合制成甲醇,由甲醇制乙烯。此技术由美孚石油公司开发,已建立了工业示范装置,有可能实现工业化。

4.3.5　天然气的其他利用形式

(1) 液化天然气(LNG)

LNG 由于体积小,适合用船远洋运输和贸易,成为天然气管道运输的重要补充方式,为进一步推进城市天然气化提供了新的手段和方法。

a. 液化天然气车用

液化天然气汽车(LNGV)是以液化天然气为燃料的汽车。将天然气净化处理后,再经－162 ℃的超低温将其凝结成液体,然后用于车用燃料。天然气液化后可以大大节约储运空间和成本,其体积约为同量气态天然气体积的 1/600,而重量仅为同体积水的 45%左右,具有热值大、性能高等特点。LNG 汽车的续航里程可达 500～700 km,且气罐重量轻,动力基本不受影响。

b. LNG 用于居民用户

由于 LNG 独特的调峰性能,一般优先满足居民住宅用气。居民用户是天然气传统的、稳定的用户,是最能体现天然气利用优势的市场,也是最适合应用 LNG 进行发展和培育的用户对象。居民用气量小、点多面广,有利于城市天然气管网的形成。

(2) 压缩天然气(CNG)

压缩天然气(compressed natural gas,CNG)是天然气经加压并气态储存的一种天然气。压缩天然气与管道天然气的组分相同,其主要成分为 CH_4。CNG 可作为车辆燃料使用。压缩天然气是一种理想的车用替代能源,其应用技术经数十年发展已日趋成熟。压缩天然气具有成本低、效益高、污染少、使用安全便捷等特点。CNG 加气站一般分为三个基本类型:快速充装型、普通(慢速)充装型及两者的混合型。

4.4　天然气发展现状和前景

据相关资料,2022 年我国煤炭消费占一次能源消费的比例高达 56.2%,而同期世界平均水平只有 26.7%。作为清洁能源的天然气,占我国一次能源消费的比例只有 8.5%,而同期世界平均水平为23.5%。我国天然气整体消费水平明显偏低，且局部地区存在供应能力阶段性过剩的问题，需要积极拓展新的消费市场。目前我国大部分地区基础设施不完善，输气管网密度低，储气库、LNG调峰站等储气调峰设施严重不足，输配成本居高不下，扩大天然气消费面临诸多障碍。

4.4.1 天然气发展现状

我国天然气类型多样，资源丰富。基于与国外同行业发展历程的对比结果认为，我国天然气勘探整体处于早中期，未来仍有发现大中型气田的资源条件，同时未来我国天然气勘探开发的重点应该在陆上超深层、深水、页岩气、煤层气等领域。

2023年全国天然气产量达2 324×10^8 m^3，连续5年年均增长量超过110×10^8 m^3。我国油气产量结构进一步优化，向绿色低碳转型取得重要进展，建成了塔里木盆地、四川盆地、鄂尔多斯盆地3个年产气量超过300×10^8 m^3的天然气生产基地。随着天然气勘探开发理论和技术的突破，天然气开发对象由常规构造型气藏向非常规致密气、煤层气和页岩气拓展，非常规天然气逐渐成为天然气上产的主力军，特别是“十三五”期间我国进入了常非并举发展的新阶段，非常规天然气取得了长足的发展，全国年均新建产能中的70%左右为非常规天然气。2023年我国非常规天然气产量为960×10^8 m^3，占全国天然气总产量的41.3%，其中，致密气600×10^8 m^3、页岩气242×10^8 m^3、煤层气118×10^8 m^3。

进入21世纪以来，中国天然气产业获得了跨越式发展：国内天然气产量从2000年的274×10^8 m^3上升到2023年的2 324×10^8 m^3，天然气消费量从2000年的247×10^8 m^3快速增长到2023年的3 945×10^8 m^3，跻身世界天然气生产、消费大国行列；天然气对外依存度也逐年上升，2020年已超过40%。天然气作为最清洁低碳的化石能源，未来为助力“双碳”目标的实现，国家将积极推动天然气产业实现高质量发展，国家能源局预计2025年我国天然气消费规模达到4 300亿～4 500亿 m^3，2030年达到5 500亿～6 000亿 m^3。在世界处于百年未有之大变局的深度演变和能源结构加速转型的大背景下，地缘政治环境复杂化、能源供应安全面临考验、碳达峰目标和碳中和愿景的提出，既给中国天然气工业大发展带来了挑战，同时也提供了前所未有的空间和机遇。

4.4.2 天然气发展前景

(1) 我国天然气行业发展空间

在经济发展强劲有力的大背景下，“双碳”目标引领国内能源行业加快转型，北方地区清洁采暖持续推进，中东部地区采暖需求加快释放。在“双碳”战略大背景下，随着煤炭燃烧逐步受到限制、非常规油气资源规模化开发、油气市场改革逐步推进，天然气将迎来重要发展战略机遇期。未来，我国天然气行业的发展空间主要集中以下几个方面。

① 煤改气：以京津冀及周边地区、长三角、珠三角地区等重点耗能区域为重点，推进“煤改气”工程，预计新增天然气需求量450×10^8 m^3。

② 发电领域：提高天然气发电利用比例，适度发展燃气热电联产、调峰电站项目，鼓励推进天然气分布式多联供项目建设。

③ 交通领域：扩大交通领域天然气利用，推广天然气公交车、出租车、物流配送车、环卫车、重型卡车和液化天然气船舶。

(2) 我国天然气行业面临的挑战

① 大幅增加天然气消费量难度较大

未来中国能源转型面临很大挑战，天然气是中国能源转型的重要和现实抓手，但相比于其他能源，其发展也面临严峻挑战。提高天然气在一次能源消费结构中的比例存在较大不确定性，按照原有发展模式显然无法实现，需各方强有力的协同，并研究制定大力鼓励天然气利用的支持政策。

② 国内勘探投入不足

国内天然气资源丰富、探明率低，还处在勘探早期，具备快速增储上产的物质基础。由于地质工作程度和资源禀赋不同、油气领域勘探开发主体较少、区块退出和流转机制不健全、竞争性不够等，石油公司勘探主要集中在资源丰度高的地区，新区新层系风险勘探、页岩气等非常规资源勘探投入不足。一些国内企业通过走出去已获得国外区块，积累了技术和管理经验，但国内准入仍存在诸多限制，制约了多元资本投入。同时，国际油价长期维持较低水平，石油企业上游领域投资减少，更直接影响国内天然气产量增加。

③ 体制机制制约和结构性矛盾问题突出

随着天然气产业快速发展，产业结构性矛盾日益突出，部分原有政策已不适应新的发展形势，储气能力严重滞后，保供难度日益增加。勘探开发和管道输送环节主体少，竞争不足，管道运营不透明，难以实现第三方市场主体公平接入。行业垄断和区域分割比较严重，输配环节过多，费用过高，最终用户没有获得实惠。市场化体制机制不健全，竞争不够充分，价格变化难以完全真实反映市场供求关系。进口高价合同气难以消纳，企业背负经营压力，天然气供应风险加大。法律法规体系不健全、不完善，行业监管越位和缺位现象并存。

④ 基础设施建设任务繁重，管道保护工作难度加大

随着城镇化率逐年提高，城镇范围不断扩大，管道建设运行过程中与城乡规划的矛盾时有发生，管道占压情况比较严重，破坏、损伤现象突出，管道安全风险加大。

(3) 我国天然气利用前景

各省份天然气资源禀赋存在巨大差异，导致天然气价格不一。相对于煤炭、燃料油、液化石油气等能源，天然气不具备明显的价格优势。随着雾霾等环境压力日益增长，能源结构调整势在必行，必须推广清洁能源的利用。天然气作为清洁能源必将是着力发展的能源品种，未来天然气需求增长速度将明显超过煤炭和石油。国家各部委也出台了大量的行业准入及鼓励政策，将有效引导投资进入天然气利用领域，从而扩大天然气相关的基础设施的建设投入，加快天然气管道、LNG 接收站、储气库等基础设施建设，推进天然气利用。

思考题

1. 简述天然气的分类。
2. 天然气的成因有哪些？
3. 列举几种常见的天然气开采技术。
4. 简述煤层气的赋存及开采机理。
5. 什么是天然气水合物？它具有哪些特点？
6. 天然气作为工业燃料的优势有哪些？
7. 简述天然气的利用形式。

第5章　水能开发与利用

水能属于绿色清洁能源，是绿色低碳循环发展经济体系的重要组成部分，具有分布广泛、可循环重复利用、技术发展成熟以及经济成本低等优势。本章详细介绍水资源概念、成因、组成、特点和分布，水能资源概念、特点与分布，水能的分类。重点介绍水力发电，详细讲述水电站的类型、水电站的建筑物、水轮发电机组。最后，介绍水能发展现状，探讨水能发展的前景。

5.1　水能概述

5.1.1　水资源

5.1.1.1　水资源的概念

水是生命之源，是地球上一切生命赖以生存的、不可或缺的重要自然资源。水是生产之要，是社会生产的基础性自然资源，与人类经济社会的整体发展休戚相关；水是生态之基，对生态环境的状况具有决定性作用。水资源不仅仅是经济生产活动中的重要投入要素，同时也是一个国家重要的战略性资源。人类社会的古代四大文明均以大江大河流域为发源地。如古代巴比伦文明发源于幼发拉底河和底格里斯河流域，古印度文明发源于印度河和恒河流域，古埃及文明孕育于尼罗河流域，黄河和长江则是中华文明的摇篮。

关于“水资源”的概念，由于学者研究领域与侧重角度不同，在学术领域具有不同的描述，例如：水资源是指陆面地表水和地下水；可供利用或有可能被利用、具有足够数量和可用质量，并适合当地需求、能长期供应的水源；降水量中可以被利用的那一部分；与人类生产和生活有关的天然水源；可供国民经济利用的淡水资源，其数量为扣除降水期蒸发的总降水量；与人类社会用水密切相关而又能不断更新的淡水，包括地表水、地下水和土壤水；地球上存在的不论属于哪种状态（气态、液态或固态）的对人类有潜在用途的天然水体；等等。

但从法律、技术标准角度，对水资源有清晰的界定。《中华人民共和国水法》第二条规定，水资源包括地表水和地下水；《水资源术语》(GB/T 30943—2014)明确，水资源是地表和地下可供人类利用又可更新的水，通常指较长时间内保持动态平衡，可通过工程措施供人类利用，可以恢复和更新的淡水。

5.1.1.2　水资源的成因

关于水的成因，有诸多描述。例如：在地球形成初期，大气中的氢和氧发生反应合成水，水蒸气逐步凝结下来并形成海洋；在地球形成初期，内部的铀、钍等放射性元素衰变放出热量，地球的内部被融化，岩石中的水分被分离出来；火山喷发会释放出大量的水，在火山喷发后，岩浆流到地表，随着压力的减小，水分被释放出来；地球内部矿物脱水分解出部分水，或者释放出的一氧化碳、二氧化碳等气体在高温下与氢作用生成水等。与之对应，关于水的来源有多种学说，如渗入说（渗入水）、凝结说（凝结水）、初生说（初生水）、埋藏说（埋藏水）和脱出说（脱出水）等。

自然界的水有固态、液态和气态三种形态，其中，大气圈的水主要以气态形式存在，地表水和地下水主要以液态形式存在，冰山水主要以固态形式存在。由于太阳辐射及地球引力的作用，地球上的水周而复始、永不停息地蒸发、降水、径流，此过程称为自然界的水循环，如图 5-1 所示。根据循环尺度的不同，水循环可分为大循环和小循环。其中，大循环（又称外循环）是指海洋蒸发的水分经大气流动输送到陆地，并形成降水，经河流又回到大海的过程。小循环（又称内循环）是指海洋或陆地上的水蒸发到空气中，随着空气的变化又凝结成水降落到海洋或陆地的过程。

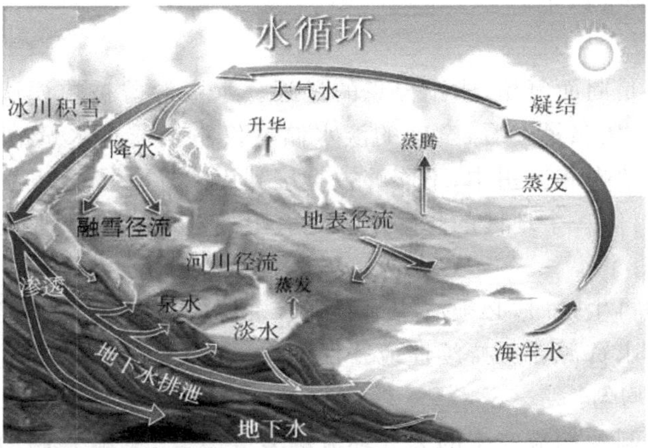

图 5-1　自然界水循环示意图

地表上的各类水体均在不同程度上参与水循环，并在循环过程中不断地自我更替与净化。由于储存条件存在明显差异，各类水体的更替周期均不同，如表 5-1 所列。

表 5-1　各类水体的更替周期

水体种类	更替周期	水体种类	更替周期
永冻带底冰	10 000 a	沼泽	5 a
极地冰川与雪盖	9 700 a	土壤水	1 a
海洋	2 500 a	河川水	16 d
高山冰川	1 600 a	大气水	8 d
深层地下水	1 400 a	生物水	几小时
湖泊	17 a		

注：更替周期是指某一类水体在停止补给的条件下，通过自然排泄、蒸发而完全消退所需的时间。

5.1.1.3　水资源的组成

水资源由地表水和地下水组成。

地表水是指存在于地壳表面的河流、湖泊、水库、水塘、沼泽、冰川、积雪等水体中的水。

地下水分为狭义与广义之分。广义指地面以下各种形态的水;狭义指埋藏于地面以下岩土孔隙、裂隙、溶隙中的重力水。

5.1.1.4　水资源的特点

水资源作为与人类生活、生产关系十分密切的自然资源,主要特点表现为再生性、有限性、用途多样性和分布不均匀性等。

(1) 再生性

水资源的再生性源于地球上周而复始的水循环。从狭义上讲,水资源是指某一地点逐年可以恢复和更新的淡水资源。从广义上讲,地球上一切水体都在自然界的水循环中不断地转化、更新。不同水体更替周期长短不同,更替周期短的水体可利用率高,遭受污染时水质恢复快。地球上某些水体(如深层地下水、极地冰川、永冻带底冰等)更新速度极其缓慢,其更替周期长达 1 000 a 以上。

(2) 有限性

地球上的水循环是周而复始、永不停息的过程。水资源曾被错误认为是“取之不尽,用之不竭”的自然资源。从储量上看,全球的淡水储量仅占全球总水量的 2.5%,而且大部分淡水资源储存在极地冰帽和冰川中,不能够被直接利用。降水是可以逐年恢复、更新地表径流和补给地下径流的,但一个地区的年降水量是有限的,降水到达地面之后还要经过蒸发的消耗。

当强调水资源的再生性时,必须清醒地看到水资源的有限性,只有不超出水资源的逐年可恢复、更新的限度,水资源才可持续性地开发利用。

(3) 时空分布不均匀性

全球气候运转机制及相应产生的大气环流的复杂变化,影响和制约着降水的地区分布和年际、年内变化。中国位于亚欧大陆的东南部,地势西高东低,地域辽阔,地形复杂。受季风气候影响,中国东南部地区多雨湿润;西北部地区少雨干旱,季节变化明显,雨期集中于夏季。

(4) 用途多样性

水资源是被人类广泛利用的自然资源。它不仅广泛用于农业、工业、人类生活,还用于发电、水运、渔业、旅游等。不同用途的用水特点不同,例如,有些用水属于消耗性用水,有些用水是用而不耗或是消耗很小。根据水资源用途的多样性,人类在开发利用水资源时,必须注重一水多用,充分发挥水资源的综合利用效益。

5.1.1.5　水资源的分布

我国水能资源主要分布在长江、黄河、辽河、珠江等流域。其中,长江是我国最长的河流,其上游的青藏高原有着丰富的水能资源;长江中游的四川盆地也是我国水能丰富的地区之一。黄河是我国第二长的河流,其上游的青海高原和黄土高原都有着较为丰富的水能资源。辽河是我国北方最大的内陆河流,其下游的辽宁省和中游的河北省是我国重要的水能资源区。珠江是我国南方最大的河流之一,广东省和广西壮族自治区的山地水能资源十分丰富。

5.1.2　水能资源

5.1.2.1　水能资源的概念

水能资源又称水力资源,是指以位能、压能和动能等形式存在于江河、湖泊、水库、渠道、海洋等水体中可再生的能量资源。

水能资源利用的主要方式是水力发电，其最常用的方法就是在河流上建筑拦河坝，积蓄水能，提高落差(水头)，然后靠引水管道引取集中了水能的水流，水流从高处泻下，推动设在厂房中的水轮发电机组发电。水力发电原理如图 5-2 所示。

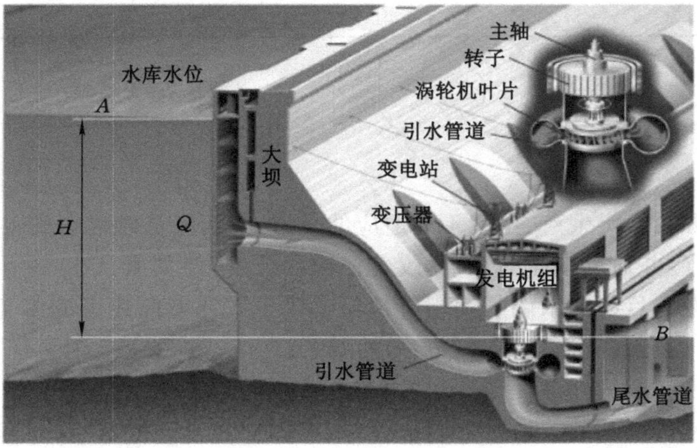

图 5-2　水力发电原理

5.1.2.2　水能资源的特点

水能资源作为一种清洁的可再生资源，在利用的过程中可多次循环重复利用，对人类生活以及社会发展均有一定经济价值。

我国蕴藏的水能资源量居世界第一位，水能资源分布呈不均匀特点，主要表现为我国水能资源近 70%分布在西南地区，其中长江水系最多，其次为雅鲁藏布江水系。截至目前，我国已开发的水能资源主要集中在长江、黄河和珠江的上游。

5.1.2.3　水能资源的分布

根据水能资源复查统计成果，我国水能资源理论蕴藏量 6.94 亿 kW，年理论发电量为 6.08 万亿 kW·h；技术可开发装机容量为 5.42 亿 kW，技术可开发年发电量为 2.47 万亿 kW·h；经济可开发装机容量为 4.02 亿 kW，经济可开发年发电量为 1.75 万亿 kW·h，居世界首位。另外，我国已建水电站还有很大的扩机改造潜力，流域的系统优化需要进一步分析研究，根据初步推测已建水电深度开发潜力超过 1 亿 kW。

由于各地区的地形与降雨量差异大，我国水能资源在地域分布上不均衡，总体呈现西南多、东北和华北少，具体情况如表 5-2 所列。

表 5-2　我国不同地区可开发水能资源统计

项目地区	可开发容量/万 kW	可开发年发电量/亿 kW·h	可开发年发电量占全国比重/%
东北	1 199	384	2.0
华北	692	232	1.2
华东	1 790	688	3.6
中南	6 743	2 974	15.5

表 5-2(续)

项目地区	可能开发容量/万 kW	可开发年发电量/亿 kW·h	可开发年发电量占全国比重/%
西南	23 234	13 050	67.8
西北	4 194	1 905	9.9
合计	37 853	19 233	100

5.2 水能利用

为解决水资源与人类生产、生活不相适应的矛盾，在河流上修建水利工程，控制洪水，消除或减轻洪水灾害，并通过水库的调节，改变径流的分配，使其服从生产、生活的需要，可达到除害与兴利的双重目的。水能的利用应是不破坏生态环境前述下的多目标综合利用，主要包括灌溉、发电、供水、航运、水产养殖、旅游等。

5.2.1 灌溉

农业是国民经济的基础。通过建闸修渠等，可以形成良好的灌、排系统，调节和改变农田水利状态和地区水利条件，使之符合农业生产发展的需要。农田灌溉工作一般包括取水、输水配水和排水工作。

(1) 取水

取水是指从河流、湖泊、地下水等水资源中适时适量地引取水用于农田灌溉。在河流中引水灌溉时，取水一般涉及抬高水位的拦河坝(闸)、控制引水的进水闸、排沙用的冲沙闸、沉沙地等。

当河流流量较大、水位较高能满足引水灌溉要求时，可以不修建拦河坝(闸)。当河流水位较低又不宜于修建坝(闸)时，可以修建提灌站来提水灌溉。

(2) 输水配水

输水配水是指将一定流量的水流输送并配置到田间的建筑物综合体，如各级固定渠道系统及渠道上的涵洞、渡槽、交通桥、分水闸等。

(3) 排水

排水工程是指各级排水沟及沟道上的建筑物。其作用是将农田内多余水排到一定范围以外，使农田水分保持适宜状态，满足通气、养料和热状况的要求。

5.2.2 发电

水力发电是指将具有巨大能量的水流通过水轮机转化为机械能，再通过发电机将机械能转换为电能的工程技术。具体操作是，在天然河流上，修建水工建筑物(如大坝、引水管涵等)集中水头，然后通过引水道将高位的水引导到低位置的水轮机，使水能转变为旋转机械能，带动与水轮机同轴的发电机发电，从而实现从水能到电能的转换。

水力发电两个基本要素是落差和流量。为有效地开发天然河道水流的能量，需采用工程措施修建能集中落差和调节流量的水工建筑物，使水流符合水力发电的要求。

在山区常用的水能开发方式是拦河筑坝形成水库，水库既可以调节径流又可以集中落差。在坡度很陡或有瀑布、急滩、弯道的河段，或者上游不慎淹没时，可以沿河岸修建引水建筑物(渠道、隧洞)来集中落差和调节流量，开发利用水能。

5.2.3　供水

人类生产、生活都离不开水。供水是将水从天然水源中取出，经过净化、加压，用管网供给城市、工矿企业等用水部门。随着城镇的建设和发展，城镇用水量日益增加，保障城镇供水已成为水资源利用的重要目标。

5.2.4　水产养殖

水产养殖是水资源综合利用方式之一，利用江、河、湖、库发展水产养殖，可为人类提供多样化的食物。

5.2.5　旅游

江、河、湖、库的优美环境可用来发展旅游业，满足人类精神文化的需要，利用江、河、湖、库来发展旅游业已成为水资源利用的重要方式之一。

应当指出，天然河流是一个完整的连续体，河流两岸自古以来就是人类繁衍生息之地。为维持必要的生存条件，满足生态需水要求，江、河、湖、库应当保持一定水量。发达国家自 20 世纪 60 年代开始重视水资源的控制利用，对发电、航运、供水实施限制。

5.2.6　航运

航运包括船运和筏运(木、竹浮运)。发展航运对物资交流、繁荣市场、促进经济和文化发展是很重要的。它运费低廉，运输量大。内河航运有天然水道(河流、湖泊等)运输和人工水道(运河、河网、水库、闸化河流等)运输两种。

利用天然河道通航，必须进行河道疏浚、河床整治、改善河流的弯曲情况、设立航道标志等，建立稳定的航道。当河道通航深度不足时，可以通过拦河建闸、建坝抬高河道水位或利用水库进行径流调节，改变下游的通航条件。

人工水道是人们为了改善航运条件开挖的人工运河、河网及渠化河流，利用它可以缩短航程，节约人力、物力、财力。人工水道除可以通航外，还有综合利用的效益，如运河可作为水电站的引水道、灌溉干渠、供水的输水道等。

5.3　水力发电

我国是世界上水能利用最早的国家之一，3 000 多年前，古人就创造了多种形式的简易的水力装置——水轮，如用来吸水灌溉的筒车、水转翻车，用来加工谷物的水碾、水碓，用来冶炼金属的鼓风设备水排等。利用水能发电是近代水能利用的主要形式。

5.3.1　水电站类型

水电站根据发电规模、集中水头、位置和运行方式的不同可以有不同的分类，如图 5-3 所示。

5.3.1.1　按发电规模划分

根据我国现行《水利水电工程等级划分及洪水标准》(SL 252—2017)的规定，水电站按发电规模可以分为大型水电站、中型水电站和小型水电站三种主要类型。

(1) 大型水电站

电站总装机容量 300 MW 及以上的称为大型水电站，其中大于或等于 1 200 MW 的为大(1)型，大于或等于 300 MW 且小于 1 200 MW 的称为中大(2)型。

(2) 中型水电站

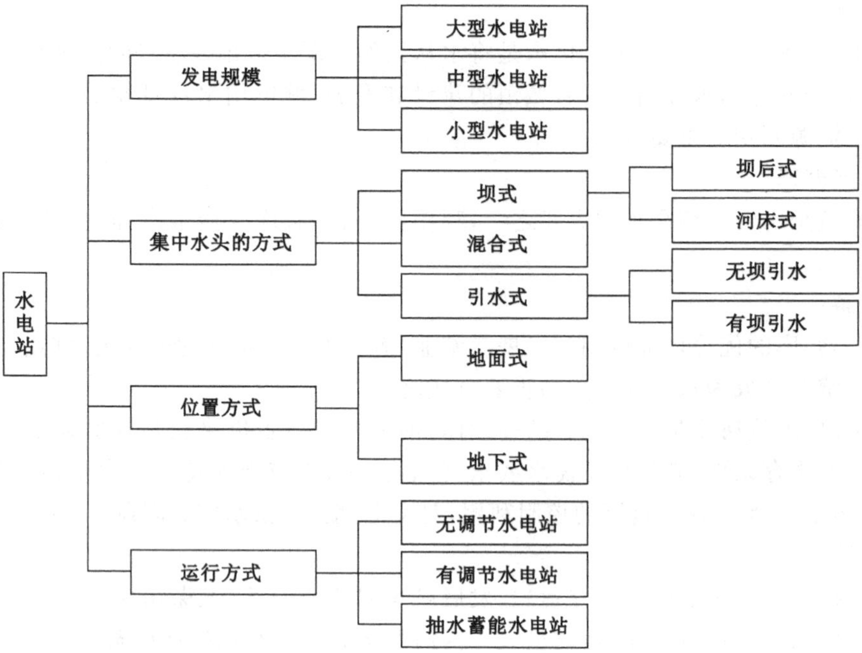

图 5-3　水电站类型

电站总装机容量大于或等于 50 MW 且小于 300 MW 的称为中型水电站。

(3) 小型水电站

电站总装机容量小于 50 MW 的称为小型电站，其中大于或等于 10 MW 且小于 50 MW 的为小(1)型，小于 10 MW 的为小(2)型。

5.3.1.2　按集中水头方式划分

按集中落差的方式不同，水电站分为坝式、引水式和混合式三种类型。

(1) 坝式水电站

坝式水电站是在河道上筑坝壅高水位形成水库，利用坝集中水电站的水头，水电站房布置在坝后(坝后式水电站)或坝下游岸边(河床式水电站)。坝式水电站的大坝具有集中水头和利用水库蓄水调节流量双重作用。坝式水电站的布置如图 5-4 所示。

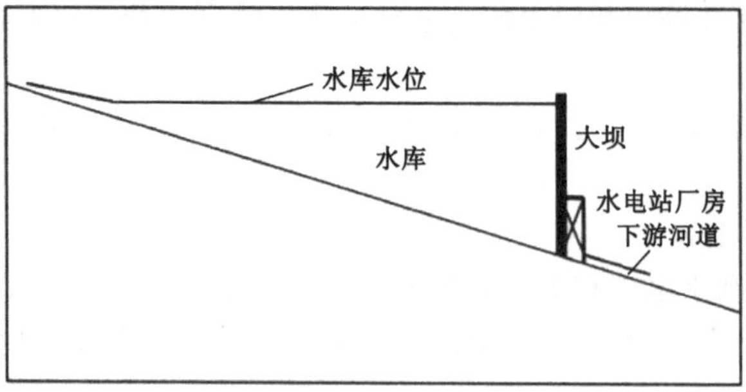

图 5-4　坝式水电站的布置图

① 坝后式水电站一般建在河流中上游的峡谷中由于淹没相对较小，坝一般建得较高，

进而获得较大的水头。坝后式是我国目前采用较多的一种布置方式。长江三峡水利枢纽工程采用坝后式，分设左岸及右岸厂房，共安装 26 台水轮发电机组，水轮机为混流式，单机容量均为 70 万 kW，如图 5-5 所示。

图 5-5　长江三峡水利枢纽工程（坝后式）

② 河床式水电站一般建在平原地区河床中下游且河床纵向坡度比较小的河段。因受地形限制，为避免淹没面积过大，只能修筑不高的拦河坝。河床式水电站引用的流量较大，多选用大直径、低转速的轴流式水轮发电机组。葛洲坝水电站是河床式水电站，如图 5-6 所示。

图 5-6　葛洲坝水电站（河床式）

（2）引水式水电站

引水式水电站主要依靠引水道来集中水电站的水头，按照有无坝分为无坝取水和有坝取水两种形式。若流量不大，水位较固定，地形、地质条件比较适宜，则可建造无坝引水式电站；若流量中等或稍大，引水道穿过山体，水库水位略有变化，或者是跨流域引水，水道要穿过分水岭，则往往采用有坝引水方式。

不用建高坝，引水式电站只要条件合适就可以建造水头很高的水电站。引水式水电站布置如图 5-7 所示。

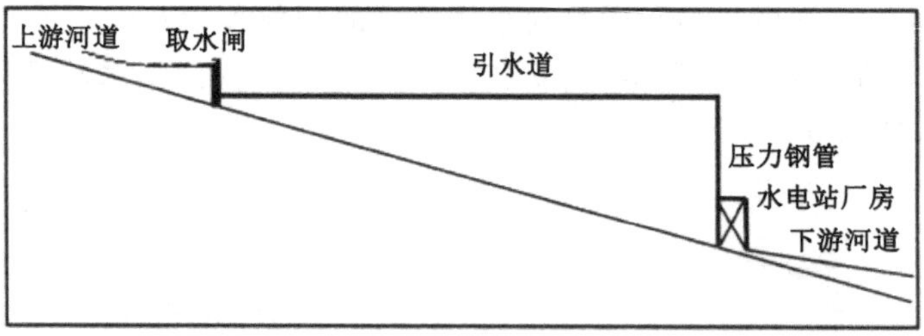

图 5-7　引水式水电站布置图

① 有坝引水式水电站是在河道上建筑低坝或水闸，以便从河道中引用更多的流量发电，修建闸或低坝的主要目的是取水，也可集中少量水头。

有坝引水式电站采用压力隧洞或压力管道来引水，它可适应上游水位有一定变化的情况，如图 5-8 所示。

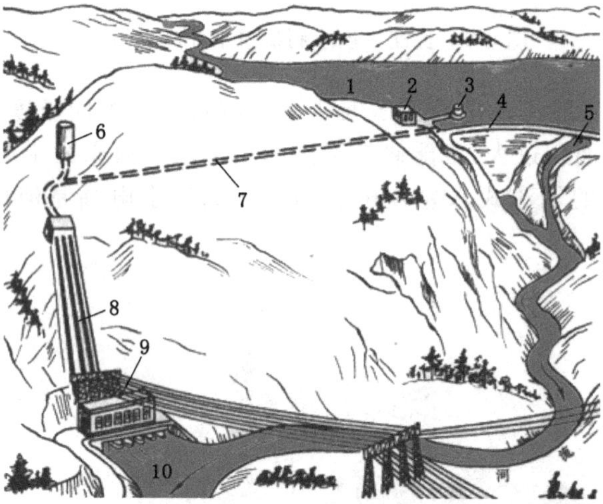

1—水库；2—闸门；3—进水口；4—坝；5—泄水道；6—调压室；
7—尾水渠或下游河道；8—变电站；9—电力输送线路；10—下游水库或河流。

图 5-8　有坝引水式水电站示意图

② 无坝引水式水电站采用小于天然河道底坡的明渠，将水引到水电站厂房所在河道岸边的山坡上，再用压力水管将水引至布置在河岸的水电站厂房发电，发电后的水通过尾水渠排入河中。无坝取水的引水式水电站只能从天然河道中引用约 1/4 的河道流量。无坝引水如图 5-9 所示。

引水式水电站具有造价较低、施工难度较小、工期较短等特点，适于建造中小型水电站。同时，引水式电站由于没有大的水坝，调节性能较差，多半是径流式电站，即来多少水就发多少电。此种电站综合利用效益不高，移民淹没搬迁工作量小，但泥沙问题较严重。

(3) 混合式水电站

混合式水电站是指同时利用水坝和引水隧洞来集中水电站水头进行发电的水电站。混合式水电站具有坝式水电站调节径流的功能，其引水道只能是有压引水隧洞。当采用压力明管引水时，厂房布置在地面，与引水式水电站厂房类似。当采用埋藏式压力水管或压力隧

1—坝；2—进水口；3—沉沙池；4—引水渠道；5—日调节池；6—压力前池；
7—压力管道；8—厂房；9—尾水渠；10—配电所；11—泄水道。

图 5-9　无坝引水式水电站示意图

洞引水时，水电站厂房与坝式水电站岸边厂房布置类似。

鲁布革水电站就是混合式水电站，其装机容量为 60 万 kW，水头为 372 m，如图 5-10 所示。

图 5-10　鲁布革水电站

5.3.1.3　按水电站的位置划分

（1）地面式

地面式水电站是指主要建筑物建造在地面的水电站。地面式水电站采光、通风、运输、进厂交通、出线、防潮的条件较好，一般不需人工采光和人工通风。因此，是应用较多的一种形式。

（2）地下式

地下式水电站是指把水电站主厂房、主变压器室等放到地下岩体中的水电站。在河道狭窄、地表无适宜地势，以及洪水较大时，为减少水电站厂房与泄洪建筑的冲突，可采用地下式水电站。

地下式水电站虽在通风、照明、防潮、交通、劳动条件等方面有不足，需做更多工作加以弥补，但也有一系列优点。例如，施工一般与导流、大坝、其他建筑没有冲突或冲突较小；不受洪水影响且受冰冻、降雨影响较小；可全年施工；一般大坝建成蓄水，地下式水电站也具备了发电的条件。

此外，地下式水电站地下厂房不受滑坡、雪崩、尾水位太高等条件影响，战时防空条件也优越。采用地下式电站可大幅节约高压管道造价。因此，在特定场合下，尤其在狭窄的山谷中常修建地下水电站。

目前我国约有 60 座地下水电站，全世界约有 600～700 座地下水电站。

5.3.1.4 按运行方式划分

(1) 无调节水电站

无调节水电站是指没有水库、不能调节径流、直接引用河中径流进行发电的水电站。无调节式水电站的运行方式，以尽可能多利用河中径流为原则。

(2) 有调节水电站

有调节水电站是指借助水库按照用电负荷对径流进行调节，把超过发电所需的多余水量蓄入水库，以便来水不足时增大发电流量的水电站。

有调节水电站也称为蓄水式水电站，其运行方式可在一定程度上适应用电负荷情况。按照调节径流的周期长短，有调节水电站分为日调节水电站、年调节水电站和多年调节水电站。

大部分河床式水电站和引水式水电站属于无调节水电站，而坝后式和混合式水电站一般属于有调节水电站。

(3) 抽水蓄能式水电站

抽水蓄能式水电站是一种特殊的水电站，它利用电力系统负荷低谷时的剩余电能，把水从下池(库)由抽水蓄能机组抽到上池(库)中，以位能形式储存起来，当系统负荷超出总的可发电容量时，将存水用于发电，供电力系统调峰填谷使用。此外，它还可以调频、调相、调压和作为备用，对保障电网的安全优质运行和提高系统经济性具有重大作用。抽水蓄能原理如图 5-11 所示。

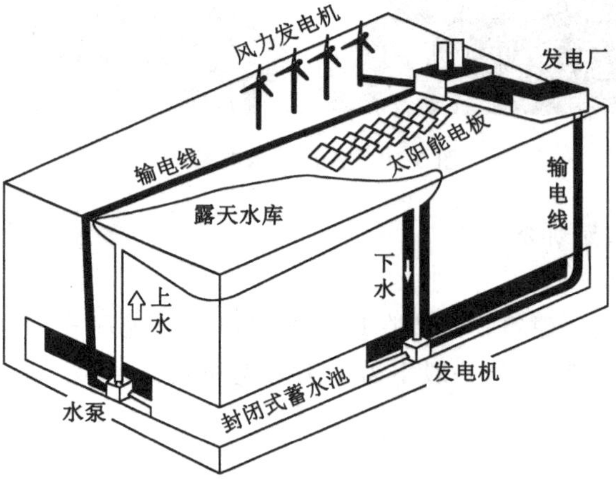

图 5-11 抽水蓄能原理

较大电力系统中，特别是在水电站比例很小或者水电站比例大时，建造抽水蓄能电站有重要意义。因为，抽水蓄能电站可使电力系统其他电站使用过程中承担均匀负荷，提高设备利用率和降低火电厂单位煤耗量，并改善供电质量。

抽水蓄能电站需要安装用于抽水和用于发电的两套机组设备，以及修建高、低两个水库。同时由于能量转换经历了电能到水能再到电能的过程，损失增大，所以建设投资和能量损失都比一般水电站大些。但由于这种电站能提高整个电力系统的运行效益，加之它可以建在系统用电中心附近，既节约输电线路又供电灵活，因此，国内外均在加强抽水蓄能电站的建设。

5.3.2　水电站建筑物

水电站组成建筑物除挡水、泄水、排砂、取水、通航等一般水工建筑物外，还包括水电站引水发电系统建筑物（进水、引水、平水、尾水等建筑物）和发（变）电建筑物（发电厂房、变压器场、高压开关站等建筑物）。

5.3.2.1　一般水工建筑物

（1）挡水建筑物

挡水建筑物是指用以截断水流、集中落差、形成水库的拦河坝、闸或河床式水电站的厂房等水工建筑物，如重力坝、拱坝、拦河闸、土石坝、堆石坝等。

① 重力坝是由混凝土（浆）砌石修筑的大体积挡水建筑物，其基本剖面是直角三角形，整体由若干坝段组成。

重力坝在水压力及其他载荷作用下，主要依靠坝体自重产生的抗滑力来满足稳定要求，同时依靠坝体自重产生的压力来抵消由于水压力所引起的拉应力以满足强度要求。

② 拱坝是一种建筑在峡谷中的拦水坝。拱坝一般做成水平拱形，凸边面向上游，两端紧贴着峡谷壁。拱圈截面上主要承受轴向反力，可充分利用筑坝材料的强度。因此，拱坝是一种经济性和安全性都很好的坝型。

③ 拦河闸的主要作用是在枯水期关闭闸门抬高上游水位，以满足航运、灌溉、发电引水和城镇供水的要求；在洪水期开闸泄洪，使上游水位不超过防洪限制水位，同时控制下泄流量，使其不超过下游河道的安全泄量。在多沙河流上，拦河闸还担负排淤泄沙的任务，以尽量保持原来河床的水沙平衡状态。

（2）泄水建筑物

泄水建筑物的主要形式为溢洪道、溢流坝、泄水孔、泄水隧洞等。泄水建筑物作用主要是排放多余水量、泥沙和冰凌等。泄水建筑物具有安全排洪、放空水库的功能。对于水库、江河、渠道或前池等，泄水建筑物起太平门的作用，也可用于施工导流。

5.3.2.2　引水发电系统建筑物

（1）进水建筑物

进水建筑物是指从江河、湖泊、水库或人工水道将水引入渠道、洞、管道的建筑物。进水建筑物包括进水口（开敞式进水口和深式进水口）、进水闸、扬水站以及为截取河床潜流而建造的引水工程的进水部分。

开敞式进水口位于灌溉渠道或引水式水电站等的进口。深式进水口位于水工隧洞、坝下埋管或坝身泄水孔的首部。进水建筑物是灌溉、水力发电、城镇供水等工程中的重要组成部分。

（2）引水建筑物

引水建筑物是在引水式或混合式水电站中，用来集中落差（对混合式水电站而言，只是集中总落差）和输送流量的工程设施，如明渠、隧洞等。有时水轮机管道也被称为引水建筑物，但严格来说，由于水轮机管道主要是输送流量的，所以与同时具有集中落差和输送流量双重作用的引水建筑物并不完全相同。有些水电站较长的尾水隧洞及尾水渠道也属于引水建筑物。

(3) 平水建筑物

平水建筑物的作用是当负荷突然变化引起引水系统流量和压力剧烈波动时，借以调整供水流量及压力，保证引水建筑物、水轮机管道的安全和水轮发电机组的稳定运行。例如，在引水式或混合式水电站的引水系统中设置如压力池或高压池等平水建筑物。

5.3.2.3 发(变)电建筑物

水电站厂房枢纽主要由安装水轮发电机组及控制设备的主、副厂房，安装变压器的变压器场和安装高压开关的开关站组成，是水电站将水能转变为电能的枢纽建筑物。厂房枢纽内安排的机电设备可分为水流、电流、电气控制、机械控制和辅助设备等五大系统。

5.3.3 水轮发电机组

水轮发电机组包括将水能转换为机械能的水轮机，将机械能转换为电能的发电机，控制机组操作(开机、停机、变速、增减负荷)的调速器和液压装置，以及保证机组运行的其他辅助设备。其中，水轮机是水轮发电机组的核心设备，如图 5-12 所示。

图 5-12 水轮发电机组

5.3.3.1 水轮机

水轮机是将水能转换为旋转机械能的机械，通过其带动发电机，使转轮的旋转机械能变为电能。水轮机的种类很多，根据水流能量转换特征的不同，可分为冲击式和反击式两大类，每一类根据其结构的不同，又可分为很多种形式。冲击式水轮机可分为水斗式、双击式和斜击式三种形式。反击式水轮机可分为混流式、轴流式、斜流式和贯流式四种形式。随着抽水蓄能电站的发展，出现了既可发电又可抽水的可逆式水轮机。常见的可逆式水轮机也有混流式、斜流式和轴流式三种形式。

(1) 水轮机适用范围

① 混流式水轮机是应用广泛的一种反击式水轮机。转轮叶片固定，叶片数目为 10～20 片，最高效率可达 94%左右。适用水头范围为 25～500 m，单机容量从几十到几十万千瓦不等(如三峡水电站机组容量为 70 万 kW，二滩水电站机组容量为 55 万 kW，刘家峡水电站机组容量为 30 万 kW)。

② 轴流式水轮机分定桨和转桨两种，是近代应用较多的一种水轮机。适用水头范围为

2～70 m，单机容量从几十到十几万千瓦不等。

③ 斜流式水轮机转轮叶片可随工况变化而转动，高效区较宽。适用水头可达 150 m 左右。

④ 贯流式水轮机不设蜗壳，简化为管状进水，进水管和尾水管都与转轮同轴，转轮叶片与轴流式的相同，机组采取卧式布置。适用水头范围为 1～30 m，单机容量由几千到几万千瓦不等。这种机型多用于低水头河床式水电站和潮汐发电站。

⑤ 冲击式水轮机是一种高水头水轮机，应用较广泛的是水斗式。适用水头范围为 100～2 000 m，单机容量从几十千瓦到十几万千瓦不等。

（2）水电站常用水轮机

我国已建大中型水电站常用的水轮机有冲击式、混流式和轴流式。已建部分大中型水电站混流式和轴流式水轮机特性如表 5-3 所示，我国已建部分 10 万 kW 以上抽水蓄能电站机组特性如表 5-4 所示。

表 5-3　我国已建部分大中型水电站混流式和轴流式水轮机特性

水电站名称	单机容量/万 kW	机组型号	水轮机水头/m			机组额定流量/(m^3/s)	比转速
			最大	最小	额定		
鲁布革	15.0	HL93.5-LJ 344.2	372.5	295.1	312.0	53.5	93.5
龙羊峡	32.0	HLDC6-LJ-600	150.0	70.0	122.0	298.0	176.0
东江	12.5	HL160-LJ-410	139.0	80.0	118.5	123.0	152.3
白山	30.0	HL200-LJ-550	125.0	86.0	112.0	307.0	189.4
大生桥	22.0	HLD10-1J-450	204.0	174.0	176.0	140.0	148.0
李家峡	40.0	HL200-LJ-600	135.0	116.0	122.0	367.0	197.0
东风	17.0	HL210-LJ-410	132.0	95.0	117.0	160.5	203.0
隔河岩	30.0	HL232-LJ-563	121.5	80.7	103.0	327.0	232.0
宝珠寺	17.5	HLD89-LJ-500	103.0	68.5	84.4	239.0	225.0
漫湾	25.0	HLD85-LJ-550	100.0	69.3	89.0	316.0	231.0
安康	20.0	HL220-1J-550	88.0	57.0	76.2	304.0	215.0
岩滩	30.3	ZZ440-LH-850	68.5	37.0	59.4	585.0	253.0
大化	10.0	ZZ440-LH-850	39.5	13.0	22.0	556.0	516.0
葛洲坝	12.0	ZZ500-LH-1020	27.0	8.3	18.6	825.0	578.0
铜街子	15.0	ZZ440-LH-800	40.0	28.0	31.0	547.0	472.0
万安	10.0	ZZ440-LH-800	32.3	15.0	22.0	556.0	516.0

表 5-4　我国已建部分 10 万 kW 以上抽水蓄能电站机组特性

水电站名称	机组形式	机组台数/台	单机容量/万 kW	水泵扬程/m		机组抽水工况启动方式
				最大	最小	
响洪甸	混流可逆式	2	5.5	64.0		降压异步启动
潘家口	混流可逆式	3	9.0	85.7	36.7	变频器同步启动

表 5-4(续)

水电站名称	机组形式	机组台数/台	单机容量/万 kW	水泵扬程/m		机组抽水工况启动方式
				最大	最小	
十三陵	混流可逆式	4	20.4	477.1	416.3	变频器同步启动
天荒坪	混流可逆式	6	33.3	607.5	512.0	变频器同步启动
广蓄一期	混流可逆式	4	30.0	535.7	496.2	变频器同步启动
广蓄二期	混流可逆式	4	30.0	542.8	493.6	变频器同步启动

5.3.3.2 发电机

发电机和水轮机是水电站的核心动力装置,二者共同组成水轮发电机组。大型水电站采用同步发电机,水轮机和发电机同频同速运行。发电机主要由定子与转子共同组成,其附属设备包括励磁装置、电制动系统、发电机机械顶起和制动装置、空气冷却器和灭火系统等。

(1) 发电机定子与转子

① 发电机定子主要由定子绕组、定子铁芯和定子机座组成。水轮发电机组通过定子产生旋转磁场,由于水轮发电机转速低、磁极多,定子尺寸均很大。受交通运输条件的限制,制造时需分成数瓣,运到施工现场后再组合成整体。如万家寨水电站发电机定子的定子机座外径与高度分别为 14.6 m 和 3.2 m,分成 6 瓣运到施工现场后再用拼接板焊接成整体。定子铁芯内外径分别为 12.13 m 和 12.8 m,铁芯长度为 1.85 m。通风槽由无磁性材料制成,高度为 6 mm。由于通风沟数量多,每段铁芯薄,因此定子铁芯冷却均匀。定子绕组为双层条式波绕组,3 个支路“Y”形连接,采用全模压工艺一次成型。

② 发电机转子由主轴、磁极、磁轭和转子支架等组成。大中型发电机转轴为空心圆筒,主轴上套有转子支架,用以传递转矩及固定磁轭,转子支架为铸焊结构。受限于水轮发电机转子的低转速,其尺寸和重量均很大。大中型水电站的水轮发电机转子都由散件运到电站再装配。如万家寨水电站发电机转子支架为圆盘式焊接结构,其由中心体和 8 个扇形外环组件组成,中心体由上下圆盘、中心圆钢和立筋等焊接而成。磁轭与转子支架采用切向、径向复合键连接结构,其分离转速为额定转速的 1.15 倍。磁轭轴向高度为 2.144 m,有 7 条通风沟。发电机主轴上端法兰与转子中心体连接,下端与水轮机主轴连接,上端热套上导轴承滑转子,并在两者之间设置轴绝缘以防止轴电流产生。励磁绕组由七边形铜排扁绕而成,磁极线圈采用封闭式 F 级绝缘,上、下绝缘托板为 F 级,在下托板底部有 6 mm 的铁托板磁极,装设有纵、横轴阻尼绕组,在负序电流为额定电流的 10% 时,机组能稳定运行。

(2) 发电机附属设备

① 励磁装置采用双微机加模拟或手动调节的三通道励磁调节器,这种调节器可互为备用、并联运行,能自动跟踪、自动切换。

② 电制动装置由制动控制柜、制动功率柜、制动电源变压器和发电机定子短路开关等组成。

③ 空气冷却器:例如采用转子磁轭供风、密闭自循环、双路径向、旋转挡风板无风扇端部回风通风方式。在发电机定子机座外壁对称布置有 12 个空气冷却器。

④ 发电机机械制动装置:由制动器及其管路以及电动液压泵、阀门和机电元件等组成。

制动器安装在转子磁轭下方的12个混凝土墩上，共24个制动器。制动器采用气压复位结构。

5.3.3.3　调速装置

水轮发电机的转速是影响电力系统供电频率的重要因素。为保证电力系统的供电质量，水电站水轮发电机组应当以恒速运行。调速装置的作用在于当电力系统负荷变化时，水电站站迅速改变机组的出力，从而改变水轮机流量以保持水轮发电机组的转速不变。水电站调速装置由调速器和液压装置组成，是水轮发电机组的主要辅助设备。

水轮机电液调速器多采用电子调节器式系统结构。其由转速测量单元、电子调节单元和电液执行单元组成。它将水轮机的转速、功率、水流量等调节至恰当的值，以保证水轮机的安全稳定运行。现代的水轮机电液调速器广泛采用了电子技术、液压技术和自动控制技术的最新成就，使现代水轮机电液调速器的可靠性和主要技术指标大为提高，控制功能不断扩展和完善，其不仅能适应水电厂计算机监控的需要，而且为机组安全、经济运行奠定了基础。现代水轮机电液调速器，在不特别提高机械液压部件加工精度条件下，其转速死区一般都能达到0.02%～0.03%。

5.3.3.4　变压器

水电站所发电力要经过升压才能远距离输送；水电站本身也要用电，水轮发电机组所发电力要经过降压后才能供自身使用。升压或降压都要用变压器，前者称为升压变压器（或主变压器），后者称为降压变压器（或厂用变压器）。

变压器是利用电磁感应作用，将一种电压的交流电转换为频率相同的另一种或几种不同电压交流电的电气设备。电力变压器按相数不同，可分为单相变压器和三相变压器。单相变压器是由单相高压绕组和低压绕组组成的变压器。使用时要将三个单相变压器组合在一起才能实现三相交流电路的变压任务。三相变压器是具有三相磁路的变压器，用于三相系统。三相变压器在对称负载下运行时，各相的电流、电压大小均相等，相位互差为120°。三相变压器线圈的连接法有星形、三角形两种。随着长江上游金沙江水能资源开发利用与西电东送工程溪落渡、向家坝等巨型水电站建设，为适应超长距离和超高压输电，采用了800 kV超高压直流输电技术，超高压直流输电需修建换流站和使用换流变压器。换流变压器是连接交流系统和换流器的变压器。换流变压器的作用是使交、直流系统电压配合并完成交、直流系统的隔离。

5.3.3.5　开关站

开关站（又称变电站）是发电厂内安装变压器和配电装置的场所。水电站开关站包括高压开关站和低压开关站。低压开关站将发电机所发的电能经过降压后供水电站自身使用，高压开关站将水轮发电机组所发的电能经过升压外送。

高压开关站有户外和户内两种。户外开关站占地面积大，有时难以找到布置场地。一些水电站将高压开关站布置在户内。如我国天生桥二级水电站开关站高压配电装置采用先进的全封闭GIS（气体绝缘断路器）组合电气系统，500 kV和220 kV GIS室面积分别为160 m×14.6 m和55 m×13 m，占地面积仅为同类开关站的5%。整个变电站布置在主厂房上游侧，包括3台主变压器、1台联络变压器、9台并联电抗器、500 kV和220 kV配电装置及其出线设备，占地面积仅为同类开关站的10%。

5.4 水能发展现状和前景

5.4.1 水能发展现状

目前，由于水能主要用于发电领域，因此分析水能发展现状主要分析水力发电。在全球发电份额中，水力发电仅次于燃煤发电和燃气发电，居第三位。水力发电是再生能源发电的“领头羊”，其发电量远比风力发电和太阳能发电多。目前世界上装机容量前20座的发电站中水力发电站占据11席，如表5-5所列。世界上最大的发电设施是中国的三峡水电站。

表 5-5 装机容量前 20 名发电站

序号	发电站名称	国家	装机容量/MW	年发电量/TW·h	发电类型
1	三峡水电站	中国	22 500	93.5	水力发电
2	伊泰普水电站	巴西、巴拉圭	14 000	103.09	水力发电
3	溪洛渡水电站	中国	13 806	55.2	水力发电
4	贝罗特水电站	巴西	11 233	39.5	水力发电
5	古里水电站	委内瑞拉	10 235	47	水力发电
6	杰贝尔阿里电力和海水淡化厂	阿联酋	8 695		燃气发电
7	图库鲁伊水电站	巴西	8 370	21.4	水力发电
7	柏崎刈羽发电站	日本	7 965	60.3	核能发电
8	酒泉风电场	中国	7 965		风能发电
9	科里核电站	韩国	7 411	43.15	核能发电
10	大古力水电站	美国	6 809	20.24	水力发电
11	托克托电厂	中国	6 720	33.32	燃煤发电
12	向家坝水电站	中国	6 448	30.7	水力发电
13	布鲁斯核电站	加拿大	6 430	49.02	核能发电
14	龙滩水电站	中国	6 426	18.7	水力发电
15	萨扬舒申斯克水电站	俄罗斯	6 400	26.9	水力发电
16	唐津发电站	韩国	6 040		燃煤发电
17	克拉斯诺亚尔斯克水电站	俄罗斯	6 000	18.4	水力发电
18	阳江核电站	中国	6 000		核能发电
19	蔚珍核电站	韩国	5 928	48.16	核能发电
20	韩光核电站	韩国	5 875	47.62	核能发电

2022年初，我国已建水电总装机容量达3.9亿kW，年发电量近1.34万亿kW·h，分别占全国电力装机容量的16.4%和发电量8.38万亿kW·h的16.0%，占全国非化石能源发电装机容量11.2亿kW的34.8%和发电量2.9万亿kW·h的46.2%。水电开发为实现我国非化石能源发展目标发挥了有力支撑作用，为促进国民经济和社会可持续发展提供了重要能源保障。

常规水电已建装机规模约占技术可开发装机容量的57.1%。我国十大流域的技术可开发量 3.74 亿 kW，占全国技术可开发装机容量的 56.7%。其中，雅鲁藏布江最具有开发潜力，其待建装机容量约 8 400 万 kW，约占十大河流待建总规模的 47%。

全国已建抽水蓄能装机容量 3 639 万 kW。我国《抽水蓄能中长期发展规划(2021—2035 年)》提出，2030 年全国抽水蓄能装机容量达 12 000 万 kW。我国已纳入规划的抽水蓄能站点总资源8.14 亿 kW，包含东北电网 1.05 亿 kW、华北电网 0.8 亿 kW、华东电网 1.05 亿 kW、华中电网 1.05 亿 kW、南方电网 0.97 亿 kW、西南电网 1.43 亿 kW 和西北电网 1.59 亿 kW。其中，重点实施项目 4.21 亿 kW，规划储备项目 3.05 亿 kW。

5.4.2　水能发展前景

随着改革的深化和国民经济的发展，我国的电力市场形势发生了根本的变化，由过去电量和容量“双缺”演变为电量相对过剩和调峰容量严重不足，这给水电的发展带来了良好的机遇。国家电网有限公司相关人员多次指出：要按照可持续发展的战略以及市场的需求，切实加大水电的投资力度，特别是调节性能好的大中型水电站，向中西部倾斜，推进流域梯级滚动开发。“优先(积极)发展水电”已获得更为广泛的共识。

当前以及未来中国的水电发展，将以科学发展观为指导，创新水电开发模式，统筹生态环保和移民安置，优先并主要开发调节性能好的水电站，并从电力行业和社会经济发展的角度综合考虑和研究水电开发强度，避免出现浪费。合理评价抽水蓄能电站的经济效益，充分认识抽水蓄能电站的填谷、调峰、调频、调相、事故备用等作用的重要意义，协调发展中东部地区的抽水蓄能电站，进一步加强水电“流域、梯级、滚动、综合”开发。加大金沙江、雅砻江、大渡河、澜沧江、红水河、黄河和怒江等重点流域的开发力度，推动西部水电基地建设，加强“西电东送”能力建设，实现资源优化配置。

思考题

1. 水资源的特点有哪些?
2. 水能资源的定义是什么?
3. 水能利用方式有哪些?
4. 水电站的类型有哪些?
5. 简述水力发电的原理。
6. 简述水轮机的类型及适用范围。
7. 简述坝后式水电站的工作原理。
8. 水电站建筑物包括哪些?
9. 简述我国水能发展现状和前景。

第6章 核能开发与利用

核能作为低碳能源，在保障能源安全、改善环境质量等方面发挥着重要作用。本章详细介绍了核能的概念、理论基础、优缺点、分布等，并对各类核能资源的开采及制备技术进行了说明。在核能利用中，列举了多种主流核能技术，并对核能发电技术进行了详细介绍。最后，分析了国际核能利用及中国核能发展现状，并对未来核能技术发展前景进行了展望。

6.1 核能概述

核能也称原子能，是原子核发生核反应时释放出的巨大能量。1919年英国物理学家欧内斯特·卢瑟福用α粒子轰击氮核，首次实现人工核反应。自此，英、美、德、法等国的科研人员旋即进入核反应研究热潮。1945年8月，美国向日本投下两颗原子弹，直接促成第二次世界大战的结束，同时也使得普通人第一次对核能有了直观的认识。第二次世界大战结束后，和平发展成为世界的主旋律。为解决能源危机及环境污染问题，人类开始利用核能造福社会。1954年，苏联建成世界上首座商用核电站——奥布宁斯克核电站，从此人类开始将核能广泛用于军事、能源、工业、航天等领域。

6.1.1 核能理论基础

核反应是指粒子轰击原子核导致原子核状态发生改变或产生新原子核的过程。核能是由于原子核发生核反应导致质量亏损而产生的巨大能量。研究发现，原子核的质量小于组成原子核的质子与中子质量之和（核子质量和），亏损的质量与结合能对应，亏损的质量越大，结合能也越大。原子核的结合能与核子数之比称为比结合能，也叫平均结合能，比结合能越大，原子核越稳定。如图6-1所示，不同原子核的比结合能不同，轻核与重核小于中等核的比结合能。

由爱因斯坦狭义相对论中的质能关系（质量-能量关系）$E = mc^2$ 可知，如果质量减少 Δm，那么能量也将随之减少 $\Delta E = \Delta mc^2$，其中，E 为能量，m 为质量，$c = 3.0 \times 10^8$ m/s（为光速）。由于光速很大，质量亏损引起的能量减少量就会十分巨大，这部分能量将以热能的形式释放，形成所谓的核能。

核能的释放主要有核裂变、核聚变、核衰变三种形式。

(1) 核裂变

1938年，德国物理学家哈恩等在用中子轰击铀原子核的实验过程中，产生了新的元素钡和氪，类似于生物学中的细胞分裂。物理学家迈特纳等将这种重核分裂成两个或多个轻核的过程称为核裂变（核分裂）。核裂变也可以在没有外来中子的情形下出现，这种核裂变称为自发裂变，是放射性衰变的一种。不过大部分的核裂变都是一种有中子撞击的核反应，反应物裂变为两个或多个较小的原子核。只有一些质量非常大的原子核像铀、钍和钚等才

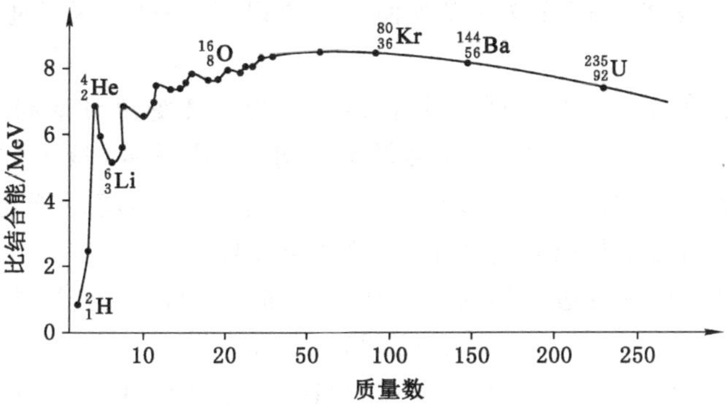

图 6-1　原子核的比结合能

能发生核裂变。我国科学家钱三强及其夫人何泽慧发现重原子核的三分裂、四分裂现象，并对三分裂机制进行了科学的解释，得到广泛的认可和赞誉。以铀核裂变为例，其核裂变将产生多种裂变产物，这里以生成钡和氪两种典型产物为例，其核反应方程为

$$^{235}_{92}U + ^{1}_{0}n \rightarrow ^{236}_{92}U \rightarrow ^{144}_{56}Ba + ^{89}_{36}Kr + 3^{1}_{0}n \tag{6-1}$$

这种典型的铀核裂变生成的铀 236 极不稳定，并在裂变过程中会放出三个中子。

在核裂变过程中，铀 235 的比结合能较小，质量亏损小，裂变产物比结合能较大，质量亏损大，核裂变发生后，向外界释放结合能。根据质能关系能量减少 $\Delta E = \Delta mc^2$，虽然质量亏损极小，但是乘以光速的平方就是一个极大值，因此释放的能量巨大，这部分能量就是核裂变产生的裂变能。

核裂变产生的中子数量不同，速度也不同。用热中子轰击铀 235，发生核裂变时将产生 2～3 个中子，如果这些中子与其他铀 235 接着发生核反应，进而引发新的核裂变，那么核裂变就会一直进行下去，形成链式反应。研究发现 1 kg 铀 235 裂变产生的能量相当于约 2 700 t 标准煤燃烧释放出的能量。

(2) 核聚变

核聚变是指两个轻核通过核反应结合成一个重核和一个极轻核(或粒子)的过程。一个氘核和一个氚核可以聚合成一个氦核并释放出一个中子，在此过程中向外界释放出 17.6 MeV 的能量，平均每个核子释能将超 3 MeV，比核裂变单个核子释能大 3～4 倍，其反应方程为

$$^{2}_{1}H + ^{3}_{1}H \rightarrow ^{4}_{2}He + ^{1}_{0}n + 17.6\ \text{MeV} \tag{6-2}$$

原子核之间有很强的静电排斥力，而在核聚变过程中，轻核如氘、氚，在超高温(10^7～10^8℃)等特定条件下，剧烈的热运动使原子核具有足够的动能，以克服库仑排斥力得以聚合，从而生成新的质量较重的原子核(如氦)。在这个过程中，不带电的中子也能脱离原子核的束缚而释放出来，因此核聚变也称为热核反应、核融合、融合反应、聚变反应。核聚变是获取核能的重要形式。在聚变反应中，结合能较小的原子核融合后，形成结合能较大的原子核。在此过程中，质量亏损增加，由爱因斯坦质能关系可知，亏损的质量将以巨大的能量释放出去，这部分能量就是核聚变产生的聚变能。

(3) 核衰变

放射性元素自发放出射线的现象，称为天然放射现象。原子核自发地放出某种粒子变成另外一种原子核的过程称为原子核的衰变。放射性元素的原子核有半数发生衰变所需要

的时间，叫该元素的半衰期。核衰变的发现使人类意识到，一种元素可通过物理变化成为另外一种元素。

根据衰变过程中放出的粒子类型，可将核衰变分为α衰变、β衰变和γ衰变，分别放出α射线、β射线和γ射线。核衰变反应过程遵循能量守恒、质量数（核子数）守恒、电荷守恒。衰变过程会发生质量亏损，根据爱因斯坦质能关系，亏损的质量将以能量的形式向外释放，其大小理论上应为亏损质量乘以光速的平方，称为衰变能。

自发放出α粒子的核衰变过程称为α衰变。如铀238的α衰变反应式为

$$^{238}_{92}\mathrm{U} \rightarrow ^{234}_{90}\mathrm{Th} + ^{4}_{2}\mathrm{He} \tag{6-3}$$

衰变过程中，铀238通过放出一个α粒子（$^{4}_{2}\mathrm{He}$）变成新核钍234。研究发现，核素的衰变能越大，半衰期越短，衰变能的微小变化，将引起巨大的半衰期改变。实际上，量子力学中的隧道效应，可以用来完美地解释α衰变及半衰期随衰变能变化的规律。

原子核的质量数（核子数）不变而核电荷改变一个单位的核衰变称为β衰变。如铀238通过α衰变产生的钍234也具有放射性，钍234可以发生β衰变，成为镤234，其衰变方程为

$$^{234}_{90}\mathrm{Th} \rightarrow ^{234}_{91}\mathrm{Pa} + ^{0}_{-1}\mathrm{e} \tag{6-4}$$

衰变过程中，电荷数和质量数均守恒。实际上，β衰变过程中核内中子（$^{1}_{0}\mathrm{n}$）成为一个质子（$^{1}_{1}\mathrm{H}$）和一个电子（$^{0}_{-1}\mathrm{e}$），电子向外射出，新核质量数不变，电荷数增加1。

激发态的核处于高能态，通过放出γ射线，跃迁到低能态的现象称为γ衰变。

6.1.2 核能的优势及缺点

核能（主要指核裂变能和核聚变能）相比于其他能源最主要的特点就是能量巨大，但其获取方式对技术要求较高。核反应产生的巨大能量在为人类带来便利的同时，也不可避免地为人类社会带来了一些问题。

（1）核能应用优势

① 核能更加经济

相比于化石燃料，核燃料的能量密度要高很多。一座百万千瓦级核电站，每年仅需30 t核燃料，而同功率火电站，每年需要消耗数百万吨煤炭或者石油，因此，使用核能极大地节省了材料的运输成本。虽然核电站的建设周期长、投入大，但是从长远收益来看核能利用显然更合适。以铀燃料为例，仅约0.001美元的铀就可发电1 kW·h，相较于传统能源发电，核能发电节省了大量原料成本。建设一座核电站所需要投入的资金比同等火电站高1倍左右，但核燃料成本更加便宜，经济效益更加明显。

② 核能更加安全

目前，全世界共有400多座核电站，而核事故达到七级的只有1986年苏联切尔诺贝利核事故（工作人员多次违规操作）和2011年的日本福岛核事故（九级地震），核电站事故率远低于火电站。随着核电技术的发展，原始的石墨水冷反应堆逐渐发展成轻水堆、重水堆、沸水堆等，安全性能大幅提升。国际原子能机构已通过《核安全公约》，督促各国加强核安全措施，保证人类发展核能的同时保护好赖以生存的环境，并要求缔约方在本国的法律框架内采取必要的立法、监督、行政及其他措施，保证核安全。

③ 核能更加清洁

火电站运行过程中，将向外界排放大量二氧化碳、二氧化硫、氮氧化物和烟尘等污染物。一座电功率为1 000 MW的燃煤电厂平均每年向大气排放约44 000 t硫氧化物、22 000 t氮

氧化物，以及约 32 000 t 烟尘，这些有害物质被雨、雪吸收后可形成酸雨，而核电站在运行过程中几乎没有这些污染物的排放。火电站还会向大气排放大量的 CO_2 而成为全球温室气体排放的主要来源之一，而核电站自身却不排放温室气体。同时煤中也含有少量铀、钛和镭等放射性物质，会对自然资源、生态环境、公众健康造成严重影响，而核电站的建设过程中，人为设置重重防护保障，其运行过程中对外的辐射剂量远低于火电站。统计表明，核能产业活动中对个人的年辐射剂量只占天然环境年辐射剂量的 0.006%左右。

④ 核资源丰富

地球上蕴藏着大量的核裂变资源，若能充分利用各类裂变资源产生的裂变能，则足够满足人类上千年的能源需求。而且，海洋中还蕴藏着数量巨大的核聚变资源——氢的同位素氘，据估算，1 kg 氢燃料至少可以抵得上 4 kg 铀燃料或 1 万 t 优质煤燃料。如果可控核聚变能成功被人类实现，这些氘的聚变能足够满足人类社会上百亿年的能源需求。

(2) 核能应用缺点

① 核电站产生的大量废热将对环境造成污染。

② 核电站的投资运营成本高、建设难度大、建设周期长(一般需 10 a 左右)。

③ 核电站不可调节尖峰负荷和离峰负荷，否则将增加反应堆负担造成安全隐患。

④ 核电站的建设存在一定争议。核电站会产生高低阶放射性核废料，核燃料也有一定的使用年限，放射性物质的处理与事故导致核泄漏等问题一直饱受争议。同时，核能潜在的军事用途也使得大众谈“核”色变。

6.1.3　核资源及其分布

可以用于裂变反应的铀、钍和用于聚变反应的氘、氚、锂等资源称为核能资源。

铀是现今最主要的核裂变能资源。铀金属呈银白色，具有密度和硬度大、可延展、有放射性等特征。铀在元素周期表中的原子序数为 92，是自然界中能够找到的最重原生元素。铀的天然同位素如表 6-1 所列，共有 3 种，人工同位素有 12 种。铀早期常用于瓷器着色，在发现其可发生裂变反应后，即被作为最主要的核资源大规模用于核裂变链式反应。

表 6-1　铀的天然同位素

同位素	相对原子质量	自然丰度/%	半衰期/a
^{234}U	234	0.005	2.47×10^5
^{235}U	235	0.720	7.00×10^8
^{238}U	238	99.275	4.51×10^9

铀在地壳中的平均含量为百万分之二点五，高于汞、金、银等元素含量。各种岩石中的铀含量并不均衡，其中花岗岩中的含量高一些，平均每吨含铀量可达 3.5 g。从可回采矿石中铀的回收量来看，全球有约 1 238 万 t 的铀矿资源，其中已探明储量 547 万 t，未探明 791 万 t。铀矿资源分布极不均衡，其主要分布在澳大利亚、哈萨克斯坦、俄罗斯、加拿大、南非、西南非等国家和地区，表 6-2 所列为世界前五大储铀国的铀资源储量。我国铀矿资源潜力在全球范围内可排名前十。根据我国自然资源部统计，2022 年全球铀(U_3O_8)产量已达 57 651 t，其中哈萨克斯坦、加拿大、纳米比亚、澳大利亚和乌兹别克斯坦作为世界五大产铀国，其产量共占全球的 70%以上。实际上，约占地球面积 70%的海洋中也含有微量铀。研

究发现，铀在海水中的含量约为每吨 3.3 mg，由于海水总量巨大，海洋中的铀含量可达 45 亿 t。从海水中提取铀的技术研究，为缺铀国家核能利用提供了可能。

表 6-2 世界前五大储铀国的铀资源储量

国家	铀资源储量/t	占比
澳大利亚	1 684 100	28%
哈萨克斯坦	815 200	13%
加拿大	588 500	10%
俄罗斯	480 900	约 8%
纳米比亚	470 100	约 8%

研究发现，用中子轰击钍可以得到铀 233，因此钍也是常见的核裂变能资源。钍的原子序数为 90，金属钍带钢灰色光泽，质地柔软，熔点为 1 842 ℃，沸点为 4 788 ℃，密度为 11.7 g/cm^3，有放射性。钍比铀更加安全，在使用过程中减小了核辐射的风险，其用于核能发电时产生的危险废料是铀的万分之一，并在百年内即可衰退为无放射性物质。这在一定程度上减少了人们对核能利用的恐慌，成为核能资源开发的新方向。

钍在地壳中的含量远高于铀，其丰度约为铀的 3～4 倍，独居石和钍石等矿物内含有丰富的钍化合物。目前全球钍资源约有 637 万 t，印度是钍资源占比最大的国家，也是亚洲钍资源开发利用最先进的国家。此外，中国（钍资源占有量仅次于印度，主要集中于高温热液稀土矿床和碱性岩中的铀-钍-稀土矿床）、土耳其、美国、委内瑞拉、加拿大、巴西等国的钍资源也十分丰富。

氘(D)、氚(T)是重要的核聚变能资源。氘和氚都是氢的同位素，又称重氢、超重氢。氚的质量数为 3，具有放射性，会发生 β 衰变，半衰期为 12.43 a。氚在自然界中存在极少，一般是宇宙射线中的高能中子轰击氘核，氘核与中子结合为氚核。通过人工核反应，用中子轰击锂也能产生氚。氘的质量数为 2，常温下，是无色、无味的可燃性气体，其主要物理性质如表 6-3 所示。地球上氘的丰度为 0.015%，且在海水中含量巨大，质量浓度可达 30 mg/L。1 L 海水中蕴含的氘发生聚变释放出的能量，相当于 300 L 汽油燃烧产生的能量，全球海水中的氘足够人类使用 100 亿年，可以说是取之不尽，用之不竭。氘提取方便、成本低、核聚变堆运行安全。因此，着力研究开发海水中的氘、氚聚变能为人类社会服务的前景巨大。

表 6-3 氘的主要物理性质

物理性质	数值	物理性质	数值
分子量	4	临界温度/℃	−234.8
密度/(kg/m^3)	0.180(101.325 kPa,0 ℃)； 169(平衡状态,−252.8 ℃)	临界压力/kPa	1 664.8
导热系数 w/(mK)	0.128 9(气体,101.325 kPa,0 ℃)； 1 264(液体,−252.8 ℃)	熔点/K	18.73
比容/(m^3/kg)	5.987(101.325 kPa,21.2 ℃)	沸点/K	23.65

用中子轰击金属锂的同位素锂 6 可以得到氚，进而实现聚变反应，因此锂也是常见的核聚变能资源。锂在地壳中的自然储量为 1 100 万 t，其中 410 万 t 为可开采储量。海洋中含锂量可达 15～20 mg/L，锂在海水中的总量可达 2.5×10^{11} t。锂 6 还可以在铀反应堆中控制核反应速度（捕捉中子），同时还可以在防辐射、延长核导弹使用寿命、核动力飞机、宇宙飞船等方面得到广泛应用。

重水（D_2O）即氧化氘，是由氘和氧组成的化合物，相对分子质量 20.027 5，比水（H_2O）的相对分子质量 18.015 3 高出约 11%（因此叫作重水），重水与水的基本物理性质如表 6-4 所示。重水可作为核反应堆的减速剂和传热介质，也是制造氢弹的原料，海水中含有 2×10^{14} t 重水，从海水中大规模提取重水、受控热核聚变若均能实现，海洋就能为人类提供取之不尽、用之不竭的能源。

表 6-4　水与重水的基本物理性质

基本物理性质	H_2O	D_2O
相对密度（20 ℃）	0.997	1.108
凝固点/ ℃	0.000	3.790
沸点/ ℃	100.000	101.410
蒸发热/（kJ/mol）	40.670	41.600
熔化热/（kJ/mol）	6.008	6.276

6.2　核资源开采

随着人类对核能利用的不断深入，核能资源的开采显得越来越重要，通过多年的技术积累，核资源的开采制备技术也日益成熟。

6.2.1　铀的开采

铀矿床是指地壳中分散的铀元素由于地质作用而不断集中，最终形成的含铀矿物的堆积物。铀矿床并不都具备开采价值，在已发现的铀矿床及含铀矿物中，只有 14%～18%具有实际开采价值。矿石品位与矿床储量是影响铀矿床开采的两个主要因素。铀的开采就是将地下自然富集成的铀矿开采出来，然后对其进行化学加工、还原精炼、生产成品的全过程。铀矿具有放射性，因此铀矿的开采方法较为特殊，常见的铀矿开采方式主要有三种：地下开采、露天开采、化学开采。

（1）地下开采

地下开采适用于矿体埋藏较深的情况，这种方法工艺较为复杂，一般是挖掘地下井巷，从矿体中采出矿石。地下开采可分三步进行：开拓、采准、回采。开拓是为矿床开采做好采矿准备，即从地面到矿床开掘巷道，在其间形成完整的运输、通风、排水等必要的系统。采准是为从采场采出矿石做准备，即在开拓好的矿床范围内，根据矿体和围岩等特点选择合适的采矿方法，针对矿体掘进一系列井巷，如运输井巷、通风井巷、人行井巷等。回采是在采准工作之后，在采场内通过凿岩爆破、装运矿石、支护壁顶及空场处理等把矿石采取运走的过程。回采时要努力减少矿石的损失和贫化，提高资源利用水平。

(2) 露天开采

露天开采一般适用于埋藏较浅、剥采比适中的矿床。在开采过程中,先将矿体上方的表土和覆盖岩石剥离,使矿石得以露出再进行采矿。相比于地下开采,露天开采的基建费少、工期短、成本低、安全性高。

(3) 化学开采

化学开采又叫地浸法开采。其开采过程为通过一系列钻孔将稀酸等化学溶剂直接注入地下矿体内浸出,经抽出孔回收含铀的浸出液,到地面再进行水冶处理。该方法对开采对象的要求十分严格,只适用于胶结较松散、透水性较好的中、新生代砂岩型层状、似层状矿床,矿化主岩多为各种砂岩、砂砾岩。另外,要求含矿层是埋藏于地下水面以下的充水岩石,其产状相对平缓,倾角为 5°～10°,且其顶、底板岩层为隔水层,从而可使浸出液处在一种上下相对封闭的环境中,不致大量流失。化学开采法具有投资少、工期短、成本低、效率高、生产工艺简单、劳动强度低、环境污染少等优势。并且,这种方法可充分利用低品位矿石,从而大大拓宽了找矿领域。

铀矿石加工主要有初判矿石品位、磨矿、矿石浸出、母液分离、溶液纯化、沉淀等工序。加工铀矿石可以将开采出来的具有工业品位或经放射性选矿的矿石加工富集,使其成为铀含量较高的中间产品,也就是通常所说的铀化学浓缩物。为了方便浸出,需将开采出的矿石破碎磨细,使铀矿物得以充分暴露。之后通过采用化学试剂(浸出剂)等工艺,溶解出矿石中所需成分。酸法和碱法是常见的两种浸出方式。实际生产中,浸出液中铀含量低、杂质多样且含量高,需通过离子交换法(吸附法)和溶剂萃取法将杂质去除,从而确保铀的纯度。沉淀物的洗涤、压滤、干燥是水冶生产的最后一道工序,最后得到铀化学浓缩物,即所谓的黄饼。浓缩是铀同位素的分离处理以提高铀 235 丰度的工艺。铀浓缩方法很多,有气体扩散法、离心分离法、激光法、喷嘴法、电磁分离法、化学分离法等,工业上一般采用气体扩散法和离心分离法来实现铀浓缩。浓缩铀不能直接作为核燃料使用,经过一系列加工处理后方可作为核燃料参与反应堆工作。

6.2.2 钍的开采

钍矿床具有放射性,独居石、含钍铀矿石提铀后的溶液、含钍稀土矿物(如氟碳钙铈矿、氟碳铈矿、铈铌钙钛矿和绿层硅铈钛矿)和铀钍矿等均可作为提取钍的原料。钍主要存在于独居石砂矿,按照含矿主岩以及成矿作用的不同,可将其分为残积(残余)砂矿、河成(冲积)砂矿、沿岸海滩(滨海)砂矿和古砂矿等 4 种。其中的滨海砂矿规模巨大,沿海呈狭长带状分布,延长可达几百千米。其储量大,伴生有用成分多,占有十分重要的位置。常使用传统的露天方式来开采独居石,通过将地表覆土剥离实现露天大规模机械化开采,再通过将矿石破碎、磨细、选矿(重力选矿或磁力选矿)等工序,产出独居石含量达 95%以上的精矿,以提高钍的品位。

制备一定纯度的钍浓缩物分为矿石分解、钍浓缩物制备两步。矿石分解是采用酸法浸取、碱法分解、氯化焙烧和硫酸盐化焙烧等方法将钍、稀土、铀和其他杂质分离。酸浸法(硫酸和硝酸)可使钍、稀土、铀形成可溶性的硫酸盐、硝酸盐,从而将其分离。碱法分解有湿法和干法两种。湿法是在高温下使磨细的精矿与氢氧化钠溶液反应;干法是使精矿与氢氧化钠或碳酸钠的混合物熔融,钍、稀土、铀成为氢氧化物沉淀,在水中可将之与其他杂质分离。通过焙烧(氯化焙烧、硫酸盐化焙烧)使钍等形成氯化物、硫酸盐,残留在焙砂中,再用水浸出而与其他杂质分离。钍浓缩物制备是将钍与其他杂质分离，主要有溶剂萃取、离子交换、沉淀等方法。

6.2.3　氘、氚的制备

氘和氚都是氢的同位素，但两者的制备方式完全不同。

根据分离原理的不同，氘气有两类分离方法：一是根据质量同位素效应，质量不同的单个同位素分子、离子在重力场和电场中的运动情况不同来获得氘；二是根据同位素的统计特性差异来获取氘。

氘的制备方法主要有液氢精馏法、电解重水法、钯/合金薄膜或金属氢化物法等。液氢精馏法是根据 D_2、H_2、HD(氘化氢)沸点的不同(D_2的沸点为 23.65 K，H_2的为 20.38 K，HD 的沸点为 22.13 K)来制备氘，理论上可以用精馏液氢的方式来制备氘气。低温精馏分离氢同位素的流程主要有 4 种，分别为四塔流程、三塔流程、二塔流程及带有侧线返回进料平衡装置的二塔流程。电解重水法是获取氘的主要方法，其原理类似于电解水制氢，在阴极上获得氘，而在阳极上产生氧气。当使用氘氧化物作为电解质(KOD、NaOD)，或采用 SPE(固体聚合物电解质)膜电解槽电解重水时，就可在阴极上得到丰度高达 99%的氘气，这种方式规模可控、易于控制、安全可靠。钯膜或金属氢化物法是根据压差特性及活化能差别来分离氢和氘的，在含氘气体进行分离净化以及核电站托卡马克废气的回收利用等方面非常适用。

自然界氚含量甚微，一般是由宇宙射线中的高能中子轰击氘核而形成的。工业生产中，通常利用反应堆的中子轰击锂 6 化合物(靶材料)的核反应制取氚，再使用热扩散的方法，使氚富集到 99%以上。

6.2.4　重水的制备

制备重水的方法很多，早期常用电解法(重水无法电离)、蒸馏法(重水沸点高于普通水)，后来也出现了一些别的方法，但是只有水-硫化氢交换法(GS 法)和氨-氢交换法两种方法具有商业价值。

水-硫化氢交换法是在一系列塔内，顶部和底部温度不同，造成水和硫化氢之间氢与氘的交换。在此工艺中，水流向高温底部，硫化氢气体自塔底向低温塔顶循环。使用一系列多孔塔板，促使硫化氢气体和水混合。在高温下氘向硫化氢中迁移，而在低温下氘向水中迁移。在第一级塔的热段与冷段的接合处可得到氘被浓缩了的硫化氢气体或水，如此在一系列塔内重复该过程。最后将输出产品进行蒸馏，便可得到反应堆级的重水(即 99.75%的氧化氘)。

利用氨-氢交换法可以在催化剂存在下，通过同液态氨的接触，从合成气中提取氘。合成气先后被送进交换塔和氨转换器。在交换塔内气体从塔底向塔顶流动，而液氨从塔顶向塔底流动。氘从合成气的氢中洗涤下来并在液氨中汇集。液氨然后流入塔底部的氨裂化器，而气体流入塔顶部的氨转换器。如此逐级重复该过程，最后通过蒸馏得到反应堆级的重水。

水-硫化氢交换法或氨-氢交换法制备重水的专门设备有水-硫化氢交换塔、氨-氢交换塔、塔内构件和多级泵、鼓风机和压缩机、氨裂化器、红外吸收分析器、催化燃烧器等。

6.3　核能利用

6.3.1　核能的用途

在爱因斯坦提出质能关系后，人类认识到核反应中质量亏损将伴随巨大能量的释放。

丰富的核能资源使人类在能源危机中看到了希望。伴随着科学技术的蓬勃发展，世界各国对核能应用研究不断深入，如今核能在政治、经济、工业、农业、医疗、军事等各个领域都产生了极其深远的影响。目前核能的利用主要体现在以下几个方面。

（1）核武器

核武器是利用能自持进行的原子核裂变或聚变反应瞬时释放的巨大能量产生爆炸，实施大规模杀伤破坏的武器。核武器是军事威慑力量的重要组成部分。

德国科学家哈恩等于1938年发现了中子轰击铀原子核使得铀核分裂的现象。紧接着迈特纳等通过研究指出，每次裂变都将释放出200 MeV的能量。1939年费米等进一步指出铀核的每次裂变都将产生2～3个中子。世界各国的科学家们立刻意识到核裂变链式反应在军事上的潜在用途。当时正值第二次世界大战，德国拥有一大批优秀的核物理学家，在核物理领域的地位居于世界一流水平。因此，核武器的抢先研制，成了反法西斯同盟的当务之急。1942年，美国实施了利用裂变反应研制原子弹的计划，即举世闻名的曼哈顿计划，并于1945年成功地进行了世界上第一次核爆炸。曼哈顿计划中生产的两枚实用原子弹很快就被投送于日本的广岛和长崎，直接促使日本投降，第二次世界大战结束。

此后，苏联、英国、法国、中国陆续研制出原子弹。目前宣布拥有或实际拥有核武器的国家有：美国、俄罗斯、英国、法国、中国、印度、巴基斯坦、朝鲜、以色列、伊朗。为防止核扩散、推动核裁军和促进和平利用核能的国际合作，英国、美国、苏联等59个国家于1968年制定了《不扩散核武器条约》。根据该条约，只有联合国安理会五个常任理事国才是被普遍承认合法拥有核武器的国家。

（2）核电站

核电站是指通过适当的装置将核能转变成电能的设施。苏联于1954年建成世界上首座商用核电站——奥布宁斯克核电站，至此人类开启了和平利用核能的时代。

核电站由一回路系统和二回路系统组成，其核心是核反应堆，当反应堆工作时，产生的核能被一回路系统的冷却剂带走，产生蒸汽，所以一回路系统也叫核供汽系统；二回路系统与一般火电厂的汽轮发电机系统基本相同，使蒸汽带动汽轮发电机进行发电。

目前世界各国正在加大投入力度，着力研发核聚变发电技术。2006年9月28日，世界上首个非圆截面全超导托卡马克核聚变实验装置（EAST）首轮物理放电实验在中国取得成功，标志着中国站在了世界核聚变研究的前沿。2016年2月，中国EAST物理实验获重大突破，实现在电子温度达到5 000万℃持续时间最长的等离子体放电。

（3）核能供暖

核能供暖是以核电机组的二回路抽取蒸汽作为热源，通过多级换热，最后经供热管网将热量传递至最终用户。该过程仅有热量的传递，没有水等其他介质交换，能保证用户取暖清洁、安全。20世纪60年代，瑞典原型核动力反应堆Agesta建成投运，这是世界上首个民用核能供热的核电站。2019年，中国电投山东核电公司在山东海阳投入运营我国首例核能供热项目。

（4）核能制冷

核能还可以用来制冷。核能制冷系统由低温核供热反应堆和溴化锂吸收式制冷机两部分组成。低温核供热反应堆通过核裂变产生蒸汽，为制冷机提供热量，溴化锂吸收式制冷机将反应堆的热量吸收产生冷冻水，起到制冷效果。1992年清华大学成功进行了低温核供热反应堆制冷试验。以低温堆作为热源来进行大规模制冷，既能缓解能源危机，又能保护环境，是一种理想的制冷热源。

(5) 核动力

核动力是利用可控核反应来获取能量从而得到的动力。核动力不需要空气助燃，因此可在地下、海洋、太空等极端条件下为设备提供巨大的动力。核动力消耗少、能量大，是一次装料后可长期提供能量的特殊动力。

(6) 核医学

放射性同位素、由加速器产生的射线束及放射性同位素产生的核辐射已在医学领域得到了广泛应用。放射性同位素及核辐射用于诊断具有灵敏、简便、安全、无损伤等优点，用途非常广泛，几乎适用于所有组织器官或系统的功能检查。常见的同位素诊断有体外脏器显像、脏器功能测定、体外放射分析等。放射性同位素及核辐射除了在诊断上有优势外，在治疗(放射性钴发出 γ 射线杀死癌细胞)和药学(药物作用原理的研究、药物活性的测定、药物分析和药物的辐射消毒等)上也有广泛的应用。

(7) 核农学

核农学是研究核能技术在农业科学和农业生产中的应用的一门新型交叉学科。核农学涉及辐照育种、农用同位素示踪和核分析、食物辐照储藏和保鲜、病虫害防治等方面。中国在辐射育种领域居于世界领先水平，建立了完整的辐射育种程序。

6.3.2　核电技术

人类在发现核裂变链式反应能产生巨大能量后，就立即将这一理论用于制造核弹和核电站。不同于核弹中链式反应的失控爆炸释能，人类更希望能够控制链式反应的速度，从而使核能成为安全可靠的新能源。核电站是将一座或几座核反应堆产生的裂变能转化为热能，再将热能转化为电能的大型设施。目前世界上常用的核电站有轻水堆核电站、重水堆核电站、高温气冷堆核电站及快中子反应堆核电站等。

6.3.2.1　核裂变反应堆

早在第一颗原子弹爆炸之前，人类就实现了核能的可控释放。曼哈顿计划期间，在费米领导下，采用铀裂变链式反应，于 1942 年在美国芝加哥大学建成世界上第一座核反应堆——芝加哥一号堆。这是人类第一次释放并控制了原子能，为人类和平利用核能提供了可能。

核反应堆即原子能反应堆，是能维持可控自持链式核裂变反应，以实现核能和平利用的装置。反应堆包括裂变堆、聚变堆、裂变聚变混合堆，但一般情况下仅指裂变堆。核燃料是指可在核反应堆中通过核裂变或核聚变产生实用核能的材料。铀 233、铀 235、铀 238 和钚 239 是能发生核裂变的核燃料，又称裂变核燃料。适用于反应堆的核燃料必须满足以下条件：一是要与包壳材料相容，与冷却剂无强烈的化学作用；二是要具有较高的熔点和热导率；三是辐照稳定性要好；四是制造容易，再处理简单。根据不同的堆型，可以选用不同类型的核燃料，如金属(包括合金)燃料、陶瓷燃料、弥散体燃料和流体(液态)燃料等。核燃料中铀的使用是最普遍的，但是实际上铀矿石并不能直接作为核燃料参与反应堆工作。铀矿石经过精选、碾碎、酸浸、浓缩等一系列复杂的程序，制成有一定铀浓度、一定几何形状的铀棒(或球状)燃料，才能参与反应堆工作。

核裂变产生的中子平均能量约为 2 MeV，速度极快并大量飞散，不利于与原子核碰撞，所以需要在铀棒周围放置慢化剂，使快中子与慢化剂中的原子核碰撞，从而使快中子能量降低到0.1 MeV以下，快中子减速成为慢中子，也就是所谓的热中子。慢化剂需具有较大的中子散射截面、较强的慢化中子能力、较小的中子吸收截面、与反应堆冷却剂材料及燃料（棒）包壳材料有良好相容性、核辐照性能稳定等性能。固体慢化剂还要求传热性能好，结构强度高，抗腐蚀性能好，易于加工。液体慢化剂要求具有良好的传热性能和热稳定性，不腐蚀结构材料，熔点在室温以下，高温时具有低的蒸汽压。常见的慢化剂有石墨、铍、氧化铍、重水和轻水等。

反应堆要为人类所利用，就必须可以控制其反应速度，能够调节中子数目，所以人们在铀棒之间插入控制棒，来实现对链式反应的控制。控制棒用于吸收中子，一般用硼、镉等材料制作而成，只要将控制棒全部插入反应中心，就会有大量中子被吸收，裂变链式反应就会被阻止。若将控制棒拔出一些，反应堆就会开始运转，链式反应的速度将达到一定的稳定值；若需要增加反应堆释能，只需将控制棒再抽出一些，就可使被吸收的中子减少，有更多的中子参与裂变反应。

核裂变链式反应将产生大量热能使反应区温度升高，此时需要用循环水或液态金属钠等流体作为冷却剂（载热体）带走热量，这样才能避免装置因过热而烧毁。

实用冷却剂要求较高，理想的冷却剂应具备以下条件：

(1) 良好的核特性，即中子吸收截面小，因辐照面而形成的感生放射性弱。

(2) 良好的热物理性能，如比热大、导热系数大、熔点低、沸点高、饱和压力低。

(3) 密度高，黏度小。

(4) 良好的辐照稳定性和热稳定性，与结构材料的相容性好（即不致发生使结构材料性能变坏的物理作用或化学反应），成本低，使用方便。

热中子反应堆常用的冷却剂有轻水、重水、二氧化碳、氦气等，快中子增殖堆用液态金属钠、钾及其合金作冷却剂。表6-5所列为常见冷却剂用途及缺点。

表6-5　常见冷却剂用途及缺点

冷却剂	用途	缺点
轻水	轻水堆	沸点低，存在沸腾临界，在高温下有腐蚀作用
重水	重水堆	价格昂贵
钠	快中子堆	与水反应剧烈，温度梯度大，质量迁移、金属的扩散结合严重，存在控制和安全问题
气体	气冷堆	消耗功率大，价格昂贵，易泄露

冷却剂将热量传输出去，使水变成水蒸气。这些高温高压的蒸汽可以成为推动汽轮机发电的动力来源，这部分工作原理与火电厂的工作原理基本相同。

核裂变链式反应进行过程中，将产生大量强放射性物质和射线，会对人体和环境造成放射性污染，因此必须在设计过程中考虑设置屏蔽层，防护装置通常选择使用钢、铅、普通混凝土和重混凝土等材料。在设计时也必须考虑造价及空间占用。

核反应堆的合理结构应该是：核燃料＋慢化剂＋控制设施＋载热体＋防护装置。根据核燃料、慢化剂、冷却剂的不同组合，可以设计出多种堆型，如轻水堆（压水堆和沸水堆）、重水堆、石墨堆、气冷堆及快中子堆等。用于原子能发电站的反应堆中，压水堆是最具竞争力的堆型，沸水堆占一定比例，重水堆使用较少。

6.3.2.2　轻水堆核电站

轻水反应堆(LWR)是以轻水和汽水混合物作为冷却剂和慢化剂的反应堆。因核裂变热能的载出方式不同，可将轻水堆分为压水堆(PWR)和沸水堆(BWR)两种。轻水堆是核电站发展过程中最早开发的堆型，其应用时间较长，技术较为成熟，是世界各国核电站采用的主要堆型。

压水堆主要由顶部设有控制棒驱动系统的压力容器和堆芯组成，利用高压抑制沸腾，将轻水加压 100～160 atm，而热交换器把一次冷却系(一回路系统)和二次冷却系(二回路系统)完全隔离开来。压水堆由于具有结构紧凑、体积小、功率密度高、平均燃耗较深、放射性裂变产物不易外逸、功率自稳自调特性好、安全可靠等优点，获得了广泛应用。

压水堆核电站主要由核岛(核蒸汽供应系统，即一回路系统)和常规岛(汽轮机发电系统，即二回路系统)组成，常规岛部分与火电站相似；核岛由压水堆、蒸汽发生器、主泵、稳压器、冷却剂管道等组成，且处于安全壳中。安全壳具有良好的密闭性，能承受极端恶劣事故引起的高压和高温，还可以抵抗各种自然灾害，是核反应堆的安全屏障。当压水堆工作时，高压冷却剂由主泵送进压力容器顶部从而进入反应堆，冷却剂在外壳与堆芯围板之间从上到下流向反应堆底部，再从下到上流过堆芯，如此核裂变反应产生的大量热能将被冷却剂(即轻水)带走。一回路与二回路之间通过蒸汽发生器进行热量交换，核裂变产生的大量热能被水带至蒸汽发生器，通过其内部几千根传热管，将热能传给二回路中的水，并使其沸腾产生蒸汽，蒸汽推动汽轮机发电后冷凝成水，再由主泵送回反应堆，如此往复循环，源源不断地将核裂变反应堆产生的热能用于发电。压水堆核电站一回路的压力约为 15.5 MPa，压力壳冷却剂进口温度约为 290 ℃，出口温度约为 325 ℃。二回路蒸汽压力为 6～7 MPa，蒸汽温度为 275～290 ℃。压水堆的发电效率为 33%～34%。

沸水堆是以沸腾轻水为慢化剂和冷却剂并在反应堆压力容器内直接产生饱和蒸汽的动力核反应堆。沸水堆主要由压力容器、燃料元件、控制棒和汽水分离器等组成。堆芯上部的汽水分离器可将水滴和蒸汽分开，防止水滴进入汽轮机，造成汽轮机叶片损坏。沸水堆的控制棒位于反应堆底部，主要原因有两点：一是大量蒸汽处于堆芯顶部，致使顶部中子慢化不足，控制棒置于底部可缓解中子通量分布不均匀的问题；二是使得汽水分离器和干燥器置于堆芯上方。但是在操控控制棒的动力丧失后，控制棒不能像顶部控制棒那样靠自身重力回落入堆芯，因此沸水堆的控制棒驱动系统要求十分严格，一般采用液压驱动。另外，沸水堆中还有两套堆芯应急冷却系统以及一些保护措施。一旦反应堆出现事故，这些设备可以最大限度保护堆芯，使其免受损害。与压水堆不同的是，沸水堆中的冷却剂(即轻水)经过堆芯变成约 285 ℃的蒸汽后，被直接送往汽轮机发电，因此沸水堆省去了蒸汽发生器，只有一回路系统。因为沸水堆内产生的蒸汽是直接进入汽轮机的，所以汽轮机会受到放射性污染，导致沸水堆在设计与维修上要比压水堆更加复杂。

沸水堆核电站工作时，冷却剂从给水管进入反应堆压力容器，沿着堆芯围筒与容器内壁之间的环形空间下流，喷射泵使其进入堆下腔室，再向上流过堆芯，裂变热使冷却水温度升高逐渐气化，最终形成蒸汽和水的混合物。汽水混合物通过汽水分离器分离后，水将沿环形空间下降，与给水混合；蒸汽则经干燥器后出堆，直接进入汽轮机做功发电，而后冷凝成水回到反应堆，完成一次循环。

6.3.2.3 重水堆核电站

重水堆是指用重水(D_2O)作为慢化剂的核反应堆,冷却剂可用轻水或重水,有压力壳式和压力管式两种。重水堆核电站虽然具有体积大、生产运营成本较高、重水同位素纯度要求严苛(必须大于99.7%)等缺点,但其优点也十分明显,其主要有以下几点优势:

(1) 重水的慢化性能好,吸收中子少。

(2) 转化效率高(约80%)。

(3) 可以使用天然铀作燃料,不需要铀同位素分离和浓缩铀。

(4) 燃料燃烧充分,核废料中U235含量低,后期处理方便。

(5) 在各种热中子堆中,重水堆需要的天然铀量最小,所需的初装料和每年换料也最少。相较于轻水堆,重水堆消耗天然铀的量要少得多,若使用低浓度铀,可节省天然铀38%。

(6) 容量因子高,节省了每年的停堆换料时间。

重水堆核电站是发展较早的核电站,种类很多,但只有加拿大发展起来的坎杜型(CANDU型)压力管式重水堆核电站实现了工业规模的推广。坎杜型堆的堆芯没有采用压水堆中的压力容器而是使用压力管,以重水为慢化剂和冷却剂,核燃料使用天然铀,核燃料的更换不需要停堆。

重水堆采用天然二氧化铀燃料,将其装入锆合金包壳管,两端密封成棒状。重水堆主体是一水平放置的排管容器,其中储有低温低压的重水慢化剂。压力管中装有燃料棒束和冷却剂,并设有一个稳压器,以维持主回路的压力,使重水不致沸腾。排管容器由超低碳不锈钢制造,压力管由锆-铌合金制造。整个排管容器连同其内容物置于带不锈钢衬里的混凝土堆室中。堆室内充以轻水,作冷却和屏蔽用。反应堆的两端安装有蒸汽发生器和水泵,可使冷却剂自反应堆的一端流入反应堆堆芯的一半燃料管道,另一端则以相反的方向流入另一半燃料管道。将控制棒从顶部垂直插到压力管间隙的慢化剂中,通过改变控制棒的插入深度及重水液位来调节裂变反应。需要停堆时,只需将控制棒快速插入,并将慢化剂急速排入储水箱即可。重水堆核电站工作时,冷却剂由水泵抽送,经过堆芯后,将核裂变产生的热能带出,使其通过蒸汽发生器产生蒸汽从而推动汽轮机发电。

6.3.2.4 高温气冷堆核电站

气冷堆最早被用于军用核材料的生产,后逐渐朝着商用发电的方向发展,经历了早期气冷堆(Magnox堆)、改进型气冷堆(AGR)、高温气冷堆(HTGR)、模块式高温气冷堆(MHTGR)四个发展阶段,表6-6所列为气冷堆的四个发展阶段及其技术特点。

表6-6 气冷堆发展阶段及技术特点

堆型	早期气冷堆(Magnox堆)	改进型气冷堆(AGR)	高温气冷堆(HTGR)	模块式高温气冷堆(MHTGR)
燃料元件	天然铀燃料与镁合金包壳元件	低加浓铀燃料与不锈钢包壳元件	陶瓷包覆燃料元件	陶瓷包覆燃料元件
冷却剂	CO_2	CO_2	He	He
出口温度/℃	400	670	700以上	700以上
热功率/MW	500	600	330	400

高温气冷堆是以气体(氦气)作为冷却剂,石墨作为慢化剂的全陶瓷包覆颗粒燃料核反应堆。高温气冷堆出口温度可达 700～1 000 ℃。在出口温度达到 700～750 ℃时,可实现亚临界、超临界、超超临界发电,效率高达 40%～48%。在出口温度达 800～1 000 ℃时,便可实现热分解水制氢。

高温气冷堆具有良好的安全性,主要是因为采用了优异的包覆颗粒燃料。核燃料铀被分为许多小燃料颗粒,每个颗粒外包裹了一层低密度热介碳、两层高密度热介碳和一层碳化硅。包裹颗粒直径小于 1 mm,包裹的颗粒燃料均匀弥散在石墨慢化剂的基体中,制成直径为 6 cm 的球形燃料元件(球床堆)。包覆颗粒中产生的裂变产物将被阻留在包覆层内。实验表明,全陶瓷包覆颗粒燃料可以承受数百小时的高温(1 600 ℃)加热,而裂变气体的释放率仍可低于 10^{-4}。

模块式高温气冷堆的核心是采用热功率在 200～600 MWt 之间的小反应堆模块,利用包覆颗粒燃料元件的耐高温特性,在不需紧急冷却的情况下,反应堆能自然散热,从而消除堆芯熔化的可能。模块式高温气冷堆按照堆芯结构的特点,可以分为球床堆和棱柱堆两大类型。

作为先进的第四代核能技术,高温气冷堆的优势十分明显。

(1) 安全性高:采用包覆颗粒燃料,耐高温,消除了事故中堆芯熔化的可能。

(2) 系统简化:高温气冷堆的反应控制、压力控制、安全系统都得到了极大优化。

(3) 发电功率高:极高的出口温度提高了发电效率。

(4) 运行效率高:连续装卸燃料节省了停堆装料时间。

(5) 建造方便成本低:模块化建造,建设周期只需 2～3 a,灵活性高,并极大地节省了建设期利息。

(6) 用途广泛:在将核能转变成热能后,既可以用来发电,也可以用来制氢。

中国于 2000 年建成世界上首个实现“模块式”肩并肩布置的球床高温气冷堆的实验堆。反应堆堆芯中大约有 4.2×10^5 个燃料球,堆芯直径为 3 m,高为 11 m。堆芯周边有耐高温的石墨反射层。冷却剂氦气自反应堆顶部流过堆芯,然后通过一个同轴双层连接结构,流到和反应堆肩并肩布置的蒸汽发生器。冷却后的氦气由布置在蒸汽发生器壳顶部的氦气循环风机加压后流回反应堆,形成一个封闭的反应堆——回路循环。新燃料元件由顶部装入堆芯,从底部卸料管卸出。卸出的燃料元件如果未达到预定的燃耗深度,则再送回堆内使用。一个高温气冷堆反应堆模块由一个反应堆和一台蒸汽发生器构成。中国的 200 MWe 高温气冷堆核电站示范工程(即 HTR-PM)中,每个反应堆模块热功率为 250 MWt。HTR-PM 设计有两个模块,向 1 台汽轮机供应蒸汽,发电功率为 210 MWe。

2023 年 12 月 6 日,中国华能石岛湾高温气冷堆核电站实现 168 h 连续运行,成为世界上首个投入商业运行的第四代核电站。

6.3.2.5　快中子反应堆核电站

快中子反应堆也称快堆,是指没有中子慢化剂的核裂变反应堆。快堆的核燃料是钚 239,堆芯外围放置着铀 238 形成增殖区(又叫再生区),钚 239 发生裂变反应时将放出快中子,快中子使增殖区的铀 238 发生核反应,铀 238 就会很快变成钚 239。钚 239 在裂变反应中既可以产生热量,又可以将铀 238 变成核燃料钚 239,且每个钚 239 核裂变所产生的快中子可以使 12～16 个铀 238 变成钚 239。快中子反应堆中核燃料再生速度极快,越来越多,快速增殖，所以这种反应堆也叫快中子增殖反应堆。

快中子反应堆的堆芯直径约为 1 m，与增殖区一起浸泡在液态金属钠中。快堆的裂变反应十分剧烈，对传热要求极高，而钠导热性好而且不容易减慢中子速度，对快堆中链式反应的进行没有影响，所以是理想的冷却液体。反应堆中使用的控制棒要求具有很强的中子吸收能力，以调节核反应速率。将钠冷却系统分为一回路和二回路系统，使得堆芯与发电部分得以分离。一回路直接接触堆芯，通过热交换器把热能传给二回路。二回路的钠用以使锅炉加热，产生 483 ℃左右的蒸汽，来驱动汽轮机发电。快中子增殖堆几乎可以百分之百地利用铀资源，因此各国都在积极开发，全世界已有几十座中小型快堆在运行。

由于钠的化学性质活泼，存在管道或设备破损导致钠泄露及空泡效应的潜在风险，所以人类正在积极寻找安全性高的液态金属来代替钠制冷。而铅冷却剂的良好特性使铅冷堆成为第四代先进核能系统、加速器驱动次临界核能系统（ADS）以及聚变堆的主要候选堆型之一。

6.3.2.6 核聚变装置

核聚变反应（热核反应）释放的能量远大于裂变能，但要想使核聚变发生，必须将聚变燃料加热到极高温度，使反应物处于高密度状态，并长时间维持此反应环境，因此核聚变技术的难度要远大于核裂变技术。实际上，宇宙中时刻存在着热核反应，我们熟悉的太阳就是一个巨大的热核反应堆，其蕴含的大量氢及其同位素，在高温下（太阳中心温度约1.5×10^{7} K）不断地发生聚变反应，每秒辐射约 3.8×10^{26} J 的能量，相当于 1 000 亿亿 t 煤燃烧释能。

从 20 世纪 50 年代起，美国、苏联、英国、中国、法国接连成功试爆了氢弹。氢弹的爆炸基于的是核裂变形成的高温，使氘、氚发生核聚变，从而释放巨大能量。人类无法控制氢弹的爆炸释能，若想使热核反应产生的巨大能量安全、持续、平稳地为人类服务，就必须进行可控核聚变的研究，这也是 21 世纪人类面临的一个巨大挑战。

可控热核聚变反应的实现需满足以下两个极其严苛的条件。

（1）极高的温度

要想发生核聚变，就必须使原子核之间的距离足够小，但是由于原子核都带正电，导致相距很近的两个原子核之间的排斥力极大，原子核无法“融合”。在高温环境下，原子核就拥有了巨大的动能来克服排斥力从而实现核聚变反应。当温度达到一亿摄氏度时，两个氘核才能发生核聚变反应，氘核和氚核的聚变反应也须五千万摄氏度以上的高温环境。在如此高温下，物质已全部电离，形成高温等离子体。

（2）充分的约束

要想让核聚变反应发生充分，就需要使高温等离子体的维持时间足够长，只有这样才能使聚变反应释放出的能量大于产生和加热等离子体本身所需的能量及其在此过程中损失的能量。聚变反应释放出的能量若能维持热核反应所需的极高温度，聚变反应便得以自持进行。只有达到一定的约束时间，才能实现聚变点火。研究发现，约束时间跟密度相关，密度越大，单位时间参加反应的原子核越多，释放的能量也越多，必要的约束时间相应越短。

相较于核裂变能的利用，核聚变能的利用有许多优势：

（1）放能效率更高。

（2）不产生长期高水平核辐射，不产生核废料。

（3）核燃料储量丰富，分布广泛，提取简单。

(4) 不产生污染大气的气体，产物氦气对环境无害。

(5) 无核事故风险，更加安全。

核聚变能的巨大优势使得世界各国纷纷投入了大量人力物力对其进行研发。目前，主要通过磁约束和惯性约束来实现可控核聚变反应。

磁约束就是用磁场来约束等离子体中带电粒子的运动。早在 20 世纪 50 年代，苏联就发明了环流器(即 tokamak，音译为“托卡马克”)，托卡马克是目前性能最好的磁约束装置，也是可控核聚变研发的主流装置。托卡马克装置的核心是外围缠绕着线圈的环形真空室。其原理是沿着环形磁场通电流，加以与之垂直的磁场，使高温等离子体在环形磁场的约束下，不与器壁接触而做螺旋运动，并被加热、压缩成细柱状，从而实现核聚变反应。实际上，常规托卡马克装置已实现可控核聚变，但其体积庞大、效率较低，很难实现进一步突破。20 世纪末，超导技术取得巨大突破的同时，科学家们旋即将超导技术用于托卡马克装置，使基础理论研究和系统运行参数得到很大提高。

1985 年，美国、苏联在日内瓦峰会上提出，由美、苏、欧、日共同启动“国际热核聚变实验堆(ITER)”计划。ITER 装置是一个能产生大规模核聚变反应的超导托卡马克，俗称“人造太阳”。2003 年 1 月，国务院批准我国参加 ITER 计划谈判，2006 年 11 月，中国在法国与欧盟、印度、韩国、俄罗斯和美国各方代表共同签署了《联合实施国际热核聚变实验堆计划建立国际聚变能组织的协定》。ITER 计划是我国第一次以完全平等身份参与的大型国际科技攻关项目，主要承担超导材料、电源、包层、遥感技术和加料系统等五大领域的采购包任务。2007 年，ITER 进入正式实施阶段，并分成三个阶段进行：第一阶段从 2007 年开始至 2016 年，为实验堆建设阶段；第二阶段持续 20 a，为热核聚变操作实验阶段，其间将验证核聚变燃料的性能、实验堆所使用的材料的可靠性以及核聚变堆的可开发性等，为聚变能的商业开发进行科学和技术论证；第三阶段历时 5 a，为实验堆拆卸阶段。实验阶段结束后，各参与方还将同时进行示范堆建设，为最终实现商业堆开发做准备。

惯性约束核聚变(ICF)是利用高功率激光束(或粒子束)均匀辐照氘、氚等聚变燃料组成的微型靶丸，在极短的时间内靶丸表面在高功率激光的辐照下会发生电离和消融而形成包围靶芯的高温等离子体。在这些等离子体粒子由于自身惯性作用还来不及向四周飞散的极短时间内，通过向心爆聚使之被压缩到高温、高密度状态，从而发生核聚变反应。

6.4　核能发展现状和前景

6.4.1　核能发展现状

(1) 国际核能发展现状

根据国际原子能机构(IAEA)于 2023 年 8 月发布的《国家核电概况》(CNPP)，全球在运机组为 410 台，在建机组 57 台，以压水堆为主要堆型，总计运行 19 564 堆年。中核战略规划研究总院(CINIS)与世界核协会(WNA)联合发布的《世界核电厂运行实绩中文报告(2023)》显示，2022 年，全球的核反应堆发电量连续第六年超过 2 500 TW·h，达 2 545 TW·h。核能发电约占全球清洁电力的四分之一，仅次于水力发电。

(2) 中国核能发展现状

中国商运核电机组装机规模持续增长，如图 6-2 所示。截至 2022 年年底，总装机容量为 5 563 万 kW，仅次于美国、法国，位列世界第三，核电总装机容量占全国电力装机总量的 2.2%。我国核电发电量达 4 177.8 亿 kW·h，约占全国总发电量的 4.7%，累计上网电量为 3 917.9 亿 kW·h。与煤炭发电相比，核能发电相当于减少燃烧标准煤 11 812.5 万 t，减少二氧化碳排放量达 30 948.7 万 t、二氧化硫排放量 100.4 万 t、氮氧化物排放量 87.4 万 t。我国核电机组 WANO（世界核电运营者协会）综合指数满分比例和 WANO 综合指数平均值均高于美国、俄罗斯、法国、韩国等主要核电国家，同时优于全球机组的平均水平。截至 2022 年年底，我国在建核电机组 23 台，总装机容量 2 549 万 kW，在建机组装机容量世界第一。此外，我国在高温气冷堆、快中子堆、全超导托卡马克等方面的研制也取得了积极进展，图 6-3 所示为中国科学院的环流器装置 EAST。

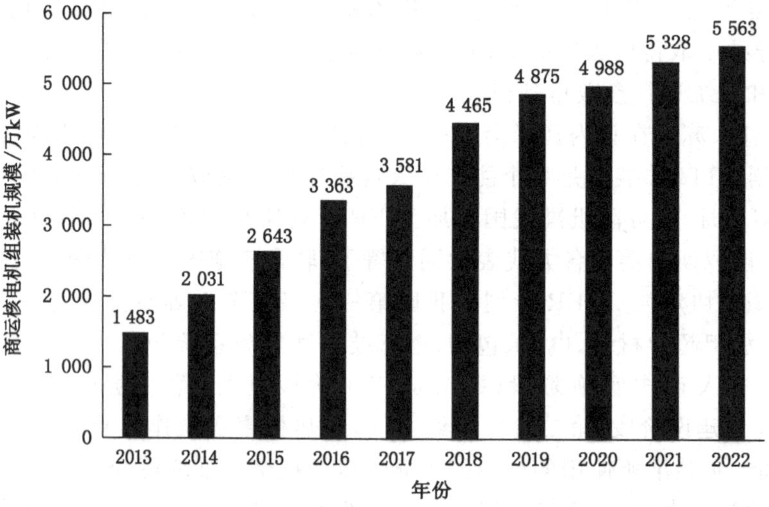

图 6-2　2013—2022 年全国商运核电机组装机规模情况

图 6-3　中国科学院的环流器装置

6.4.2　核能发展前景

核能在军事、政治、经济、能源、农业、医疗等领域均有着极其重要的作用。核能科技创新已成为世界科技发展的前沿领域，各国均在积极抢占先进核能技术的战略制高点。在小堆技术、第四代核电技术(中国已实现商运)、可控核聚变技术等均取得重大突破的同时,核能应用的维度和广度也在不断扩展,除用于发电外,在供暖、制冷、制氢、海水淡化等方面的应用前景也十分广阔。

传统核能大国均在积极开展本国核能设备的研发与建造。美国于2022年向气候和能源安全领域投入3 690亿美元,并采取各种激励措施推动核能行业的发展。法国于2022年高调宣布重振核电计划以实现气候目标,计划在2050年前新建6～14座反应堆,同时支持在运核反应堆延寿运行。英国政府发布的《英国能源安全战略》提出,预计2050年本国核电容量将增加两倍,并为国家提供25%的电力。欧洲议会已将核能纳入《欧盟可持续金融分类方案》,核电在欧洲国家中的作用日益凸显。韩国政府计划于2030年实现33%的核电占比。日本正在积极推动重启国内核电站。中国也明确提出加快推动能源绿色低碳转型,预计于2050年,核电运行装机容量将达7 000万kW。此外,非传统核电国家和无核电国家,如波兰、亚美尼亚、土耳其、沙特阿拉伯、巴西、阿根廷等30多个国家也提出了核电建设计划。

如今,世界形势动荡、能源危机加剧、气候问题日益凸显,各国能源结构均朝着安全、绿色、低碳、可持续的方向转型。核能在构建现代能源体系、保护生态环境、应对气候变化、实现"碳中和"目标、促进科技进步、提高国家综合实力和保障能源安全等方面均有着重要的作用。

思考题

1. 什么是核能?简述核能的成因及优势。
2. 简述核能的用途。
3. 核反应堆的主要堆型有哪些?各自特点是什么?
4. 简述可用于裂变反应堆及聚变反应堆的核燃料及其分布。
5. 简述核电站的工作原理。
6. 简述可控核聚变的实现方法。
7. 结合中国核能产业的研发与建设,谈谈核能应用的广泛前景。

第7章 太阳能开发与利用

“万物生长靠太阳”。太阳能资源丰富，分布广泛，利用潜力巨大。本章主要介绍了太阳的形成以及太阳能资源的组成、分布、影响因素和特点，并详细介绍了太阳能利用的方式，包括太阳能光伏发电、太阳能光热发电、太阳能热和光化学转换。最后，介绍了太阳能的发展现状、面临的挑战和问题及解决策略，并对太阳能的利用前景进行了展望。

7.1 太阳能概述

7.1.1 太阳

大约46亿年前，在距离地球35 000～40 000光年的地方，伴随着类似超新星爆发这样剧烈的天文事件，太阳诞生了。研究表明，太阳系的诞生过程异常猛烈，伴随着恒星之间的相互碰撞。最终，年轻的太阳系漫步到现在这个相对比较安静的位置。太阳是太阳系的中心天体，占据了太阳系约99.87%的质量。太阳系中的所有星体以及星际尘埃都围绕着太阳进行公转。

太阳是距离地球最近的一颗恒星，直径约为1.39×10^{6} km，约是地球直径的109倍；体积约为1.42×10^{27} m^3，是地球的130万倍；质量约为2.2×10^{27} t，是地球质量的3.32×10^{5}倍；太阳的平均密度只有1 409 kg/m^3，是地球平均密度的1/4，但太阳内部的密度非常高，达160×10^{3} kg/m^3。

太阳的物质组成包括氢(约占78.4%)、氦(约占19.8%)和其他元素(约占1.8%)。太阳是一个能量巨大的气体火球，其表面温度有6 000 K左右，内部温度则高达2×10^{7} K，压力高达3×10^{16} Pa。太阳看起来很平静，实际上内部时时刻刻都在发生剧烈的活动。天文学家把太阳结构分为内部结构和大气结构两大部分。太阳的内部结构由内到外可分为太阳核反应区、辐射层和对流层3个部分，大气结构由内到外可分为光球、色球和日冕3层。其中核反应区位于太阳中心，不停地进行高能核聚变，产生出巨大的能量，以光和热的形式向宇宙空间发射。其中辐射到地球的能量只有二十二亿分之一，成为地球上光和热的主要来源，是维持地球上一切生命生存的根本。

对于人类来说，太阳是宇宙中最重要的天体。没有太阳，地球上就不会有姿态万千的生命，也不会孕育出作为智能生物的人类。太阳为地球带来了日夜交替和季节轮回，左右着地球的冷暖变化，给人类带来光明和温暖，为地球上的生命提供了各种形式的能源。

7.1.2 太阳能

太阳的能量取之不尽，用之不竭，是个巨大的能量资源宝库。狭义的太阳能资源仅指投射到地球表面的太阳辐射能。而广义的太阳能资源，还包括像水能、风能、海洋能、潮汐能等间接的太阳能资源，还应包括通过绿色植物的光合作用所固定下来的生物质能。传统能源煤炭、石油、天然气等，是由千百万年前动植物本体所吸收的太阳辐射能转换而来的，也都是古老太阳能资源的产物。本章主要介绍的是狭义的太阳能。

尽管辐射到地球表面的太阳能只有太阳总辐射能的二十二亿分之一，但每秒钟仍高达 1.74×10^{17} J，相当于燃烧600万t标准煤所产生的能量。据估计，在穿越大气层时，大约有30%的太阳能被大气层反射回太空，23%被大气层吸收，最终约有47%的太阳能到达地球表面，为 8.2×10^{16} J，相当于燃烧280万t标准煤产生的能量，为目前全世界所消耗的各种能量总和的6 000多倍。

影响地球表面太阳辐射能的因素包括天文因素、地理因素、物理因素和几何因素四种。

(1) 天文因素：日地距离、太阳赤纬角、太阳时角。

(2) 地理因素：地理位置，即地区的纬度和经度、海拔高度。

(3) 物理因素：大气透明度，接收太阳辐射面的表面物理、化学性质，包括表面涂层性质。

(4) 几何因素：接收太阳辐射面的倾斜度、接收太阳辐射的方位角等。

大气层对太阳辐射的影响包括吸收作用、散射作用和漫反射作用三种。

(1) 吸收作用：太阳光谱中的X射线及其他一些超短波在电离层被氮、氧等大气成分强烈地吸收；大气中的臭氧对于紫外区域的选择性吸收；大气中的气体分子、水汽、二氧化碳对于波长大于0.69 μm的红外区域的选择性吸收；大气中悬浮的固体微粒和水滴对太阳辐射中各种波长射线的连续性吸收。

(2) 散射作用：大气中悬浮的固体微粒和水滴对太阳辐射中波长大于0.69 μm的红外区域的连续性散射。

(3) 漫反射作用：大气中悬浮的各种粉尘对太阳光的漫反射，它与大气被污染而变混浊的程度有关。

太阳能作为一种可再生能源，与传统化石能源相比，有如下特点：

(1) 太阳能具有普遍性。太阳辐射无处不在，可就地使用，不需开采、挖掘和运输，开发和利用极为方便，且一次性建设好发电等设备后，维护费用远小于其他能源设备。

(2) 太阳能具有清洁性。太阳能有“干净能源”和“安全能源”之称。传统化石能源在利用时会产生大量气体，使得环境受到污染。太阳能的利用不仅不会对环境造成任何污染，而且毫无危险，非常安全可靠。

(3) 太阳能具有分散性。到达地球表面的太阳辐射能总量很大，遍及全球，但是其能流密度很低，例如，北回归线附近夏季晴天中午的太阳辐射强度最大，一般为1.1～1.2 kW/m^2，冬季只有大约一半，阴天则只能达到1/5左右。想要得到一定的辐射功率，必须有庞大的受光面积。因此，太阳能的利用会受到经济性的制约。

(4) 太阳能具有间歇性。太阳的高度角一日和一年内都在不断变化，且受到地理纬度和海拔高度等自然条件的制约，还会受到气象变化的影响。因此，太阳辐射既是间歇的，又是不稳定的，即随机性较大。为了更好地利用太阳能，必须备有相当容量的储能设备，如蓄电池等，这不仅会增加设备及维护费用，也限制了太阳能利用的规模。

总体来说，太阳能利用有着非常大的优势，但也存在严重的缺点。因此，在太阳能利用过程中，不仅需要考虑技术层面，还需要从经济、环境保护、生态和居民福利，以及国家政策等方面进行全方位研究。

7.2 太阳能资源分布

7.2.1 全球太阳能资源分布

因距离遥远，太阳能只有二十二亿分之一能到达地球。到达地球大气层的能量，约30%被大气层反射，约23%被大气层吸收，能够投射到地面的只有47%左右。地球上陆地面积占地球表面的21%，再除去沙漠、森林、山地及江河湖泊等，实际到达人类居住区域的太阳辐射能，仅为到达地球大气层太阳辐射能的5%～6%。

地球上所有的国家都可接收到一部分太阳辐射能，但差异巨大。最北方的国家和南美洲南端，每年日照时间仅有数百小时；而阿拉伯半岛的绝大部分和撒哈拉大沙漠，每年日照时间可高达4 000 h。辐射到地球表面各地的太阳能资源分布情况，与当地纬度、海拔高度及气候状况、季节更替等有关。1月份北纬50°以上地区太阳能资源最差，如俄罗斯、加拿大北部地区等，而太阳能资源最好的地区有非洲、大洋洲、亚洲南部、南美洲等；4月份太阳能资源最好的地区是非洲北部、中东、亚洲大部、美洲中部，最差地区是美洲南部；7月份太阳能资源最好的地区是南纬20°到北纬50°之间的广大区域，特别是中东、中国西北、美国西南部，最差地区是南非南部；10月份太阳能资源最好的地区是非洲、南美洲、大洋洲、亚洲，最差地区为北纬60°以上的广大区域。

根据统计数据，全年太阳能资源丰富程度最高地区为美国西南部、非洲、澳大利亚、中国西藏和中东等地区。

7.2.2 中国太阳能资源分布

全国各地太阳年辐射总量为3 340～8 400 MJ/m^2，中值为5 852 MJ/m^2。从中国太阳年辐射总量的分布来看，西藏、青海、新疆、宁夏南部、甘肃、内蒙古南部、山西北部、陕西北部、辽宁、河北东南部、山东东南部、河南东南部、吉林西部、云南中部和西南部、广东东南部、福建东南部、海南岛东部和西部以及我国台湾的西南部等广大地区的太阳辐射总量很大。

青藏高原地区平均海拔高度在4 000 m以上，大气层薄而清洁，透明度好，纬度低，日照时间长，是全国太阳辐射量最大的地区，例如，有“日光城”美誉的拉萨市，年平均日照时间可达3 200 h，相对日照为68%，年平均晴天为108.5 d，可与地球上太阳能资源最好的印巴地区相媲美。全国以四川和贵州两省及重庆市的太阳年辐射总量最小，尤其是四川盆地，那里雨多、雾多、晴天较少，例如，素有“雾都”之称的重庆市，年平均日照时数仅为1 152.2 h，相对日照为26%，年平均晴天为24.7 d、阴天达244.6 d。

全国太阳能辐射的高值中心和低值中心都处在北纬22°～35°这一带，青藏高原是高值中心，四川盆地是低值中心；太阳年辐射总量，西部地区高于东部地区，而且除西藏和新疆两个自治区外，基本上是南部低于北部；由于南方多数地区多云多雨，在北纬30°～40°地区，太阳能的分布情况与一般的太阳能随纬度改变而变化的规律相反，太阳能不是随着纬度的增加而减少，而是随着纬度的升高而增长。我国太阳辐射总量等级和区域分布如表7-1所示。

表 7-1　我国太阳辐射总量等级和区域分布表

太阳能资源丰富程度	类型	年辐射总量/(kW·h/m²)	年平均辐照度/(W/m²)	占国土面积比例/%	地区
最丰富	Ⅰ	≥1 750	≥200	约 22.8	内蒙古额济纳旗以西、甘肃酒泉以西、青海 100°E 以西大部分地区、西藏 94°E 以西大部分地区、新疆东部边缘地区、四川甘孜部分地区
很丰富	Ⅱ	1 400～1 750	160～200	约 44	新疆大部、内蒙古额济纳旗以东大部、黑龙江西部、吉林西部、辽宁西部、河北大部、北京、天津、山东东部、山西大部、陕西北部、宁夏、甘肃酒泉以东大部、青海东部边缘、西藏 94°E 以东、四川中西部、云南大部、海南
较丰富	Ⅲ	1 050～1 400	120～160	约 29.8	内蒙古 50°N 以北、黑龙江大部、吉林中东部、辽宁中东部、山东中西部、山西南部、陕西中南部、甘肃东部边缘、四川中部、云南东部边缘、贵州南部、湖南大部、湖北大部、广西、广东、福建、江西、浙江、安徽、江苏、河南
一般	Ⅳ	<1 050	<120	约 3.3	四川东部、重庆大部、贵州中北部、湖北 110°E 以西、湖南西北部

7.3　太阳能利用

7.3.1　太阳能利用历史

太阳能利用历史可以追溯到远古时代。人类最早利用太阳能的方式是利用日光晒干物品、加热食物等。中国早在两千多年前就利用铜制的凹面镜聚光，用以引火。古埃及曾有人利用太阳能加热空气，把尼罗河水抽取上来灌溉农田。

1615 年，法国工程师所罗门·德·考克斯发明世界上第一台太阳能驱动的发动机。在 1615—1900 年之间，世界上又研制成多台太阳能动力装置和其他一些太阳能装置。这些动力装置几乎全部采用聚光方式采集阳光，发动机功率不大，工质主要是水蒸气，价格昂贵，实用价值不大。

随着科技的发展，人们开始意识到太阳能的重要性，并开始研究如何有效利用太阳能。1954 年，贝尔实验室发明了硅太阳能电池，使得利用太阳能进行光电转换成为可能。但直到 20 世纪初，实用的太阳能电池才被发明出来。从此，太阳能利用进入了快速发展阶段。

20 世纪初，太阳能研究的重点是太阳能动力装置，聚光的方式多样化，采用平板集热器和低沸点工质，装置逐渐扩大，但造价较高。第二次世界大战后，太阳能研究取得了重大进展，基础理论和材料的研究水平不断提高。平板集热器在技术上逐渐成熟，太阳能吸收式空调的研究取得进展，建成一批实验性太阳房，塔式太阳能热发电技术有了初步研究成果。

20 世纪 70 年代，随着世界范围内的能源危机爆发，人类更加意识到开发可再生能源技术的重要性。各国尤其是发达国家加强了太阳能研究，开发利用太阳能成为政府行为，支持力度大大加强。太阳能技术研究领域不断扩大，研究工作日益深入，取得了一批成果，包括复合抛物面集热器(CPC)、真空集热管、非晶硅太阳电池、光解水制氢、太阳能热发电等一系列研究初步走入人们的视野。1978年，美国加利福尼亚州建造了世界上第一个大型太阳能发电站，这是太阳能发电史上一个重要的里程碑。

20世纪末期，大量燃烧矿物能源造成全球性的环境污染和生态破坏，对人类的生存和发展构成威胁。世界各国加强了清洁能源技术的开发，太阳能利用与可持续发展和环境保护紧密结合，从此，太阳能发展目标明确、重点突出。各国在加大太阳能研究开发力度的同时，注意科技成果转化为生产力，发展太阳能产业，加速商业化进程，扩大太阳能利用领域和规模，经济效益逐渐提高。

进入21世纪，太阳能的利用愈发得到了全世界的广泛关注，包括中国在内的世界各国都将太阳能利用作为国家能源建设的重要方面。太阳能技术得到了日新月异的发展，太阳能产业成为推动各国经济增长的重要方面。

7.3.2 太阳能利用方式

太阳能利用主要分为发电、热利用和化学转换三大类。

常见的太阳能发电包括光伏发电和光热发电两种方式。光伏发电是指利用半导体材料的光生伏特效应，将太阳辐射直接转换为电能。光热发电是指通过聚光集热装置将太阳辐射收集起来转换为热能，提高工质的温度，再通过热功转换装置，将热能转换为电能。此外还有一些新型太阳能发电技术，如热光伏发电、热电子发电、热电发电等。

太阳能热利用是将光能转换为热能并加以利用，包括太阳灶、太阳能热水器、太阳能制冷、太阳房和太阳能干燥器，还包括太阳能海水淡化、太阳能医疗器具等。

太阳能化学转换主要利用太阳能光催化或光电催化作用，是将光能转换为化学能储存在化学键中，包括光合成、光分解和光敏化等。

7.3.3 太阳能光伏发电技术

太阳能光伏发电技术是指根据光生伏特效应，通过太阳能电池将太阳辐射能直接转换成电能的技术。其利用太阳能进行发电，具有可持续性，发电过程不会产生有害物质，没有噪声和辐射等污染，对环境友好，是一种绿色、清洁的能源技术。

7.3.3.1 太阳能光伏发电原理

太阳能光伏发电的基本部件是太阳能电池(也叫光伏电池)，其基础结构是半导体PN结。当太阳光照射到PN结上时，波长大于禁带宽度的光子的能量被电子吸收，电子从价带顶跃迁至导带底，产生电子-空穴对，在PN结内建电场的作用下，空穴由N区流向P区，电子由P区流向N区，形成电动势，并通过电极连接外电路，产生电流。

太阳能电池对阳光的反射、选择吸收、发热以及载流子的复合、陷阱等效应，造成电子-空穴数目减少，所以光伏电池的光电转换效率与其理论值尚有较大差距。

7.3.3.2 太阳能电池

太阳能电池是将太阳辐射能直接转换为电能的器件。由这种器件封装成太阳能电池组件，再将一定数量的组件组合成一定功率的太阳能电池方阵，经与储能装置、测量控制装置及直流-交流变换装置等相配套，构成太阳能电池发电系统(也叫光伏发电系统)。

太阳能光伏发电系统最核心的器件是太阳能电池。太阳能电池经过了100多年的发展历史，其基础研究和技术进步对太阳能电池发电系统的发展起到了积极推进作用。

太阳能电池可以按结构、结晶状态、材料和工作方式等进行分类。

(1) 按结构分为同质节太阳能电池、异质节太阳能电池和肖特基太阳能电池。

(2) 按结晶状态分为结晶系薄膜式太阳能电池和非结晶系薄膜式太阳能电池，前者又分为单结晶太阳能电池和多结晶太阳能电池。

(3) 按材料分为硅太阳能电池、化合物太阳能电池、有机化合物太阳能电池、敏化纳米晶太阳能电池和聚合物多层修饰电极型太阳能电池。

(4) 按工作方式分为平板太阳能电池、聚光太阳能电池和分光太阳能电池。

太阳能电池共经历了三代的发展。

(1) 第一代为晶体太阳能电池，包括单晶硅、多晶硅及砷化镓(GaAs)太阳能电池。晶体硅太阳能电池的光电转换效率能够达到25%以上，是最早商业化的太阳能电池。

(2) 第二代为薄膜太阳能电池，包括铜铟镓硒(CIGS)、碲化镉(CdTe)、非晶硅(a-Si)、多种Ⅲ和Ⅴ族单结及多结叠层太阳能电池。第二代太阳能电池使用直接带隙半导体材料作为吸光层，能够将厚度显著降低，达到薄膜级别，CIGS和CdTe的光电转换效率能够超过20%。

(3) 第三代为新型太阳能电池，包括染料敏化太阳能电池(DSSC)、量子点太阳能电池、有机太阳能电池(OPV)、锌黄锡矿(Kesterite)太阳能电池和钙钛矿太阳能电池(PSC)。第三代太阳能电池是在第二代的基础上研发的新型薄膜太阳能电池，大部分都还在实验室阶段，有机和钙钛矿太阳能电池率先迈过了商业化的门槛。

硅太阳能电池在太阳能光伏发电应用中居主导地位。世界上有三种已经商品化的硅太阳能电池，即单晶硅、多晶硅和非晶硅太阳能电池。① 单晶硅太阳能电池效率最高，一般为18%左右，所使用的单晶硅材料价格也最昂贵。随着单晶硅技术的发展，其效率不断提高，价格也向多晶硅靠拢。② 多晶硅太阳能电池的晶体方向无规则，电池效率一般比单晶硅的略低，为17%左右。其价格较低，前期光伏发电系统中以多晶硅为主。③ 非晶硅太阳能电池造价低廉，但转换效率也低，一般为10%左右。非晶硅太阳能电池受制于其材料引发的光电效率衰退效应，稳定性不高，直接影响了它的实际应用，多用于弱光性电源，如手表、计算器等。

7.3.3.3　光伏组件

单个太阳能电池片的电压和电流很小。把若干个电池片串并联焊接起来，按一定方式装配封装在一块较大面积的背板上，加上铝合金边框和引线，可以获得较大的电压和电流，称作太阳能电池板(光伏组件)。封装的好坏直接决定了太阳能电池板工作的可靠性。太阳能电池板是光伏方阵的一个单元，其作用是将太阳能转化为电能，给蓄电池充电或推动负载工作。太阳能电池板的质量和成本决定着整个系统的质量和成本。

图7-1所示为太阳能电池板的构成。太阳能电池板表层是钢化玻璃，用来保护主体电池片，减少光反射。钢化玻璃之下是透明EVA(乙烯-醋酸乙烯酯共聚物)胶膜，用来黏结钢化玻璃和电池片。EVA材质的优劣会影响组件的性能和寿命，暴露在空气中的EVA易老化发黄，从而降低组件的透光率和发电功率。引入无定形结构的乙烯醋酸酯共聚链段(一般是33%左右)可提高材料的韧性和透明度。除了EVA本身质量外，层压工艺的影响也很大，如果EVA黏度不达标，EVA与钢化玻璃、背板黏接强度不够，也会造成EVA提早老化，缩短组件寿命。太阳能电池板的核心是光伏电池片，用来吸收太阳能并转换成电能。电

池片之下的一层 EVA 用来黏结电池片和背板。背板的作用是支撑、密封、绝缘和防水，一般用 TPT(聚对苯二甲酸乙二醇酯及聚氟乙烯薄膜三层复合材料)、TPE(热塑性弹性体)等材质。最外边的铝合金边框用来保护层压部件，起密封、支撑和抗冲击作用。光伏板背面有接线盒，串接二极管，防止反充电，也起到电流旁路的作用。如果组件有短路，接线盒能够自动断开短路的电池串，防止烧坏整个系统。

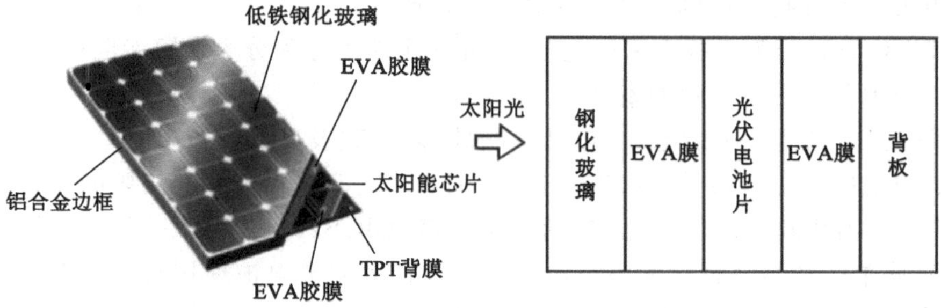

图 7-1　太阳能电池板的构成

7.3.3.4　光伏发电系统

光伏发电系统(PV system)是利用太阳能电池将太阳能直接转换成电能的发电系统，主要由太阳能电池方阵(由太阳能电池板串并联组成)、蓄电池、控制器、逆变器和配电柜等组成。太阳能光伏发电系统工作的基本原理是：在光照条件较好的情况下，太阳能电池方阵会产生一定的电动势，使得方阵电压达到系统输入电压的要求。产生的一部分电能供给电力系统使用，另一部分电能通过充放电控制器对蓄电池进行充电，将光能转换而来的电能储存起来。在夜间或光照不足的情况下，由蓄电池在控制器的控制下给直流负载供电；对于含有交流负载的光伏系统而言，还需要增加逆变器，将直流电转换成交流电。

按照光伏发电是否与公共电网连接，光伏发电系统分为独立光伏发电系统和并网光伏发电系统。

(1) 独立光伏发电系统

独立光伏发电系统是指与电力系统不发生任何关系的封闭系统。它通常用作便携式设备的动力源，主要用于远离公共电网的无电地区，以及为一些农牧渔民的基本生活、气象台站、边防哨所、航标、通信中继站等处所提供电源。

独立光伏发电系统的构成，按其用途以及设备场所环境的不同而有差别。一般来说，独立光伏发电系统主要由光伏组件、控制器、蓄电池、逆变器、负载以及连接装置等组成。

从用电负载种类的角度来看，独立光伏系统可分为直流系统、交流系统和交直流混合系统。直流系统负载为直流负载，太阳能电池的电力可直接供给直流负载；交流系统负载为交流负载，太阳能电池的电力通过逆变器将直流变成交流后供给交流负载。独立系统的负载由太阳能光伏系统供电，且太阳能光伏系统的电力受气象条件的影响，因此需用蓄电池储存电能。当夜间、阴雨天等太阳能电池无电力输出或电力输出不足时由蓄电池向负载供电。由于蓄电池在充放电时会出现损耗且维护检修成本较高，因此，独立太阳能光伏系统一般容量较小。独立光伏发电系统组成如图 7-2 所示。

(2) 并网光伏发电系统

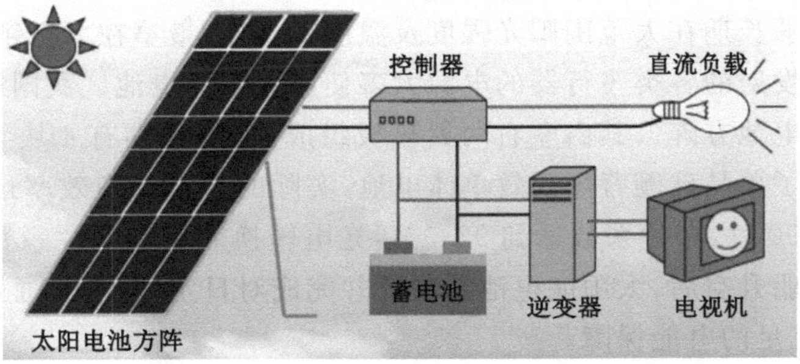

图 7-2　独立光伏发电系统组成

并网光伏发电系统是指与公共电网相连的太阳能光伏发电系统，它能够为电力系统提供电能，同时也可由公共电网补充自身发电不足。并网光伏发电系统的工作原理为：光伏电池方阵所发的直流电经逆变器变换成与电网相同频率的交流电，以电压源或电流源的形式送入公共电网，公共电网类似于储能装置。因此，并网光伏发电系统降低了系统运行成本，提高了系统运行和供电的稳定性，使光伏发电能够大规模商业化，并成为电力工业组成部分之一，是世界太阳能光伏发电技术发展的主流趋势。图 7-3 所示为并网光伏发电系统基本组成。

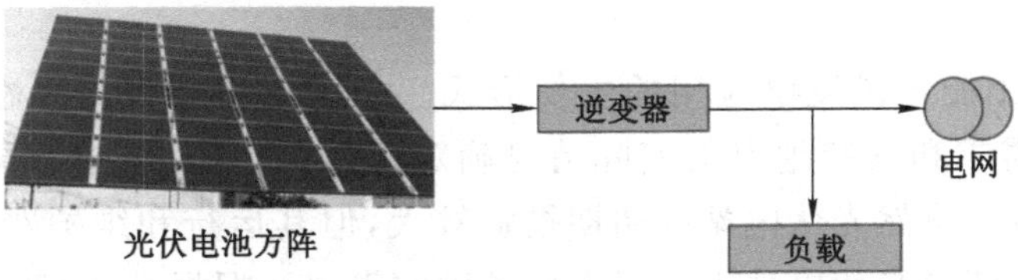

图 7-3　并网光伏发电系统基本组成

并网光伏发电系统最大的特点是太阳能电池组件产生的直流电经过并网逆变器转换成符合市电电网要求的交流电之后直接接入公共电网。系统中光伏电池方阵产生的电力主要供给交流负载，多余的电力反馈给电网。在阴雨天或夜晚，太阳能电池组件没有产生电能或产生的电能不能满足负载需求时，则由电网供电。因为直接将电能输入电网，免除配置蓄电池，省掉了蓄电池储能和释放的过程，可以充分利用光伏电池方阵所发的电力，所以减小了能量损耗，降低了系统成本。但是系统中需要专用的并网逆变器，以保证输出的电力满足电网电力对电压、频率等电性能指标的要求，又因为逆变器的效率问题，所以转换过程会有部分能量损失。这种系统通常能够并行使用市电和光伏电池方阵作为本地交流负载的电源，降低了整个系统的负载缺电率，而且并网光伏系统可以对公用电网起到调峰作用。但并网光伏发电系统作为一种分散式发电系统，对传统集中供电系统的电网会产生一些不良影响，如谐波污染、孤岛效应等。

7.3.3.5　太阳能光伏发电的应用

太阳能光伏发电系统清洁、安全、无噪声、维护简单、寿命长，因此在多领域都得到了广泛应用。

(1) 太空领域

太阳能电池能够长期在大范围阳光强度及温度下工作,最早在太空领域使用,作为理想的空间电源。人类发射的各类飞行器的电源大多使用太阳能电池。我国神舟七号载人飞船的主电源为太阳能电池方阵。其由左右两翼帆板组成,每翼分别有4块太阳能电池板。太阳能电池方阵使用了单晶硅硼背场高效单体电池,实际的光电转换效率达15%。整船共使用太阳能电池11 690片,布片系数达到92.5%,光电转换效率和布片系数达到国际同类产品的先进水平。飞船升空后,太阳能电池翼展开并完成对日定向跟踪,通过将太阳能转换成电能,为飞船提供充足的电能保障。

(2) 光伏建筑一体化

1991年,"光伏发电与建筑物集成化"的概念在各个国家积极推广光伏屋顶计划后被正式提出,由此开辟了一个光伏发电应用的新领域,光伏发电开始在城市大规模应用。光伏建筑一体化将光伏阵列置于建筑物围护结构外表面,或直接利用光伏组件替代屋顶覆盖层或屋顶保温层,提供电力供用户使用。这种方式有效利用屋顶或墙面等围护结构的表面,无须额外添加或搭建其他设施,也无须占用宝贵的土地资源,还可以实现电能的自发自用,减少输送过程中的电力损失。另外,由于建筑围护表面的光伏阵列能够直接吸收太阳辐射,有效避免了墙面温度和屋顶温度过高,降低了空调负荷,改善了室内环境。如果光伏电池阵列墙壁作为建筑物的玻璃幕墙,还能够减少建筑物的整体造价。随着新型大尺度彩色光伏模块的诞生,其不仅能够替代玻璃幕墙昂贵的外饰材料,而且使得建筑更加美观。

(3) 光伏电站

光伏电站是太阳能光伏发电应用的主要形式。光伏电站装机大小在几千瓦到1 MW以上,可根据用电需求和安装地点的实际情况确定装机大小,具有安装灵活、快速,运行可靠,控制方便等优点。虽然光伏电站的初期投资较大,但其运行和维护费用较低,加之太阳能电池的环保优势,使得光伏电站得到了世界各国的青睐。据报道,大型地面光伏电站装机容量几乎每年都在增长。

(4) 太阳能灯

随着太阳能电池及控制技术水平的不断提高,太阳能电池的应用领域逐渐增多。将道路上随处可见的路灯和太阳能发电系统结合,可以直接利用太阳能进行发电,不需进行远程接线,没有安全隐患,还能与周围的优美环境融为一体。常见的太阳能灯还有太阳能交通信号灯、太阳能方向指示灯、太阳能路障灯、太阳能航标灯和太阳能草坪灯等。

此外,太阳能电池在电动车、汽车、通信、林牧业等方面也得到了一定的应用。

7.3.4 太阳能热发电技术

太阳能热发电利用聚光型太阳能集热器将太阳辐射能汇集成高密度能量,再通过各种途径转换为电能供用户使用,即需要经过光-热-电的转换过程来实现。与太阳能光伏发电相比,其技术相对成熟,不需要昂贵的硅晶光电转换工艺设施,能够装配储热装置,不存在风力发电和光伏发电能量输出不稳定、不连续的缺陷,可以和火力发电联合运行,有利于电力系统的稳定和调节。在全球低碳减排大环境下,太阳能热发电可能成为我国未来的主导发电产业之一。

7.3.4.1 太阳能热发电工作原理

根据工作原理不同,太阳能热发电可分为半导体/金属材料温差发电和太阳能热动力发电两大类。

（1）半导体/金属材料温差发电

温差发电是利用半导体或金属热电材料的塞贝克效应，将太阳能转换为电能的直接发电方式。当温度不同的两种热电材料一端结合在一起并处于高温 T_2 状态，另一端开路且处于低温 T_1 状态时，则在 T_1 端存在开路电压 ΔV，此即塞贝克效应。电压 ΔV 与冷热两端的温差 ΔT 成正比，即

$$\Delta V = \alpha_s \Delta T = \alpha_s (T_2 - T_1) \tag{7-1}$$

式中　ΔV——开路电压，V；

α_s——塞贝克参数，V/K；

ΔT——温差，K；

T_2——高温，K；

T_1——低温，K；

温差发电装置本身没有转动部件，无噪声污染，利用太阳能辐射，无有害物质排放，寿命长，可靠性高，发电稳定。

（2）太阳能热动力发电

太阳能热动力发电利用太阳能聚光集热系统收集太阳能辐射，并加热水或其他工质，再利用高温高压工质的热动力驱动发电机发电，从而将太阳能转换为电能。太阳能热动力发电技术比较成熟，是太阳能热发电的重要技术途径。通常所说的太阳能热发电指太阳能热动力发电。

7.3.4.2　太阳能集热器

太阳辐射比较分散，集中起来才能获得大量能量，因此，大规模的太阳能热发电系统都需要配备能够吸收太阳能并向工质传递热量的集热器。按照进入采光口的太阳辐射是否改变方向，太阳能集热器可分为非聚光型集热器和聚光型集热器。

（1）非聚光型集热器

非聚光型集热器包括平板集热器和真空管集热器。

平板集热器由吸热板、壳体、透明盖板和隔热层等组成。在吸热板表面涂有太阳辐射选择性吸收涂层，吸热板中间为工质流体通道，从集热器底部流入的低温工质，在流体通道中被吸热板吸收的太阳能加热，温度逐渐升高，并从集热器上端流出，储存在集热箱中备用。平板集热器在工作过程中热损失严重，且高温段热效率较低，主要用于 100 ℃以内的低温范围，多用于家庭供暖、供热水以及工农业的低温供热。

真空管集热器的外壳是玻璃圆管，吸热体放置在玻璃圆管内，吸热体与玻璃圆管之间抽成真空，可以有效减少集热器的传导、对流和辐射热损失。真空管集热器分为全玻璃真空管集热器和金属吸热体真空管集热器。其中全玻璃真空管集热器的吸热体由玻璃管组成，金属吸热体真空管集热器的吸热体由金属材料制成，典型的金属吸热体真空管集热器为热管式真空管集热器。真空管太阳能集热器主要用于太阳能热水器、太阳能采暖、太阳能制冷空调、太阳能干燥、太阳能海水淡化、太阳能光热发电和太阳能工业加热等。

（2）聚光型集热器

聚光型集热器是利用反射镜、透镜或其他光学器件将进入采光口的太阳辐射改变方向并汇聚到接收器上的太阳能集热器。聚光太阳能集热器主要由聚光器、接收器和跟踪系统

三大部分组成。其基本工作原理为:太阳辐射热经过聚光器聚焦到较小的吸收器上,吸收器吸收太阳辐射热并传给在吸收器内部流动的集热介质,从而使得集热介质获得较高的集热温度和集热密度。为提高集热效率,聚光型集热器往往装有太阳跟踪系统,使得聚光器位置能够根据太阳方位随时调整,以保证聚光器的开口面与入射太阳辐射总是相互垂直。聚光型集热器能够提高太阳能辐射热的吸收。聚光比和接收角是聚光型集热器的两个重要参数:聚光比是聚光器的采光面积与接收器的面积之比,聚光比越大,集热器集热温度越高,集热性能越好;接收角是进入聚光器开口的太阳能辐射经聚光器反射后被聚集到接收器上的角度范围,接收角越大,集热器效率越高。

按照聚焦形式不同,聚光型集热器分为点聚焦集热器和线聚焦集热器。常见的点聚焦集热器有复合抛物线聚光集热器和定日镜式聚光集热器等。常见的线聚焦集热器有槽式抛物面聚光集热器、线性菲涅耳聚光集热器和柱状抛物面聚光集热器。

7.3.4.3 太阳能热动力发电系统

典型的太阳能热动力发电系统由聚光集热系统、蓄热系统和发电系统三部分组成。

聚光集热系统主要用来收集太阳辐射,包括聚光器、接收器和跟踪装置。其中,聚光器用来聚集太阳光,根据聚光方式不同,分为平面反射聚光和曲面反射聚光。平面反射聚光利用许多平面反射镜,把照射的阳光聚集到放置在高塔顶端的接收器;曲面反射聚光将照射到曲面反射镜上的太阳辐射聚集到接收器。接收器是用来接收聚光器所聚集阳光的集热部件,将太阳辐射能转换为热能,并传递给接收器内的工质,产生高温高压的过热气体。根据工作原理不同,接收器可分为表面式接收器和空腔式接收器。表面式接收器通过其外表面接收太阳辐射能,并进行光热转换;空腔式接收器将接收器内部设计成空腔,类似于黑体,能够有效吸收太阳辐射能。跟踪装置用来保证太阳能聚光器时刻正对太阳,以保证聚光效率始终处于最佳。跟踪装置分为单轴跟踪和双轴跟踪。对槽型抛物面聚光集热器,若南北布置,则配置单轴跟踪;塔式电站的定日镜和碟式电站的聚光器,需要采用双轴跟踪。

蓄热系统是为了弥补太阳能的不稳定性而设置的,太阳辐射热在蓄热系统中存储,当太阳辐射强度降低时,蓄热系统开始放热,保证发电机组能够正常运行。

发电系统与火力发电系统的发电机组类似,动力发电装置包括汽轮发电机组、燃气轮发电机组和斯特林动力发电机组等。

按照提供热能装置的不同,太阳能热动力发电系统分为塔式太阳能热动力发电系统、槽式太阳能热动力发电系统、碟式太阳能热动力发电系统和线性菲涅耳式热动力发电系统。

(1) 塔式太阳能热动力发电系统

塔式太阳能热动力发电系统也叫塔式电站,采用由大量平面反射镜组合而成的聚光装置(称为定日镜)将太阳辐射能反射到位于定日镜群中央高塔上的吸热器,加热工质产生高温高压蒸汽或其他气体,驱动热动力发电机组发电,从而将太阳能转换为电能。按照工作介质的不同,塔式太阳能热发电系统主要有水/蒸汽、熔盐和空气三种形式。图 7-4 所示为水/蒸汽塔式太阳能热发电系统原理图。

塔式太阳能系统的聚光比在 200～1 000 之间,系统最高运行温度可以达到 1 500 ℃。塔式太阳能热发电系统聚光温度高,可以获得较其他几种太阳能热发电系统更高的热电转化效率,是一种适于大容量发电设备的太阳能发电系统。

塔式电站的优点是:聚光比数高,容易达到较高的工作温度;能量集中过程由反射镜一

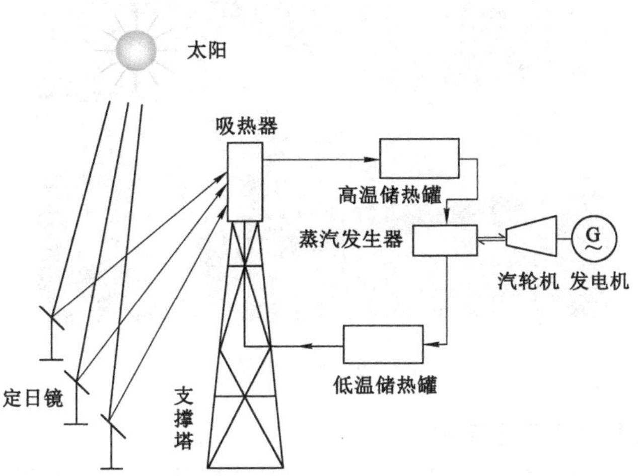

图 7-4　水/蒸汽塔式太阳能热发电系统原理

次完成，方法简捷有效；吸收器散热器面积相对较小，光热转换效率高。但塔式电站建设费用高，其中反射镜的费用占 50%以上。太阳能塔式电站的总体效率可以达到 20%。图 7-5 所示为塔式电站。

图 7-5　塔式电站

(2) 槽式太阳能热动力发电系统

槽式太阳能热动力发电系统简称槽式电站。与塔式电站相比，除聚光集热系统外，其他部分工作原理和装置基本相同。其工作原理为：太阳辐射照射在聚光镜上，经反射聚集于焦线上的集热器，集热器吸收太阳辐射后转化为热能，加热工质，驱动发电机组发电。

槽式电站的聚光镜由反射镜和支架构成，反射镜为抛物面型。平行入射的太阳光经反射镜反射后汇聚到集热器，反射镜由支架支撑并转动跟踪太阳。集热器为真空管集热器，置于抛物面聚光镜的焦线上，内层为涂有选择性吸收涂层的钢管，外层是加有增厚膜的玻璃管，内外层之间为真空。

槽式电站一般把许多槽形抛物面聚光集热器经过串并联组合起来，从而达到较高的集热温度，并利用高温加热工质，产生过热蒸汽，驱动汽轮发电机组发电。槽形抛物面聚光器的聚光比较低，通常系统工作温度在 400 ℃左右，因此槽式发电为中温太阳能热动力发电。图 7-6 所示为槽式电站。

图 7-6　槽式电站

(3) 碟式太阳能热动力发电系统

碟式太阳能热动力发电系统也叫碟式电站或盘式电站，其工作原理为：将太阳辐射经碟式聚光器汇聚于焦点处的吸热器，再通过热工转换驱动发电机组发电。碟式电站由碟式聚光器、吸热器、热机和发电机等组成。

碟式聚光器是采用面型由旋转抛物面切割而成的反射面汇聚太阳辐射的装置。碟式聚光器反射面的中心轴线始终指向太阳，将入射的太阳辐射汇聚到焦点，焦点处放置吸热器，将太阳辐射能转换为热能，再通过斯特林机组或汽轮机等驱动发电机发电。图 7-7 所示为碟式聚光器工作原理图。

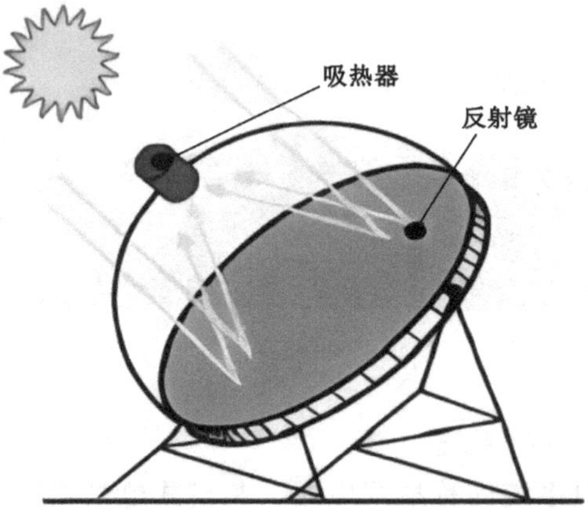

图 7-7　碟式聚光器工作原理

四种聚光器类型中，碟式聚光器的光学效率最高。此外，因为碟式热发电技术的聚光比大，工作温度高，所以碟式太阳能热发电系统具有更高的光电转换效率。碟式热发电技术的峰值效率可以达到 29.4%。每一套碟式太阳能热发电系统都可以作为一个独立的发电单元，系统可大可小，既可以做成分布式发电系统，也可以建成大型太阳能碟式发电站。

碟式热发电系统分为碟式斯特林系统和碟式蒸汽系统。其中，碟式斯特林系统将碟式聚光器与斯特林发动机结合进行发电。斯特林发动机采用斯特林循环，理论上和卡诺循环具有同样的热工效率，加之斯特林是外燃机，特别适合用于太阳能热发电。碟式蒸汽系统将碟式聚光器与水工质吸热器结合，这种系统一般采用大开口碟式聚光器，将水加热成蒸汽，汇集到总管，再推动汽轮机发电。图 7-8 所示为碟式电站。

图 7-8　碟式电站

(4) 线性菲涅耳式太阳能热动力发电系统

线性菲涅耳式太阳能热动力发电系统主要由线性菲涅耳聚光集热器、发电机组、凝汽器等组成。它的工作原理为:跟踪太阳运动的条形反射镜将太阳辐射聚集到吸热管上,利用这部分热量加热传热流体(通常为水或蒸汽),然后通过热力循环进行发电。图 7-9 所示为线性菲涅耳式聚光器工作原理图。长条形的一次反射镜水平排布在吸热管下方,太阳自东向西运动,一次反射镜也跟随太阳运动并将太阳辐射反射到二次聚光镜方向,再由面形为复合抛物柱面的二次聚光镜反射,将全部太阳辐射反射到位于复合抛物柱面焦线处的吸热管表面。

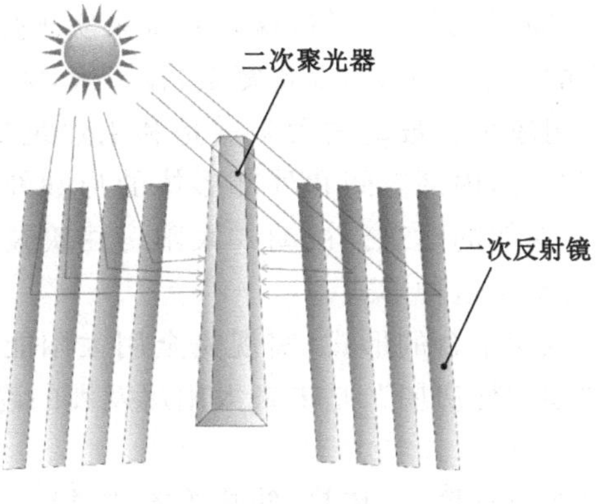

图 7-9　线性菲涅耳式聚光器工作原理

线性菲涅耳式发电系统通常和槽式发电系统进行比较。其聚光器采用平面反射镜代替价格昂贵的抛物面槽式反射镜,反射镜紧贴地面,且当反射镜处于归位状态时,反射镜与地平面平行,能够降低风载荷进而减少用钢量;线性菲涅耳式反射镜还可以密排布置,用地效率高;它采用水/蒸汽作为热传输流体,价格低、无污染;线性菲涅耳式集热器的吸热管通常采用成本低廉的镀膜钢管或者排管代替真空吸热管,由于吸热管固定安装,即使采用真空吸热管也不易损坏。与槽式集热器比,线性菲涅耳式集热器整体成本相对较低,但是效率也相对较低,线性菲涅耳式热发电的特点是牺牲部分效率来降低一次投资成本。

线性菲涅耳式太阳能热发电系统可以广泛应用于各种需要蒸汽热能的工业和民生领域,如集中供暖、纺织、印染、烟草、造纸、海水淡化、食品加工等。此外,它也可以用于太阳能光热发电、太阳能与传统化石能源耦合发电、太阳能与生物质能耦合发电等。图 7-10 所示为线性菲涅耳式热发电系统。

图 7-10　线性菲涅耳式热发电系统

7.3.5　太阳能热利用技术

本部分介绍的太阳能热利用，包括太阳房、太阳灶、太阳能热水器、太阳能干燥器和太阳能制冷系统。

7.3.5.1　太阳房

太阳房是指利用太阳能进行采暖和制冷的环保型生态建筑，其能够在冬季进行热循环供暖，在夏季起到降温和调节空气的作用。

太阳房分为主动式太阳房和被动式太阳房两大类。其中，主动式太阳房是在建筑物上装设一套集热、蓄热装置与辅助能源系统，通过这套系统来实现热循环供暖或制冷。主动式太阳房能够较好地满足住户的生活需求，但设备复杂，投资大，需要借助辅助能源，且集热系统防冻难度大，因此，推广应用较少。被动式太阳房是利用建筑物本身作为集热装置，通过建筑朝向和周围环境的合理布置，内部空间和外部形体的巧妙处理，恰当选择材料，建造具有集取、蓄存和分配太阳热能功能的建筑。被动式太阳房建筑技术简单，就地取材，不消耗其他能源，我国大部分太阳房采用这种形式。

利用光伏发电技术与建筑相结合的形式，实现完全用太阳能满足一切生活供暖、制冷、照明和用电等需求，即建造“零能耗房屋”，是未来太阳房发展的趋势。

7.3.5.2　太阳灶

太阳灶是利用太阳辐射能通过聚光、传热、储热等方式进行炊事、烹饪食物的一种装置。它不需要任何燃料，不会产生污染，对节约能源、保护环境、提高和改善偏远地区人民生活水平具有重要意义。

太阳灶种类繁多，大致可以分为三类：闷晒式太阳灶、聚光式太阳灶和新型太阳灶。闷晒式太阳灶又叫箱式太阳灶，它的形状像一个热箱。将闷晒式太阳灶置于太阳下长时间闷晒，通过缓慢积蓄热量，使箱内温度持续升高，从而达到可炊事温度，一般可达 120～150 ℃。聚光式太阳灶利用抛物面聚光的特性，将较大面积的阳光聚焦到锅底。这种太阳灶锅底温度能够达到 500 ℃以上，大大缩短了炊事作业时间。新型太阳灶是把箱式太阳灶和聚光太阳灶的优点综合起来，并吸收真空集热管、热管等技术研发的太阳灶，包括热管真空集热管太阳灶、集热太阳灶和聚光双回路太阳灶等。

7.3.5.3　太阳能热水器

太阳能热水器是通过吸收太阳辐射能加热冷水并提供给人类在生活、生产中使用的节能设备。太阳能热水器是太阳能热利用中最常见、应用最广泛的太阳能产品。

太阳能热水器由集热器、储热水箱、循环水泵、管道、支架和控制系统等组成。其工作过程为：在太阳照射下，集热器吸收太阳辐射并将太阳辐射转换成热能，随后将热能传递给集热器内的冷水，冷水受热后通过自然循环方式将储水箱中的水循环加热，或通过强制系统将集热器中的热能传递给储水箱内的水，使得储水箱内的水温度升高。太阳能热水器最重要的部分是集热器，它决定了热水器能吸收和转换多少太阳辐射。另外，太阳能热水器的结构以及水箱、管路的保温设计也是太阳能热水器性能好坏的评价标准。

7.3.5.4　太阳能干燥器

几千年前，我们的祖先就会把农副产品直接放在太阳底下晾晒，待物品干燥后再储存起来。但这种露天干燥效率低、周期长、占地面积大，且易受天气影响，还容易遭受风沙、灰尘等的污染。

太阳能干燥器是使物料直接吸收太阳辐射并将太阳辐射转换为热能，或使太阳能集热器所加热的空气进行对流换热获得热能，再经过物料表面与物料内部之间的传热、传质过程，使物料中的水分逐步汽化并扩散到空气中去，最终达到干燥的目的。太阳能干燥器可以更有效地利用太阳能完成物品的干燥。

为了完成太阳能干燥过程，必须使被干燥物料表面所产生水汽的压强大于干燥介质中水汽的分压。压差越大，干燥过程进行得越快。因此干燥介质必须及时将产生的水汽带走，以保持一定的水汽推动力。如果压差为零，意味着干燥介质与物料的水汽达到平衡，干燥过程就会停止。太阳能干燥器通常采用空气作为干燥介质。在太阳能干燥过程中，空气与被干燥物料接触，热空气将热量不断传递给被干燥物料，使物料中水分不断汽化，并把水汽及时带走，从而使物料得以干燥。

太阳能干燥器有诸多优点，如节约能源、保护环境、运行费用低等，还可以通过提高干燥温度来缩短干燥时间，提高干燥效率。另外，还能使物料免受环境影响，保证物料质量。我国报道的使用太阳能干燥器干燥农副产品的实例非常多，如新疆葡萄干的太阳能干燥、宁夏枸杞的太阳能干燥等。

7.3.5.5　太阳能制冷系统

利用太阳能实现制冷的技术途径包括将太阳能转换为热能，再利用热能制冷，包括吸收式制冷、吸附式制冷和喷射式制冷；或将太阳能转换为电能，利用电能驱动相关设备制冷，包括压缩式制冷、光电式制冷和热电式制冷等。

太阳能制冷系统的主要工作原理为：太阳能集热器将太阳辐射转变为热能，依据太阳能集热器集热温度的不同，驱动吸收式、吸附式、喷射式、除湿空调和朗肯循环等设备，获得制冷效应；或将太阳辐射通过光伏、热发电等途径转变为电能，之后通过电能驱动蒸汽压缩制冷循环、斯特林循环以及热电效应等设备，实现制冷过程。另外，通过特定的可逆吸热和放热反应，以太阳能为热源，也能够实现特定场合下的制冷要求。

7.3.6　太阳能光化学转换

太阳能是由不同波长的电磁波形成的光能，太阳光能够激发很多光化学转换，将光能转换成化学能储存在化学键中，或将化学键破坏，激发活性自由基。人类利用自然界绿色植物光合作用获取物质资源或能量的方式就属于光化学转换，太阳能化学转换制氢也属于光化学转换。

7.3.6.1 光合作用

地球上所有绿色植物都在时刻进行着光合作用，人类赖以生存的能源和材料都是直接或间接地来自光合作用，每天不可缺少的食物也是由生物光合作用产生的。石油、天然气、煤等化石燃料是自然界留给人类的光合作用的产物。通过植物光合作用，太阳能把二氧化碳和水合成为有机物（生物质能）并释放出氧气。光合作用是地球上最大规模的太阳能利用。

光合作用是绿色植物或藻类在可见光的作用下，将二氧化碳和水转化为碳水化合物和氧气的过程，这是生命活动的基础。此过程可近似表示为：

$$nCO_2 + mH_2O \rightarrow C_n(H_2O)_m + nO_2 \tag{7-2}$$

光合作用包括光反应和暗反应。光反应在叶绿体的囊状结构上进行，太阳光参与反应；暗反应在有关酶催化下于叶绿体基体内反应，不需阳光参与。光反应又可以分为两个步骤：第一步将光能转化为电能，分解水并释放氧气；第二步进行电子传递，并将电能转化为活跃的化学能。暗反应是以植物体内的 C_5 化合物和 CO_2 为原料，利用光反应产生的活跃的化学能形成储存能量的葡萄糖。

如果要利用光合作用发电，关键步骤是光反应中的第一步，即在光能转化为电能时设法将电能输出。光合作用高效吸能、传能和转能的机理及调控原理是光合作用的理论核心。人类关于光合作用的研究至今没有重大突破，但在基因工程、蛋白质工程、生物电子器件、生物发电等领域取得了重要进展。

7.3.6.2 太阳能化学转换制氢

氢是生产氨、乙炔、甲烷、甲醇等工业品的原料，还可以作为制取钨、钼等金属粉末的还原剂。氢能属于二次能源，具有高燃烧值（142 MJ/kg，是甲醇的 2 倍，汽油的 3 倍，焦炭的 4.5 倍）、高效率、方便储存和运输等优点。

太阳能制氢的方法包括热分解水制氢、热化学分解水制氢、光化学分解水制氢、光电化学电池分解水制氢、植物光合作用分解水制氢和太阳光络合催化分解水制氢等。

（1）太阳能热分解水制氢

如果将水或水蒸气加热到 3 000 K 以上，则水分解为氢气和氧气。由试验已知，反应温度越高，平衡压力越低，则分解水产生的氢的摩尔百分数越高。利用高温太阳炉等高聚光比的旋转抛物面聚光器收集太阳能，可以直接进行热分解水制氢。这种制氢方法热效率高，无环境污染，不需要采用中间催化剂，但需要的温度很高，对反应器的材料有很高的要求。

（2）太阳能热化学分解水制氢

热化学分解水制氢是在水中加入一种或多种催化剂（催化剂可以循环重复使用），水加热到一定温度，则产生水解反应，生成氢和氧。借助催化剂，这种水解反应会经历不同的反应阶段，但反应温度远低于太阳能热解水制氢，一般只需要 600～1 600 K。研究表明，太阳能热化学分解水制氢的热效率为 17.5%～75.5%。存在的问题是催化剂的还原，这会直接影响制氢的成本。

（3）太阳能光化学分解水制氢

太阳能光化学分解水制氢是以太阳辐射为光源，由光化学反应分解水产生氢和氧。这种方式与热化学分解水制氢类似，只是将某种特殊的光敏物质置于水中，作为分解水制氢的催化剂。光化学反应是一种放热反应，光子的能量用于激活反应。因为阳光中短波区域内光量子的数目很少，所以需要利用催化剂吸收阳光中的长波光能，实现高效率的太阳能利用，从而达到光化学分解水制氢的目的。

(4) 太阳能光电化学电池分解水制氢

利用 N 型二氧化钛半导体作阳极，铂作阴极，制成太阳能光化学电池，在太阳能照射下，阴极产生氢气，阳极产生氧气，此即太阳能光电化学电池分解水制氢原理。这种方法非常简单，但是二氧化钛禁带宽度较宽，只能吸收太阳光中的紫外线和近紫外线，大部分可见光不能被吸收，因此效率很低，只有 0.4%左右。而禁带宽度较窄的半导体在太阳光下不稳定，无法持续工作。理想的电极应能在电解液中稳定工作，并具有较高的能量转换效率。一旦解决这一问题，光电化学电池分解水制氢将会具有非常广阔的前景。

(5) 植物光合作用分解水制氢

绿藻等植物一度是海域污染的罪魁祸首，没有有效的治理办法。研究发现，绿藻等植物细胞在与光和氧气隔绝一定时间后，细胞内部的氢化酶会被激活，此时将植物置于阳光下，这些植物便会产生氢气，但这个过程持续的时间非常短。利用某些特殊的实验技巧，能够延长植物的产氢时间，但仍然存在一些障碍有待跨越。植物光合作用分解水制氢不仅能解决能源危机，还有助于环境优化，是太阳能化学转换制氢发展的方向。

(6) 太阳光络合催化分解水制氢

太阳光络合催化分解水制氢系统由光敏物质、中间体、给电子体和催化剂等构成。其中催化剂的作用是吸收光能，产生电荷分离，进行电荷转移和集结，并通过一系列偶联过程，最终使水分解为氢和氧。光敏物质进行电荷转移，但不能直接分解水，需要借助能和水迅速进行电子交换的中间体。为了防止出现逆反应并促使光敏物质迅速还原，还需要在制氢溶液中加入给电子体。这种制氢系统的给电子体是消耗物，需要不断补充。

综上所述，一方面，氢能与其他能源相比有更多优点，而作为太阳能制氢原料之一的水含量非常丰富，太阳能又是无穷无尽的能源，因此，太阳能制氢为人类解决能源问题提供了一个非常美好的前景。另一方面，太阳能制氢的方法虽多，但效率都不是很高，且存在技术壁垒，还需要研究者不断探索。

7.4　太阳能发展现状和前景

7.4.1　太阳能发展现状

太阳能作为一种清洁、可再生能源，正逐渐在全球范围内受到重视和应用。发达国家在太阳能利用方面已经取得了显著的成果，不仅在技术研发上处于领先地位，而且在应用领域也展现出了广泛的实用性。这些国家在家庭、工业、农业等各个领域都有太阳能利用，将其作为推动社会可持续发展的重要力量。在家庭领域，发达国家的许多家庭都安装了太阳能热水器和太阳能光伏发电系统。这些应用不仅提高了家庭的生活质量，也为环保事业做出了贡献。在工业领域，发达国家的太阳能利用也十分普遍，许多企业都利用太阳能来供电或供热，减少了对化石能源的消耗。

与发达国家相比，我国在太阳能利用方面虽然起步较晚，但发展势头迅猛。近年来，我国已经成为全球最大的太阳能热水器生产国和使用国。在太阳能热利用领域，我国已经形成了完整的产业链和成熟的市场体系，产品种类繁多，质量可靠，价格实惠，深受国内外消费者欢迎。在太阳能光伏发电方面，我国也取得了长足的进步，光伏产业已经成为我国新能源领域的重要支柱之一，光伏电池板的产量和质量都在不断提升，光伏电站的建设和运营也日益成熟。

在我国太阳能利用的过程中，政府和企业都发挥了重要作用。政府出台了一系列优惠政策和扶持措施，鼓励企业加大对太阳能技术的研发和应用力度。企业也积极响应政府号召，加强技术创新和产品研发，不断提高太阳能产品的质量和性能。这些举措为我国太阳能利用的快速发展提供了有力保障。

7.4.2 太阳能发展面临的挑战与问题

尽管太阳能利用潜力巨大，但在实际利用过程中，仍然面临多方面的挑战和问题。

技术上，太阳能利用技术虽然已经取得了一定的进展，但仍然存在诸多难点。其中最为突出的问题是光电转换效率。在光伏发电方面，商业化的太阳能电池板的光电转换效率普遍在20%左右，即只有五分之一的太阳能能够被有效转化为电能。制造高效、稳定的太阳能电池板所需的材料和技术成本仍然较高，这也是制约太阳能技术大规模应用的一个重要因素。

经济层面，太阳能的投资和回报周期一直是业界关注的焦点。虽然太阳能的运营成本相对较低，但前期的投资也较高。特别是在当前化石能源价格相对较低的情况下，太阳能的经济性受到了严重的挑战。降低制造成本是实现太阳能利用技术更广泛应用的关键，采用更廉价的材料、提高生产效率、改进制造工艺以及扩大生产规模等方法，可以降低太阳能发电系统的制造成本，从而使其更具竞争力。

环境问题也是太阳能利用过程中不容忽视的一个方面。虽然太阳能本身是一种清洁能源，但在太阳能系统制造和处理过程中却可能产生一定的环境污染。例如，太阳能电池板的主要材料——硅的提炼和加工过程会产生大量的废水和废气。废弃的太阳能电池板如果处理不当，也可能对环境造成污染。

除了上述技术和经济环境层面的问题外，太阳能利用还可能对电网稳定性产生影响。随着太阳能发电规模的不断扩大，其接入电网的比例也在逐渐增加。由于太阳能发电具有间歇性和波动性的特点，大规模接入电网后可能会对电网的稳定性产生一定的影响。例如，在阳光充足时，太阳能发电量会大幅增加，而在阴天或夜晚时，发电量又会大幅减少。这种不稳定的发电模式会给电网的调度和运行带来一定的挑战。

储能技术也是制约太阳能广泛应用的一个重要因素。由于太阳能发电的间歇性和波动性，要想实现大规模应用，就必须解决电能的储存问题。目前储能技术还无法完全满足太阳能发电的需求。虽然锂电池等储能设备已经在一定程度上解决了这一问题，但其储能容量、寿命和成本等方面仍存在诸多限制。

7.4.3 太阳能发展前景

展望未来，太阳能产业的发展前景十分广阔。随着技术的不断进步和成本的不断降低，太阳能利用的竞争力将进一步增强，其在全球能源结构中的占比也将持续提升。太阳能的多元化应用也会进一步拓展和深化，这将为太阳能产业带来更多的发展机遇。在太阳能光伏发电方面，随着技术的进步，太阳能电池的光电转换效率不断提高，成本大幅度下降，蓄电池等辅助装置技术水平不断成熟，为太阳能光电利用技术大规模应用打下了良好基础。

太阳能产业的发展正处于一个快速上升的阶段。为了应对挑战并抓住机遇，各国政府和企业需要继续加强技术研发和产业升级，提高太阳能产业的竞争力和可持续发展能力。另外，需要加强国际合作和交流，共同推动太阳能技术的全球推广和应用。在政策支持和市场驱动的双重作用下，太阳能产业将迎来更加广阔的发展空间和更加光明的未来。有理由相信，在未来的能源转型和可持续发展战略中，太阳能将发挥越来越重要的作用。

我国作为全球最大的发展中国家和能源消费国之一，在太阳能利用方面有着巨大的潜力和市场。我们应该继续加强技术研发和应用推广，不断提高太阳能利用的效率和普及程度，为人类社会的繁荣和进步做出更大的贡献。

思考题

1. 简述太阳能资源的特点。
2. 结合太阳能电池的结构，简述太阳能电池的发电原理。
3. 分别描述独立光伏发电系统和并网光伏发电系统的组成和工作原理。
4. 请查阅相关资料，阐述我国政府对太阳能利用有哪些政策。
5. 简述太阳能热动力发电系统的原理、设备和发展状况。
6. 太阳能热利用包括哪些形式？请结合当地生产、生活实际，选一种太阳能热利用形式，并分析其可行性。
7. 简述真空管集热器的工作原理。
8. 利用太阳能制氢的方式有哪些？分别有哪些优点和不足？

第8章　风能开发与利用

风能是一种可再生能源,利用风力发电环保高效,且风能蕴量巨大,目前日益受到世界各国的重视。本章介绍风及风能的概念、成因、组成、特点、分布等,风能利用的主要形式——发电、提水、制热和助航,并对风力发电进行了重点介绍,详细阐述了风力机分类、风力机结构、风力机工作原理、风力机发电系统和发电储能形式。最后,介绍了全球及我国风能发电现状,探讨未来风能发电前景。

8.1　风能概述

8.1.1　风

8.1.1.1　风的概念

风是地球上常见的一种自然现象,公众普遍认为风是由太阳照射到地球表面,造成地球表面各处受热不同而产生温差,进而引起大气对流运动而形成风。

《风能资源术语》(GB/T 31724—2015)规定,风是空气的流动现象,其定量描述以矢量表达,通常用风向和风速表示,其中,风向是指风的来向;风速是单位时间内空气移动的水平距离。

8.1.1.2　风的成因

风的形成是地球绕太阳运转,造成空气流动的结果。由于日地距离和方位不同,地球上各纬度所受太阳辐射的强度各异。其中,赤道和低纬度地区比极地和高纬度地区太阳辐射强度强,地面和大气接受热量多,南北间形成温差,气压梯度在等压面向北倾斜,空气向北流动。地球自转使空气水平运动发生转向的力称为地转偏向力(又称科里奥利力)。地转偏向力使南、北半球气流分别向左、右偏转。

在地转偏向力与气压梯度力共同作用下,空气由赤道两侧上升并向极地流动。流动初期,地转偏向力在赤道为零,空气主要受气压梯度力影响,北半球空气自南向北流动;随着纬度增加,地转偏向力逐渐增大,空气流动逐渐向右偏转,转向东方;在纬度30°附近时,偏角达到90°,此时地转偏向力与气压梯度力大小基本一致,空气运动方向与纬圈平行;在纬度30°附近上空,赤道流动至此的气流受到阻塞聚积,造成气流下沉,此区域地面气压升高,形成副热带高压。

副热带高压下沉气流分为两支。一支从副热带高压指向赤道流动;在地转偏向力作用下,北半球吹东北风(南半球吹东南风),风速稳定在3～4级,此风称为信风,在南、北纬度30°之间的地带称为信风带;这支气流补充了赤道上升气流,构成一个闭合的环流圈,被称为正环流圈(也称哈德莱环流);正环流圈南面上升(北面下沉)。另一支从副热带高压向北流动;在地转偏向力的作用下,北半球吹西风,且风速较大,此风称为西风带;在60°N附近,西风带遇到由极地向南流来的冷空气，被迫沿冷空气向上爬升，在 60°N 地面出现副极地低压带。

副极地低压带上升气流到达高空分成两股，流向南北两个方向。其中，向南的气流在副热带地区下沉，构成一个中纬度闭合圈，正好与正环流圈流向相反；此环流圈北面上升、南面下沉，所以被称为逆环流圈(也称费雷尔环流圈)。向北的气流从上空到达极地后冷却下沉，形成极地高压带；此股气流补偿了地面流向副极地带的气流，形成一个闭合圈。逆环流圈南升北沉，与正环流圈流向类似，因此被称为正环流；在北半球，此气流由北向南，受地转偏向力的作用，吹偏东风，在 60°N～90°N 之间，形成了极地东风带。

综上所述，地球表面受热不均，引起大气层中空气压力不均衡，形成地面与高空的大气环流。各环流圈伸曲高度以赤道的最高，中纬度的次之，极地的最低。此种环流在地球自转偏向力作用下，形成赤道到纬度 30°N 环流圈、纬度 30°N～60°N 环流圈和纬度 60°N～90°N 环流圈，即三圈环流，如图 8-1 所示。

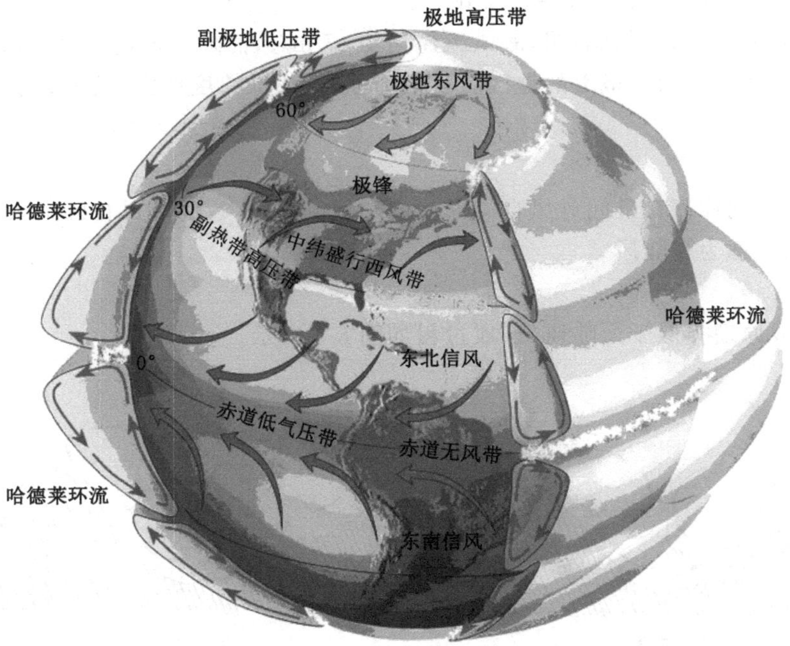

图 8-1　三圈环流示意图

8.1.1.3　风的类型

按照形成地点的不同，风可以分为海陆风、湖陆风和山谷风。

(1) 海陆风

海陆风与季风形成相同，是由大陆与海洋之间温度差异转变引起的。相比之下，海陆风范围小，以日为周期，势力相对弱。海陆风形成过程如图 8-2 所示。

由图 8-2 可知，海陆物理属性差异造成海陆受热不均，表现为白天陆上增温较海洋快，空气呈上升态势；而海洋上空气温度相对低，使地面有风自海洋吹向大陆，补充大陆地区上升气流；同时，陆上上升气流流向海洋上空而下沉，补充海上吹向大陆的气流，从而形成完整热力环流。

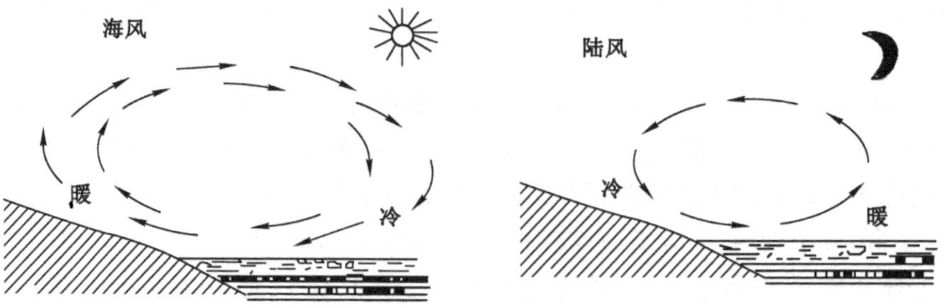

(a) 白天 (b) 夜晚

图 8-2 海陆风形成示意图

白天从海洋吹向大陆的风称为海风；夜间从陆地吹向海洋的风称为陆风。一天之中，海陆之间周期性的环流统称为海陆风。海陆风强度在海岸达到峰值，随离岸距离增加而减弱。一般影响海陆风强度的距离为 20～50 km。

海风风速较陆风大。研究表明，海风风速达 4～7 m/s，而陆风风速多为 2 m/s。海陆风在温度变化最大或昼夜温差最大的地区表现最为强烈，如低纬度地区，尤其是夏季，日照强，海陆风十分明显。

（2）湖陆风

内陆湖附近，同样存在日间有风自湖面吹向陆地的湖风，夜间有风自陆地吹向湖面的陆风，湖风与陆风统称为湖陆风。

（3）山谷风

山谷风形成原理类似于海陆风，形成过程如图 8-3 所示。

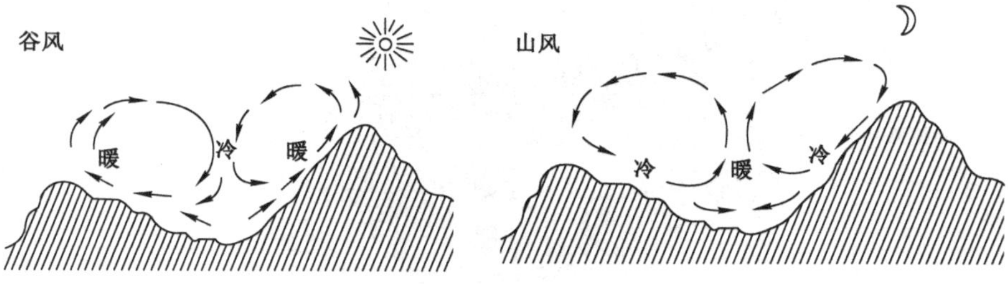

(a) 白天 (b) 夜晚

图 8-3 山谷风形成过程示意图

由图 8-3 可知，白天山坡接受太阳能多，空气升温快，而山谷上空同高度空气因远离地表，升温慢，进而导致山坡上暖空气不断上升，流向谷地上空，谷底空气沿山坡向山顶补充，在山坡与山谷间形成了一个热力环流。此过程中，下层风由谷底吹向山坡，称为谷风。夜晚，山坡上空气受山坡辐射冷却影响，空气降温大，而谷地上空同高度空气因远离地表，降温慢，进而形成山坡上冷空气流入谷底，谷底空气上升，流向山顶上空，形成与白天相反的热力环流。此过程中，下层风由山坡吹向谷底，称为山风。

山谷风相对较弱，谷风比山风略大，风速为 2～4 m/s，高时可达 6～7 m/s。山风一般速度为 1～2 m/s，在山谷中风力会加大。

8.1.1.4　风的特点及分布

风具有季节性。在一个大范围地区内，盛行风向或气压系统有明显的季节变化。此种一年内随季节不同有规律转变风向的风，称为季风。季风盛行地区的气候称为季风气候。

季风明显的程度用季风指数(I)表示，根据地面冬、夏盛行风向之间的夹角来判断当地是否属于季风气候。当夹角在 120°～180°时，属于季风气候。采用所在地区 1 月和 7 月盛行风向出现的频率之和的平均值得到季风指数，不同风区与季风指数关系如表 8-1 所示。

表 8-1　风区与季风指数关系

	季风区	较明显季风区	明显季风区
季风指数(I)	$I>40\%$	$40\%\leqslant I\leqslant 60\%$	$I>60\%$

全球季风区主要有澳大利亚的北部和东南部，北美的东南岸和南美的巴西东岸等。明显季风区主要有亚洲的东部和南部，东非索马里和西非几内亚等。亚洲东部明显季风区主要包括中国东部、朝鲜、日本等。亚洲南部季风以印度半岛最为显著。

中国位于亚洲东部，东亚季风和南亚季风对中国天气变化影响很大。中国季风环流形成的因素很多，主要包括海陆差异、行星风带的季节转换以及地形特征等。

8.1.2　风能资源

8.1.2.1　风能的概念

风能是一种可再生能源。《风能资源术语》(GB/T 31724—2015)规定，风能是指空气运动的动能。全球各地区风能资源的情况，主要取决于此地区每年刮风时间长短和风的强度大小。

8.1.2.2　风能的基本特征

风能的基本特征包括风向、风速、风级和风能密度等。

(1) 风向

《风能资源术语》规定，风向是指风的来向。风向以角度为单位，或以十六个方位和静风表示。风向方位与角度对应关系如表 8-2 所列。

表 8-2　风向方位与角度对应关系

方位	中心角度/(°)	方位	中心角度/(°)	方位	中心角度/(°)	方位	中心角度/(°)
东	90.0	西	270.0	南	180.0	北	0.0
东东南	112.5	西西北	292.5	南西南	202.5	北东北	22.2
东南	135.0	西北	315.0	西南	225.0	东北	45.0
南东南	157.5	北西北	337.5	西西南	247.5	东东北	67.5
静风	角度不定，其风速小于或等于 0.3 m/s						

风向主要分为上风向和下风向。上风向是指风矢量的相反方向。下风向是指风矢量的相同方向。

(2) 风速

《风能资源术语》规定，风速是指单位时间内空气移动的水平距离。风速专门测量仪器包括旋转式风速仪、散热式风速仪和声学风速仪等。风速单位主要为 m/s、km/h 等。风速根据需要可以采用瞬时速度和平均速度（日平均速度、月平均速度和年平均速度）等表征。需要强调的是，风速仪设置高度不同所得风速结果也不尽相同。风速是随高度升高而增强的，一般风速仪设置高度为 10 m。

根据风的特点，一般选取 10 a 风速资料中年平均风速最大、最小和中间 3 个年份为代表年份，分别计算该 3 个年份的风功率密度然后加以平均，其结果作为当地常年平均风功率密度水平。风速随机性大，应当通过一定长度时间的观测计算出平均风功率密度。

对于风能转换装置而言，可利用风能是在启动风速到停机风速之间的风速段。此范围的风能称为有效风能，平均风功率密度称为有效风功率密度。

（3）风级

风级是按照风力强度人为进行划分的等级。国际上主要采用 19 世纪初英国的弗朗西斯・蒲福确定的风级来描述风的大小。1946 年，对风力等级进行修订，由 13 个等级增加为 18 个等级。日常多用的风级为 0～12 级，不同风级陆地或水面物象不尽相同，如表 8-3 所列。

表 8-3　风力等级划分

风力等级	海面状况 海浪高/m		海岸船只征象	陆地地面物征象	相当于空旷平地上标准高度 10 m 处的风速		
	一般	最高			m/s	km/h	knot
0	—	—	静	静，烟直上	0～0.2	小于 1	小于 1
1	0.1	0.1	平常渔船略觉摇动	烟能表示风向，但风向标不能动	0.3～1.5	15	1～3
2	0.2	0.3	渔船张帆时，每小时可随风移行 2～3 km	人面感觉有风，树叶微响，风向标能转动	1.6～3.3	6～11	4～6
3	0.6	1.0	渔船渐觉颠簸，每小时可随风移行 5～6 km	树叶及微枝摇动不息，旌旗展开	3.4～5.4	12～19	7～10
4	1.0	1.5	渔船满帆时，可使船身向一侧倾斜	能吹起地面灰尘和纸张，树枝摇动	5.5～7.9	20～28	11～16
5	2.0	2.5	渔船缩帆（即收去帆之一部分）	有叶的小树摇摆，内陆的水面有小波	8.0～10.7	29～38	17～21
6	3.0	4.0	渔船加倍缩帆，捕鱼须注意风险	大树枝摇动，电线呼呼有声，举伞困难	10.8～13.8	39～49	22～27
7	4.0	5.5	渔船停泊港中，在海者下锚	全树摇动，迎风步行感觉不便	13.9～17.1	50～61	28～33
8	5.5	7.5	进港的渔船皆停留不出	微枝折毁，人行向前感觉阻力甚大	17.2～20.7	62～74	34～40
9	7.0	10.0	汽船航行困难	建筑物有小损（烟囱顶部及平屋摇动）	20.8～24.4	75～88	41～47

表 8-3(续)

风力等级	海面状况		海岸船只征象	陆地地面物征象	相当于空旷平地上标准高度 10 m 处的风速		
	海浪高/m						
	一般	最高			m/s	km/h	knot
10	9.0	12.5	汽船航行颇危险	陆上少见，见时可使树木拔起或使建筑物损坏严重	24.5～28.4	89～102	48～55
11	11.5	16.0	汽船遇之极危险	陆上很少见，有则必有广泛损坏	28.5～32.6	103～117	56—63
12	14.0	—	海浪滔天	陆上绝少见，摧毁力极大	32.7～36.9	118～133	64～71

注：1 knot＝1.852 km/h。

(4) 风能密度

风能密度是指通过单位截面积的风所含的能量，直接决定风能潜力大小，常以 W/m^2 表示。

风能密度和空气密度有直接关系，而空气密度取决于气压和温度。因此，不同地区、不同条件的风能密度不尽相同。一般而言，海边地势低、气压高，空气密度大，风能密度也就大。而高山气压低，空气稀薄，风能密度就小些。若高山风速大，气温低，则仍然会有相当大的风能潜力。所以说，风能密度大，风速又大，则风能潜力最大。

8.1.2.3　风能的特点

风能相较于其他能源具有蕴量巨大、分布广泛、无污染、稳定性差、区域差别大等特点，见表 8-4。

表 8-4　风能特点

特点	具体内容
蕴量巨大	风能是取之不尽、用之不竭的可再生资源
可再生	风能是太阳能的一种转化形式，只要有太阳存在，就可以不断地、有规律地形成风，周而复始地产生风能
分布广泛	无须运输，可以就地取材。在许多交通不便，缺乏煤炭、石油、天然气的边远地区，常规能源难以运输，可以进行风力发电
无污染	风能在转化成电能的过程中，不产生任何有毒气体和废物，不会造成环境污染
稳定性差	由于气流瞬息万变，所以风的脉动、日变化、季变化以至年际的变化都十分明显，波动很大，极不稳定
区域差别大	由于地形的影响，风力的地区差异非常明显。在一个邻近的区域，有利地形下的风力往往是不利地形下的几倍甚至几十倍

此外，风能来源于空气的流动，而空气密度小，因此风力能量密度也小，只有水力的 1/816。不同能源的能量密度见表 8-5。

表 8-5　不同能源的能量密度

能源类别	风能(3 m/s)	水能(流速 3 m/s)	波浪能(波高 2 m)	潮汐能(潮差 10 m)	太阳能	
					晴天平均	昼夜平均
能量密度/(kW/m^2)	0.02	20	30	100	1.0	0.16

8.1.2.4　风能资源的分布

风能资源在全球范围内的分布并不均匀，主要集中在沿海地区和开阔大陆的收缩地带。根据世界气象组织的数据，8级以上的高风能区主要位于南半球中高纬度洋面和北半球的北大西洋、北太平洋及北冰洋的中高纬度区域。在陆地上，风力较大的区域通常位于美国西部、西北欧沿海、乌拉尔山顶部和黑海地区等多风地带。

8.2　风能利用

风能利用历史悠久，我国是世界上最早利用风能的国家之一。公元前数世纪，我国人民就利用风能提水、灌溉、磨面、舂米，用风帆推动船舶前进。在国外，公元前2世纪，古波斯人就利用风能碾米；10世纪，伊斯兰人用风能提水；11世纪，风力机已在中东获得应用；13世纪，风力机传至欧洲，14世纪时已成为欧洲不可缺少的原动机，用于汲水、榨油和锯木。工业革命后，特别是到了20世纪，由于煤炭、石油、天然气的开发，农村电气化的逐步普及，风能利用呈下降趋势，风能技术发展缓慢，直到20世纪70年代中期，能源危机才使人们重新重视风力机的研究和发展，自20世纪80年代以来，风能利用技术已取得了显著的进步。目前风能主要用于风力发电。

8.2.1　发电

风力发电是风能开发的主要形式，通过把风的动能转变成机械动能，再把机械能转化为电能，完成发电过程。

从20世纪20年代起，美国、苏联和其他一些欧洲国家纷纷开展了风力发电技术的研究。进入20世纪90年代，环境污染和气候变化逐渐引起人们的注意，风电作为清洁可再生能源重新受到许多国家政府重视，尤其在欧洲，风力发电开始了商业规模化并网运行。大型风电机组处于无人值守的野外，运行过程中要受到恶劣气候的影响，在示范性试验中的样机经常出现问题，机组的可靠性也不高。因此，对于首先投入商业运行的机组，人们选择了容量偏小、三叶片、失速调节、交流感应发电机、恒速运行的风电机组，这一简单结构的机组被证明相当成功。目前，风电机组实现了变桨距、变速方式调节运行，使得机组的效率得到了很大提高，出现了更先进的双馈式及直驱式风电机组，同时，风电机组由陆地走向了海洋。

8.2.2　提水

风力提水是指利用风力来驱动提水机提水，其从古至今一直得到较普遍的应用。风力提水主要采用风力提水机。目前，世界上有100多万台风力提水机在运转。

风力提水机分为两类。一类是高扬程、小流量的风力提水机，它与活塞泵相结合提取深井地下水，主要用于草原牧区为人畜提供饮水；另一类是低扬程、大流量的风力提水机，它与螺旋泵相配，提取河水、湖水或海水，主要用于农田灌溉、水产养殖或制盐。

8.2.3　制热

风力制热是风能利用的一个发展方向，目前主要用在家庭及低品位工业热能方面。风力制热就是将风能转换成热能，目前主要有三种转换方法。

(1) 风力机发电，再将电能通过电阻丝，产生热能。虽然电能转换成热能的效率是100%，但是风能转换成电能的效率却很低。因此从能量利用的角度看，这种方法是不可取的。

(2) 由风力机将风能转换成空气压缩能，再将空气压缩能转换成热能。即风力机带动空气压缩机，对空气进行绝热压缩而放出热能。

(3) 用风力机将风能直接转换成热能。这种方法的制热效率最高。风力机直接将风能转换成热能有多种方法。常用方法包括搅拌液体制热(即风力机带动搅拌器转动使液体变热)、液体挤压制热(即风力机带动液压泵，使液体加压后再从狭小的阻尼小孔中高速喷出，使工作液体变热)、固体摩擦制热和涡电流制热等。

8.2.4 助航

我国是最早使用帆船和风车的国家之一。唐代有“长风破浪会有时，直挂云帆济沧海”的诗句，可见那时风帆船已广泛用于江河航运。

随着蒸汽机和内燃机的发明，蒸汽机船和内燃机船相继出现，风帆船的垄断地位逐渐被取代，至20世纪中叶几乎从远洋运输中消失了。但随着20世纪70年代初世界石油危机的出现，具有显著节能效果和减少污染等优点的风帆推进装置重新引起船舶工作者的重视。

20世纪70年代，美国成立了专门建造风帆的委员会，制定风帆助航规划，在拖驳船、渔船和浮吊钻井船，以及近海和远洋船上，对传统风帆和现代风帆进行了一系列的试验研究工作，取得了一些成效。1980年，德国为印尼开发了一种风帆助推货船。同期，法国也建造了一批风帆助航的客船。

20世纪80年代，日本建成了全球第一艘用现代风帆助航的帆船——“新爱德丸”号，这艘船与载重相同的普通机动船相比，可节省50%的燃料，但运输时间要增加20%。

20世纪90年代，宁波海运公司试制一艘2 500吨级的“明州22”号风帆助航货轮，船身总长85.8 m、型宽15 m、型深7.3 m，设计航速11.5 km，可载运146只集装箱。

进入21世纪，帆船在体育运动、商业和科学应用方向得到了广泛的应用。

8.3 风力发电

风力发电是新能源领域中技术最成熟、最具规模、最有商业化发展前景的发电方式之一。发展风电对于保障能源安全、调整能源结构、减少环境污染、实现可持续发展等都具有非常重要的意义。

8.3.1 风力机分类

风力机是风力发电机的简称，其种类和式样繁多，按风轮结构和其在气流中位置可分为水平轴式风力机和垂直轴式风力机两类。

(1) 水平轴式风力机

水平轴式风力机的典型特征为风轮旋转轴与风向平行。水平轴风力发电机按照力的特征可分为升力型和阻力型两类。升力型风力发电机旋转速度快，阻力型风力发电机旋转速度慢。风力发电多采用升力型水平轴风力发电机。多数水平轴风力发电机具有对风装置(能随风向改变而转动)，其中大型的风力发电机对风装置采用风向传感元件以及伺服电机组成的传动机构；小型风力发电机对风装置采用尾舵。

风力机的风轮在塔架前面的称为上风向风力机，风轮在塔架后面的则称为下风向风机。水平轴风力机的式样很多，有的具有反转叶片的风轮，有的在一个塔架上安装多个风轮，以便在输出功率一定的条件下减少塔架的成本，还有的水平轴风力机在风轮周围产生漩涡，集中气流，增加气流速度。水平轴风力发电机如图 8-4 所示。

图 8-4　水平轴式风力机

（2）垂直轴式风力机

垂直轴风力机的典型特征是风轮旋转轴垂直于地面或者气流方向。其在风向改变的时候不需对风。此外，垂直轴式风力发电机结构设计简单，而且减少了风轮对风时的陀螺力。

垂直轴风力发电机可分为两个主要类型。一种是利用空气动力的阻力做功，典型的结构是"S"形风车。"S"形风车具有部分升力装置，但主要是阻力装置。这些装置有较大的启动力矩，但叶尖速比低。在风轮尺寸、重量和成本一定的情况下，"S"形风车提供的功率输出较低。另一种是利用翼形的升力做功，典型的是达里厄式风力发电机。达里厄式风轮是法国达里厄于 19 世纪 30 年代发明的。达里厄式风轮是一种升力装置，其弯曲叶片的剖面是翼形。它的启动力矩低，但叶尖速比可以很高。对于给定的风轮重量和成本，它有较高的功率输出。现在有多种达里厄式风力发电机，如"Φ"形、"△"形、"Y"形和"H"形等。垂直轴式风力机如图 8-5 所示。

8.3.2　风力机结构

风力机主要由叶轮、机舱、塔架等构件组成，风力机结构如图 8-6 所示。

（1）叶轮：用来捕获风，并将风力传送到主轴。

（2）变桨系统：主要用于改变叶片的桨距角，从而改变风力发电机的气动特性。

（3）轮毂：由中心轴承、旋转轴、连接板和转子锁定系统等组成，其作用是保证风力机叶片能够有效地传递能量并控制叶片的位置和角度。

（4）塔架：风力发电机塔架载有机舱及转子。通常高的塔架具有优势，因为离地面越高，风速越大。它可以为管状的塔架，也可以是格状的塔架。管状的塔架对于维修人员更为安全，因为他们可以通过内部的梯子到达塔架顶。格状的塔架的优点在于价格比较便宜。

（5）机舱：内装风力发电机的关键设备，包括齿轮箱、发电机。维护人员可以通过风力

图 8-5　垂直轴式风力机

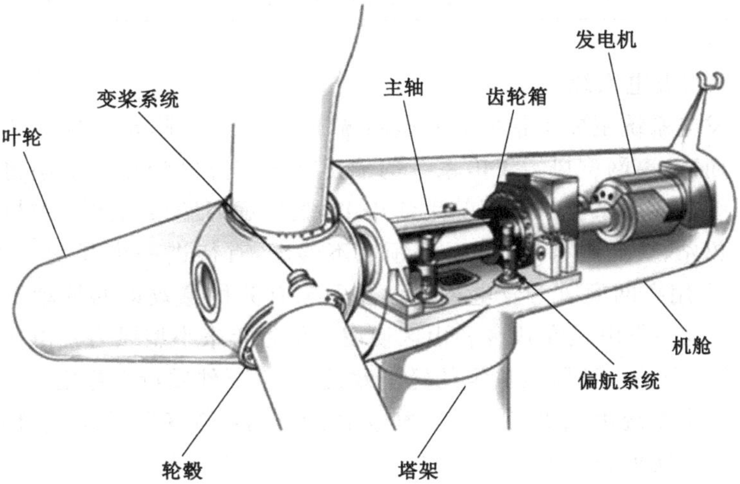

图 8-6　风力机结构示意图

发电机塔进入机舱。

① 齿轮箱可以将高速轴的转速提高至低速轴的 50 倍。

② 发电机通常被称为感应电机或异步发电机。

③ 在风电机组主轴完全独立结构和半独立结构中，主轴安装在风轮和齿轮箱之间，前端通过螺栓与轮毂刚性连接，后端与齿轮箱低速轴连接，承受力大且复杂。受力形式主要有轴向力、径向力、弯矩、转矩和剪切力，风电机组每经历一次启动和停机，主轴所受的各种力都将经历一次循环，因此会产生循环疲劳。所以，主轴需要具有较高的综合力学性能。

④ 借助电动机转动机舱，偏航装置使转子正对着风。偏航装置由电子控制器控制。电子控制器可以通过风向标来感觉风向。通常，在风改变方向时，风力发电机一次只会偏转几度。

8.3.3 风力机工作原理

风力发电机工作时，由 2～3 个叶片组成的风轮作为集风装置，把流动空气动能转变为风轮旋转的机械能，发电机将机械能转变为电能。此过程中，发电机调向器使风力发电机的风轮随时都迎着风向，从而能最大限度地获取风能。电能经储能装置存储完成发电工作。

风力发电机主要有直流发电机、同步交流发电机和异步交流发电机三种。尾翼材料通常采用镀锌薄钢板，主要用来控制风轮的迎风方向。风力发电机塔架是风力发电机的支撑机构，一般采用由角钢或圆钢制成的桁架结构。

8.3.4 风力机发电系统

风力机发电系统分类见表 8-6。

表 8-6 风力机发电系统分类

分类依据	具体类型	
并网形式	离网型风力发电系统	并网型风力发电系统（兆瓦级）
容量	小型风力发电系统（千瓦级）	大型风力发电系统（兆瓦级）

（1）离网型风力发电系统

离网型风力发电系统主要是指风力发电系统不与电网相连，也称独立式或分布式风力发电系统。一般而言，离网型风力发电系统的输出功率与并网型相比要小得多。传统的离网型风力发电系统主要用来提供照明等生活用电，服务远离城市的边远农村、江湖渔船、边防哨所、部队、气象站、微波站等用户，运用领域不够广，有待进一步开发。我国在 20 世纪 70 年代之前主要采用离网型风力发电系统。在国家有关优惠政策的推动下，仅 1997 年就有 155 000 台微型风力发电机在牧区和山区使用。但近年来小型风力发电机使用出现了萎缩的局面，其主要原因是小型风电机组的经济效益较差，配件质量不稳定。

离网型风力发电系统由风机、发电机、蓄电池、控制器、逆变器等组成，特别是蓄电池对于离网型风力发电系统而言是必不可少的。

（2）并网型风力发电系统

并网发电是大功率风力发电机组高效、大规模利用风能最经济的方式，已成为当今世界风能利用的主要形式。并网型风力发电系统是指风电机组与电网相连，向电网输送有功功率，同时吸收或者发出无功功率的风力发电系统。并网型风力发电系统一般包括风电机组（含传动系统、偏航系统、液压与制动系统、发电机、控制和安全系统等）、线路、变压器等。并网型风力发电系统可分为 A 型、B 型、C 型和 D 型。

① A 型风力发电系统，又称恒速型风力发电系统，主要是指鼠笼式感应发电机（SCIG）通过变压器直接连接电网的恒速发电系统，如图 8-7 所示。

由于鼠笼式感应发电机需要从电网吸收无功功率，此类型风力发电机需要使用电容器组进行无功功率补偿，使用软启动器获得平稳的电网电压。此类发电系统不支持速度控制，需要刚性电网支持，有待进一步改进和完善。A 型风力发电系统又可进一步细分为失速控制型、桨距控制型和主动失速控制型。

失速控制型在 20 世纪 80—90 年代被许多丹麦风力发电机制造商采用。该类型特点为简单、坚固、耐用，但不能实现辅助启动，无法控制风力机的功率。

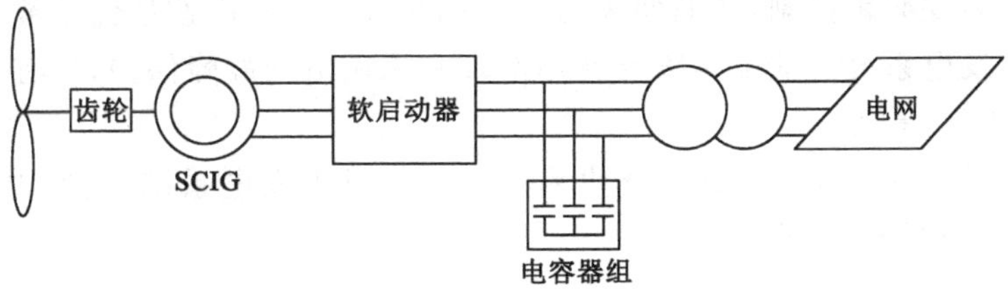

图 8-7　恒速型风力发电系统

桨距控制型优点是可控功率、可控启动和紧急停车；缺点是高风速时，很小的风速变化就会导致很大的输出功率波动。

对于主动失速控制型，低风速时，桨叶调节的风力发电机类似于桨距控制型风力发电机；高风速时，桨叶进入深度失速状态。该类型优点是能够获得更平稳的有限功率，不会出现桨距控制型风力发电机的高功率波动现象。

② B 型风力发电系统，又称有限变速型风力发电系统。此发电系统使用绕线式感应发电机直接并网，同样需要电容器组进行无功功率补偿。使用软启动器并网，由于转子电阻可变使得转差率可变，因此这类发电系统的功率输出稳定。可变转子电阻的大小决定了此类发电系统动态速度控制的范围。有限变速型风力发电系统如图 8-8 所示。

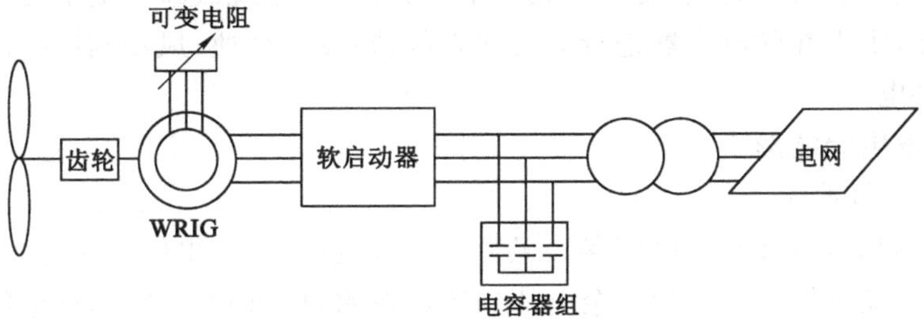

图 8-8　有限变速型风力发电系统

③ C 型风力发电系统，主要包含双馈式感应发电机(DFIG)，如图 8-9 所示。

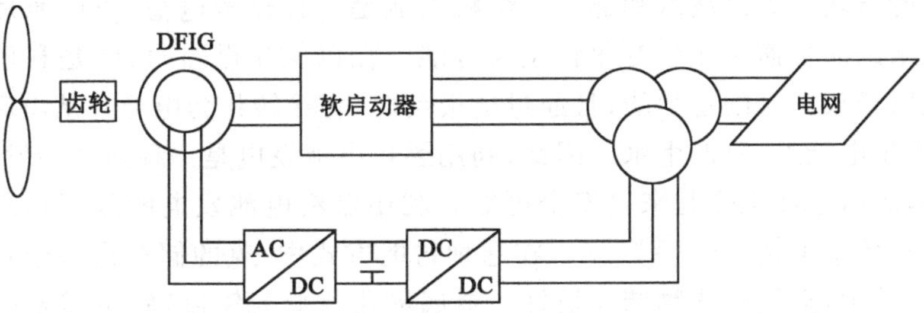

图 8-9　双馈式异步风力发电系统

双馈发电机结构和三相绕线式异步感应发电机类似，主要由定子、转子和两套绕组组成。其中，定子绕组并网，转子绕组外接三相转差频率控制的变频器实现交流励磁。部分功率变频器用来进行无功功率补偿。对于双馈发电机，发电机的定子、转子都参与了励磁，并且定子，转子两侧都有能量的馈送，这类发电系统的优点是变频器的容量小，更具经济性。

其功率控制方式为变桨距控制，从而使风力发电机在较大范围内按最佳参数运行，以提高风能利用率。此类发电系统的缺点是需要使用滑环和采用电网故障保护，具有齿轮箱，结构笨重，易出现机械故障，等等。

④ D型风力发电系统，又称变速全功率变频器型风力发电系统，其发电机主要通过全功率变频器并网，如图 8-10 所示。

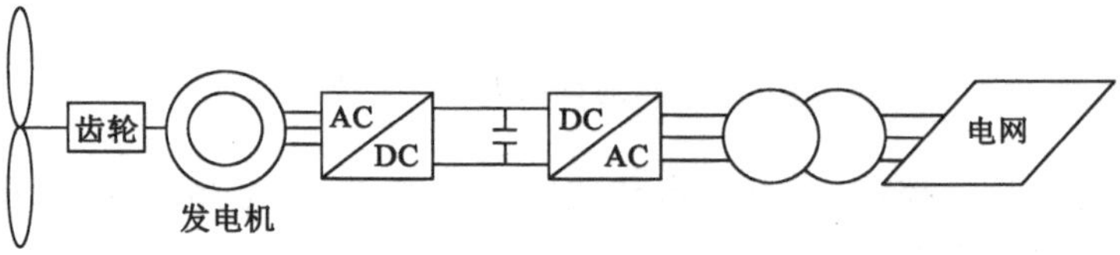

图 8-10　变速全功率变频器型风力发电系统

变速全功率变频器型风力发电系统的发电机主要包括绕线转子同步风力发电机和永磁同步发电机。当发电机采用低速多级同步发电技术时，可不用齿轮箱，即直接驱动风力机系统；变频器部分可采用两个背靠背的全功率电压源换流器，也可通过直流电缆进行连接。与双馈式异步发电系统不同的是，这类发电系统的输出功率通过两个全功率变频器输送到电网，与电网彻底隔开，可以在不同的频率下运行而不影响电网频率。这类发电系统的优点是通过变频器的调制比可分别控制有功和无功功率补偿，在系统故障时提供无功功率支持，提高电网动态特性；不需并联电容器进行无功功率补偿；变桨变速，风能利用率高；可向偏僻地区等无源网络供电。

8.3.5　风力机发电储能形式

（1）电解水制氢蓄能

电解水可以制氢，而且氢可以储存。风力发电系统中，采用电解水制氢蓄能就是在用电负荷小时，将风力发电机组提供的多余电能用来电解水，使氢和氧分离，把电能储存起来；当用电负荷增大，风力减弱或无风时，使储存的氢和氧在燃料电池中进行化学反应而直接产生电能，继续向负荷供电，从而保证供电的连续性。

此种蓄能方式是将随机的不可储存的风能转换为氢能储存起来，而制氢、储氢及燃料电池则是这种蓄能方式的关键技术和部件。燃料电池是一种化学电池，作用原理是把燃料氧化时所释放出来的能量通过化学变化转化为电能。在以氢作燃料时，就是利用氢和氧化合时的化学变化所释放出来的化学能，且通过电极反应，直接转化为电能。从氢和氧化学反应式可看出，除产生电能外，只产生水。因此，利用燃料电池发电是一种清洁的发电方式，而且由于没有运动，燃料电池工作起来更安全可靠。利用燃料电池发电的效率很高。例如碱性燃料电池的发电效率可达 50%～70%。在这种蓄能方式中，氢的储存是一个重要环节。储氢有多种形式，其中，金属氧化物储氢最好。金属氧化物储氢密度高，不需要高压和绝热的容器，安全性能好。近年来，国外研制出一种再生式燃料电池，能利用氢氧化合反应直接产生电能，反过来应用它可以电解水而产生氢和氧。毫无疑问，电解水制氢蓄能是一种高效、清洁无污染、工作安全、寿命长的蓄能方式。但燃料电池及储氢装置的费用较高。

（2）抽水蓄能

此种蓄能方式在地形条件合适的地区可以采用。所谓地形条件合适就是在安装风力发电机的地点附近有高地，在高地处可以建造蓄水池或水库，而在低地处有水。当风力强而用电负荷所需要的电能少时，风力发电机发出的多余的电能驱动抽水机，将低地处的水抽到高处的蓄水池或水库中转换为水的位能储存起来。在无风期或是风力较弱时将高地蓄水池或水库中储存的水释放出来流向低地蓄水池，利用水流的动能推动水轮机转动，并带动与之连接的发电机发电，从而保证用电负荷不断电。实际上，这时已是风力发电和水力发电同时运行，共同向负荷供电。当然，在无风期时只要高地蓄水池或水库有一定的蓄水量，就可靠水力发电来维持供电。

(3) 蓄电池蓄能

在独立运行的小型风力发电系统中，广泛使用蓄电池作为蓄能装置。蓄电池的作用是，当风力较强或用电负荷减小时，可以将风力发电机发出的电能中的一部分蓄存在蓄电池中，也就是向蓄电池充电。当风力较弱、无风或用电负荷增大时，蓄存在蓄电池中的电能向负荷供电，以补足风力发电机所发电能的不足，起到维持向负荷持续稳定供电的作用。风力发电系统中常用的蓄电池有铅酸电池(亦称铅蓄电池)和镍镉电池(亦称碱性蓄电池)。单格铅酸蓄电池的电动势约为 2 V，单格碱性蓄电池的电动势约为 1.2 V。将多个单格蓄电池串联组成蓄电池组，可获得不同的蓄电池组电动势，如 12 V、24 V、36 V 等。当外电路闭合时，蓄电池正负两极间的电位差即为蓄电池的端电压(亦称电压)。蓄电池的端电压在充电和放电过程中是不相同。充电时蓄电池的电压高于其电动势，放电时蓄电池的电压低于其电动势。这是因为蓄电池有内阻，且蓄电池的内阻随温度的变化比较明显。蓄电池的容量以 A·h 表示。容量为 100 A·h 的蓄电池代表该蓄电池若放电电流为 10 A 时可连续放电 10 h，若放电电流为 5 A 则可连续放电 20 h。在放电过程中，蓄电池的电压随着放电的进行而逐渐降低。放电时，铅酸蓄电池的电压不能低于 1.4～1.8 V，碱性蓄电池的电压不能低于 0.8～1.1 V。蓄电池的最佳充电电流等于其最佳放电电流。蓄电池经过多次充电及放电以后，其容量会降低。当蓄电池的容量降低到其额定值的 80%以下时，就不能再使用了，也就是蓄电池有一定的使用寿命。影响蓄电池使用寿命的因素有很多，如充电或放电过度、蓄电池的电解液浓度过大或纯度降低以及在高温环境下使用等均会使蓄电池的性能变坏，降低蓄电池的使用寿命。

(4) 飞轮蓄能

从运动力学考虑，做旋转运动的物体皆具有动能，此动能也称为旋转的惯性能。此动能即相当于储存在旋转体中。反之，若旋转物体的旋转角速度减小，则有部分旋转的惯性动能被释放出来。由动力学原理可知，旋转物体的转动惯量与旋转物体的重力及旋转部分的惯性直径有关。在风力发电系统中采用飞轮蓄能，即在风力发电机的轴系上安装一个飞轮，利用飞轮旋转时的惯性储能。当风力强时，风能即以动能的形式储存在飞轮中；当风力弱时，储存在飞轮中的动能则释放出来驱动发电机发电。采用飞轮蓄能可以抑制由于风力起伏而引起的发电机输出电能的波动，改善电能的质量。在风力发电系统中采用的飞轮，多为钢制。飞轮的尺寸大小则视风力发电系统所需储存和释放能量的多少而定。

(5) 压缩空气蓄能

与抽水蓄能方式相似，这种蓄能方式也需要特定的地形条件，即需要有挖掘的地坑、废弃的矿坑或是地下的岩洞。当风力强或用电负荷少时，可将风力发电机发出的多余电能驱动一台由电动机带动的空气压缩机，将空气压缩后储存在地坑内。而在无风期或用电负荷增大时，将储存在地坑内的压缩空气释放出来，形成高速气流，从而推动蜗轮机转动，并带动风力发电机发电。

8.4 风能发展现状和前景

8.4.1 全球风力发电现状

风力发电是最成熟、最具开发条件和商业化发展前景的发电方式之一。可利用的风能在全球范围内分布广泛、储量巨大。随着风电相关技术不断成熟、设备不断升级，全球风力发电行业高速发展。根据世界风能协会的统计，截至 2022 年年底，全球风电累计装机容量为 900.3 GW，较 2015 年底增长超过 1.07 倍。2015—2022 年全球风电新增、累计装机统计情况如图 8-11 所示。

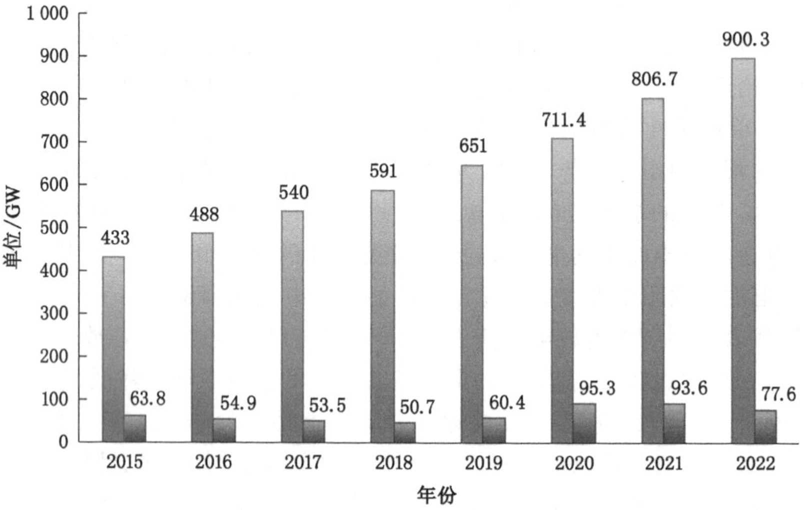

图 8-11　2015 年至 2022 年全球风电新增装机容量

从新增装机容量来看，2022 年全球风电新增装机容量为 77.6 GW，较 2015 年增长 21.6%。风电作为现阶段发展最快的可再生能源之一，在全球电力生产结构中的占比正在逐年上升，拥有广阔的发展前景。根据预测，2023—2027 年，全球风电将新增超过680 GW 装机容量。

2022 年，全球风电累计装机、风电新增装机区域结构如图 8-12、图 8-13 所示。

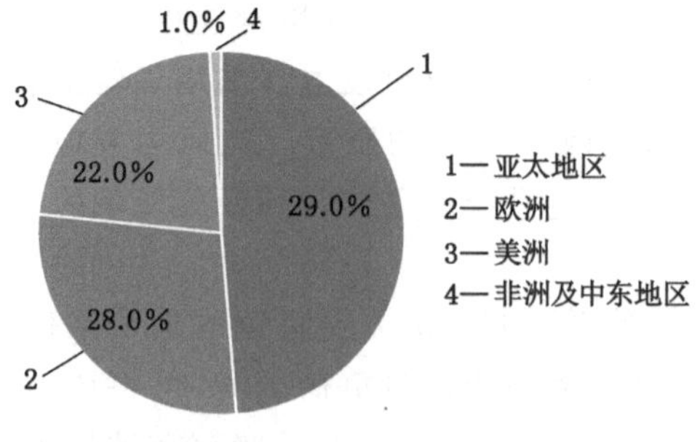

图 8-12　2022 年全球风电累计装机结构图

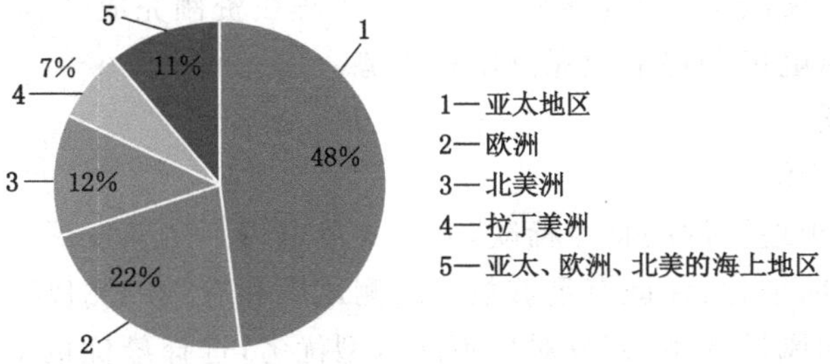

图 8-13　2022 年风电新增装机结构图

分析可知，2022 年亚太地区以 441 GW 的累计装机容量排在首位，装机量在全球占比为 49%；其次是欧洲，以 252 GW 的装机容量紧随其后，占比为 28%；美洲地区装机容量为 197.9 GW，占比为 22%，排名第三；非洲及中东地区装机量仅 9.4 GW，占全球累计装机量的 1%。

亚太地区新增风电装机容量占全球新增装机容量的比重达到了 48%；欧洲和北美洲新增风电装机容量占比分别为 22%和 12%；拉丁美洲占比 7%；亚太、欧洲、北美海上地区占比 11%。

风电是未来最具发展潜力的可再生能源技术之一。其具有资源丰富、产业基础好、经济竞争力较强、环境影响微小等优势，是最有可能在未来支撑世界经济发展的能源技术之一。各主要国家与地区都出台了鼓励风电发展的行业政策，未来，亚洲、北美洲及欧洲仍是推动风电市场不断发展的中坚力量。

8.4.2　我国风力发电现状

经过多年发展，中国的风电产业从粗放式的数量扩张，向提高质量、降低成本的方向转变，中国风电产业进入稳定持续增长的新阶段。根据国家能源局公开数据，2015—2022 年，我国发电装机累计量和新增量如图 8-14 所示。

图 8-14　2015—2022 年我国发电装机累计量和新增量

分析可知，2022 年中国风电新增装机 3 696 万 kW，累计装机 36 544 万 kW，其中，陆上风电约占 91.65%，海上风电约占 8.35%，与此同时，发电量在持续增长。2022 年中国风电发电量再创历史新高，突破 7 600 亿 kW·h，风电工程投资额完成 2 145 亿元。在“双碳”政策背景下，未来中国风电市场将继续保持增长趋势。

8.4.3 风力发电前景

（1）风电开发精细化

随着风能资源和土地资源的日益稀缺，分布式风电得到迅速发展，风电开发模式逐渐转向精细化。风电前期精细化：保证有足够数量的测风塔和有效的测风数据，充分论证风资源水平，细化微观选址和风机选型，充分对比不同机型优劣，选择最优机型和机位点；建设施工精细化：严格管控工程质量，杜绝遗留问题；风电场运维精细化：充分借助大数据、人工智能等信息化手段，准确掌握设备状态制定措施，提高发电水平。

（2）风电开发分散化

能源的分散化和就地消纳，是能源发展长期的主题。近几年，大叶片、高塔筒技术不断提升，针对未来低风速领域的巨大市场，设备厂家纷纷推出新的机型，满足低风速区风电场的需求。随着低风速风机技术不断取得进步，分散化、低风速将逐渐成为陆上风电发展的趋势。

（3）风电开发海洋化

我国海上风能资源丰富，具有巨大的开发前景。海上风电场一般分为滩涂、近海以及深海等风电场。

目前，我国海上风电实质开发的区域仍主要集中在滩涂及近海区域。与陆上风电不同，海上风电紧邻电力负荷中心，消纳前景非常广阔。经过多年的稳步发展，我国海上风电目前已进入大规模开发阶段，推进近海规模化和深远海示范化发展能实现海上风电的健康持续发展。

（4）风电核心技术国产化

大力开展技术研发，推进核心技术国产化，才能激发技术创新和产品创新。而作为风电开发企业，也应当努力掌握风电设备关键技术，为风电场的运行维护、技术改造、提质增效提供有力支撑。

（5）风电场智能化

智能化是能源发展未来的趋势。风电场智能化，就是要推动风电与控制技术、信息技术、通信技术等的深度融合，实现风电的智能化开发、智能化运维、智能化监控以及智能化管理。随着产业体系的不断完善和技术水平的不断提高，智能化将成为未来风电发展的主要方向。

（6）能源综合化

综合能源系统是整合不同形式的能源资源，满足多元化需求，实现能源高效利用的模式。构建综合能源系统，能够大大提高可再生能源的开发利用水平，同时提升传统一次能源利用效率。综合能源系统可以突破开发模式，按照用户需求、自身能力、区域特性，因地制宜地实现“模块化选择，个性化构建”。

（7）电力系统绿色化

未来电力系统将由传统的化石能源为主转变为可再生能源为主，最终构建成一个低碳的新电力系统。但由于风电、光伏等可再生能源的不确定性，电力系统将面临巨大的挑战。新能源消纳能力不足，电网转动惯量减小、调频能力下降，动态无功支撑能力不足，系统稳定问题，这些都给电网带来巨大的难题。

思考题

1. 简述风的成因。
2. 简述风能基本特征。
3. 简述我国风能资源分布。
4. 风力机的类型有哪些?
5. 风力机主要包括哪些构件?
6. 风力机发电系统包括哪些? 各有什么特点?
7. 风力发电的储能方式有哪些?
8. 简述全球风能发电现状和前景。
9. 简述我国风能发电现状和前景。

第9章 生物质能开发与利用

生物质能作为一种可再生能源，储量丰富，分布广泛，可实现二氧化碳“零排放”，是相对环保的能源，在全球范围内受到了广泛关注。本章详细介绍了生物质能的概念、分类、特点，从其转化利用技术类型的角度出发，对生物质能的物理、化学、生物化学转化技术分别进行了原理、工艺、应用等方面的阐述，最后介绍了生物质能的发展现状，并对未来生物质能行业发展进行了前景展望。

9.1 生物质能概述

9.1.1 生物质能的概念

9.1.1.1 生物质

生物质是指直接或间接地由光合作用所形成的有机物质，包括植物、动物和微生物及其排泄与代谢物等。首先，绿色植物中的叶绿体通过光合作用吸收二氧化碳（CO_2）和水（H_2O），合成碳水化合物（CH_2O），由此，太阳能转化为化学能进入自然界；然后，植物中的能量又通过食物链进入其他生物体，最终形成多种形式的生物质。通常所说的生物质主要指农林业生产过程中除粮食、果实以外的秸秆、树木等木质纤维素，农产品加工下脚料，农林废弃物及畜牧生产过程中的禽畜粪便等物质。

9.1.1.2 生物质能

生物质能是指直接或间接地通过光合作用将太阳能转化为化学能后储存在生物质内部的能量，即以生物质为载体的能量。生物质能主要通过植物的光合作用进行能量转化，它的原始能量来源于太阳，所以，生物质能是太阳能的一种表现形式。生物质能其实是人类使用历史最久的一种能源，自人类开始使用火到如今，将植物用作燃料直接燃烧提供能量一直存在于人类生产活动之中。在化石能源被人类大规模使用之前，生物质能一直占据人类能源利用的主导地位。尽管生物质能是人类最早使用的能源，但由于当前采用的能源利用技术与传统方法差异很大，因此生物质能也被认为是一种新能源。

随着对传统能源的需求不断增加以及对环境保护的要求日益严格，生物质能源作为一种清洁、可再生的能源形式，受到了越来越多的关注。在各种可再生能源中，生物质能是独特的，它是储存的太阳能，更是唯一一种可再生的碳源，可以通过一定技术途径转化成常规的固态、液态和气态燃料。

9.1.2 生物质的组成

生物质作为植物通过光合作用生成的有机物，是一种由高分子聚合物组成的复合体，主要由纤维素、半纤维素和木质素构成，三种结构性组分占总体含量80%以上，它们各自的含量随生物质种类的不同而变化。其中，纤维素含量最高，达40%～80%，半纤维素含量为

15%～30%，木质素含量为 10%～25%。此外，生物质中还有少量的抽提物，这些物质是不构成细胞壁和细胞间层的游离化合物，它们可被极性或非极性有机溶剂提取，因此而得名。抽提物属于非结构性组分，包括蜡、脂肪、树脂、单宁酸、淀粉和色素等。从元素组成来看，生物质主要含有碳(C)、氢(H)、氧(O)及少量的氮(N)和硫(S)等元素，还包括少量或微量非金属和金属元素。

9.1.2.1　纤维素

纤维素是由葡萄糖通过 β-1,4-糖苷键相连而组成的高分子多聚糖，其分子链呈线性结构，分子式为 $(C_6H_{10}O_5)_n$，其中 n 为聚合度。纤维素的分子结构如图 9-1 所示。纤维素的聚合单体是纤维二糖，但纤维素在酸中发生水解的最终产物是葡萄糖。纤维素不溶于水及一般有机溶剂，如乙醇、乙醚、丙酮、苯等，但在水中会润胀。当纤维素与一定浓度的盐溶液相互作用时，分子间的氢键会断裂，此时纤维素会溶解在溶液中。氯化铝、氯化锌、硫代氰酸盐、碘化物、溴化物等溶液可以溶解低聚合度的纤维素。此外，纤维素还会溶解于铜氨溶液和双氢氧化乙二胺铜溶液。纤维素分子中的糖苷键对酸敏感，与酸溶液作用时，糖苷键断裂，聚合度降低，纤维素会发生水解，最终产物是葡萄糖。

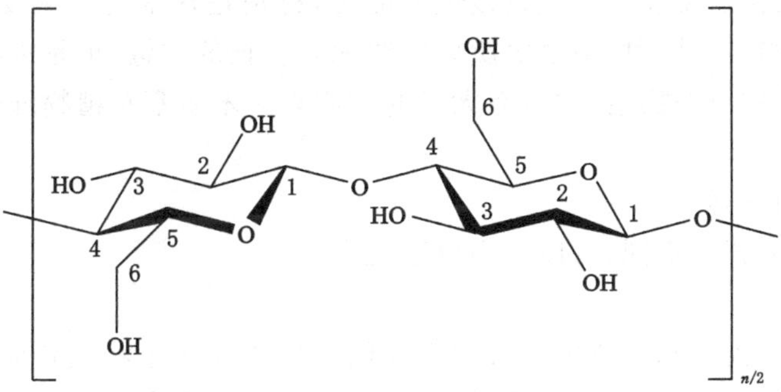

图 9-1　纤维素的分子结构图

在自然界中，纤维素是植物细胞壁的主要成分，是分布最广、含量最多的一种多糖，占植物界碳源的 50%以上。在棉花中，纤维素的含量接近 100%，是天然的最纯纤维素来源。一般木材中，纤维素占 40%～50%。

9.1.2.2　半纤维素

半纤维素是将纤维素和木质素紧密相互连接起来的一类多糖，是由两种或两种以上不同的单糖单体组成的结构多样的异质多糖，这些单糖包括葡萄糖、木糖、甘露糖、半乳糖、阿拉伯糖等。半纤维素的命名分类主要由其多糖结构主链上的单糖基决定，当主链上只有木糖时，称为聚木糖类半纤维素；当主链由葡萄糖和甘露糖两种单糖构成时，称为聚葡萄糖甘露糖类半纤维素；以此类推，还有聚半乳糖类半纤维素、聚葡萄糖类半纤维素等。半纤维素的分子链比纤维素短，是一种低分子量聚合物，可溶于碱溶液，遇酸较纤维素更易水解。半纤维素的结构多样性也导致其性质差异较大，大部分半纤维素不溶于水，仅有少量半纤维素可溶于水，如聚阿拉伯糖半乳糖类半纤维素易溶于水。半纤维素具有亲水性，可造成细胞壁润胀，使其具有纤维弹性。在纸浆中加入半纤维素有利于打浆，使其不能被轻易打断，从而降低打浆的能源资源消耗，减少污染，并且能够得到理想的纸张强度。

半纤维素广泛存在于植物中，在植物细胞壁中与纤维素共生，其含量因植物种类、成熟程度、早晚材及其形态学部位的不同而有很大差异，例如在针叶材中含 15%～20%，阔叶材和禾本科草类植物中含 15%～35%。

9.1.2.3 木质素

木质素是一类复杂的有机高分子聚合物，主要由苯丙烷单元通过醚键和碳碳键互相连接形成三维网状结构。木质素的前体来源于三种芳香醇，分别是 β-香豆醇、松柏醇和芥子醇。这三种芳香醇都含有苯丙烷单元，它们分别对应 3 类木质素，即对-羟基苯基木质素、紫丁香基木质素和愈创木基木质素。木质素的官能团种类较多，包括甲氧基、羟基、羰基等，因而造就了木质素结构和性质的复杂性和多样性。木质素难溶于水，可溶于强碱溶液、丙酮、二氧六环等溶剂。

木质素是资源丰富程度仅次于纤维素的有机物，其含量在不同植物、同种植物的不同部位中有较大差别，在针叶材中含量为 25%～35%，在阔叶材中含量为 20%～25%，在单子叶禾本科植物中含量一般为 15%～20%。木质素对于植物纤维细胞壁的形成特别重要，通常与纤维素和果胶结合在一起，在木材中起到填充和黏结的作用，能够将纤维素纤维互相紧密黏结，增强木材的机械强度和抗微生物侵蚀的能力，特别是在木材和树皮中，在赋予其刚性的同时也使其不易腐烂。同时，植物之所以能够承载生长的重量，也是来源于植物的木质部（一种负责运水和矿物质的构造）中含有大量的木质素。木质素对植物纤维还有一个作用就是改变植物的颜色。

9.1.3 生物质能的分类

生物质能依据来源的不同，可以分为以下几类。

（1）林业资源

林业资源指森林生长和林业生产过程中提供生物质能的生物质资源，主要包括以下几种：① 薪炭林；② 森林抚育和间伐作业中的零散木材、残留的树枝、树叶和木屑等；③ 木材采运和加工过程中的枝丫、锯末、木屑、梢头、板皮和截头等；④ 林业副产品的废弃物，如果壳和果核等；⑤ 灌木林平茬复壮的剩余物；⑥ 木本油料作物。

（2）农业资源

农业生物质资源是指各种用以提供能源生产而种植的农业作物，包括草本能源作物、木本能源作物、油料作物、制取碳氢化合物植物和水生植物等；农业生产过程中的废弃物，如农作物收获时剩余的农作物秸秆（玉米秸、高粱秸、麦秸、稻草、豆秸和棉秆等）；农业加工业的废弃物，如农业生产过程中剩余的稻壳。

（3）生活污水和工业有机废水

生活污水主要由城镇居民生活、商业和服务业的各种排水组成，如冷却水、洗浴排水、盥洗排水、洗衣排水、厨房排水、粪便污水等。工业有机废水主要是酒精、酿酒、制糖、食品、制药、造纸及屠宰等行业生产过程中排出的废水，其中都富含有机物。

（4）固体废物

城市固体废物主要由城镇居民生活垃圾，商业、服务业垃圾和少量建筑业垃圾等固体废物构成。其组成成分比较复杂，受当地居民的平均生活水平、能源消费结构、城镇建设、自然条件、传统习惯以及季节变化等因素影响。

（5）畜禽粪便

畜禽粪便是畜禽排泄物的总称，它是其他形态生物质（主要是粮食、农作物秸秆和牧草等）的转化形式，包括畜禽排出的粪便、尿及其与垫草的混合物。

这些废弃物经过适当的处理和技术转换，可以转化为生物质燃料，如生物质气体、生物柴油、生物质成型燃料等。

9.1.4　生物质能的特点

9.1.4.1　生物质能的优点

生物质能作为人类最早直接使用的能源，其优点主要有以下几个方面。

(1) 可再生性

生物质能源是一种可再生能源，在当前的地球环境下，可以通过种植、养殖等方式不断地获取，相比于化石能源，生物质能源的可持续性更高。

(2) 环保性

生物质能源燃烧过程中产生的二氧化碳与植物生长过程中吸收的二氧化碳在数量上能保持平衡，实现二氧化碳“零排放”，且燃烧产生的 SO_2 极少，不会对环境造成太大影响。

(3) 分布广泛

生物质能的种类繁多、分布广泛，是一种分散型的能源，便于就地利用，有助于解决能源供应不平衡的问题。

(4) 总量丰富

生物质能是仅次于石油、煤炭和天然气的世界第四大能源。根据生物学家的估算，地球上每年通过光合作用生成的生物质总量约为 1 440 亿～1 800 亿 t，这大约相当于全球一年能源消耗总量的 10 倍左右。

(5) 应用广泛

生物质能的应用领域非常广泛，如可以用于生物质气化技术、生物质发电技术、沼气发酵技术、燃料乙醇技术等。

9.1.4.2　生物质能的缺点

生物质能自身存在的缺点主要体现在以下几方面：

(1) 体积密度和能量密度低，大大低于煤炭的体积密度和能量密度。

(2) 生物质供应不稳定，受季节因素影响。

(3) 生物质组成性质差异较大，且分布不均。这给电厂利用生物质带来一些问题，当一种生物质原料供应受影响时，不易短时间内找到合适的替代品。

(4) 部分生物质水分含量偏高，如蔗渣、牲畜粪便水分含量可达 40%～50%。高的水分含量会影响点火性能、燃烧效率和质量，产生大量含水蒸气的烟气。

(5) 灰分含氧化钾较多，造成灰熔点下降，进而造成流化床的床料黏结和换热面灰污、结垢和腐蚀等问题。

9.1.5　生物质能转化利用技术分类

生物质能转化利用技术及其主要产品如图 9-2 所示。生物质能转化利用技术主要包括物理转化、化学转化和生物化学转化 3 大类。其中，物理转化技术主要指生物质压缩成型技术；化学转化技术包括生物质直接燃烧、气化、液化、热解和酯化等技术；而生物化学转化技术则主要包括生物质厌氧消化技术和生物质水解发酵技术。

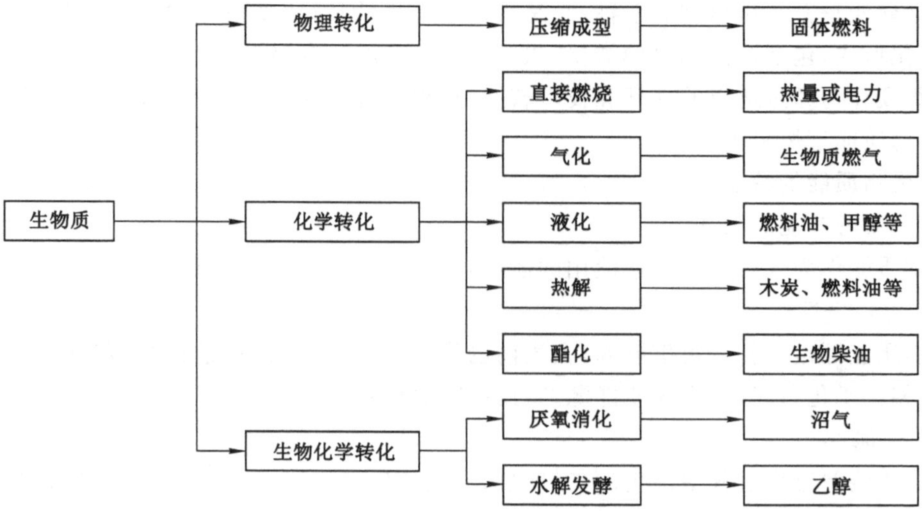

图 9-2　生物质能转化利用技术及产品

9.2　生物质能物理转化技术

生物质能相比于化石能源最大的问题在于能量密度低。通常生物质的质量能量密度为 17～20 MJ/kg（干物质），而煤炭的能量密度为 27.2 MJ/kg，石油的能量密度为 42.7 MJ/kg。若以体积能量密度来看，生物质能的能量密度更低，单位体积的石油所含能量是相同体积木片的 6 倍，是木屑或秸秆的 18 倍。生物质能的这一缺点给生物质的收集、运输、存储、预处理和给送等各环节带来非常大的困难，生物质压缩成型工艺正是针对此问题提出的一种解决方案。生物质经压缩成型为固体燃料后，密度可达 0.8～1.1 t/m^3，体积能量密度相比松散的原生生物质提高 10 倍左右，与中低发热量的煤炭相当。

生物质压缩成型得到的成型物形状有三种：块状、棒状、颗粒状。其中，颗粒状成型燃料的木颗粒是当今全球范围生物质成型燃料中最典型、应用最广泛的一种，已作为大宗商品能源。木颗粒来源于木质生物质，木质生物质在各种生物质中属于密度较高、质量较好的一类，绝大多数的木质生物质是林木业生产加工的副产品或下脚料。

我国作为一个农业大国，秸秆、残株等农业废弃物产量巨大，是主要的生物质资源；同时，由于森林资源不够丰富，木质原料的需求旺盛，我国的林木加工业对木质生物质的利用非常充分，加工剩余物和副产品量随着产业进步不断减少。一般认为，我国的生物质资源构成中，以秸秆为主体的农业生物质废弃物资源占比超过 60%，林业废弃物资源占比低于 15%。因此，我国生物质成型燃料产业必然会以秸秆为代表的农业废弃物生物质作为主要原料。

9.2.1　生物质压缩成型

生物质压缩成型是将农林废弃物生物质粉碎到一定粒度后，以生物质中的木质素作为黏结剂，在一定温度和高压下将生物质粉末加工成具有一定形状、密度较大的成型燃料，也叫生物质固化成型或生物质致密成型。该技术可以解决生物质形状各异、堆积密度小且松散、运输和储存使用不方便的问题，形成的固体燃料能量密度大大提高，改善了生物质的燃烧性能，使生物质成为商品能源。

农林废弃物生物质主要由纤维素、半纤维素和木质素组成。木质素是一类复杂的有机高分子聚合物，具有三维网状结构，其不是晶体，故而没有熔点，但在一定温度区域会出现软化点。在高温和有水分存在的条件下，木质素会软化，此时若受到外部压力作用，可使其与纤维素紧密黏结并与相邻颗粒胶结，冷却后即可固化成型。木质素的软化、塑化特性使得生物质压缩成型工艺在理论上不需任何黏结剂，从而有助于降低加工成本。

当原料中木质素含量较低时，可加入一定量黏结剂，使原料颗粒间产生范德瓦耳斯引力，从而使粒子间紧密接触，减小成型所需的压力。常见的黏结剂有黏土、淀粉、糖蜜、植物油及造纸黑液等。

9.2.2　生物质压缩成型工艺

生物质压缩成型技术根据成型工艺可以分为热压缩成型、冷压缩成型以及炭化成型三大类。典型的成型工艺流程如图 9-3 所示，通常由生物质原料的收集、粉碎、干燥、预压、压缩、保型、切割、包装等步骤组成，往往根据原料、工艺、成品要求的不同，还会对工序进行调整。

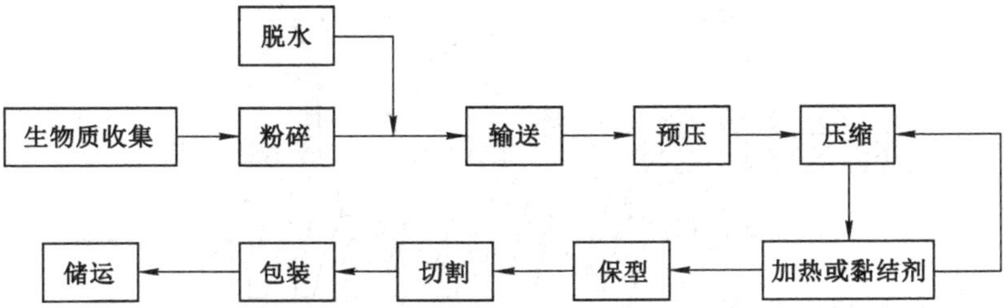

图 9-3　生物质压缩成型工艺流程

热压缩成型工艺是在较高温度下进行，利用高温下木质素的软化、塑化特性实现原料的压缩成型的。一般需要预先控制原料含水量并进行破碎，粉碎后的生物质在一定的高温和高压下压缩成高密度成型燃料，密度可达到 1 t/m^3 左右。水分对工艺过程有较大影响，因此对生物质原料含水量有严格要求，如木质生物质能原料必须控制为 8%～12%。热压缩成型工艺已成为生物质成型领域的主流技术，技术路线繁多，产品线也丰富多样。

冷压缩成型过程无导致木质素显著塑化的高温条件，通常在常温下进行。此外，压缩过程中的摩擦生热对物料温度的升高效果并不明显。在冷压缩工艺中，存在两条主要技术路线：① 湿压成型工艺，采用高含水量的原料，有时需将原料在常温下浸泡数日，使其充分湿润并部分降解，再利用机械和模具挤出生物质中的水分，压缩成燃料块；② 冷态压缩工艺，是通过压辊等特定挤压方式，在常温下将破碎后的生物质制成圆柱或棱柱形状，并通过切割获得成型产物，其成型原理是利用摩擦热形成的木质素塑化使纤维结构相互镶嵌定型。冷压缩成型工艺可视为热成型工艺的简化版。冷压缩成型工艺的优势在于对原料适应性强（尤其是对含水量较高的原料），设备工艺简单，操作温度低，能耗较低，产量较高，成本较低。然而，其也存在原料含水量高，发热量、密度、能量密度显著低于热压缩成型产品等缺点。

炭化成型工艺比较特殊，其原料不仅有原生的木质纤维素类生物质，还有生物质热解后形成的生物质炭，此工艺严格意义上属于生物质物理化学转化利用的一种方式。根据工艺流程的不同,炭化成型技术可分为先成型后炭化和先炭化后成型两类。先成型后炭化一般先将生物质原料用压缩成型机压缩成具有一定密度和形状的棒料,然后在炭化炉内炭化成为木炭。先炭化后成型则是先将生物质原料炭化或部分炭化,再在生物质炭中加入一定量的黏结剂压缩成型。炭化成型的产品为完全或部分热解后的生物质,其中的挥发性成分全部或大部分已析出,主要构成元素为碳,因此炭化成型产物的能量密度很高。

9.2.3 生物质压缩成型设备

生物质压缩成型设备通常分为三大类:螺旋挤压式、活塞冲压式、压辊式。

9.2.3.1 螺旋挤压式

螺旋挤压式成型设备是最早使用的生物质成型设备,其主要依赖机械螺旋结构将生物质物料推送至特定模具进行挤压成型。图 9-4 所示为该设备的基本构造。在驱动轴的带动下,挤出螺旋不断地将料斗中的原料送入挤出套筒,套筒内径逐渐缩小,挤入的物料在挤出螺旋和套筒的共同作用下持续受到压缩。同时,套筒外壁设有加热装置,能确保受到压缩的生物质中的木质素发生软化、塑化而顺利成型。

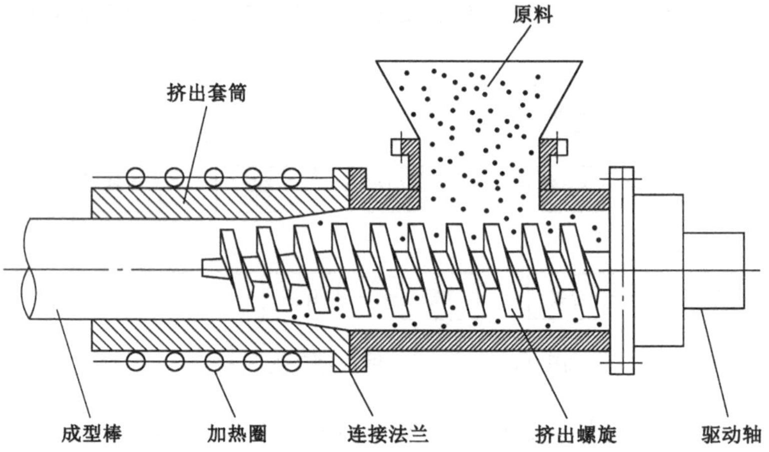

图 9-4 生物质螺旋挤压式成型设备

螺旋挤压式成型设备对原料预处理的要求相对较低,允许使用破碎粒度较大的原料,如棒状成型块生产过程中,原料破碎至 3～8 cm 即可满足要求。此外,这种设备运行稳定,可以连续生产,产品质量均匀,并且产出的生物质成型产品具有中空结构,有利于提高燃烧效率或炭化效果。该类设备在我国及东南亚国家得到了广泛应用。

螺旋挤压式成型设备也存在一些缺点,主要是螺旋头和模具磨损较快,使用寿命较短。磨损后需采用硬质合金进行修补,这增加了维修成本和复杂性。

9.2.3.2 活塞冲压式

活塞冲压式型设备如图 9-5 所示。生物质原料的成型是通过活塞的往复运动来实现的。当活塞后退时,已粉碎的生物质原料进入套筒,紧接着活塞向前推进,将原料紧密压缩到锥形模具内,完成成型过程。由于压缩过程中的摩擦生热,生物质中的木质素软化并发挥黏结作用。为了提高木质素的黏结效果,还可以对模具外部进行加热。

活塞冲压成型通常在 140～200 ℃的温度范围内进行。活塞冲压成型是间歇式进料和出料的,所以每次活塞的往复运动都会形成一个压缩块。成型燃料块长度通常在 10～30

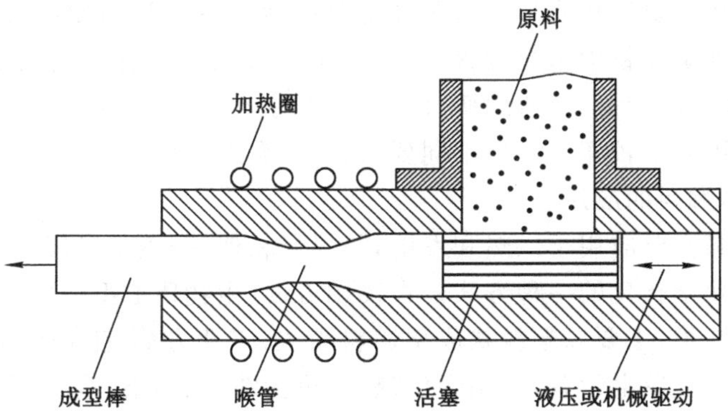

图 9-5　生物质活塞冲压式成型设备

cm 之间，最终产品多为实心燃料棒或燃料块，其密度介于 1.0～1.2 t/m³之间。

与螺旋挤压成型相比，活塞冲压成型冲头与生物质原料之间没有相对滑动，因此磨损较小，延长了设备的使用寿命。然而，活塞冲压成型的一个缺点是其压力作用是间断式冲击，生产过程中有不平衡现象，其产品不适合炭化。

活塞冲压成型驱动力可以分为机械驱动和液压驱动。机械驱动压缩主要依赖飞轮中储存的转动动能，通过曲柄连杆机构驱动活塞进行高速往复运动，压缩成型原料。这种技术具有生产能力大、产品密度高的特点，但设备体积较大、振动噪声大。而液压驱动压缩利用液压缸提供的压力来驱动活塞冲压生物质原料，提高了运行的稳定性，并降低了噪声。

9.2.3.3　压辊式

生物质压辊式成型设备主要由压辊和压模两部分构成。压辊直径较小，工作时绕轴转动，其外围通常设计为齿状或槽状，以确保原料在加工过程中不打滑。压模分平模和环模两种类型，压模上有成型孔。压辊式成型设备特别适合生产尺寸较小的颗粒状成型燃料。

图 9-6 所示为压辊式平模成型设备和压辊式环模成型设备。平模成型设备工作时，压辊在压模上滚动，原料加入成型机，在压辊和压模之间被挤压和粉碎后，被压入压模的成型孔内。随后，切割刀将成型孔中的物料按所需长度切成颗粒，并排出机器。而环模成型设备工作时，主轴带动环模旋转，原料进入环模和压辊之间，带动压辊旋转。环模与压辊相对旋转逐渐将原料挤压到环模的成型孔中成型，并不断向孔外挤出。随后，切割刀按照所需长度将物料切成颗粒状。

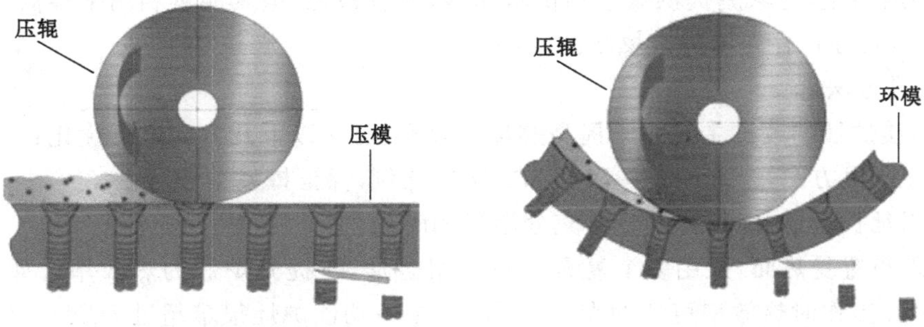

(a) 压辊式平模成型设备　　(b) 压辊式环模成型设备

图 9-6　生物质压辊式成型设备

压辊式成型过程主要依赖物料在挤压成型时产生的摩擦热来使物料软化和黏合，通常不需要外部加热。如果原料中木质素含量较低，可以添加少量黏结剂以增强成型效果。此外，由于压辊的压缩速度较低，原料中所含的空气和水在成型孔中有足够的时间逸出，因此对原料的含水量范围要求较宽。根据不同要求，原料含水量可以在10%～30%之间。

9.2.4 生物质成型燃料的应用

生物质成型燃料主要应用于供热和发电，与煤炭相似，涵盖了民用、工业等领域，其应用本质上属于生物质化学转化的一种方式。在民用方面，生物质成型燃料主要用于供暖炉、炊事炉和炊事供暖一体炉，主要以颗粒状成型燃料为主；工业方面，生物质成型燃料主要用于生物质燃料专用锅炉或发电设备，当用于供热时，可为纺织、印染、造纸、食品、橡胶、塑料、化工、医药等工业产品加工过程提供所需的热量和高温热水；当用于发电时，生物质成型燃料主要用于生物质成型燃料混烧发电、直燃发电、气化发电，为电力生产提供可再生能源。

9.3 生物质能化学转化技术

9.3.1 生物质直接燃烧

生物质能最早被人类利用就是通过生物质直接燃烧，这里的生物质特指木质纤维素类固体生物质原料，如木材、秸秆、树皮等。生物质直接燃烧是指生物质在不经过其他化学转化的基础上，直接作为燃料充分燃烧，把化学能转变为热能的技术，产生的热能主要用于供热或发电。

9.3.1.1 生物质燃烧特性

与化石燃料相比，生物质燃料的燃烧具有以下特点：

(1) 生物质燃料密度小，且含碳量较少，热值低。

(2) 生物质燃料挥发分多，在250 ℃以上的温度作用下大量析出挥发分并开始燃烧，所以生物质燃料容易被引燃。

(3) 生物质水分含量较多，燃烧产生烟气较多，排烟热损失较高。

(4) 污染小。生物质含硫量低，燃烧后几乎没有硫氧化物排放；由于生物质生长过程会吸收大量CO_2，因此可以实现CO_2零排放。

9.3.1.2 炉灶燃烧技术

炉灶燃烧是生物质直接燃烧最原始的利用方式，一般用于家庭。传统炉灶以燃烧秸秆、薪柴等生物质为主，为家庭提供炊事和供暖功能，投资最低，但其能量利用率很低，热效率仅有10%左右，且往往存在未完全燃尽的问题。

(1) 改进方法

对生物质炉灶的改进主要在于提高燃烧热效率，可从以下几方面进行优化：

① 优化配风方案，合理配置一次风和二次风比例，保证挥发分燃尽。

② 适当延长烟道，确保挥发分有充分燃尽的时间。

③ 合理布置受热面，采用多个复合受热面组合形式，提升炉灶的热效率。如炊事供暖热水一体炉灶工作时热效率可达60%～70%，而单一功能炉灶很难超过30%～40%。

④ 使用生物质成型燃料，提高生物质燃料的能量密度，再配合节能高效的生物质炉具，炊事热效率可达到30%以上，综合热效率可达到70%以上。

(2) 省柴灶

省柴灶灶体高 75～80 cm，建筑材料为就地取材的石片、砖和黏土等。在砌地风道和灶膛时，考虑了灶膛空间的利用，将地风道以下做成空心。燃烧室一般为圆形，大小根据锅的大小而定，一般取锅底直径的 60%～70%。烟囱是自然通风排气的通道，为了加速排烟，可增设地风道，加大烟尘的排出量。拦火圈有两种形状：斜方形和圆环形，功能主要是使火力集中，提高燃烧性能。灶体结构见图 9-7。

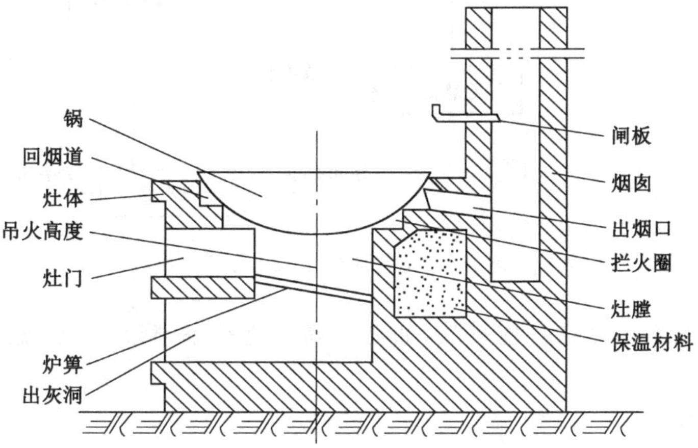

图 9-7　省柴灶灶体结构示意图

省柴灶是按照薪柴燃烧和热量传递的原理设计的，与旧式柴灶相比，改革了炉膛、锅壁以及炉膛之间相对距离、吊火高度、烟道和通风等的设计，并增设保温措施和余热利用装置，热效率可达 20%以上。省柴灶具有热效率高、省燃料、污染少、使用方便、功能多等特点。

9.3.1.3　生物质直接燃烧发电

在大规模生物质能利用领域，生物质燃烧发电是产业化程度最高、利用规模最大的生物质能转化利用途径。

生物质燃烧发电与化石燃料燃烧发电原理类似，是火力发电的一个分支。典型的生物质燃烧发电系统如图 9-8 所示。生物质燃料在生物质锅炉中燃烧，将化学能转化为热能，随后被水蒸气工质吸收并转化为工质的热力学能，将具有高焓值的高温高压蒸汽送入汽轮机膨胀做功，蒸汽中的能量转化为机械能并带动发电机旋转，最终将能量转化为电能。

生物质燃烧发电锅炉按炉内的燃烧方式可分为三种：层燃燃烧、流化床燃烧和悬浮燃烧，当前用于发电的锅炉主要采用层燃燃烧技术和流化床燃烧技术。生物质层燃锅炉设备和运行成本较低，适用于蒸发量小于 130 t/h 的项目，而流化床生物质锅炉适用于各种规模的机组，适合大型化应用，但由于成本和运行要求较高，在蒸发量小于 20 t/h 的项目中竞争力较弱。

在我国，典型的生物质发电规模为 30 MW，这种规模的项目每年消耗的生物质原料量约为 20 万 t，一般配备一台蒸发量为 130 t/h 的生物质锅炉或者两台 75 t/h 的生物质锅炉。2021 年，国内单台最大容量的超高压再热循环流化床生物质锅炉成功投运，其蒸发量达 260 t/h，发电规模达 80 MW，标志着我国生物质循环流化床锅炉进入世界先进行列。

总的来说，生物质直接燃烧技术是一种有效的生物质能利用方式，具有环保和可持续的

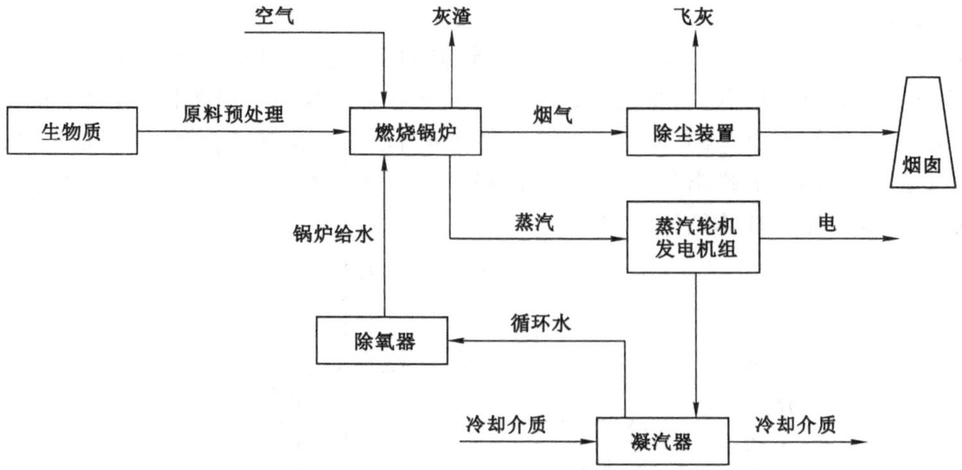

图 9-8 生物质燃烧发电系统

优点。然而，这项技术还存在一些挑战，如需提高转化效率、降低成本、解决碱金属结渣问题等。

9.3.2 生物质气化

生物质气化技术是一种热化学转化技术，是在高温条件下，以空气（或氧气）、水蒸气作为气化剂，使固态生物质发生热解、氧化、还原、重整等一系列热化学反应，获得含 CO、H_2 和 CH_4 等可燃气体的过程。该技术将固态生物质转换为气体燃料，提高了能源品位和能量转换效率，且气体燃料使用更方便。

9.3.2.1 生物质气化原理

生物质气化和燃烧都是有机物与氧气的反应，但燃烧时氧气供应充足，生成 CO_2 和 H_2O 等不可再燃的烟气，释放大量热能；而气化时氧气供应有限，生物质不完全燃烧，生成 CO、H_2 和 CH_4 等可燃气体，产物可通过燃烧进一步释放化学能。

生物质气化过程主要包括四个阶段：干燥、热解、氧化和还原。

(1) 干燥阶段

生物质在气化器中被加热到 200～300 ℃，原料中的水分蒸发，产物为干原料和水蒸气。

(2) 热解阶段

温度达到 300 ℃以上时，生物质开始发生热解反应，在 500～600 ℃时基本完成。热解是高分子有机物在高温下吸热所发生的不可逆裂解反应。热解时生物质中的挥发分大量析出，只剩下残余的木炭，析出的挥发分主要包括水蒸气、H_2、CO、CH_4、焦油及其他碳氢化合物。

(3) 氧化阶段

热解剩余的木炭与被引入的空气发生反应，同时释放大量的热量为干燥、热解及还原阶段提供能量。氧化反应速率较快，温度达 1 000～1 200 ℃，热解析出的挥发分参与氧化反应后进一步降解。主要反应如下：

$$C + O_2 \longrightarrow CO_2 \quad (9\text{-}1)$$

$$2C + O_2 \longrightarrow 2CO \quad (9\text{-}2)$$

$$2CO + O_2 \longrightarrow 2CO_2 \tag{9-3}$$

$$2H_2 + O_2 \longrightarrow 2H_2O \tag{9-4}$$

(4) 还原阶段

还原时没有氧气存在，氧化产生的燃烧产物及水蒸气与木炭发生还原反应，生成 H_2 和 CO 等。这些气体和挥发分组成了可燃气体，完成了固态生物质向气体燃料的转化过程。还原反应是吸热反应，温度会降低到 700～900 ℃。主要反应为：

$$C + CO_2 \longrightarrow 2CO \tag{9-5}$$

$$C + H_2O \longrightarrow CO + H_2 \tag{9-6}$$

$$C + 2H_2 \longrightarrow CH_4 \tag{9-7}$$

通常，把氧化和还原反应统称为气化反应，而把干燥和热解过程统称为燃料预处理过程。这四个阶段的分布区域在固定床气化炉中较容易区分，而在流化床气化炉中则难以区分。实际上，即使在固定床气化炉中，各阶段的分界面也是模糊的，四个阶段有部分是交错的，并无明确界限。

9.3.2.2　生物质气化炉

生物质气化炉是生物质气化反应的核心设备。生物质在气化炉内进行气化反应生成可燃气体。按照气化炉结构，生物质气化炉可分为固定床气化炉、流化床气化炉和携带床气化炉。

(1) 固定床气化炉

固定床气化炉是指气流在通过物料层时，物料相对于气流处于静止状态。固定床气化炉适用于块状及大颗粒生物质原料的气化。其优点为：① 制造简便，成本低，运动部件少；② 热效率高。其主要缺点为：① 气化过程难以控制；② 物料在气化炉内易“搭桥”形成空腔；③ 原料处理量小，其气化强度和单机最大气化能力相对较低。

固定床生物质气化炉按照反应器内气流的流动方式可分为上吸式、下吸式和横吸式，其中上吸式和下吸式应用较多，又因上吸式气化炉燃气中焦油含量高而以下吸式气化炉为主。

(2) 流化床气化炉

流化床气化炉中，生物质原料的气化反应是在以砂子为流化介质形成的一个热砂床上进行的。流化床气化炉具有较高的气-固传热、传质速率，原料颗粒、流化介质(砂)和气化剂充分接触，温度均匀，气化反应速度快，产气率高。

与固定床气化相比，流化床气化的主要优点为：① 传热、传质效果较好，气化效率和气化强度较高；② 气化能力可在较大范围内进行调节，而气化效率不会明显降低；③ 灰分熔融结渣的可能性小。其主要缺点为：① 产出气体的显热损失较大；② 产出气体中的固体带出物较多；③ 流化床运行控制手段较复杂。

流化床气化炉可以分为鼓泡流化床、循环流化床和双流化床。其中，循环流化床可以减少焦油的产生，且对原料颗粒大小和形状无特殊要求。

(3) 携带床气化炉

携带床又称气流床。气化时，先将生物质原料破碎成粉状颗粒，再与气化剂通过喷嘴高速喷入气化炉，从而强化了气化炉内的混合情况，有利于气化反应的充分进行。运行温度高达 1 100～1 300 ℃，气化速度非常快，产出气体中的焦油及可凝物含量很低，碳转化率接近 100％。但由于运行温度高易烧结，故选材存在难度。

生物质气化技术也面临一些挑战，如生物质原料的收集、预处理和运输，气化炉的设计和运行，以及气化产物的净化和处理等。因此，需要进一步完善生物质气化技术，提高其效率和稳定性，推动生物质能源的可持续发展。

9.3.2.3　生物质气化应用

生物质气化技术可以应用于生物质能源的开发和利用，将生物质转化为清洁、高效的气体燃料，具有广阔的应用前景。例如，生物质气化可以用于发电、集中供气和供热等领域，具有环保、节能、可再生等优点。

(1) 生物质气化发电

生物质气化发电过程分为三步。① 生物质气化：把固态生物质转化为气体燃料；② 燃气净化：气化得到的燃气经过净化系统把杂质除去，以保证燃气发电设备的正常运行；③ 燃气发电，利用燃气轮机或燃气内燃机进行发电，有的工艺为了提高发电效率，发电过程可以增加余热锅炉和蒸汽轮机，如图 9-9 所示。

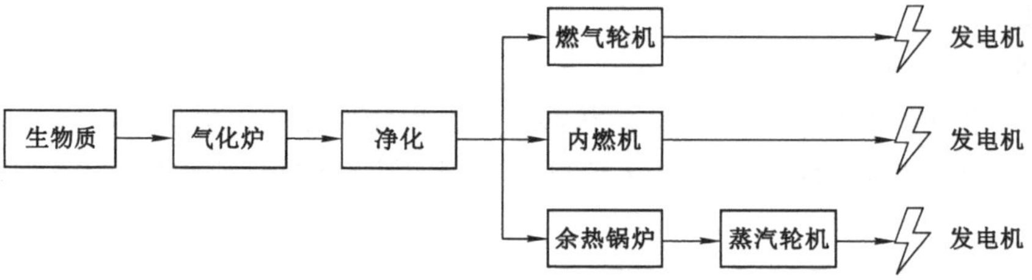

图 9-9　生物质气化发电

生物质气化发电可以分为固定床气化发电和流化床气化发电，其中，应用最多的是循环流化床气化发电。国内目前还有少量固定床气化炉燃气发电机组在运行，其存在以下几个问题：① 发电效率低，只有 15%左右；② 燃气中焦油含量高，经常需要停机清理；③ 单机容量小，产气量低，一般每小时处理生物质 2.5 t 以内，产气量 5 000 m^3/h 以下，燃气热值 4 000～5 000 kJ/m^3。而流化床生物质气化炉可以弥补固定床生物质气化炉容量小的不足。

(2) 生物质气化集中供气

生物质气化集中供气利用小型燃气发生和供应系统，通常以村为单位。该系统将各种以秸秆为主的生物质原料气化转换成生物质燃气，然后通过管网送入村民家中用于炊事，使农村居民使用上便宜的管道气。生物质气化集中供气系统具有能源转换效率高、原料适应性强和燃气用途广泛的优点。但是该系统也存在着一些问题：① 燃气焦油含量高，净化困难；② 单一炊事用气，气化系统设备运行效率低，经济效益较差；③ 设备频繁启停导致焦油和粉尘易黏附在设备和管道上，造成系统故障率高、维护管理困难。

近年来，农村的生物质集中供气正朝着气热电联产联供方向发展。在满足居民的炊事需求的同时，多余的燃气可用于发电，同时副产热水为附近居民提供生活热水和采暖，构成了典型的小型分布式能源供应系统，在保证系统连续运行的情况下提高了经济性。

(3) 生物质气化供热

生物质气化供热是指生物质气化后，生成的燃气送入下一级燃烧器中燃烧，产生的高温烟气在燃气炉内与被加热介质(水或空气等)进行间接热交换，烟气通过引风机由烟囱排至室外，而被加热介质则通过循环装置送往用热系统，释放热量后回到燃气炉内再次加热，从而可连续为用户提供取暖或烘干用的热能。生物质气化供热技术广泛应用于农村、小城镇集中供热和木材、谷物等农副产品的烘干等。

图 9-10 所示是生物质气化供热原理图。该系统的特点是气化炉产生的可燃气可在下一级燃气锅炉等热力设备中直接燃烧，通常不需要高质量的气体净化和冷却系统，系统相对简单，热利用率较高。气化炉以上吸式固定床为主，燃料适应性较强。

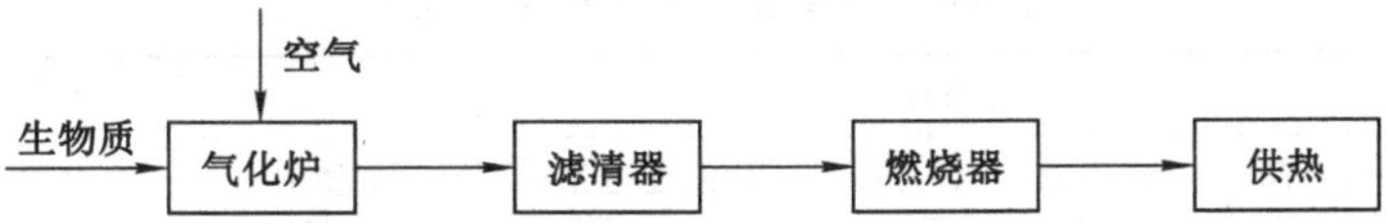

图 9-10　生物质气化供热原理图

(4) 生物质气化制氢

通过双流床气化技术可将生物质转化为富含氢气和一氧化碳的合成气体，合成气体是转化一系列下游产品（例如氢气、NH_3 和甲醇）的基础。

图 9-11 所示是采用循环流化床与鼓泡床组合技术实现生物质气化制取富氢合成气的工作示意图。气化室是鼓泡床，采用循环流化床旋风分离器分离的高温灰作为热源，水蒸气作为流化介质，生物质送入鼓泡床与水蒸气反应生成合成气，合成气典型的浓度范围为：H_2——40%～45%；CO——20%～25%；CO_2——20%～25%；CH_4——10%～12%。生物质在气化室内未反应完的生物炭通过回料阀进入循环流化床内燃烧放热。气化室温度为 780～850 ℃，循环床温度为 900～950 ℃。合成气经过下游水气变换、焦油脱除、有机胺吸收 CO_2 及变压吸附（PSA）获得纯度 99.9%的氢气。

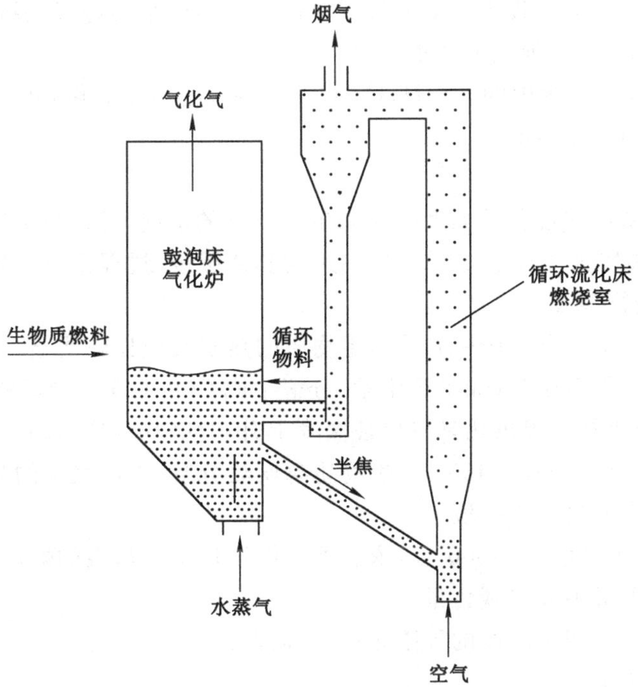

图 9-11　循环床与鼓泡床组合制富氢合成气

9.3.3 生物质热解

生物质热解是指在无氧或缺氧条件下，用高温热能切断生物质大分子的化学键，使之分解成小分子的过程。热解产物有固、液、气三种相态的燃料，如固体燃料木炭，液体燃料甲醇、木馏油等，以及气体燃料 CO、H_2、CH_4 等混合气体。产物的分布可通过控制工艺条件，如温度、反应时间、加热速率等来实现，详见表 9-1。

表 9-1 热解工艺与产物分布关系

工艺类型	工艺条件			产物		
	停留时间	升温速率/(℃/s)	一般温度范围/℃	生物油	生物炭	生物质燃气
慢速热解	数小时至数天	<0.5	<400	30%	35%	35%
常规热解	5～30 min	0.1～1	500～800	50%	25%	25%
快速热解	0.5～5 s	>100	500～600	75%	12%	13%

9.3.3.1 生物质热解原理

生物质中主要组分是纤维素、半纤维素和木质素，故生物质热解本质上是这三种主要组分的热解。其中，木质素热解温度范围较宽，而纤维素和半纤维素的热解温度范围较窄。生物质的热解可分为三个阶段。

(1) 预热解阶段：温度上升至 120～200 ℃时，即使加热很长时间，原料重量损失也很少，外观无明显变化，但物质内部结构发生重排反应，如脱水，断键，自由基出现以及羰基、羧基和过氧羟基的形成等。

(2) 热解阶段：温度为 300～600 ℃，各种复杂的物理、化学反应在此阶段发生。纤维素、半纤维素和木质素在该过程先解聚分解成单体或单体衍生物，然后通过各种自由基反应和重排反应进一步降解成各种热解产物。

(3) 焦炭分解阶段：焦炭中的 C—H、C—O 键断裂，进一步分解，焦炭重量缓慢下降并趋于稳定，形成富碳的固体残渣。

9.3.3.2 热解过程

以木材为例，根据热解过程的温度变化和生成产物的情况，可以分为以下四个阶段。

(1) 干燥阶段：温度为 120～150 ℃，热解速度非常缓慢，过程主要是生物质所含水分依靠外部供给的热量进行蒸发。

(2) 预炭化阶段：温度为 150～275 ℃，生物质的热解反应比较明显，生物质的化学组分开始发生变化，其中不稳定组分(如半纤维素)分解生成 CO_2、CO 和少量醋酸等。

上述两个阶段需要外界提供热量以保证温度上升，为吸热反应阶段。

(3) 炭化阶段：温度为 275～450 ℃，生物质急剧热分解，生产大量的分解产物。这一阶段放出大量反应热，为放热反应阶段。

(4) 煅烧阶段：温度为 450～500 ℃，依靠外部供给热量进行炭的煅烧，排除残留在木炭中的挥发物质，提高木炭中固定碳含量。

需要指出的是，以上四个阶段的界限难以明确划分。

9.3.3.3 热解工艺分类

根据热解条件和产物的不同，生物质热解工艺可分为以下几种类型。

（1）炭化：将薪炭材放置在炭窑或炭炉中，通入少量空气进行热解制取木炭的方法。一个操作期一般为几天。

（2）干馏：将木材原料在干馏釜中隔绝空气加热，制取醋酸、甲醇、木焦油抗聚剂、木馏油和木炭等产品的方法。古埃及人使用木材干馏技术生产焦油和焦木酸（木醋液）用于防腐。直到 20 世纪初，木材干馏技术还大量用于生产可溶性焦油、沥青和杂酚油等化工原料。这种技术直到石油化工的兴起才没落。根据温度的不同，干馏可分为低温干馏（温度为 500～580 ℃）、中温干馏（温度为 660～750 ℃）和高温干馏（温度为 900～1 100 ℃）。

（3）快速热解：把林业肥料（木屑、树皮）以及农业副产品（甘蔗渣、秸秆等）在缺氧的情况下快速加热，然后迅速将其冷却为液态生物油的热解方法。

9.3.3.4　快速热解

通常，快速热解时，生物质在缺氧条件下被快速（0.5～5 s 内）加热到 500～540 ℃，然后其产物迅速冷凝，形成最终产物液体燃料（生物油）。生物油发热量一般为 16～18 MJ/kg，相当于燃油的一半，可替代化石燃料直接作为燃料使用。用于快速热解的反应器有鼓泡流化床、循环流化床、烧蚀反应器、携带床反应器、旋转锥反应器和真空移动床反应器等。

9.3.3.5　生物质炭化

生物质炭化又称慢速热解，是在无氧或缺氧条件下，将生物质原料在 300～600 ℃条件下进行热分解，目标产物是炭，同时得到可以利用的木醋液和木煤气等副产物。生物质干馏也属于一种生物质炭化方法。炭化后的炭可分为白炭和黑炭，白炭表面呈灰白色，又硬又重，非常耐烧；黑炭又软又轻，容易点燃，易燃烧。炭具有发热量较高、燃烧无烟、反应活性好等特点，可用于以下几方面：

（1）直接用作民用燃料；

（2）金属冶炼；

（3）晶体硅的生产；

（4）钢铁零件热处理——渗碳处理；

（5）二硫化碳制造；

（6）石墨制造；

（7）农林业中改良土壤透气性以及吸附化肥农药来延长作用时间；

（8）活性炭制造。

9.3.4　生物质液化

利用生物质液化技术可以将固体生物质转化为液体产品，分为直接液化和间接液化。生物质液化后不仅可以制取甲醇、乙醇、液化油等化工产品，还可以减少化石能源的消耗，缓解能源危机。

9.3.4.1　直接液化

生物质直接液化又称高压液化，是将生物质原料放入高压设备，添加适宜的添加剂，在高压和一定温度条件下与氢气反应（加氢）制成液体燃料。直接液化与快速热解都可把生物质转化为液体燃料，但相较热解，直接液化的反应压力更高，产品具有更好的物理和化学稳定性。

将生物质直接转化为液体燃料，需要经过加氢、裂解和脱灰过程，生物质直接液化工艺流程如图 9-12 所示。生物质原料中的含水率约为 50%，液化前需将含水率降低到 4%，这样也便于粉碎处理。木屑干燥和粉碎后，初次启动时与溶剂蒽油混合，正常运行后与循环油混合。混合而成的浆液非常浓稠，且压力较高，故采用高压送料器输送至反应器。在反应器中用 CO 加压至 28 MPa，温度为 371 ℃，催化剂选择浓度为 20%的 Na_2CO_3溶液，反应产物是气体和液体。离开反应器的气体被迅速冷却为轻油、水及不能冷凝的气体。液体产物包括油、水、未反应的木屑及其他杂质，可通过离心分离机将固体杂质分离，得到的液体产物一部分用作循环油使用，其余液化油作为产品。

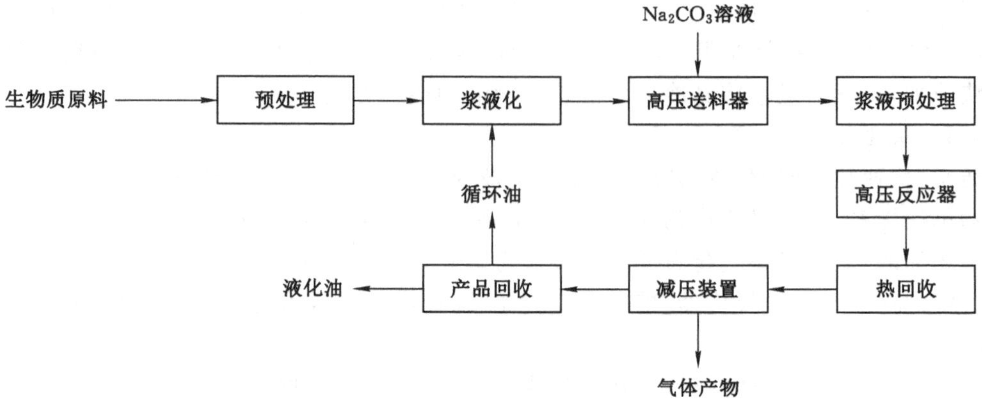

图 9-12　生物质直接液化工艺流程

目前国内外对直接液化的研究主要集中在实验室层面，包括对液化机理、液化溶剂、液化工艺、液化产物利用等方面。直接液化技术还不成熟，商业化应用还不现实，但随着技术的不断进步和政策的支持，相信它将在未来得到广泛的应用。

9.3.4.2　间接液化

生物质间接液化以生物质气化为基础，又叫生物质气化合成。间接液化是把生物质气化为含 CO 和 H_2的合成气体后，经催化反应合成得到液体燃料。目前间接液化技术领域关注度较高的是费-托合成反应，该反应是有机化工中常用的一碳化学反应，是生物质合成液体燃料的原理基础。间接液化合成的燃料产品纯度高，几乎不含 S、N 等杂质，系统能源转换效率高，原料丰富，各种生物质均可以被利用。

生物质间接液化的生产过程是通过热化学转化和化学有机合成相结合的方式完成的，常规工艺流程见图 9-13。首先，通过生物质气化工艺制取高质量的生物质合成气（主要为 CO 和 H_2）；然后，合成气在调整 H_2/CO 比后经费-托合成过程将 CO 和 H_2合成、精制为液体燃料。通过控制反应条件，如温度、压力、H_2/CO 比等，在选择性催化剂的作用下，可以生产出不同的液体产物作为燃料，主要包括甲醇、二甲醚和烷烃（柴油）。

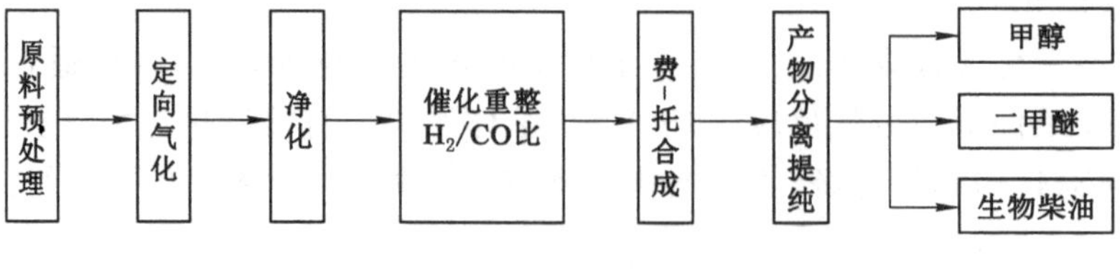

图 9-13　生物质间接液化工艺流程图

生物质间接液化的第一步是以生产合成气为目的的生物质定向气化，它和以生产燃气为目的的常规气化不同，不以发热量为追求目标，而是要尽可能多地产出富含 H_2、CO 和 CO_2 的混合气体，其中的无用气体和碳氢化合物要尽可能少，以降低后续气体重整变换的难度。

气体重整变换工艺主要由净化、重整和变换三部分组成。气体净化是为了防止合成气中的粉尘颗粒和焦油液滴进入后续流程，可采用陶瓷过滤器进行气体净化。气体重整是通过水蒸气和气体中的烃类成分反应（水蒸气重整反应），生成 H_2、CO。气体变换是通过水煤气变换反应（即水蒸气与 CO 反应生成 CO_2 和 H_2）增加气体中 H_2 含量，调节气体中的氢碳比，使之达到合成工艺的最终要求，例如甲醇合成要求 $H_2/(2CO+3CO_2)$ 约为 1.05。

生物质间接液化相对于其他液化技术有自己的优势：从气化角度来说，生物质气化技术已经相当成熟，原料适应性广，生产成本低，气化效率高；从合成角度来说，费-托合成的技术也已经分成熟，选择不同的 H_2/CO 比可以定向生成所需燃料，生成物燃料组分单一，纯度高，通过简单的分离就可以实现提纯燃料，并可以进一步进行化工生产。

9.4　生物质能生物化学转化技术

生物化学转化指的是在微生物的新陈代谢作用影响下，将生物质原料加工转化成气体燃料和液体燃料，主要是指生物质厌氧消化生成沼气和水解发酵生成乙醇，相比于其他生物质能利用技术，其对环境的破坏程度最低。

9.4.1　生物质厌氧消化

生物质厌氧消化技术即沼气技术。沼气又称生物天然气，是有机物在隔绝空气和一定的温度、湿度、酸碱度等条件下，经厌氧微生物分解代谢生成的一种可燃性混合气体。这一过程广泛存在于自然界，如沼泽、湖底、泥潭或反刍动物的瘤胃中。生物质原料既是生产沼气的底物，又是厌氧微生物生存的养料来源。

沼气的主要成分为甲烷和二氧化碳，通常含甲烷 55%～70%、二氧化碳 25%～40%（体积含量），此外，沼气中还含有少量的氮气、氢气、硫化氢、一氧化碳、氨气等。其构成主要取决于发酵底物、发酵过程以及沼气工程的技术设计。沼气的低位发热量为 20～28 MJ/m^3，1 m^3 沼气完全燃烧释放的热量相当于 0.7 kg 标煤提供的热量。沼气的火焰温度为 900～1 100 ℃，略低于甲烷，可广泛用于民用炊事、工业锅炉助燃以及小型发电设备等。

9.4.1.1　*沼气发酵原理*

沼气发酵过程主要包括水解、酸化、乙酸化和产甲烷四个阶段。

（1）水解阶段：也称液化阶段。原料中的碳水化合物、蛋白质和脂肪等生物大分子，在微生物细胞外被水解菌产生的胞外酶水解成可溶性聚合物或者单体化合物，如氨基酸、糖类、脂肪酸等。

（2）酸化阶段：水解产生的有机化合物被产酸菌进一步降解成如乙酸、丙酸、丁酸等挥发性有机酸，并产生乳酸、醇类、二氧化碳、氢气、氨和硫化氢等。

（3）乙酸化阶段：挥发性有机酸、乳酸和醇类被产乙酸菌利用生成乙酸、氢气和二氧化碳。

（4）产甲烷阶段：厌氧的产甲烷菌将乙酸、氢气和二氧化碳转化成甲烷。

9.4.1.2 沼气发酵工艺分类

沼气发酵工艺包括原料的收集和预处理、接种物（向沼气池中加入的富含沼气微生物的物质）的选择和富集、沼气发酵装置的发酵启动和日常操作管理等。沼气发酵过程的生物化学反应极为复杂，故沼气发酵工艺类型较多，从不同的角度有不同的分类方法。

(1) 按发酵温度分类

① 常温发酵：又称自然温度发酵，发酵温度随气温变化，产气率随四季温度升降而升降，夏季产气率高，冬季产气率低。沼气池结构简单、成本低、施工容易，我国农村沼气池大多属于该类型。

② 中温发酵：发酵温度维持在 30～40 ℃。中温发酵能耗较少，有机物降解较快，产气率较高，可保证常年稳定运行。

③ 高温发酵：发酵温度维持在 50～60 ℃，常用锅炉加温维持发酵温度。该工艺中微生物特别活跃，有机物分解速度快，产气率高，滞留时间短。由于原料消耗速度快，一般采用连续进料和连续出料。沼气池必须进行搅拌。

(2) 按进料方式分类

① 连续发酵工艺：沼气池加满料正常产气后，连续定量地添加新料液、排出旧料液，以维持稳定的发酵条件及产气率。这种工艺技术先进，但发酵装置结构和发酵系统比较复杂，造价昂贵，适用于大型畜牧场粪污、城市污水和工业废水净化处理等大中型沼气工程。

② 半连续发酵工艺：沼气发酵装置初次启动一次性投入较多原料（一般占整个发酵周期进料总量的 1/4～1/2），正常产气后，定期、不定量地添加新料液，不定期排出旧料液另作他用（如用于农田施肥）。这种工艺产气率比较稳定，能与农业用肥结合，适于处理粪便和秸秆等混合原料。我国农村的沼气池大多属于此类。

③ 批量发酵工艺：将发酵原料和接种物一次性装满沼气池，运转期间不添加新料，待一个发酵周期结束后一次性出料，再投入新料发酵。该工艺产气率不稳定，适用于城市垃圾坑填式沼气发酵。

9.4.2 生物燃料乙醇

乙醇即酒精，是无色透明的液体，具有特殊的香味和刺激性，易挥发、易燃烧，可作为燃料使用。燃料乙醇通常是指在汽油或柴油中加入一定比例的无水乙醇作为混合液体燃料使用。生物燃料乙醇的制备就是将生物质原料中的糖经过发酵、蒸馏脱水等工艺制备成无水乙醇。

生物燃料乙醇具有清洁、环保、可再生、燃烧充分等优点。首先，乙醇的燃烧产物主要是二氧化碳和水，相比石油燃料，排放的有害物质少，对环境的影响小。其次，生物燃料乙醇的生产原料来源广泛，可以是农作物、林业废弃物等，具有可再生性，且燃烧产生的 CO_2 量和植物生长吸收的 CO_2 量持平，这对抑制温室效应意义重大。此外，乙醇的燃烧性能良好，辛烷值较高，可以起到汽油抗爆剂的作用，改善汽油的燃烧性能。

9.4.2.1 生物燃料乙醇制备工艺

生物燃料乙醇的生产原料主要有糖类原料（如甘蔗、甜高粱、甜菜等）、淀粉类原料（如玉米、小麦、高粱、大麦、甘薯、木薯等）以及纤维素类原料（如农作物秸秆、林业加工废弃物等）。根据原料的不同生物燃料乙醇制备工艺可以分为三类。

(1) 糖类生物质原料乙醇发酵工艺

相比淀粉类原料乙醇发酵，糖类生物质原料乙醇发酵工艺可以省去蒸煮、糖化等工序，工艺过程简单、周期较短。图 9-14 所示为糖类生物质原料乙醇发酵的工艺过程。糖类生物质原料发酵前要进行预处理，包括制取糖汁、稀释、澄清、添加营养盐（氮、钾、磷等）、调节 pH 值（酸化）等，调整发酵环境，去除原料中灰分和胶体物质等。糖类原料的乙醇发酵通常采用连续发酵方式，发酵成熟醪液可以直接进行蒸馏脱水得到无水乙醇。蒸馏后的废液应进行余热回收与无害化处理。

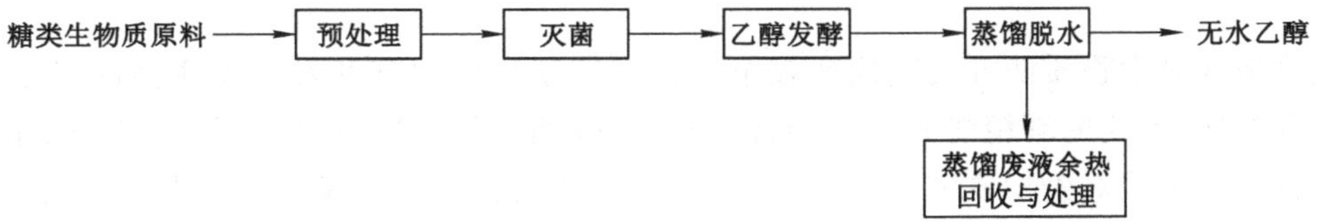

图 9-14　糖类生物质原料乙醇发酵工艺过程

（2）淀粉类原料乙醇发酵工艺

淀粉类生物质原料乙醇发酵工艺流程如图 9-15 所示，比糖类生物质原料乙醇发酵工艺增加了水热处理和淀粉糖化步骤。预处理是为了清除原料中的杂质，通过破碎将淀粉充分释放出来，增加淀粉糖化的效率。水热处理通常指蒸煮，分为高温高压处理、常压处理、低压蒸汽喷射液化和生料无蒸煮等 4 种工艺。高温高压处理工艺已被淘汰，常压处理工艺小厂使用较多，低压蒸汽喷射液化工艺适合大中型工厂使用，而生料无蒸煮工艺还不够完善，是今后的一个重点发展方向。糖化是在糖化酶的作用下，将水热处理后的糊化醪液中的淀粉和多糖链水解为单糖、双糖和多糖。

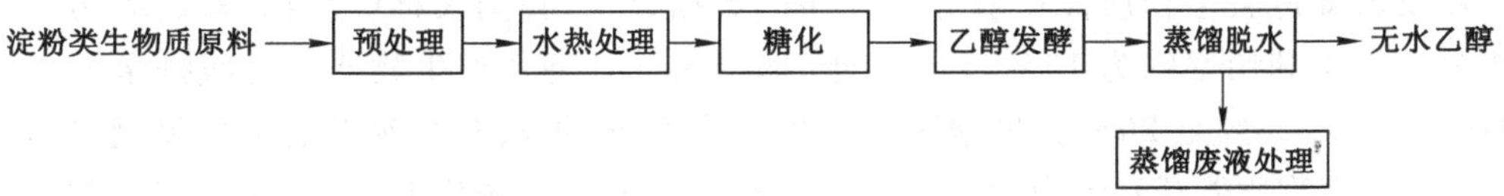

图 9-15　淀粉类生物质原料乙醇发酵工艺流程

（3）纤维素类原料乙醇发酵工艺

纤维素是由葡萄糖通过 β-1，4-糖苷键相连而成的高分子多聚糖，经水解可生成葡萄糖。纤维素的水解往往需要催化剂参与，常用的催化剂是无机酸和纤维素酶，由此形成了酸水解和酶水解工艺，其中酸水解又可分为浓酸水解和稀酸水解工艺。纤维素类生物质原料中还含有半纤维素、木质素，其中半纤维素也可在酸或酶的作用下发生水解，水解产物包括木糖、阿拉伯糖、葡萄糖、半乳糖和甘露糖，而木质素则不能被水解为单糖，甚至会影响纤维素的水解。纤维素类生物质原料经水解后才能继续进行发酵制备乙醇。图 9-16 所示是纤维素类生物质原料乙醇发酵的一般流程。预处理主要包括原料的清洗和机械粉碎。

9.5　生物质能发展现状和前景

作为重要的可再生能源，生物质能绿色、低碳、清洁。目前生物质能利用占到全世界总能耗的 15%，在发展中国家生物质能占总能耗的 35%，在推动实现“双碳”目标方面潜力巨

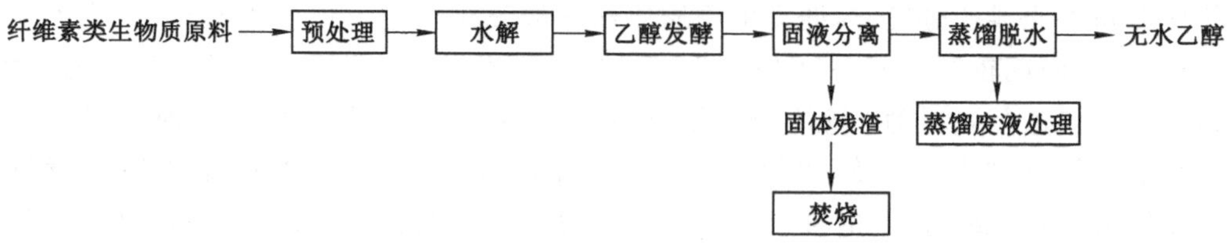

图 9-16 纤维素类生物质原料乙醇发酵的一般流程

大。欧美地区对生物质能开发利用比较早。许多国家早已制订开发生物质能的计划，如美国的能源农场、巴西的酒精能源计划、欧盟的生物柴油计划、日本的阳光计划和印度的绿色能源工程等。中国对生物质能源利用极为重视，已连续在四个国家五年计划中将生物质能利用技术的研究与应用列为重点科技攻关项目，开展了生物质能利用技术的研究与开发，如大中型沼气工程、气化与气化发电、生物质液体燃料等，取得了多项优秀成果。

政策方面，我国于 2006 年 1 月 1 日起正式实施了《可再生能源法》，这表明中国政府已在法律上明确了可再生能源（包括生物质能）在现代能源中的地位。2021 年，我国在《"十四五"生物经济发展规划》中提出，推动生物能源与生物环保产业发展。在《"十四五"可再生能源发展规划》中提出了稳步发展生物质发电、积极发展生物质能清洁供暖、加快发展生物天然气、大力发展非粮生物质液体燃料的新要求。为促进生物质能发展，四川、浙江、内蒙古等省区明确提出"十四五"时期生物质发电装机目标。因此，中国生物质能发展前景和投资前景极为广阔。

目前生物质能的开发规模还远低于其开发潜力，生物质能开发利用水平还有待提升。中国产业发展促进会生物质能产业分会发布的数据显示，我国农林废弃物、畜禽粪污等各种废弃物综合能源利用率约为 10%。2022 年，国内实际处理各种生物质折合减排量 1.9 亿 t，仅为减排潜力的 20%至 26%。另据该分会 2023 年发布的《3060 零碳生物质能发展潜力蓝皮书》估计，我国生物质能开发潜力约 4.6 亿 t 标准煤/a，而实际转化不足 0.6 亿 t 标准煤/a。根据国家能源局发布的数据，2023 年 1—6 月，生物质发电新增并网 176 万 kW，不足全国可再生能源新增装机的 2%；截至 2023 年上半年，生物质发电累计装机 0.43 亿 kW，仅占全国可再生能源累计装机规模的 3.25%。

据《中国生物质能产业发展年鉴 2023》预计，到 2030 年，生物质能行业处理有机废弃物规模将达 7.6 亿 t，替代标煤量超 1.3 亿 t，拉动产业上下游投资 6 000 多亿元，带动就业人数在 42 万左右。

总体而言，中国生物质能源技术的发展和市场发育还不够完善，生物质能利用的整体技术水平与发达国家还有差距。但随着环保立法的加强和技术的进步，生物质能源行业将会得到快速发展，生物质能的发展前景十分广阔。

思考题

1. 生物质和生物质能的定义是什么？
2. 生物质能的来源有哪些？
3. 生物质能有哪些主要优点？又有哪些主要缺点？

4. 生物质能的转化利用途径有哪些?
5. 生物质压缩成型工艺有哪几种?常见的成型设备有哪几种?
6. 简述生物质气化原理及工艺过程。
7. 生物质能在农村地区的应用有哪些?
8. 分析生物质能在全球能源结构中的地位和发展趋势。

第10章 地热能开发与利用

地热能是除水电、太阳能、风能、核能以外的第五大非碳基能源，它是一种储量丰富、价廉量足、清洁高效的可再生能源，对地热能的开发与利用将有力推动我国“双碳”目标实现。本章主要讲述地热能的概念、成因、特点、分类、分布以及地热能的钻探和开发等，并从地热发电和地热直接利用两个方面详细介绍了地热能的利用。最后，对地热能的主要技术和应用现状做简介，并对国内外地热能的开发利用前景进行展望。

10.1 地热能概述

地热能是在地球内部产生，赋存于地球内部岩土体、岩浆体等之中的热能。地核和地表之间的温差会产生地温梯度，这就使得热能可以不断地传导到地表。地热资源一般出现在地表热流较高的地方，可以利用一定的技术手段比较经济地提取能量用于发电，或直接用于区域供热等。

地热能的来源，一般认为是地球的熔融岩浆和放射性物质的衰变。地球内部物质中所含的放射性物质(如铀、钍等)自发进行热核反应产生高温，据估计，在地球历史中，地球内部放射性元素衰变产生的热量为平均每年5万亿亿卡。地球内部结构见图10-1。

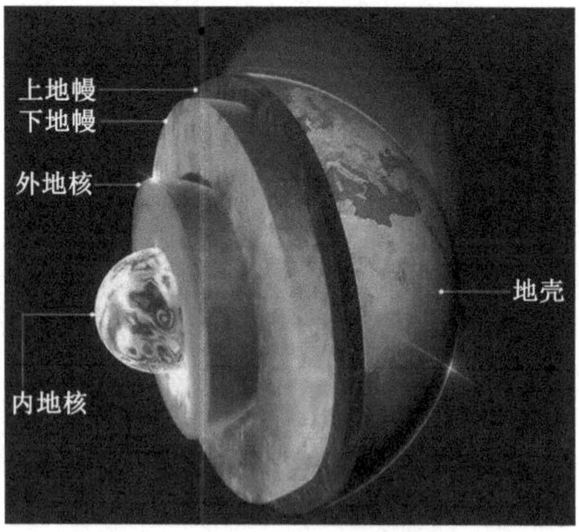

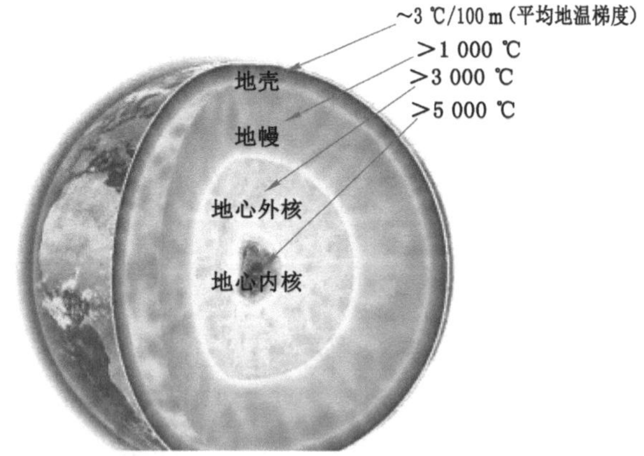

图10-1 地球内部结构

全球地热能蕴藏量巨大，约为全球煤储量热能的1.7亿倍。据简单估算，从地球内部传到地面的地热资源总量大约为14.5×10^{25} J，约相当于5 000万亿t标准煤燃烧释放的热量。

作为五大非碳基能源之一的地热能是一种清洁的新能源，具有储量丰富、分布较广、热流密度大、流量与温度参数稳定、不受天气状况影响、稳定可靠等优点。火山爆发、喷泉、温泉、地热蒸汽和地下热水等是地热能的主要表现形式。

10.1.1　地热能的种类

按照地热能的储存形式和埋藏深度，可将其划分为 5 种类型。

(1) 浅层地热：是指靠近地表的浅层地热能，它的热量来自地球表层、地球内部传导或对流以及太阳辐射的热量，储存在地下 200 m 深度范围内的水体、土体和岩石中，温度低于 25 ℃，采用热泵技术可以提取用于建筑物的供热或制冷等。

(2) 水热型地热：是指位于地下 400～4 500 m 深处的地热，包括热水和热蒸汽。它主要赋存在天然地下水及其蒸汽中，温度一般不低于 25 ℃。水热型地热能还可以细分为高温(150 ℃)、中温(90 ℃～150 ℃)和低温(90 ℃)三种水热资源。高温地热以蒸汽形式存在，中温地热以水和蒸汽的混合物形式存在，低温地热以水的形式存在。高温地热主要用于地热发电，中温和低温地热通常直接用于供暖、制冷、工农业加热、水产养殖、医疗洗浴等。目前水热型地热资源已实现商业开发利用，并在逐步扩大推广应用。水热型地热资源成因模式见图 10-2。

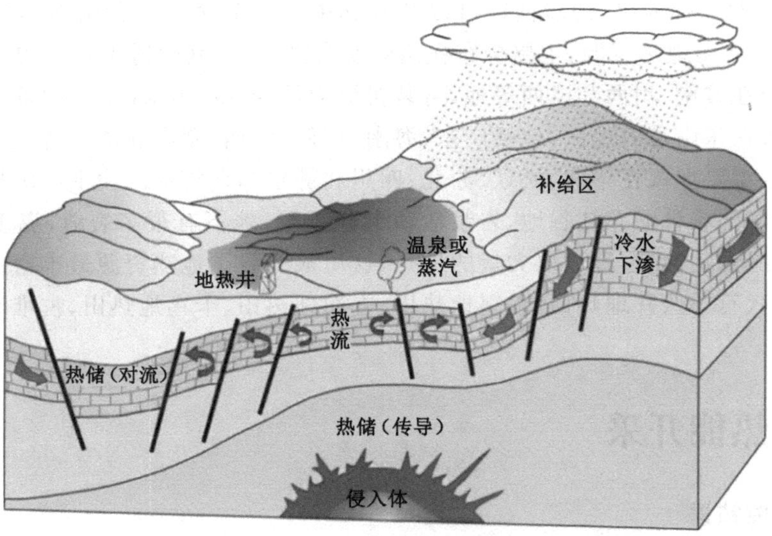

图 10-2　水热型地热资源成因模式

(3) 干热岩型地热：是指地下普遍存在的因特殊地质条件而造成高温但没有水或蒸汽的干热岩体地热能，需采用一定技术手段通过人工注水的方法将其热能取出加以利用。干热岩地热在地热能中潜力巨大，经济开发价值较高。干热岩是一种主要埋藏于距地面 3～10 km 的高温岩体，温度一般高于 180 ℃，具有资源储量大、地理分布广、零污染排放、安全性能好、热能持续性好、利用效率高等优点。目前，干热岩型地热的开发利用尚处于试验研发阶段。

(4) 地压型地热：是指存在于某些大型深部沉积盆地之中，且被不透水的盖层所封闭，形成的巨大的高温高压流体地热，流体有时还溶有大量的碳氢化合物(如甲烷等)。目前，地压型地热的开发利用处于试验阶段。

(5) 熔岩型地热：是指蕴藏在高温熔融状和半熔融状岩浆体中的巨大能量，其开发利用目前仍处于探索阶段。

10.1.2 地热能的分布

地热能的分布具有地区性。在一定地质条件下的地热系统和具有勘探开发价值的地热田都有它的发生、发展和衰亡过程，不是说只要往深处钻井就能发现地热。和其他矿产资源一样，地热资源也有数量和品位的问题。

全球地热资源的分布不均衡。地温梯度每百米深度大于 3 ℃的地热异常区，主要分布在板块生长、开裂带和大洋扩张脊，以及板块碰撞、衰亡、消减带部位。全球的地热能资源带主要有 5 个：① 环太平洋地热带；② 大西洋中脊地热带；③ 地中海-喜马拉雅地热带；④ 红海-亚丁湾-东非裂谷地热带；⑤ 中亚地热带。

除了在板块边界部位形成地壳高热流区而出现高温地热田外，在板块内部靠近板块边界部位，在一定的地质条件下也可形成相对的高热流区，如中国的胶东半岛、辽东半岛、华北平原及东南沿海等地。

全球地热资源储量约相当于 5 000 万亿 t 标煤，我国地热储量约占全球储量的六分之一。我国地热能主要是以中低温为主，据估算，中国深度 2 000 m 以内的地热资源所含的热能相当于 2 500 亿 t 标准煤，初步估计可以开发其中的五分之一。我国地热资源主要分为三类：① 高温对流型地热资源，主要分布在滇藏及台湾地区，其中适于发电的高温地热资源较少，主要分布在藏南、川西和滇西等地，可装机潜力约为 600 万 kW；② 中低温对流型地热资源，主要分布在东南沿海地区，包括广东、海南、广西、江西、湖南和浙江等地；③ 中低温传导型地热资源，主要埋藏在华北、松辽、苏北、四川和鄂尔多斯等地的大中型沉积盆地之中。

在我国西藏的雅鲁藏布江谷地，岩浆活动十分频繁，地下有很多裂缝，温度很高的水和水蒸气通过裂缝到达地表，释放出大量的地热，这里成为我国地热资源最丰富的地方。西藏主要地热显示区有羊八井地热田、谷露地热田、查布地热田、卡乌地热田、古堆地热田和朗久地热田等。

10.2 地热能开采

10.2.1 地热能钻探

对于地热储层的勘探，常用的手段主要包括地质、地球物理和地球化学等方面的技术。其中，比较常用的大地电磁测量(MT)技术，它通过检测磁场和电场的变化来推测地层的电导率，由于存在地层高温、流体的盐度和变化的岩石特性等的不同组合，地热储层通常具有较低的电阻率。澳大利亚用重力异常圈定南部地区隐伏花岗闪长岩的分布范围来确定干热岩规模；日本用反射地震法和可控源音频大地电磁法，勘查地下的干热岩，确定断裂位置。国内主要利用电法和电磁法进行地热勘探，如利用大地电磁测量技术进行深部构造解析和地热背景评价，采用直流电测深和激电测深法在地热异常区推断隐伏地层及断裂，利用重力、航磁、直流电测深方法推断隐伏断裂构造及估算盖层、储层厚度等。

对于地热储层的钻井、完井，其钻井过程和石油天然气钻井大致相似，主要使用旋转钻机进行钻探。地热钻井见图 10-3。地热钻井面临的是高温地层环境，所使用的工具、设备和材料必须耐高温。斜钻技术在地热行业很常见，可以根据岩石中存在的天然裂缝和断层不断优化井眼轨道。钻井费用是所有地热开发成本的主要构成要素，有研究指出，开发地热的成本是每兆瓦 450 万～550 万美元(即 4.5～5.5 美元/W)，钻井和完井(生产井和回注井)可能占总开发成本的 50%。

图 10-3 地热钻井

中深层地热能取热技术是开发中深层热储的关键。目前国内外持续进行技术攻关,形成了对井循环取热技术、单井闭式循环取热技术、重力热管循环取热技术、单井开式循环取热技术、U 型井闭式循环取热技术和多分支径向井循环取热技术等,为中深层地热能的开发提供了有效支撑。其中对井循环取热技术、单井开式循环取热技术和多分支径向井循环取热技术属于开式循环取热,应用中需注意"完全同层回灌"的原则。而单井闭式循环取热技术、重力热管循环取热技术和 U 型井闭式循环取热技术属于闭式循环"取热不取水"技术。中深层地热能取热技术适用条件见表 10-1。

表 10-1 中深层地热能取热技术适用条件

技术名称	技术优势	适用地层
对井循环取热技术	储层控制体积大,取热能力较高	碳酸盐岩等渗透性好,易回灌地层
单井闭式循环取热技术	取热不取水,安装简易,成本低,无污染	泥岩、砂岩等不易回灌或极难回灌地层
重力热管循环取热技术	取热不取水,成本低	泥岩、砂岩等不易回灌或极难回灌地层
单井开式循环取热技术	钻完井数量与成本低,尾水同层回灌	碳酸盐岩等渗透性好,易回灌地层
U 型井闭式循环取热技术	取热不取水,换热面积大,改善井筒换热	泥岩、砂岩等不易回灌或极难回灌地层
多分支径向井循环取热技术	改善井-储沟通,提高取热能力	碳酸盐岩等渗透性好,易回灌地层

10.2.2 地热能开发

地热资源的开发利用是一项系统工程,与油气产业具有共通性,涉及勘探选区、井位部署、钻完井、储层改造、开发模拟、尾水回灌与地面工程等多个环节,研究对象往往由大至小、由浅至深、由静至动。地热能资源开发利用系统工程主要研究对象,见图 10-4。

地热工业的发展始于四处全球性高温地热带上,目前形成了规范化的勘探开发流程。相较于常伴有显著地表热显示的高温热异常带型地热资源,沉积盆地隐伏型地热资源的勘探开发难度更大,这对致力于将油气产业技术向地热工业移植,并以沉积盆地为主要依托进行地热资源开发利用的石油天然气企业而言,意味着机遇和挑战。一方面,隐伏型地热资源的开发利用在资源品质、钻井成功率和项目经济性等方面存在更多不确定因素;另一方面,在沉积盆地,特别是含油气盆地的地热资源开发利用中,石油天然气企业在资料积累、技术

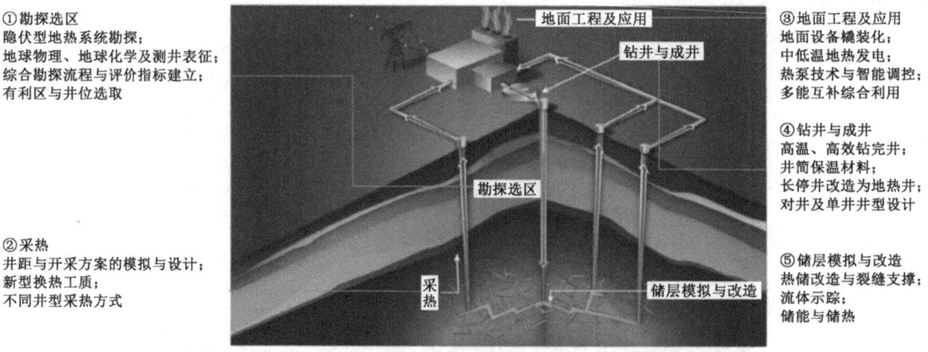

图 10-4 地热资源开发利用系统工程主要研究对象

装备和市场需求等方面具有得天独厚的优势。

近年来，国内外石油公司和油服公司纷纷涉足地热领域，一些具有石油背景的初创公司也致力于将储层改造、定向钻井等油气产业技术向地热产业移植。在我国，中石油和中石化制定了“十三五”“十四五”以至更长远的地热业务发展规划，并已在地热资源开发利用领域取得了卓越进展。

10.3 地热能利用

人类使用地热能已经有上万年的历史，北美的古印第安人使用温泉取暖、洗澡、疗伤和烹饪，被认为是最早开始使用地热能的。19 世纪末，美国建造了地热区域供暖系统，将热水从温泉输送到家庭。20 世纪初，意大利建造了地热发电厂。此后，地热技术的应用扩展到世界各地，技术创新不断推动着地热能资源产业的发展，使地热能成为石油、煤炭的可行替代品。

地热的用途有很多，从最简单的温泉洗浴，到复杂的地热发电。高于 150 ℃的高温地热资源可以用来发电；90～150 ℃的中温地热资源，可以用来供暖、制冷、工农业加热；低温地热资源中，40～90 ℃的热水可用于采暖、理疗洗浴，25～40 ℃的温水可用于洗浴、温室、水产养殖和农业灌溉。地热资源的开发利用方式见图 10-5。

目前对于地热能的利用主要是浅层地热能和水热型地热能，概括为两个主要方面：地热发电和地热直接利用。浅层地热能与干热岩资源的开发，都是通过形成换热工质循环回路而持续不断地提取热量。干热岩能量的提取采用增强型地热系统（enhanced geothermal system，EGS），将换热流体从注入井泵入含裂隙储层换热后，再从生产井提取高温流体进行发电。

10.3.1 地热发电

地热发电是地热能利用的最重要的方式，高温地热流体首先应用于发电，发电排出的热水可继续进行利用。地热发电与火力发电的基本原理相似，依据能量转换原理，通过蒸汽轮机将热水或蒸汽的热能转化为机械能，然后带动发电机发电。地热发电示意图见图 10-6。

地热发电不像火力发电那样需要庞大的锅炉等设备，而且也不消耗燃料，只是利用获取的地热能，通过利用换热工质循环流动，将地下的热能进行热交换带到地面上来发电。

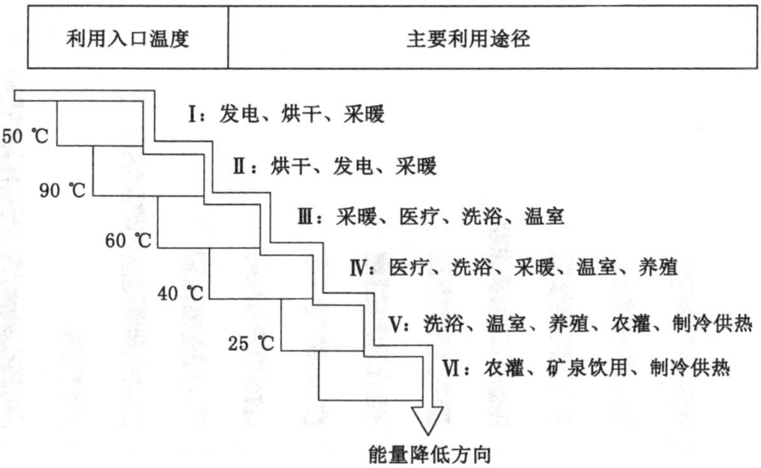

图 10-5　地热资源的开发利用方式

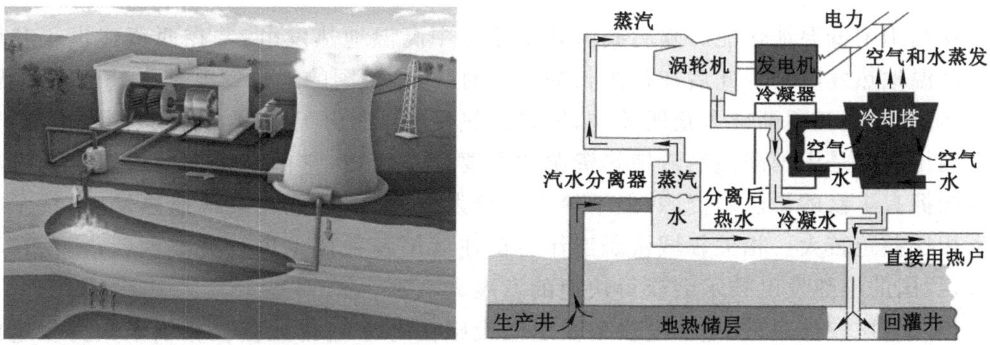

图 10-6　地热发电示意图

要利用地下热能，首先需要有载热体把地下的热能带到地面上。能够被地热电站利用的载热体，主要是地下的天然蒸汽和热水。按照载热体的类型、温度、压力和其他特性的不同，可以把地热发电的方式划分为三大类：蒸汽型地热发电、热水型地热发电和全流型地热发电。蒸汽型主要适合干饱和蒸汽田，热水型适合热水田，全流型适合汽水混合型热水田。除了这三类基本地热发电技术之外，也有一些国家对利用高温干热岩体和岩浆的热能发电进行了一些试验性的研究。

世界各国利用地热发电已有百年历史。根据国际可再生能源机构统计数据，截至 2021 年年底，全球地热能发电总装机容量 15 644 MW。据 2023 年世界地热大会公布的数据，全球共有 197 个地热田实现地热发电，总装机容量为 16 260 MW。

从 20 世纪 50 年代起，我国就开始规模化利用地热能。自 20 世纪 70 年代以来，我国先后在西藏羊八井、朗久、那曲建设商业性地热发电站。国家发展改革委等八部门发布的《关于促进地热能开发利用的若干意见》提出，到 2025 年，全国地热能供暖（制冷）面积比 2020 年增加 50%，在资源条件好的地区建设一批地热能发电示范项目，全国地热能发电装机容量比 2020 年翻一番。中国 2011—2022 年地热发电累计装机容量规模见图 10-7。

我国的地热发电始于 20 世纪 70 年代，江西、广东等地创建了诸多地热发电示范基地，

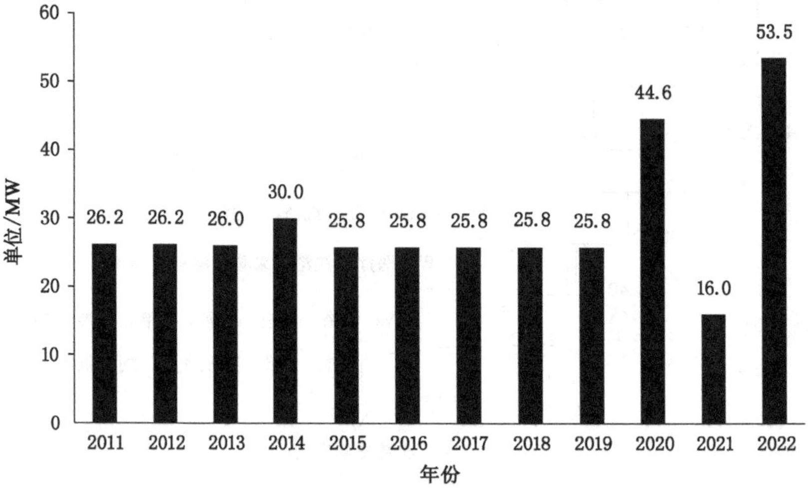

图 10-7　中国 2011—2022 年地热发电累计装机容量规模

主要开发利用中低温地热能。随后我国开始涉足中高温地热发电，并在西藏建设了我国第一座中高温地热发电站。此后在相当长的一段时间内，我国的地热发电基本处于停滞状态。近几年，地热发电又逐渐被大众所关注，很多地热发电项目开始建设。台湾、西藏南部、云南西部及四川西部是中国高温热液地热资源的主要分布区域，它们是未来地热发电的潜在地区。我国拥有丰富的干热岩资源，但干热岩地热发电（增强型地热系统地热发电）技术与发达国家相比差距较大。相关领域科研工作者正在运用各种技术进行突破创新，相信在不久的未来，我国的地热发电技术会获得快速的发展。

地热发电比较洁净，包括发电设备及送电设施在内，CO_2排放量仅相当于火力发电的几十分之一、原子能发电的一半，且地热发电不受风力等季节和气象条件的限制。但是，地热发电也会有一部分温室气体排放，排放物主要是 CO_2，也有少量的 CH_4，这主要取决于发电厂的类型和地热流体的类型。地热发电的全球平均 CO_2 排放因子为122 g/kW·h。CO_2排放量因地点而异，冰岛地热发电的排放量较低，平均为 34 g/kW·h，意大利地热发电的平均排放因子为 330 g/kW·h，而土耳其的地热流体中的 CO_2含量较高，CO_2排放因子甚至高于化石燃料发电的排放。

10.3.2　地热直接利用

根据相关文献，地热能在世界各地的直接利用主要包括以下几个方面：地源热泵占比 55.3%，温泉洗浴和游泳（包括浴学——沐浴治疗和药用温泉的研究）占比 20.3%，空间供暖占比 15.0%（其中 89%用于区域供暖），温室和露天地暖占比 4.5%，水产养殖池塘和管道的加热占比 2.0%，工业生产过程加热占比 1.8%，融雪降温占比 0.4%，农业干燥占比 0.4%，其他用途占比 0.3%。

与地热发电相比，地热能的直接利用有三大优点：一是热能利用效率高达 50%～70%，比传统地热发电 5%～20%的热能利用效率高很多；二是开发时间短得多，且投资也远比地热发电的少；三是地热直接利用，既可以利用高温地热资源，也可以利用中低温地热资源，应用范围远比地热发电广泛。当然，地热能直接利用也受到热水分布区域的限制，因为地热蒸汽与热水难以进行远距离输送。

地热能的直接利用通常采用级联模式，根据不同的温度层次，进行分层的梯级利用。即高温流体首先经过一个过程（例如发电），随后带有中温的余水再经过另一个相对较低温度的过程（例如温室加热或洗浴），最后的余水还可以经过处理后输入其他管道进行梯级利用。这样可以使每个阶段的热能都得到充分的利用，节约地热能资源，既能提高利用效率，又最大限度发挥经济价值，有利于多角度收益，是全面提升地热能竞争力的有效手段。

地热能的直接使用可以使全球每年节省 3.5 亿桶当量的石油能源，同时可以减排 1.48 亿 t CO_2。据报道，全球有 80 多个国家直接使用地热能，例如冰岛通过使用地热提供 90%的建筑空间供暖，日本有 5 000 个公共浴室和 1 500 家酒店使用地热供暖，美国有 140 万台地源热泵在使用。

（1）地热供热

地热能的直接应用，除了用于发电，另一个重要的用途便是供热（供暖及供热水），这种方式节能环保而且无污染，应用比较广泛。主要利用形式是采用地下热水取暖和洗浴。地热水本身含有多种矿物质，可用于人体的保健和某些疾病的治疗。温泉的洗浴和游泳是人类早期开发和应用的地热利用形式。地热采暖和供热见图 10-8。

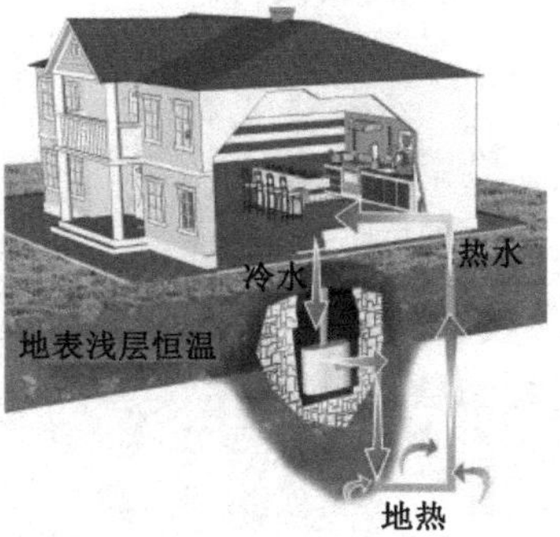

图 10-8　地热采暖和供热示意图

地热供热，可分为地热直接供热方式和间接供热方式。地热直接供热方式是指地热水直接通过热用户，然后排放掉或者回灌，这种供热方式设计结构简单。地热间接式供热系统的地热水不直接通过热用户的散热器，而是通过换热站，将热量传递给供热管网循环水，温度降低后的地热水回灌或排放掉。地热供热的两种方式见图 10-9。

（2）地热在各行业中的应用

地热能可用于工业，例如纺织、印染、制革、造纸等行业，使用地热能可节省转化水处理的费用；地热可用于食品加工业，例如酿酒、制糖；地热可用于工业干燥，例如木材干燥、苜蓿加工；地热可用于污水处理，在污水处理厂，地热用于生活和工业废水处理的潜在作用主要有：污泥消化加热、污泥消毒、污泥脱水和油脂溶化等。

地热能可用于农业，主要包括温室、育种、种植蔬菜和花卉、孵化等。利用温度适宜的地热水灌溉农田，可以使农作物早熟增产；利用地热水注入养殖池塘，可以解决鱼、虾类等名贵水产的亲本保种、种苗早繁以及越冬养殖等问题；利用地热建造温室，可以解决冬季或初春的温室育秧、种菜和养花的能源消耗等问题；利用地热孵化，比电孵化节省电力，减少采用电加热器在加热时对胚蛋热辐射的影响；利用地热给沼气池增温，可以提高沼气的产量；等等。

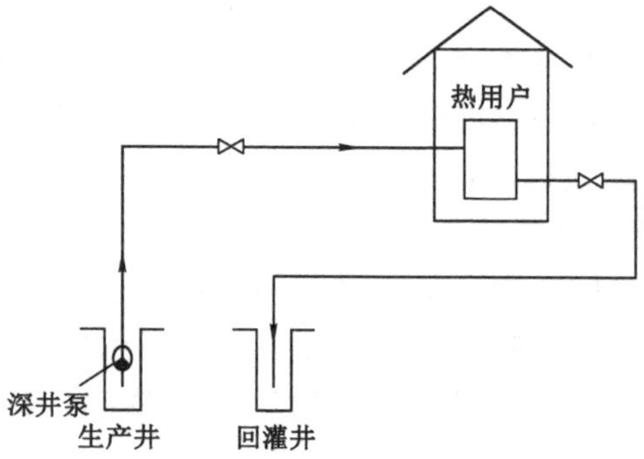

(a) 地热直接式供热系统

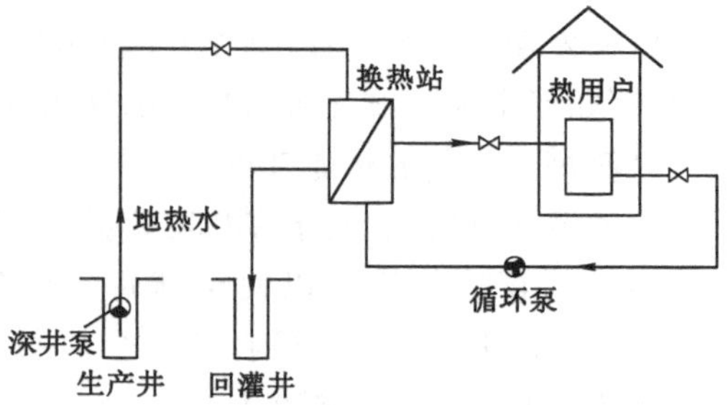

(b) 地热间接式供热系统

图 10-9　地热供热示意图

地热能还可用于温泉、洗浴及理疗研究，促进旅游业发展和生活质量的提高。羊八井地热温泉见图 10-10。有些水质较好的地热井，甚至可以通过必要的技术处理，开发生产达到国家标准的含有一定矿物质的矿泉直饮水、饮料。

图 10-10　羊八井地热温泉

10.4　地热能发展现状和前景

浅层地热能的开发利用，主要是使用地源热泵给建筑物供暖和制冷；水热型地热能的开发利用，主要是通过提取深层地下热水的方式开发地热，应用于供暖、温泉、种植、养殖等方面；干热岩型地热能的开发利用，主要集中于干热岩发电。

10.4.1　地热能发展现状

(1) 地源热泵的发展现状

地源热泵，也可称作地热热泵，它是以土壤、地下水、地表水、低温地热水和尾水等的地源热能作为夏季制冷的冷却源、冬季供暖供热的低温热源，可实现供暖、制冷和提供生活用水功能的一种系统。工作原理类似于电冰箱，但它可实现采暖与制冷的双向输出。它可以替代传统的用制冷机和锅炉进行制冷、供暖和供热的模式，既能节约能源，又能改善城市大气环境，同时也是国内地热能利用的一个新的研究及发展方向。地源热泵系统见图 10-11。

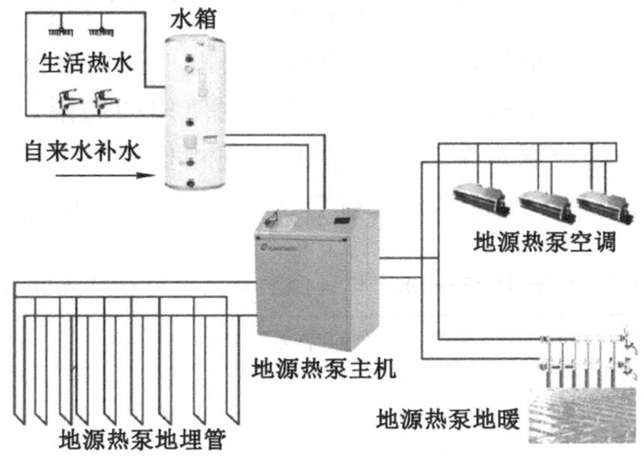

图 10-11　地源热泵系统示意图

在浅层地下的土壤(砂石)和地下水中富集了约 47%的太阳辐射热能,是人类每年消耗的能源的 500 多倍。使用地源热泵技术,可以将浅层地热能进行开发加以利用。按照浅层地热能的来源,可将地源热泵系统分为三种:地表水地源热泵系统、地下水地源热泵系统和地埋管(土壤耦合)热泵系统。近些年来,复合式地源热泵系统也成为地源热泵技术研究的重点之一。

地源热泵的能源(地下水)温度比较稳定,供热和制冷系数较高;制冷的运行费用比较低,仅为普通中央空调的 50%～60%;供热用可以节省能源,比电锅炉节省 2/3 以上的电能,比燃煤锅炉节省 1/2 的能量。国际地源热泵协会相关报告指出,地源热泵的加热效率比其他加热系统高 50%～70%,冷却效率比现有的空调高 20% ～ 40%。地源热泵工作示意图见图 10-12。

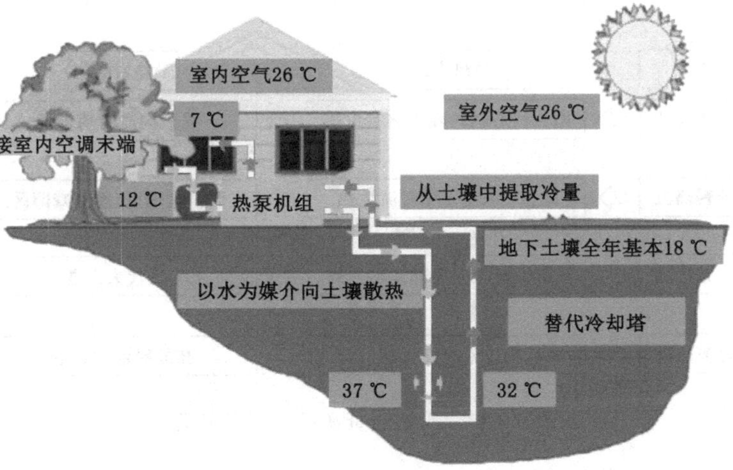

图 10-12　地源热泵工作示意图

地源热泵技术于 20 世纪初开始使用,随着 20 世纪 70 年代欧美等国出现能源危机,地源热泵进入一段发展时期,欧美国家在政府的支持与倡导下,对地源热泵展开了大规模的研究及应用推广。

我国的地源热泵技术应用于20世纪50年代开始，最初主要在北京、陕西、河北、上海、天津、黑龙江、福建和辽宁等地推广使用。地源热泵突破了传统的空气源热泵因大气温度偏低导致制热效率太低从而在我国东北等寒冷地带无法使用的局限，在我国北方地区应用前景广阔；而南方制冷需求大，地源热泵与传统中央空调相比效率更高，同样具有节能环保的显著优势。我国1995—2025年地源热泵装机容量及全球占比，见表10-2。

表10-2　我国1995—2025年地源热泵装机容量及全球占比

年份	地源热泵装机容量/MW	全球占比/%
1995	0.8	0.04
2000	9.7	0.2
2005	631	4.1
2010	4 000	12.1
2015	11 866	23.6
2020	26 450	34.1
2025	40 697(预测)	50.1(预测)

(2) 干热岩的发展现状

在国家能源局发布实施的我国地热能行业标准之一《地热能术语》(NB/T 10097—2018)中，对干热岩(hot dry rock)定义为：不含或仅含少量流体，温度高于180 ℃，其热能在当前技术条件下可以利用的岩体。干热岩资源的埋深一般超过2 000 m，通常是变质岩或结晶类岩石，比较常见的岩石类型包括花岗岩、花岗闪长岩、黑云母片麻岩等。而现阶段干热岩专指埋深较浅、温度较高、有经济开发价值的热岩体。干热岩资源的成因和分类见图10-13。

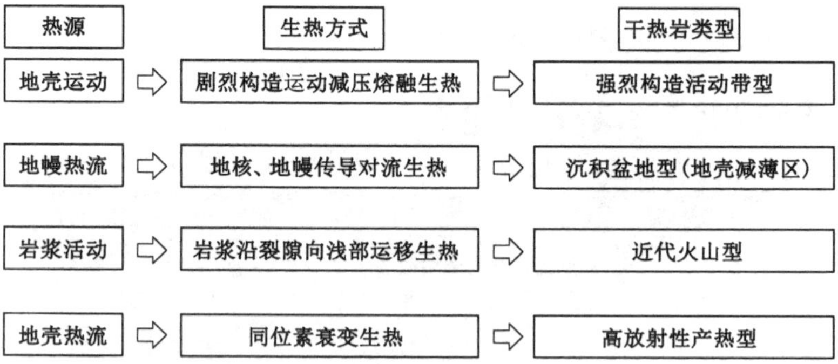

图10-13　干热岩资源的成因和分类

干热岩型地热是资源潜力最大的地热资源类型。美欧等国家对干热岩开发技术研究较早，关于增强型地热系统的研究与应用已有几十年的发展历史，美国是最早进行干热岩开发研究的国家。1984年，美国通过水力压裂改造，建成了第一座高温岩体地热发电站，装机容量10.0 MW，随后世界各国均开展了干热岩商业开发试验，德国和法国均建成了干热岩发电厂，基本达到了商业应用规模。

我国干热岩资源量十分丰富、开发潜力巨大。根据中国地质调查局的数据，在中国内陆埋深 3～10 km 范围内的干热岩资源总量约为 2.5×10^{25} J，约合 860 万亿 t 标准煤，按照 2% 的可利用量来计算，相当于国内 2014 年能源消耗总量的 4 480 倍。我国干热岩资源总量是石油天然气和煤炭总资源量的 30 倍。目前我国干热岩的相关技术水平还处于探索研究阶段，主要工作集中在干热岩资源潜力的勘查评价和钻完井关键技术等方面。

干热岩压裂是开发利用干热岩的关键技术之一，但我国相关的基础研究相对比较薄弱，仅在高温岩体力学特性、热破裂对地层渗透性影响、多场耦合数值模拟等方面进行了室内研究，尚未开展过以注采为目的、井底温度 180 ℃以上的干热岩的大规模现场压裂试验。需要加强系统基础理论研究，对缝网压裂新模式开展攻关，研制耐超高温的分层/分段压裂工具及材料，通过现场试验不断改进完善，形成适合我国干热岩储层特点的缝网压裂关键技术及配套工艺，为推动我国干热岩资源的高效开发利用提供技术支撑。

研究发现，干热岩发电成本要远低于太阳能光电池的发电成本，随着干热岩发电技术的成熟和大规模开发，干热岩发电的电价会与火电、水电产生竞争。采用干热岩发电技术可大幅降低环境污染，且不受季节、气候制约，其发电的成本仅为风力发电的一半，只有太阳能发电的十分之一，如果能有开采技术上的突破，唤醒沉睡的宝藏，将使地热能在新能源市场上的竞争力大幅度提升。干热岩发电示意图如图 10-14 所示。

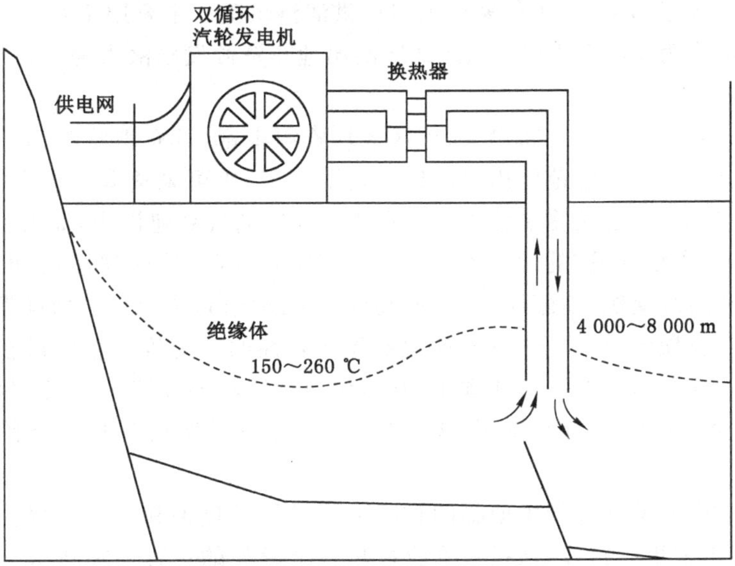

图 10-14　干热岩发电示意图

10.4.2　地热能开发利用前景

地热能是一种储量丰富、分布较广、稳定可靠、清洁高效、开发利用安全的可再生能源。地热资源的环保可持续性，可以为节能减排、雾霾防治等环境问题提供绿色清洁能源保障。

从全球范围来看，联合国积极关注地热能的开发，并制定了统一标准，用于报告地热资源。该标准对于地热能的商业化发展非常重要，它允许对多个能源领域感兴趣的投资者和开发商透明地评估和比较全球各国的地热资源的潜力。

2013 年，世界银行宣布投入 5 亿美元，启动全球地热能发展计划，目的是减少钻井过程中的风险、管理好地热能项目和帮助发展中国家扩大地热能发电规模。目前，全世界有 78

个国家利用地热能进行供热，24 个国家利用地热能发电，各个国家都相继出台了促进本国地热能快速发展的政策措施。2021 年，全球地热能市场价值为 66 亿美元。预计到 2027 年前，全球地热能市场价值将达到 94 亿美元。

我国于 2006 年 1 月开始实施的《中华人民共和国可再生能源法》，将地热能的开发与利用明确列入鼓励发展的新能源范围内，后续相继出台多套规章制度和行业规范，保障地热能的勘探开发和推广应用快速发展。

2021 年 9 月，国家能源局发布了《关于促进地热能开发利用的若干意见》（简称《意见》），其中明确：到 2025 年，各地基本建立起完善规范的地热能开发利用管理流程，全国地热能开发利用信息统计和监测体系基本完善，地热能供暖（制冷）面积比 2020 年增加 50%，在资源条件好的地区建设一批地热能发电示范项目；到 2035 年，地热能供暖（制冷）面积及地热能发电装机容量力争比 2025 年翻一番。《意见》明确了我国重点建设任务包括：深化地热资源勘查工作、全面推进浅层地热能利用、大力推进中深层地热能供暖、建设地热能高质量发展示范区、稳妥推进地热能发电示范项目建设。《意见》从政策角度对下阶段我国地热能的开发进行规范和保障。

我国地热资源分布广泛，现有地热开采井 5 818 眼，温泉 2 334 处，中低温资源年可开采量折合标准煤 18.5 亿 t，可为 11 亿家庭人口提供清洁供暖。主要用于供暖、种植、养殖和旅游疗养等，发电潜力为 150 万 kW。西南地区高温地热资源发电潜力为 712 万 kW。年可开采量折合标准煤 1 530 万 t。

雄安新区于 2017 年 4 月宣布设立，该区地热资源丰富，具有埋藏浅、温度高、水质好和易回灌等特点，其中容东片区范围内深层地热资源丰富，年可采资源量折合标准煤 3.71 万 t，可以支撑 300 万 m^2 的建筑物供暖需求。在雄安新区的规划建设中，提出了“采灌均衡、深浅联用、清洁高效、永续开发”的地热资源开发利用模式，打造地热规模化、可持续高效利用的全球样板，构建蓝绿交织、清新明亮、水城共融的生态城市，为京津冀协同发展提供能源保障。目前，在城市发展建设中地热资源利用最具代表性的是为雄安新区供暖超 700 万 m^2，年可替代标准煤 16 万 t，减排二氧化碳 40 万 t，相当于植树 22 万棵。其中，雄县地热供暖占比超 95%，成为全国首屈一指的供暖“无烟城”。雄安新区地热资源综合利用示意图见图 10-15。

目前，地热能产业发展过程中面临的难题主要是技术攻关和资金筹集。地热产业属于技术密集型和资本密集型行业，从投资到收益是一个漫长的过程。在技术上需要对地热蕴藏量的精准预测、储层的准确勘查、钻完井的安全快速施工、干热岩压裂的成功改造等开展研发，目前全球各地已有众多的科研机构与高校合作开展科研攻关。同时需要大量的资金投入，尤其是前期的勘探和钻井，有部分科研工作者正在考虑采用一系列技术来提高钻井的速度（减少钻井时间），以便更容易地在更深的储层进行钻井并降低钻井成本。这些技术包括散裂钻孔、激光钻孔和等离子钻孔等。

在环境和能源问题日益突出的情况下，地热能的开发和利用具有广阔的前景。根据我国提出的“双碳”目标，力争 CO_2 排放在 2030 年前达到峰值，在 2060 年前实现中和，而地热能作为新型清洁能源，对其更大程度的勘探开发和利用，意义重大。2023 年 6 月，自然资源部浅层地热能重点实验室揭牌，旨在通过产学研用结合，不断增强开发创新能力，发展成为全国浅层地热能科学研究、系统集成和展示的科技创新平台，服务自然资源管理和经济社会

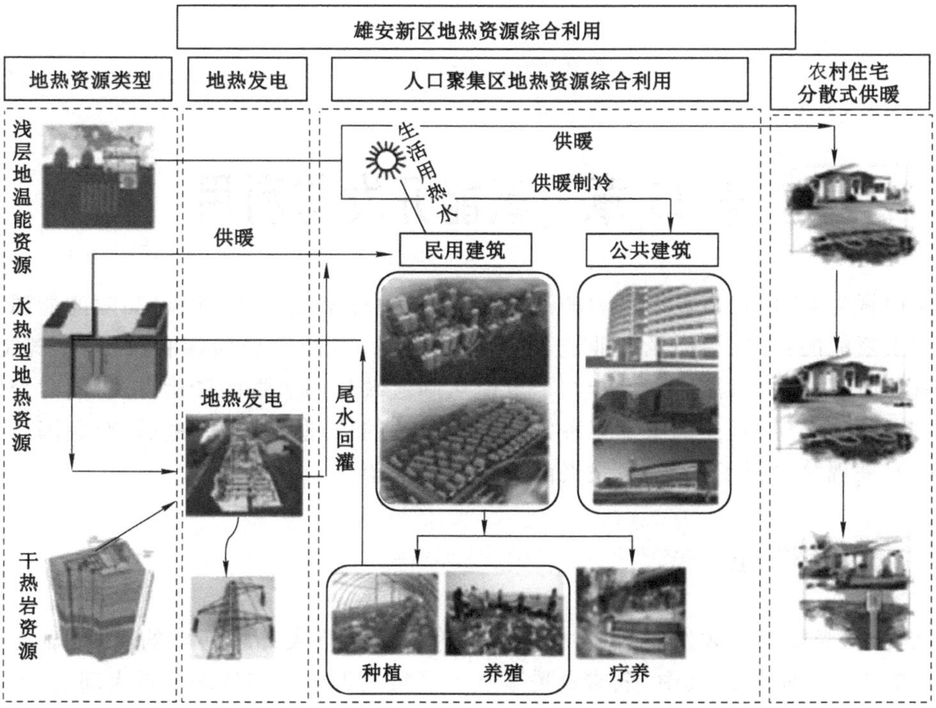

图 10-15　雄安新区地热资源综合利用示意图

发展，推动“双碳”目标实现。

全球经济迅速发展对能源和环保的需求与日俱增，可以相信，随着地热勘探开发和应用相关技术的进步，地热资源会更加广泛应用于人类生活，服务整个社会建设。

思考题

1. 地热能是什么？
2. 地热能的来源有哪些？
3. 地热能的特点主要有哪些？
4. 地热能可分为哪几种类型？
5. 水热型地热能可细分为哪几种类型？
6. 全球的地热能资源带有哪几个？
7. 地热开发的成本主要是哪些方面？
8. 地热能的开发利用有哪些方面？
9. 地热发电的原理和种类分别是什么？
10. 地热直接利用主要包括哪些方面？
11. 为何说干热岩是资源潜力最大的地热资源？

第 11 章　氢能开发与利用

氢能被视为 21 世纪最具有潜力的清洁能源，是一种来源广泛、无碳、高效的能源。本章详细介绍了氢能的特点、性质及产业链，根据碳排放量，将制氢分为煤制氢、天然气制氢、工业副产氢和电解水制氢，循序渐进介绍了氢能从制氢端到用氢端的储运方式，同时介绍了氢能在燃料电池中的应用，并列举了五种常用燃料电池的机理及特点。最后，对我国及其他国家的氢能发展现状进行了概述，对发展前景进行了展望。

11.1　氢能概述

全球变暖、极端天气频发、生物多样性降低等一系列重大环境问题的出现，显现出应对气候变化的极端急迫性。其中，全球变暖是严重威胁人类生存与发展的重大问题，产生的主要原因是人类活动导致碳排放的激增。为有效地应对这一共同挑战，全球就大幅减少碳排放、加快碳中和达成共识。截止到 2021 年年底，已有 136 个国家做出了“碳中和”承诺，其中我国提出力争在 2030 年实现碳达峰，在 2060 年前实现碳中和。

氢气比能量密度高达 39.4 W · h/g，约为汽油的 3 倍，焦炭的 4.5 倍，如图 11-1 所示。以氢作为能源载体，以化学和电化学等能量转化方式把储存在氢中的化学能转化为热能、电能等其他能源形式的二次能源，被认为是一种有吸引力的零碳排放的绿色能源，其合理开发和利用可以有效缓解传统燃料燃烧带来的一些不利影响。

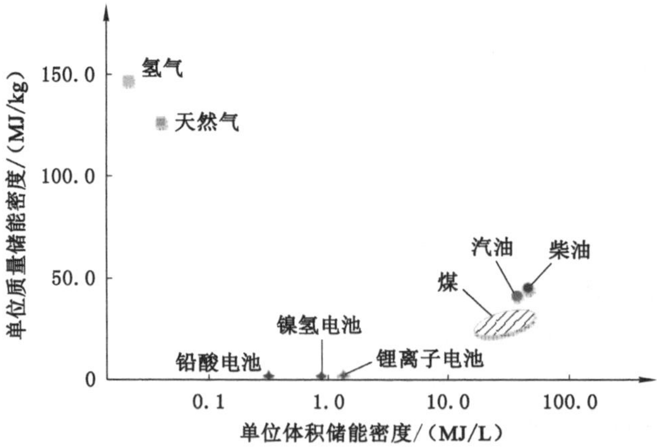

图 11-1　常见能量载体的能量密度对比

从 2006 年起，我国已着手制定氢能源相关政策，2016 年国家发展改革委和能源局印发的《能源技术革命创新行动计划（2016—2023 年）》中，“氢能与燃料电池技术创新”成为我国能源技术创新的 15 项重点任务之一。2020 年度发展规划草案里已明确制定国家氢能产业发展战略规划，2021 年采取“以奖代补”扶持氢燃料电池汽车产业发展，目前正推动“氢进万家”的计划。近年来，国家出台了一系列发展规划，包括《“十四五”能源领域科技创新规划》《氢能产业发展中长期规划(2021—2035 年)》等，均将发展氢经济列为重点任务，将氢燃料电池列为重点支持领域。随后国家出台了大量配套政策，从补税、免税、政府采购和项目支持等多角度扶持加氢站和燃料电池等重点领域。未来 10～20 年是我国氢能源与燃料电池产业发展的重要机遇期，要从战略、政策、技术、资金、国际合作等方面积极谋划，在改革创新的过程中，以技术为本、区域协同，同时尊重市场。

氢能作为一种清洁、高效、高热值以及环境友好的可持续二次能源，相比于传统化石燃料，氢气具有以下优点：

(1) 来源广，可再生。在自然界中的存储量丰富，主要以化合物的形式存在于水中。

(2) 热值高。除核燃料之外，氢的燃烧热值是所有燃料中最高的，是汽油燃烧热值的 3 倍。

(3) 绿色环保，产物无污染。氢气的燃烧产物是水，生成的水循环使用可以作为原料用于氢气生产。

(4) 燃烧性能好。氢气点燃快，燃烧速度快，能量释放高效。

氢能产业链非常长，应用前景广阔，如图 11-2 所示。它涉及上游的制氢、输氢、储氢、加氢，以及下游的用氢发电、供热、交通等。

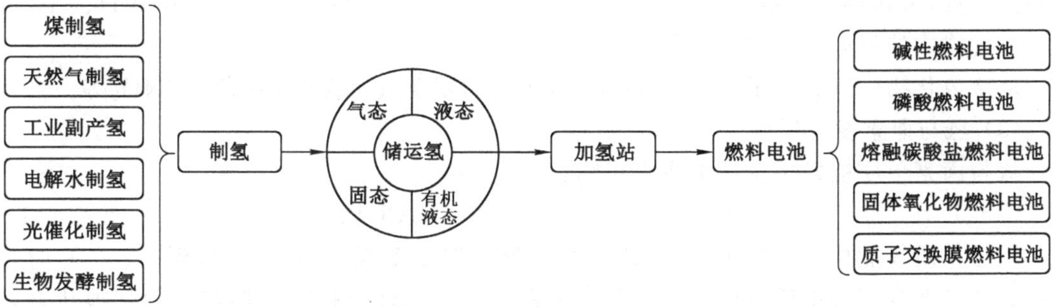

图 11-2　氢产业链

11.1.1　氢的物理性质

氢原子位于元素周期表首位，是宇宙中最基本的元素，约占宇宙总物质的 3/4，原子量为 1.007 94，化学符号为 H，其原子结构仅包含一个质子和一个电子。氢气是无色、无味、无毒、不溶于水的气体，密度约为空气的 1/14，且具有较强的扩散能力和渗透能力。氢气在常态下的密度约为 0.09 kg/L，在 101 kPa、−252.87 ℃条件下时，氢气可转变成淡蓝色的液体，−259.1 ℃时变成雪状固体。

由于氢气的渗透能力很强，在常温下可透过橡皮和乳胶管，而在高温下可透过钯、镍、钢等金属薄膜。将钢材置于一定温度和压力的氢气中一段时间后，氢气可渗透至钢晶格中，在缓慢变形中造成裂纹和脆化，这种现象叫氢脆现象。氢气的这种性质给氢气的储存和运输带来很大困难。

11.1.2 氢的化学性质

氢原子的化学性质非常活泼，几乎可以与元素周期表中除惰性气体和少量金属以外的所有元素发生反应。氢气具有较强的还原性，在化学反应中经常以还原剂的作用参与反应。

（1）氢与氧发生反应

氢气可在氧气中燃烧：

$$H_2+\frac{1}{2}O_2 \longrightarrow H_2O \tag{11-1}$$

上述反应的温度为 550 ℃，生成焓为 −285 kJ/mol。点燃不纯的氢气会发生爆炸，因此点燃氢气前必须验纯。

（2）氢与金属发生反应

许多金属可与氢反应生成氢化物。根据氢键性质的不同，氢化物可分为四类：离子氢化物、共价氢化物、金属氢化物和复杂氢化物。

强正电性的碱金属（如 Li、Na、K）和碱土金属（如 Ca、Sr、Ba）在高温下与氢反应生成离子氢化物。这类氢化物性质与盐类似，含负氢离子（H^-），通常为晶体，生成热和熔点高，是强还原剂。所有的离子氢化物都可以与水反应释放氢气。

共价氢化物既可以是固态的，也可以是液态或者气态的。常见的共价氢化物有硼烷、铝烷和硅烷等。Be 和 Mg 的氢化物价键比较特殊，显示出介于共价键和离子键之间的价态。

过渡金属与氢反应可形成金属氢化物。氢首先会固溶到纯金属晶格中，然后发生突然的相变过程，可获得具有定化学计量比的氢化物，如 ZrH_2、$PdH_{0.5}$、$LaNi_5H_6$、VH、VH_2 等。金属氢化物中的氢以原子状态存在。

复杂氢化物中既有离子键，也有共价键，典型的复杂氢化物有 $LiBH_4$、$LiNH_2$ 等。

（3）氢与卤素发生反应

氢与卤素单质能发生反应生成卤化物：

$$H_2+X_2 \longrightarrow 2HX \qquad X=F, Cl, Br, I \tag{11-2}$$

氢与单质氟能快速地发生反应，即使在暗处也能立即反应，在温度低到 −250 ℃时，氢气也能同液态或固态单质氟反应。氢气与卤素的混合物经点燃或光照都会猛烈地化合，反应都是放热反应。H_2 与 Cl_2 在一定浓度配比时会发生爆炸性反应。在暗处，氢和单质溴的混合物要在高于 400 ℃时才会发生爆炸性化合反应，和碘要在高于 500 ℃时才发生反应。

（4）合成氨反应

在高温和合适的催化剂作用下，氢气可与氮气反应生成氨，即工业上非常重要的合成氨的反应，生成焓为 −46 kJ/mol。

$$3H_2+N_2 \longrightarrow 2NH_3 \tag{11-3}$$

（5）催化加氢反应

通常催化加氢是指有机物中的一个或几个不饱和官能团在催化剂的作用下与氢气加成，如上述提到的合成氨以及 CO 和 H_2 反应合成甲醇及烃类。催化加氢在有机化工反应中应用广泛。

① 不饱和炔烃、烯烃重键的加氢

$$-C\equiv C- + H_2 \longrightarrow \;\gt C=C\lt \tag{11-4}$$

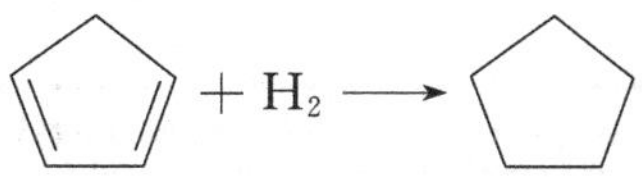

(11-5)

② 芳烃加氢

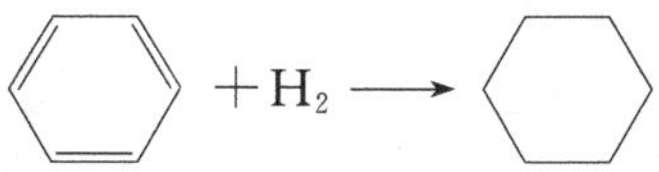

(11-6)

③ 含氧化合物加氢

$$CO + 2H_2 \longrightarrow CH_3OH \tag{11-7}$$

$$RCOOH + 2H_2 \longrightarrow RCH_2OH + H_2O \tag{11-8}$$

④ 碳氮化合物加氢

$$N_2 + 3H_2 \longrightarrow 2NH_3 \tag{11-9}$$

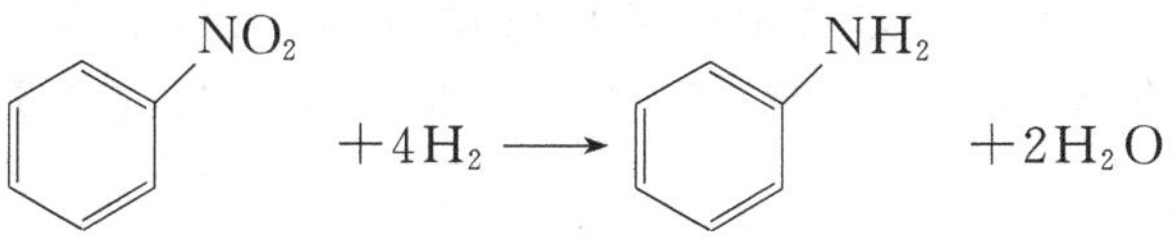

(11-10)

⑤ 氢解

$$C_6H_5CH_3 + H_2 \longrightarrow C_6H_6 + CH_4 \tag{11-11}$$

$$C_5H_5N + 5H_2 \longrightarrow C_5H_{12} + NH_3 \tag{11-12}$$

(6) 合成甲烷反应

氢与碳在高温下反应生成甲烷[以石墨为例，平衡点在 150 ℃时为 2×10^5 bar(1 bar$=1\times10^5$ Pa)，1 000 ℃时为 9.4×10^{-3} bar]：

$$2H_2 + C \longrightarrow CH_4 \tag{11-13}$$

CO 和 CO_2 与氢可发生催化反应，根据不同的反应条件、催化剂种类和反应物比例可获得不同的反应产物。不饱和烃类也可以通过氢化反应成为饱和或部分饱和烃类。在石化工业中，加氢和脱氢反应尤显重要。

11.2　氢能制取

氢能的制取方式有多种，根据世界能源理事会定义，灰氢是通过化石能源、工业副产等伴有大量的 CO_2 排放制得的氢；蓝氢是在灰氢的基础上，采用 CCUS(carbon capture use and storage，碳捕获、利用与封存)或 CCS(carbon capture and storage，碳捕获与封存)降低碳的排放，制取的低碳氢；绿氢是利用可再生能源(如风电、水电、太阳能)采用电解水的方法制得的氢，生产过程中基本不会产生温室气体 CO_2。不同类型制氢技术的经济性和低碳性如表 11-1 所列。

表 11-1　不同制氢技术的经济性和低碳性

类型	制氢技术	成本/[元/kg(H_2)]	碳排放/[kg(CO_2)/kg(H_2)]	技术成熟度
灰氢	煤制氢	6～10	11～25	成熟
	天然气制氢	9～18	8～16	成熟
	工业副产氢	10～16	—	成熟

表 11-1(续)

类型	制氢技术	成本/[元/kg(H_2)]	碳排放/[kg(CO_2)/kg(H_2)]	技术成熟度
蓝氢	煤制氢+CCS	12～16	2～7	示范论证
	天然气制氢+CCS	—	1～6	示范论证
绿氢	电解水制氢	—	接近 45	成熟
	弃水弃光弃风电解水制氢	18～23	1～3	成熟

目前全球主要以化石能源制氢为主，技术较为成熟，但碳排放较高。随着发展低碳清洁氢成为行业共识，目前的制氢方式尚不能满足碳中和要求，未来应向低碳路径转型。可选的路径主要有两条：一是可再生能源电解水，二是化石能源制氢+碳捕捉和封存环节。其中，后者虽然降低了生产过程中的碳排放量，但是无法根除。从长期来看，依托可再生能源发电开展电解水制氢，也即绿氢，被认为是实现氢脱碳的最佳途径，也是未来的发展趋势。

目前，我国氢能源的生产来源主要有三种：煤制氢、天然气制氢及工业副产氢。每年产生氢气总量绝大多数来源于煤和天然气制氢工艺，工业副产氢气的比例小于 20%，电解水制氢占比约 1%。

11.2.1 煤气化制氢

中国能源结构存在着特殊性，资源禀赋具有富煤、贫油、少气的特征。目前，以煤为基础的能源利用形式转化效率不高，油气供应安全形势严峻，可再生能源近期还很难全面替代煤炭，因此，在我国氢的来源主要是煤制氢。

11.2.1.1 煤气化制氢原理

煤制氢主要是直接制氢工艺，包括煤焦化和气化后从气体产物中提取氢。煤气化过程是吸热过程，需要在高温下进行。固体的煤在气化反应器内与氧气和水蒸气反应产生合成气，主要产物是 H_2 和 CO。

$$C+O_2 \longrightarrow CO_2 \tag{11-14}$$

$$C+\frac{1}{2}O_2 \longrightarrow CO \tag{11-15}$$

$$\frac{1}{2}C+H_2O \longrightarrow \frac{1}{2}CO_2+H_2 \tag{11-16}$$

$$C+H_2O \longrightarrow CO+H_2 \tag{11-17}$$

$$2C+2H_2O \longrightarrow CO_2+CH_4 \tag{11-18}$$

$$3C+2H_2O \longrightarrow 2CO+CH_4 \tag{11-19}$$

在煤制氢的过程中会排放大量的 CO_2，因此，新的工艺设计中增加了对 CO_2 的捕捉、利用和封存，使煤制氢尽可能达到 CO_2 零排放。

11.2.1.2 工艺流程

煤气化制氢工艺流程如图 11-3 所示。首先将煤经气化炉制取煤气，该煤气是以 CO 为主，包含 H_2、CH_4 等的合成气，然后经过脱硫除尘等净化后与水蒸气进行水煤气变换反应，最后通过分离提纯获得 H_2。

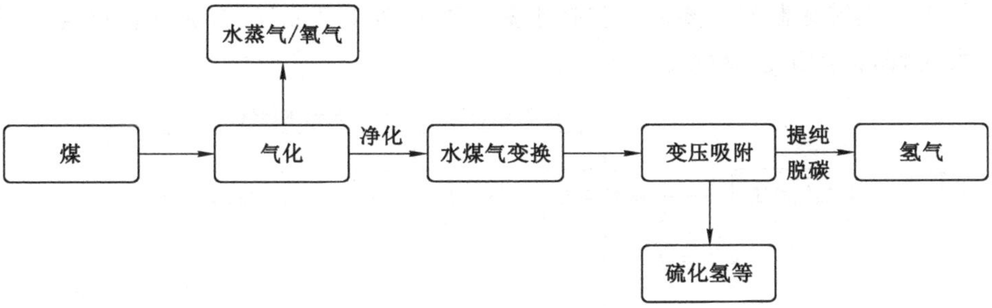

图 11-3　煤气化制氢工艺流程

11.2.1.3　主要技术性能

各种煤气化技术(表 11-2),包括以粉煤、水煤浆、块(碎)煤为原料,采用固定床、(循环)流化床、气流床,在常压或加压下,以空气、水蒸气、富氧空气、纯氧及其混合物为气化剂的气化技术都可以用于制氢。尽管早期的煤制氢考虑过采用 Lurgi(鲁奇)碎煤固定床加压气化,但是考虑取得经济效益所需的规模和越来越严格的环保法规的要求,使用细颗粒原料(煤粉或煤浆)在高温高压下以纯氧和水蒸气为气化剂的流床气化技术,无论是在以气化为龙头的现代煤化工企业,还是为炼化生产氢原料的煤制氢工艺中,都是主流的气化技术。

表 11-2　各种煤气化制氢的技术经济比较

技术	固定床	流化床	气流床(煤粉)	气流床(水煤浆)	超临界水气化
气化炉	中试加压气化炉	常压 Winkler(温克勒)	SCGP 煤气化炉	神宁炉	多喷嘴气化炉
气化温度/℃	560	816～1 204	1 450	1 260	650
气化压力/MPa	2～2.5	0.1	3.0	3.8	26
合成气 H_2 占比/%	38.1～38.6	40	25.9	34.7	80
合成气 CO_2 占比/%	32.6～34	19.5	0.9	18	0.2
合成气 CO 占比/%	14～14.7	36	68.4	48.3	—
合成气 H_2S 占比/%	0.3	0.3	0.13	0.24	以硫化盐形式固化

11.2.2　天然气制氢

化石能源制氢具备资源来源广泛、制备工艺技术成熟、制氢成本相对较低等优势,是当前氢能的主要来源,其中天然气在传统化石能源中氢原子质量比最大(高达 25%),以天然气为原料制氢具有碳排放量低、水消耗量小、氢制取率高等优点,是化石能源的理想制氢路径。随着国家天然气发展战略的实施,天然气产供储销产业链的完善,依托天然气产业基础开展制氢将进一步降低氢能资源成本,推动氢能产业实现规划化发展。

传统工业领域天然气制氢主要工艺流程是天然气与过量水蒸气催化反应得到一氧化碳、氢气及水蒸气的合成气,合成气经一步催化反应生成二氧化碳及氢气,经分离后制取氢气。天然气制氢方式主要包括天然气水蒸气转化制氢、天然气部分氧化制氢、天然气自热转化制氢等 3 种方式,CO_2 和 CH_4 转化制氢和直接裂解制氢技术仍处于实验室小试和中试阶段。

(1) 天然气水蒸气转化制氢

天然气水蒸气转化制氢主要流程包括水蒸气重整转化合成气、合成气转化氢气、氢气变压吸附三大流程，具体工艺流程见图 11-4。

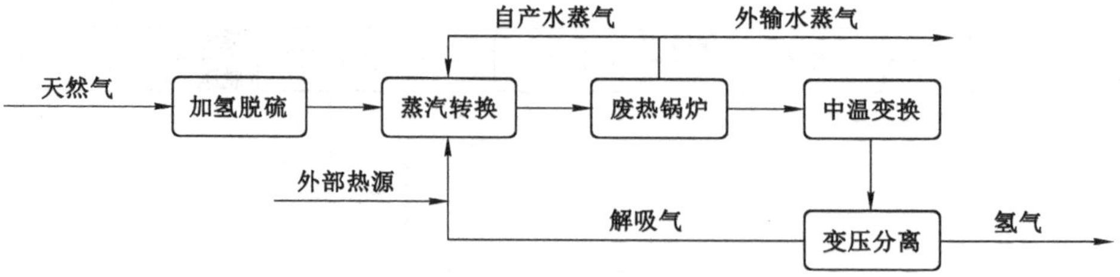

图 11-4　天然气水蒸气转化制氢工艺流程

天然气与水蒸气一般按照 1∶3 的比例在转化炉内产生合成气，催化剂通常为金属镍(活性成分)与 Al_2O_3(载体)混合体，当水蒸气加入量不足时，反应过程容易出现碳析导致催化剂失活；当水蒸气加入过量时，反应过程容易造成能耗浪费，增加运行成本。反应压力一般控制在 1.5～2.5 MPa，这样有利于分子扩散，并减小反应器体积。其化学反应式为：

$$CH_4 + H_2O \longrightarrow CO + 3H_2 \quad (11\text{-}20)$$

(2) 天然气部分氧化制氢

天然气部分氧化制氢是天然气原料与氧气在催化剂作用下发生不完全氧化产生 CO 和 H_2。该反应流程需在 1 300～1 400 ℃高温下进行，因此对设备材质、催化剂抗高温特性等要求相对较高，且反应过程需注入纯氧，增设的空气分离系统增加了全流程投资成本。其化学反应式为：

$$CH_4 + \frac{1}{2}O_2 \longrightarrow CO + 2H_2 \quad (11\text{-}21)$$

(3) 天然气自热重整制氢

天然气自热重整制氢技术与传统重整技术相比，主要由外部热源供热变为天然气燃烧反应自供热，实现与强吸热天然气蒸汽重整反应耦合。该工艺与传统工艺相比降低了设备投资成本，能耗利用更合理。此外，在绝热工况下天然气自热重整制氢能有效解决催化剂床层的热点问题和能量分布问题，催化材料的反应稳定性也大大提高。其化学反应式为：

$$2CH_4 + 2H_2O + O_2 \longrightarrow 2CO_2 + 6H_2 \quad (11\text{-}22)$$

(4) 天然气催化裂解制氢

天然气催化裂解制氢是天然气在高温催化剂作用下，直接裂解生成高纯氢气和丝状碳，反应过程能实现零碳排放。与天然气水蒸气重整制氢技术对比，该工艺可大幅压缩一氧化碳转化、二氧化碳捕集以及氢气分离提纯流程，简化工艺操作并降低设备投资。该技术的关键点在于耐积碳、活性时间长的催化剂研发。反应催化剂主要分为金属催化剂和活性炭催化剂，其中金属催化剂主要活性物质为 Ni、Fe、Co，具有碳产品品质较高优点；活性炭催化剂主要活性物质为 C，具有制作工艺简单、产品无须分离等优点。其化学反应式为：

$$CH_4 \longrightarrow C + 2H_2 \quad (11\text{-}23)$$

(5) 二氧化碳和甲烷干重整制氢

二氧化碳和甲烷干重整制氢技术主要用 CO_2 代替 H_2O 与 CH_4 发生反应，可在 640 ℃温度以上、催化剂条件下自行产生制氢反应，其化学反应产物主要为 CO 和 H_2。该技术适

用于 CO_2 成分较高的天然气气源，且全过程可实现 CO_2 消纳，与我国能源领域碳达峰、碳中和发展目标相契合。其反应式为：

$$CH_4 + CO_2 \longrightarrow 2CO + 2H_2 \tag{11-24}$$

11.2.3　工业副产氢

工业副产氢是指氯碱工业制氢、炼厂气制氢、甲醇驰放气制氢、轻烃裂解制氢及焦炉煤气制氢等。我国煤化工、氯碱、丙烷脱氢等产业规模大，技术工艺成熟，氯碱工业和轻烃裂解工业可产生大量氢气，若将副产的氢资源用于燃料电池的制造，可实现厂内分布式发电，项目具备可观的经济效益和巨大的发展潜力。

用于生产燃料电池的质子交换膜对氢气的等级要求高，因此需要对气体中的杂质成分分离净化，对氢气提纯后应用于燃料电池。甲醇驰放气、炼厂气、焦炉煤气的成分复杂，含有 N_2、CH_4、硫化物、氰化物、氨、CO 和 CO_2 等杂质，应对气体进行预处理，将多种气体分离净化工艺整合，将有机物和水蒸气转化成 H_2 和 CO_2 后除去酸性气体。目前我国氯碱行业副产氢气总量约 90 万 t/a，排空量占总量的 30%，约 27 万 t/a。氯碱工业副产氢的纯度可达 99%，不含硫、氮氧化物，副产氢中的杂质易于除去，可作为优质的氢气原料用于燃料电池生产。丙烷脱氢使用 PSA 技术精制氢气，纯度可达 99.99%。

11.2.4　电解水制氢

我国在化石燃料、工业副产氢等制氢方式下氢气资源相对较为丰富，但随着“双碳”目标的提出，我国氢能发展必须逐渐转向可再生能源制氢方向。可再生能源制氢即通过可再生能源发电后电解水制氢、太阳光解制氢、生物质制氢。其中，通过风能、太阳能、海洋能、水能、地热能、生物质能等可再生能源获取的电能支持的电解水制氢工艺较为成熟。该工艺主要技术有碱性水电解(AWE)、质子交换膜(PEM)电解水、固体氧化物电解水(SOEC)、阴离子交换膜电解水(AEM)。

电解水制氢技术分类及工作情况见表 11-3。其中质子交换膜电解水技术具有较高的电流密度，同时运行灵活，可以快速变载，因此与风电、光伏等发电具有波动性的发电类型适配度高，从长期发展来看，通过技术装备不断优化升级，降低成本，更具有技术优势。

表 11-3　电解水制氢技术分类及工作情况

制氢技术	AWE	PEM	SOEC	AEM
电解质隔膜	30%KOH 多孔膜	质子交换膜	固体氧化物	阴离子交换膜
电流密度/(A/cm^2)	<0.8	1～4	0.2～0.4	1～2
电耗(效率)/($kW \cdot h/Nm^3$)	4.5～5.5	4.0～5.0	预期效率为 100%	—
产氢纯度	≥99.8%	≥99.99%	—	≥99.99%
腐蚀性	强碱腐蚀	无腐蚀介质	—	无腐蚀介质
技术成熟度	充分产业化	初步商业化	初期示范	实验室阶段
单机规模/(Nm^3/h)	≤1 000	≤200	—	—

11.2.4.1　电解水制氢原理

电解水制氢装置如图 11-5 所示，一个电解池主要包含电解液(如水)、正极、负极和隔膜，析氢和析氧的催化剂分别附着在正极和负极的表面加速水的分解。当在电极表面施加外部电压时，水分子在正极（阳极）会被分解成氧气，在负极（阴极）会被分解成氢气，所以水的分解可以划分为两个半反应：析氧反应（oxygen evolution reaction，OER）和析氢反应（hydrogen evolution reaction，HER）。根据电解液的不同，具体的电解水反应方程式如下。

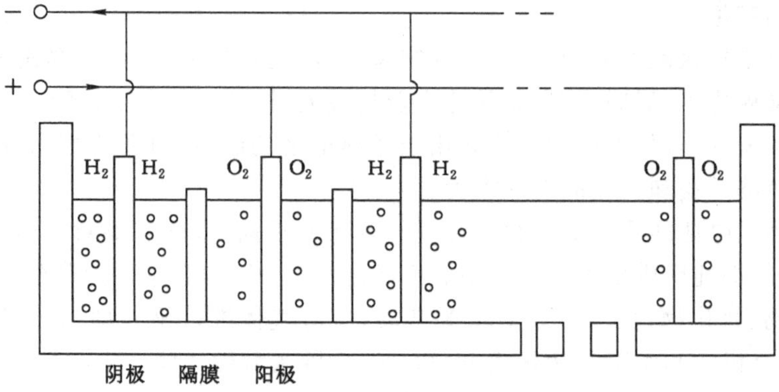

图 11-5　电解水装置图

总反应：

$$2H_2O \longrightarrow 2H_2 + O_2 \tag{11-25}$$

酸性介质中：

阴极

$$2H^+ + 2e^- \longrightarrow H_2 \tag{11-26}$$

阳极

$$2H_2O \longrightarrow 4H^+ + O_2 + 4e^- \tag{11-27}$$

中性介质中：

阴极

$$4H_2O + 4e^- \longrightarrow 2H_2 + 4OH^- \tag{11-28}$$

阳极

$$2H_2O \longrightarrow O_2 + 4H^+ + 4e^- \tag{11-29}$$

碱性介质中：

阴极

$$4H_2O + 4e^- \longrightarrow 2H_2 + 4OH^- \tag{11-30}$$

阳极

$$4OH^- \longrightarrow O_2 + 2H_2O + 4e^- \tag{11-31}$$

25 ℃、1 atm 条件下，水分解的热力学电压是 1.23 V，但实际的电解过程中往往要施加高于 1.23 V 的电压才能实现水的分解。额外加上去的电压（也被称为过电位 η），主要是用来克服阴极和阳极本身固有的活化势垒（阴极 η_a 和阳极 η_c）以及一些系统内阻（η_Ω），所以水分解的实际操作电压（U_{op}）可以用以下公式表示：

$$U_{op} = 1.23 + \eta_a + |\eta_c| + \eta_\Omega \tag{11-32}$$

由以上公式可以看出，要实现高效的水解过程关键是寻找合适的方法来降低过电位。高效的 HER 和 OER 电催化剂可以最大限度降低反应过电位，实现高效电解水。目前，贵金属铂、铱、钌及其氧化物是应用最多的催化剂，但贵金属的储量有限，价格昂贵，所以开发高效、廉价的催化剂是实现大规模电解水制氢的关键。

11.2.4.2　碱性水电解制氢

碱性水电解槽是诞生时间最早、经济效益较好的一种电解水制氢电解槽，其反应原理简单，操作方便，技术经过多年的迭代发展已经非常成熟，目前广泛应用于工业生产，但存在着电流效率低、能耗高的缺点。其基本原理如图 11-6 所示。

碱性水电解槽由端框、电解槽极框、主极板、电极、隔膜、垫片等组成。在阳极侧碱液中的 OH^- 失去电子发生氧化反应生成 O_2，阴极侧的 H_2O 分子得到电子发生还原反应生成

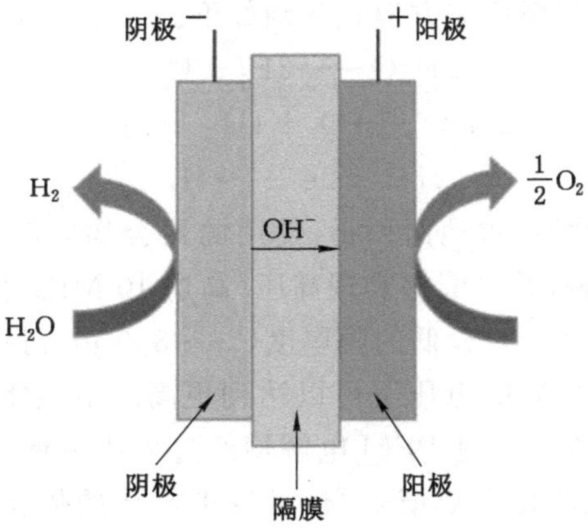

图 11-6　AWE 电解水制氢原理示意图

H_2，总耗水量是制氢量的 11.5 倍左右。总反应和阴、阳极的反应方程式分别如下。

总反应：$$2H_2O \longrightarrow 2H_2 + O_2 \tag{11-33}$$

阳极反应：$$4OH^- \longrightarrow O_2 + 2H_2O + 4e^- \tag{11-34}$$

阴极反应：$$4H_2O + 4e^- \longrightarrow 2H_2 + 4OH^- \tag{11-35}$$

电解槽通常在 60～90 ℃的低温下运行，以 20%～30%的高浓度 KOH 溶液为电解质溶液。传统的碱性水电解槽的工作压力在 0.1～1.6 MPa 之间，为了提高电解槽的电解效率现有电解槽可以达到 3.0～3.5 MPa。

11.2.4.3　质子交换膜电解水制氢

质子交换膜水电解槽，也称聚合物电解质膜水电解槽。PEM 水电解制氢原理如图 11-7 所示。

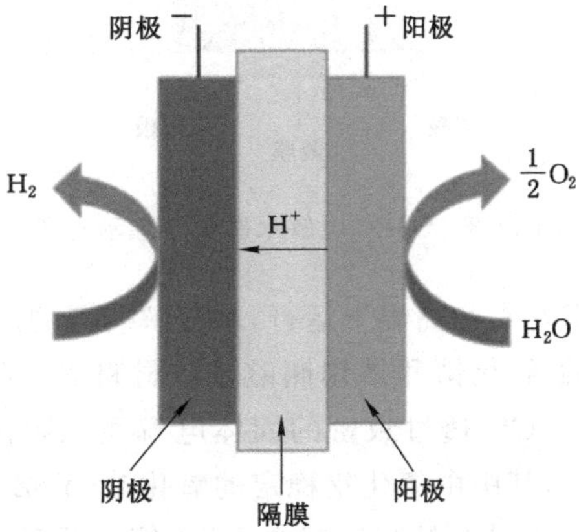

图 11-7　PEM 电解水制氢原理示意图

电解槽使用具有良好化学稳定性、质子传导性和气体分离性的质子交换膜分隔阳极和阴极，流动介质为纯水，避免了碱性电解液的使用，其中阳极和阴极分别使用铱基和铂基贵金属材料。阳极侧 H_2O 分子失去电子发生氧化反应生成 O_2 和大量 H^+，H^+ 透过质子交换膜从阳极传输到阴极，并在阴极侧得到电子发生还原反应生成 H_2，总耗水量是制氢量的

11.5 倍左右。总反应和阴、阳极反应方程式分别如下。

总反应：
$$2H_2O \longrightarrow 2H_2 + O_2 \tag{11-36}$$

阳极反应：
$$2H_2O \longrightarrow O_2 + 4H^+ + 4e^- \tag{11-37}$$

阴极反应：
$$2H^+ + 2e^- \longrightarrow H_2 \tag{11-38}$$

PEM 电解槽系统设计紧凑、占地面积小，使用的聚合物电解质膜允许作为电荷载体的质子通过，同时防止气体传输，并且能够实现高压（高达 40 MPa）操作，生成的气体中没有碱性雾，氢气纯度可高达 99.999%。较低的膜厚度（20～300 μm）提供了良好的质子传导性和低欧姆损耗，使得电解槽在 2 V 的电压下可以达到更高的电流密度（$>2\ A/cm^2$）和电解效率，从而有利于降低运行成本。但是 PEM 电解槽经过多年发展，现阶段受到贵金属催化剂的影响，成本高，造成无法工业化大规模生产，寻找更经济的催化剂也是今后 PEM 电解槽的研究重点。

11.2.4.4　固体氧化物电解水制氢

固体氧化物电解槽从诞生至今，因其高效率和环境友好的特点而备受关注，并且可不使用贵金属作为电极催化剂。但是该工艺仍然处于实验阶段，主要是由于其工作温度过高，对电解槽的材料要求高，成本高且没有合适的材料。SOEC 水电解制氢原理如图 11-8 所示。

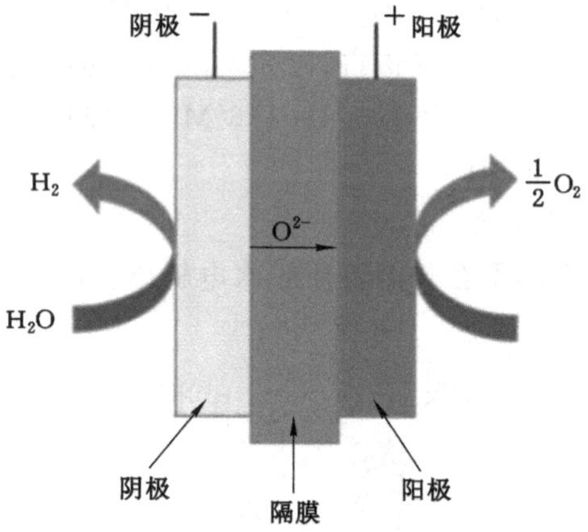

图 11-8　SOEC 电解水制氢原理示意图

电解槽在 500～1 000 ℃左右的高温下运行，水分解所需的部分能量由高温提供。阳极通常使用氧化锆，阴极使用镍-氧化锆和掺锶镧磁铁矿材料等。阴极侧 H_2O 分子得到电子发生还原反应生成 H_2 和 O^{2-}，O^{2-} 透过致密的固体电解质从阴极传输到阳极，在阳极侧失去电子发生氧化反应生成 O_2，其中由氧化钇稳定的氧化锆（YSZ）是应用最广泛的固体电解质材料。由于冷却需要，总耗水量约是制氢量的 83.3 倍。总反应和阴、阳极反应方程式分别如下。

总反应：
$$2H_2O \longrightarrow 2H_2 + O_2 \tag{11-39}$$

阳极反应：
$$2O^{2-} \longrightarrow O_2 + 4e^- \tag{11-40}$$

阴极反应：
$$2H_2O + 2e^- \longrightarrow H_2 + O^{2-} \tag{11-41}$$

由于使用固体陶瓷电解质，固体氧化物电解系统可以像 PEM 电解槽一样简单紧凑并且快速响应。它的独特之处在于高温运行条件要求热量和电力的同时输入，可以与工业余热、风能和太阳能等外部热源匹配，其中热量代替了一部分的电力消耗，因此水电解的电压和功耗需求明显降低，电效率超过 80%，理论上可实现 100%。刘明义等通过对三种电解水制氢技术进行效率评估以及综合分析发现，其效率是 PEM 电解槽的 1.5 倍、碱性水电解槽的 2 倍。固体氧化物电解还可以在高达 3 MPa 的高压下运行，具有商业化和用于常规制氢的潜力。然而，高温高湿的工作环境要求电解槽具有稳定性高、持久性好、材料的耐衰减性能好等特点。目前，SOEC 系统在持续运行一段时间后，电极催化剂和陶瓷电解质的性能会发生退化，在波动系统中的适用性受限。此外，由于使用 O^{2-} 作为电荷载体，阴极产生的 H_2 会与随着 O^{2-} 传输过来的水蒸气混合在一起，需要进行额外的气体分离处理才能获得高纯度氢气，增加了一部分成本。

11.2.4.5　阴离子交换膜电解水制氢

AEM 电解水制氢技术是基于 AWE 和 PEM 电解技术发展起来的，其系统结构类似于 PEM 电解槽，用阴离子交换膜取代质子交换膜进行 OH^- 的传递，电解水原理如图 11-9 所示。AEM 结合了 AWE 和 PEM 的优点，在弱碱性条件下工作，可以使用价格低廉的非贵金属催化剂，降低了催化剂成本和能耗，且阴离子交换膜、多孔传输层、双极板的成本均低于 PEM 电解中的同类部件，能大幅降低成本；同时采用聚合物膜，同 PEM 电解技术一样，具备良好的动态响应特性，适应可再生能源的波动。低成本与高动态响应是 AEM 电解水的主要优势。此外，AEM 电解可用纯水或低浓度的碱性溶液代替浓 KOH 溶液作为电解质，有效避免了强腐蚀问题，因此整个电解水装置具备无泄漏、体积小、易处理等优点，整体制氢成本较低，稳定性高，并适合大规模可再生能源制氢。

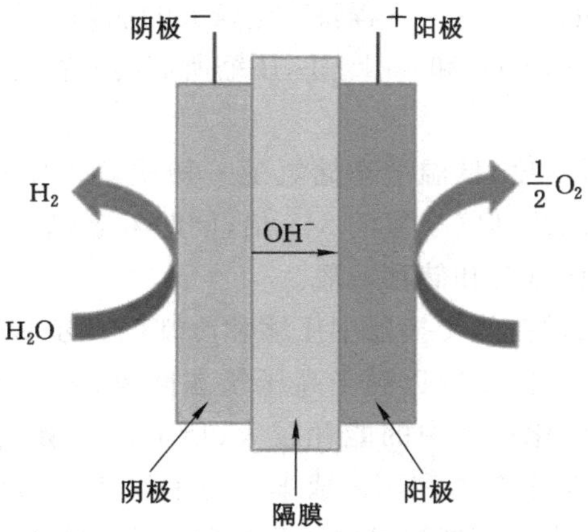

图 11-9　AEM 电解水制氢原理示意图

AEM 水电解槽主要由阴离子交换膜、催化剂层、气体扩散层和双极板等密封组合而成。使用纯水或低浓度碱性溶液作为电解液，一般在 1.8～2.5 V 电压驱动下，电解装置以电化学方式分解水并产生氧气和氢气。技术关键是阴离子交换膜，其将 OH^- 从阴极传输到阳极，同时阻隔气体和电子在电极间的直接传递。由于 OER 过程和 HER 过程的反应动力学惰性，为增强反应活性、降低能耗，通常需要在电极上负载催化剂。总反应和阴、阳极反应方程式分别如下。

总反应：
$$2H_2O \longrightarrow 2H_2 + O_2 \tag{11-42}$$

阳极反应：　　$4OH^- \longrightarrow O_2 + 2H_2O + 4e^-$　　(11-43)

阴极反应：　　$4H_2O + 4e^- \longrightarrow 2H_2 + 4OH^-$　　(11-44)

11.3 氢能储存与运输

制氢环节结束后，需要将氢气远程输送或者直接存储起来。由于标准状态下氢气的体积能量密度很低，是汽油的 1/3 000，因此实现氢经济的一个先决条件是在较高的体积能量密度下输送和储存氢气。

11.3.1 氢的储存

氢气可以以气态、液态和固态三种形态储存。根据氢的三种不同状态，可以把储氢方法分为高压气态储氢、低温液态储氢和固体材料储氢等。

11.3.1.1 高压气态储氢

高压气态储氢是在室温条件下将氢气通过压缩机压缩至一定体积，氢气以压缩气体的形式存储于高压容器之中。该储氢技术是目前最常见、最成熟的方法，通过提高压力增加氢气的储存密度。普通的高压储氢瓶的压力为 15 MPa，储氢密度较低。因此，通过增加储氢压力是高压气态储氢技术提高储氢密度的主要方向。

高压储氢主要有固定式、车载和散货运输三种类型。考虑压缩能耗、行驶里程、基础设施、实际投资等因素，车载储氢系统的理想压力为 35～70 MPa。为了实现利用压差直接快速加氢，加氢站使用固定式高压储氢容器的压力通常是 40～75 MPa。高压气态储氢不仅需要厚重的耐高压容器，还需要压缩机做功，这一过程将产生较大的能耗。在 77 MPa 压力下，质量储氢密度和体积储氢密度分别为 13 wt%和 40 kg/L，压缩所需的能耗远高于2.21 kW·h/L。

11.3.1.2 低温液态储氢

对比高压气态储氢的低密度，低温液态储氢是一种质量密度和体积密度都很高的储氢方式，液态氢的质量密度可以达到气态氢的 845 倍，同时液态储氢不需要高压条件。液氢储存有两个主要耗能环节：液化氢气和储存液氢。

低温液态储氢是氢气通过在热交换器中压缩和冷却的双步骤储存在－253 ℃的低温罐中。其质量储氢密度和体积储氢密度远高于高压气态储氢、氢化物和物理吸附储氢。但液氢装置一次性投资较大，且液化过程中的能耗较大，所需的电耗为 4～10 kW·h/kg，相当于自身能量的 30%，极大增加了氢能利用的成本。为了保证－253 ℃的储存温度，容器必须有效隔热。当使用珍珠岩或用铝膜层包裹时，可以最大限度减少内容器和保护容器之间的导热性。同时，液氢极易蒸发，即使储罐完全隔热，储罐中仍存在氢气损失的现象。

11.3.1.3 有机液体储氢

有机液体储氢利用不饱和有机物(烯烃、炔烃、芳香烃)通过化学反应实现氢气的可逆储存。这种方法通过氢化反应使有机物的共轭 π 键饱和储氢，同时通过相反的化学过程脱氢。此外，氢可以通过循环载体，如氨和甲醇来携带或储存。基于气体分子，富氢状态的循环载体在温和条件下是液态或液化的，具有与液态有机物相似的理想性质。液体有机载体和循环载体的显著优势是其与现有的化学储存燃料运输系统兼容。

11.3.1.4 固体材料储氢

固态储氢的体积密度在储氢方式中最高，在汽车空间设计和行驶成本上，固态储氢材料更能满足车载电源对电池材料体积大小和重量的要求。固态储氢可以分为化学吸附储氢和物理吸附储氢。化学吸附储氢是指氢分子裂解成氢原子,与过渡金属、碱金属或碱土金属的单质或合金发生化学反应形成金属氢化物。物理吸附储氢是指氢分子通过物理作用吸附在一些质轻、比表面积大、多孔的纳米结构材料如活性炭、碳纳米管、沸石、金属骨架化合物等表面或骨架中。相比于气态储氢的高压、液态储氢的超低温条件,固态储氢对温度和压强的要求相对宽松,同时固态储氢具有安全、体积和质量密度高的优点,是一种良好的储氢方式。图 11-10 所示是这两类材料的典型代表物质。

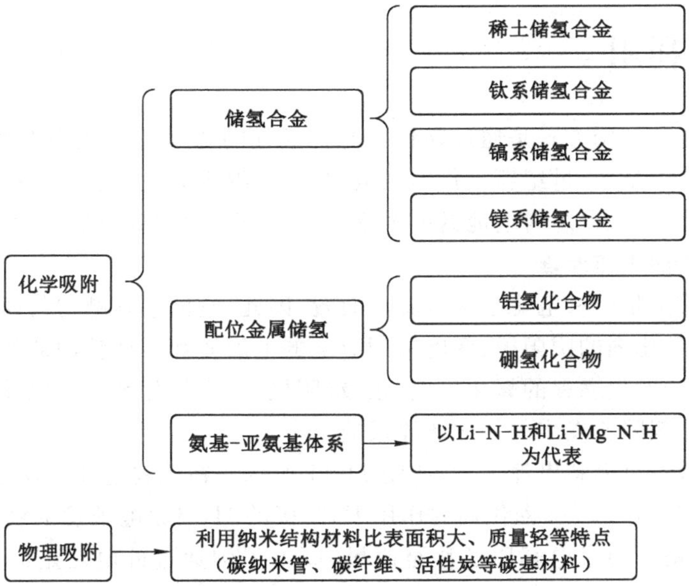

图 11-10　化学吸附储氢和物理吸附储氢的代表性物质图

11.3.2　氢的运输

制得的氢运输到加氢站、化工厂、分布式发电站等部门,才能得以应用。氢的运输方式可以采用压缩后深冷制成液态氢,装入绝热的真空容器,采用车、船等方式运输,也可以选择管道运输,与天然气的运输相近。

高压气态氢储运技术已经十分成熟,也是我国当下主要的氢气储运方式。目前,国内长管拖车工作压力以 20 MPa 为主,氢气装载量为 350～400 kg。

尽管液氢输送能量损失较高,但由于液氢的高密度特性,所以在长距离(>200 km)运输方面,仍是经济可行的运输方式。低温氢气输送包括三个主要阶段:液化、储存和用低温储罐输送至最终用户。在我国,随着技术、装备的突破以及标准的完善,液氢民用有望进一步提速。在标准制定方面,《液氢生产系统技术规范》(GB/T 40061—2021)、《氢能汽车用燃料 液氢》(GB/T 40045—2021)以及《液氢贮存和运输技术要求》(GB/T 40060—2021)三项国家标准已出台。

氢的更大规模的运输方式是管道运输。因为氢气容易在接触普通钢材时发生"氢脆"现象,所以管道必须使用蒙乃尔合金等特殊材料,导致管道运输的前期投资大。但是运输氢气量也巨大,适合有固定站点大量使用氢气的情况。

氢的运输方式需要根据所服役的条件择优选择。管道输送无论在成本上还是在能量消耗上都是非常有利的方法。目前多数制氢方式是化石燃料制氢，一般规模较大，生产较为集中，如加氢站或者氢供应商也比较集中，则可以考虑管道运输。当然，氢经济的黄金时期尚未到来，世界各国对氢经济的认知也各有不同，输氢管道在美洲和欧洲已有一定的布局，但在中国部署输氢管线还需要进一步考察市场需求和经济性，时机成熟，相应的标准也应当提上议事日程。利用天然气管线输送天然气和氢气的混合物，在加氢站里根据需要提取氢气的设想正在讨论之中。如果把管道本身的压力提高，则在加氢站里将降低压缩机的工作量，这是管线输氢的有益尝试。

11.4　氢能利用

氢能的主要清洁利用方式是通过燃料电池将氢气的化学能转化为电能，其能量转化率高，环境友好，被认为是21世纪新一代的发电技术，是继水力发电、热能发电、原子能发电之后的又一种发电技术，并且燃料电池具有效率高、污染小、噪声低等显著优势。

11.4.1　燃料电池的工作原理

燃料电池本质上是一种电化学能量转换装置，因此，它的基本结构与通常的电池是类似的，一般由含有电催化剂的阴阳极、两电极间导电的电解质和一些辅助部件构成。燃料电池工作时，负极（阳极）发生燃料的氧化反应，正极（阴极）发生氧化剂的还原反应，因此，总的反应就是燃料和氧化剂间所发生的氧化还原反应。

以最简单的酸性氢燃料电池为例，如图11-11所示。在燃料电池工作过程中，向阳极和阴极不断地供给 H_2 和 O_2。在催化剂的作用下，阳极的 H_2 失去电子发生氧化反应生成 H^+，H^+ 在电场力的驱动下通过电解质迁移至阴极，而电子则通过外电路定向移动做功并到达阴极构成总的电回路。同时，阴极的 O_2 与外电路传来的电子和电解质传来的 H^+ 发生还原反应生成水。

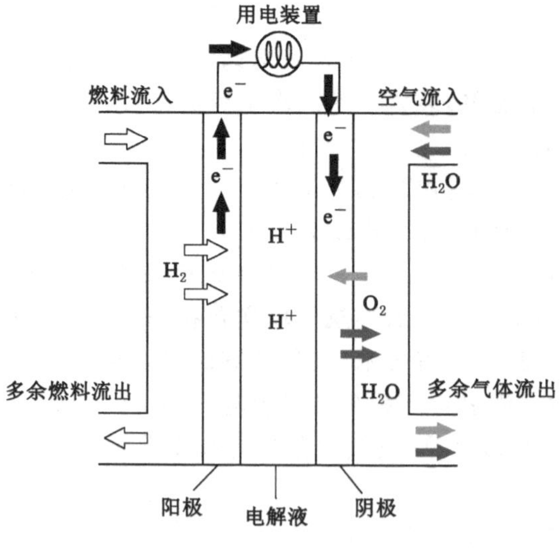

图 11-11　磷酸燃料电池反应示意图

阳极反应：

$$H_2 \longrightarrow 2H^+ + 2e^- \tag{11-45}$$

阴极反应：　$$\frac{1}{2}O_2 + 2H^+ + 2e^- \longrightarrow H_2O \tag{11-46}$$

对于碱性电解质，燃料电池中所发生的电化学反应如下：

阳极反应：　$$H_2 + 2OH^- \longrightarrow 2H_2O + 2e^- \tag{11-47}$$

阴极反应：　$$\frac{1}{2}O_2 + H_2O + 2e^- \longrightarrow 2OH^- \tag{11-48}$$

显然，无论采用酸性还是碱性的电解质，氢燃料电池的总反应都可以表示为：

$$H_2 + \frac{1}{2}O_2 \longrightarrow H_2O \tag{11-49}$$

因此，氢燃料电池的反应过程是电解水反应的逆过程。原则上，只要外部不断提供反应物质，燃料电池便可以源源不断地向外部输出电能，所以燃料电池是一种发电装置，也是能量转换装置。

从燃料电池的工作方式上看，它与常规的热机类似。但是燃料电池与常规热机的差别在于热机是一种机械装置，它首先通过燃料将反应物的化学能转变为热能，然后转变为机械能，最后转化为电能。由于每一步都具有一定的不可逆性，因此热机的总体效率通常不高。而燃料电池是一种电化学装置，其能量转换过程直接由化学能到电能一步实现，中间未经过燃烧过程，所以效率较高。

11.4.2　燃料电池类型

燃料电池可以根据燃料和电解质的类型、系统的运行温度等进行分类。按工作温度，燃料电池可以分为低温、中温、高温和超高温燃料电池，所对应的工作温度范围一般是 25～100 ℃、100～500 ℃、500～1 000 ℃及大于 1 000 ℃。按燃料的类型，燃料电池可以分为直接型、间接型和再生型燃料电池。直接型燃料电池是指燃料不经过转化步骤直接参加燃料电池的电极反应，比如氢-氧燃料电池；间接型燃料电池是指燃料不直接参加电化学反应，而是要通过重整等方法将燃料转化后再供给燃料电池发电，比如将甲醇重整成为富氢混合气作为燃料电池的燃料；再生型燃料电池则是指将燃料电池反应生成的水经过某种方式（如热和光等）分解成氢和氧，再将氢和氧重新输入燃料电池中发电。

常用的分类方法是按燃料电池所采用的电解质的类型分类。一般根据燃料电池的电解质性质，将燃料电池分为五大类。碱性燃料电池（AFC）一般以碱性的氢氧化钾溶液为电解质；磷酸燃料电池（PAFC）以浓磷酸为电解质；熔融碳酸盐燃料电池（MCFC）以熔融的锂-钾或锂-钠碳酸盐为电解质；固体氧化物燃料电池（SOFC）以氧离子导体固体氧化物为电解质；质子交换膜燃料电池（PEMFC）通常以全氟或部分氟化的磺酸型质子交换膜为电解质。表 11-4 所列为燃料电池的分类及技术特点，图 11-12 为各种燃料电池工作原理示意图。

表 11-4　燃料电池的分类及技术特点

类型	AFC	PAFC	MCFC	SOFC	PEMFC
电解质	KOH 溶液	H_3PO_4 溶液	熔融 K_2CO_3-Li_2CO_3	固体 ZrO_2-Y_2O_3	全氟质子交换膜
导电离子	OH^-	H^+	CO_3^{2-}	O^{2-}	H^+
工作温度/℃	50～90	100～200	600～700	500～1 000	60～80
发电效率/%	60～90	55	65	60～65	40～60

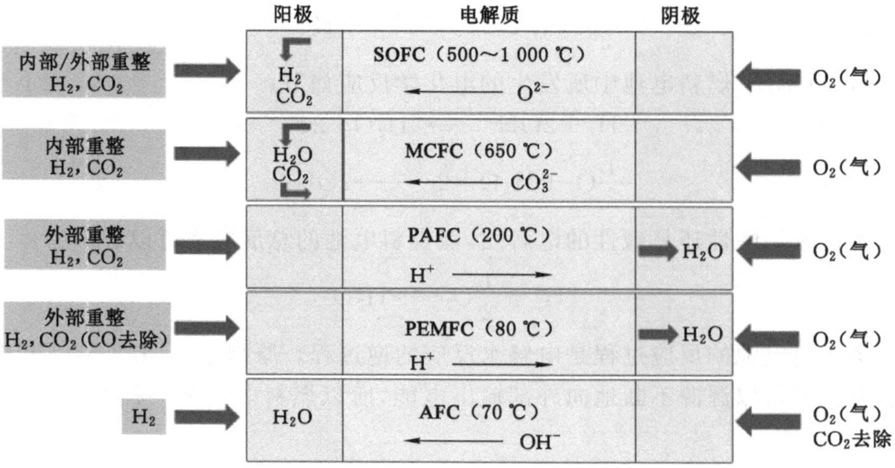

图 11-12　各种燃料电池工作原理示意图

(1) 碱性燃料电池(AFC)

阳极反应：
$$H_2+2OH^-\longrightarrow 2H_2O+2e^- \tag{11-50}$$

阴极反应：
$$\frac{1}{2}O_2+H_2O+2e^-\longrightarrow 2OH^- \tag{11-51}$$

碱性燃料电池是最早研发和成功应用的燃料电池类型之一。该类电池以 KOH 溶液为电解质，有着较高的电池功率密度，而且性能也较为可靠。但是，Au、Pt、Ag 等贵金属作为催化剂成本太高而不能被广泛应用，而且该电池电解质 KOH 溶液具有较大的腐蚀性，使用不安全，电池寿命较短，必须使用纯氢气-氧气等，这一系列的问题限制了 AFC 的发展。

(2) 磷酸燃料电池(PAFC)

阳极反应：
$$H_2\longrightarrow 2H^++2e^- \tag{11-52}$$

阴极反应：
$$\frac{1}{2}O_2+2H^++2e^-\longrightarrow H_2O \tag{11-53}$$

磷酸盐燃料电池是一种在酸性环境中工作的燃料电池，以磷酸为电解质的 PAFC 的性能不受反应气和产物中的 CO_2 所影响。它可以耐受含量高达 2% 的 CO，并且可以通过改良的天然气和石油进行操作。该技术已被开发用于远程或组合热功率发电。优点是 PAFC 技术已经相对成熟，电解质的成本也相对较低。但是磷酸具有较强的腐蚀性，经测试表明其寿命难以超过 40 000 h，而且还需要昂贵的 Pt 催化剂。

(3) 熔融碳酸盐燃料电池(MCFC)

阳极反应：
$$H_2+CO_3^{2-}\longrightarrow H_2O+CO_2+2e^- \tag{11-54}$$

阴极反应：
$$CO_2+\frac{1}{2}O_2+2e^-\longrightarrow CO_3^{2-} \tag{11-55}$$

MCFC 与燃气轮机联合循环系统是一种高效的能量转换系统，通过将两种技术结合，可以显著提高整体电力生产的效率。对于煤制燃料的操作，MCFC 比 PAFC 更有优势。优点是密封组装技术简单，难度低，造价低。缺点是熔融的碳酸盐具有较强的腐蚀性，易挥发；材料相对昂贵，使用寿命短；发电效率较低。

(4) 固体氧化物燃料电池(SOFC)

阳极反应：　　$2O^{2-}+2H_2 \longrightarrow 2H_2O+4e^-$　　(11-56)

阴极反应：　　$O_2+4e^- \longrightarrow 2O^{2-}$　　(11-57)

高温的 SOFC 操作提供了一个重要的热力学优势，因为它可以作为三重循环的顶循环，与燃气轮机和蒸汽轮机相结合。固体氧化物燃料电池采用固体电解质，因此不存在催化剂中毒、泄漏或其他类型燃料电池蒸发的问题。而且燃料选择灵活，具有相对高的功率密度。SOFC 工作温度比较高，在 500～1 000 ℃之间，比较来看，能源转化效率高，而且它不需要用昂贵的催化剂，适合于大型集中式供电、分布式发电、热电联供。在交通领域已有应用，尤其是重型卡车。

(5) 质子交换膜燃料电池(PEMFC)

阳极反应：　　$H_2 \longrightarrow 2H^+ +2e^-$　　(11-58)

阴极反应：　　$\frac{1}{2}O_2+2H^+ +2e^- \longrightarrow H_2O$　　(11-59)

质子交换膜燃料电池被认为是燃烧式发动机和一次、二次电源较为可靠的替代品。该类电池使用酸性电解质，有较低的工作温度，在一般为 60～80 ℃，使用寿命较长，而且运行比较可靠，有较高的电流密度，可以说功率密度是所有燃料电池中最高的。但不足之处是要使用昂贵的贵金属催化剂，且对氢燃料的纯度要求高，对 CO 和 S 的容忍度也很差。从商业角度，PEMFC 在中国的市场占比较大，工作温度比较低，因此它启动比较快，主要应用在交通方面。

燃料电池根据电池种类不同和电池堆的大小，其输出功率是可设计的。燃料电池的输出功率范围广泛，从小型便携设备的几瓦到大型发电厂的几兆瓦不等。具体输出功率取决于燃料电池的类型、设计规模和应用场景：PEMFC，适用于交通运输和小型电源，功率为几十瓦到几百千瓦；SOFC 和 MCFC，适用于大型固定电源和工业发电，功率为几千瓦到几兆瓦；PAFC，适于商业和工业领域，功率为几十千瓦到几兆瓦；AFC，主要用于特殊领域和便携设备，功率为几瓦到几十千瓦。

11.4.3　燃料电池的组成及结构

燃料电池的系统非常复杂，由多个部分组成，主要包括燃料电池单元、燃料与处理单元、直交流转换单元和热量管理单元等。一个标准的燃料电池发电系统必须包含可以进行电化学反应的燃料电池电堆，给电堆发电提供必要的氢气和氧气的设备，给氢气和氧气进行加湿使电堆水平衡的加湿模块，给整个系统进行散热的散热设施。燃料电池单元是发生电化学反应的单元，在这里燃料和氧化剂中的化学能被转换为电能，因此燃料电池是整个燃料电池系统的心脏，直接决定燃料电池的好坏。燃料电池通常是由许多单体燃料电池组成的电池堆。

以质子交换膜燃料电池为例，其电堆及单电池片结构如图 11-13 和图 11-14 所示。电堆由端板、绝缘板、集流板、单电池片、螺栓或钢带等组成。电堆主体部分由多个单电池片串联叠加组成，单电池片主要包含双极板、气体扩散层、膜电极与密封圈等组件。电堆工作时，其两侧分别充入氢气和氧气，反应气体进入双极板流道中开始循环。氢气通过气体扩散层，在催化层作用下通过质子交换膜，同时丢失电子，电子通过外电路完成转移，从而实现发电。由于化学反应过程中产生大量热，需要对电池系统进行冷却。双极板作为燃料电池的骨架，起结构支撑、通入气体、传导电流等作用，因此双极板应具有良好的强度、耐腐蚀性与导电性。

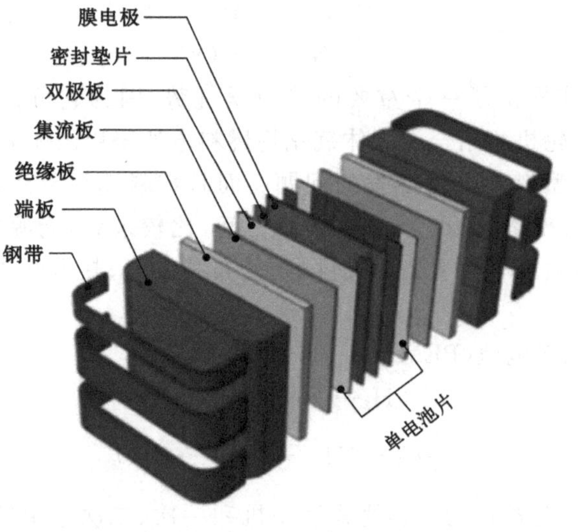

图 11-13 燃料电池电堆结构示意图

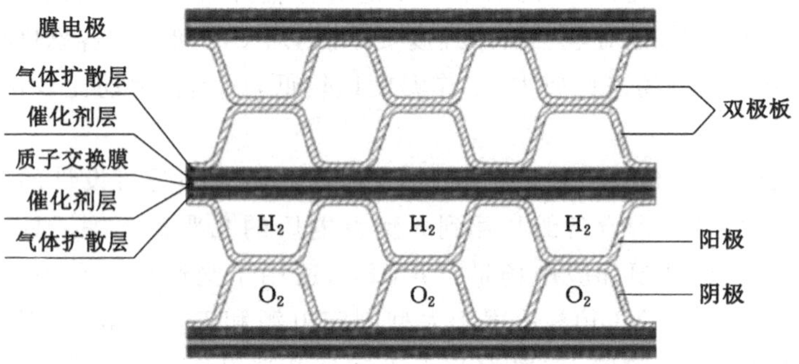

图 11-14 单电池片结构示意图

11.5 氢能发展现状和前景

在“双碳”战略大背景下，氢能不仅是能源，还是重要载体，能够将传统化石能源和可再生能源连接起来，因此，氢能被视为传统能源与未来能源的“黏合剂”。

中国能源结构存在着特殊性，即煤多，油气、非化石能源、核能占比较小。目前，我国的制氢方式主要以煤制氢为主，二氧化碳资源化回收及高值化利用不足，对比欧美国家和地区，中国核电占比也小。我国面临的以上问题意味着中国减碳难度更大，因此需要更好更快发挥氢能的转化作用。

对于氢能的发展利用，各国有不同技术路线和发展模式。日本发展氢能主要是解决国家的能源安全问题，澳大利亚主要是发展氢能贸易，欧洲是为了解决工业脱碳问题，美国主要是固定式发电，韩国主要是发展氢燃料电池汽车。我国对氢能的认识正逐步深入，从最初对氢能的制备技术、成本、安全等问题存在诸多争议，到工业制备技术成熟，氢能已成为重要的补充能源。2022 年 3 月 23 日《氢能产业发展中长期规划(2021—2035 年)》颁布，标志着氢能成为中国能源的重要组成部分。

发展氢能作为我国低碳发展的重要途径，主要具有以下优势：一是在现有能源结构基础上，具有较大的节能和提高能效的减排潜力；二是调整能源结构，加大可再生能源的比例，降低化石能源比例。

在制氢方面，全世界的纯氢产量超过 7 000 万 t，最大可达 1.1 亿 t，主要用于化工精炼、合成氨等领域，而交通领域的消费占比不到 0.1%。我国是全球最大的产氢国之一，产氢能力超过 4 100 万 t，实现产量在 3 300 万 t 左右，但在交通领域应用也只有 0.1%左右。我国可再生能源电解水制氢在市场应用和技术水平方面均落后于国际水平，根据相关统计，2022 年全国电解水制氢产量只有 4.2 万 t。在供氢产业方面，2020 年全球加氢站共有 544 座，其中中国 128 座，日本 137 座，韩国 56 座，欧洲 145 座，美国 45 座。

在氢气的储存和运输方面，日本储运氢的技术处于领先地位，已经突破 45 MPa 高压长管拖车储运氢技术并制定法规。预计到 2030 年，日本加氢站数量可达 1 000 座以上。欧盟在储运氢技术方面也处于领先地位，如采用长管拖车、液氢槽车、氢气管道等。美国在储运氢方面，高压气氢、液氢与管道并行发展，加氢站部署主要集中在加利福尼亚州。目前，我国加氢站的设计、建设和三大关键设备(45 MPa 大容积储氢罐、35 MPa 加氢机整机和 45 MPa 隔膜式压缩机)均已实现国产化，供氢主要采用压缩氢气方式进行储存和运输，加氢站技术以 35 MPa 的为主。

氢能与电能的耦合，是解决“双碳”问题的重要选择。在氢能的应用方面，目前燃料电池的出货类型以 PEMFC 和 SOFC 为主。2020 年，全球燃料电池出货量超过 8 万台，主要是小型的家庭型热电联供。

未来，氢能的重要新兴领域还有氢冶金、天然气管网掺氢、燃料电池无人机等。我国氢能产业发展的基础是拥有比较丰富的氢气资源，可以支撑我国中长期氢能源发展愿景。

从氢能源与燃料电池发展存在的问题来看，在制氢成本方面，中国发展重点是以可再生能源为主体的绿氢，重点发展的燃料电池是质子膜燃料电池。对于氢能源产业发展总体目标，2021—2025 年是政策引导、局部示范导入期；2026—2035 年是市场驱动商业模式培育期；2036—2050 年是产业生态绿色智慧成熟期。在碳中和阶段，计划通过 10～15 a 的努力，为碳中和提供基础设施、技术应用平台。

思考题

1. 简述未来氢能产业链。
2. 什么是灰氢、蓝氢、绿氢？请概述它们的制取方法及优缺点。
3. 叙述煤气化制氢原理及工艺路线。
4. 叙述天然气制氢原理及工艺路线。
5. 电解水制氢的技术类型有哪些？其各自的优缺点是什么？
6. 常用的储氢方式有哪些？请概述其基本方法。
7. 简述五种燃料电池的工作原理和电池结构。
8. 各种燃料电池的发展壁垒有哪些？

第12章　天然气水合物开发与利用

天然气水合物因矿藏资源储量巨大、分布广泛、燃烧清洁，被认为是一种非常重要的未来潜在替代能源。本章详细介绍了天然气水合物的概念、组成、结构、分布和形成机理等，并对天然气水合物开采方式从原理上做出详细介绍，同时介绍了天然气水合物技术在工业上的典型应用。最后，介绍了天然气水合物发展现状和前景。

12.1　天然气水合物概述

天然气水合物作为重要的能源物质，引起越来越多国家的重视。我国也将其定为战略性能源，近年来在天然气水合物开采领域取得了巨大的进步，是第四个通过国家研发计划采到天然气水合物实物样品的国家。

天然气水合物是烃类气体分子等小分子气体与水在低温（－15～10 ℃）、高压（1～9 MPa）条件下形成的，因其外表似冰，可以燃烧，俗称可燃冰。据天然气水合物的形成条件分析，地球上的天然气水合物蕴藏量十分丰富，大约27%的陆地（大部分分布在永冻区）和90%的海域都含有天然气水合物。保守估计，天然气水合物中有机碳的含量是煤、石油、天然气等化石能源中总有机碳含量的两倍。作为重要的能源矿藏，天然气水合物资源引起越来越多国家的高度重视。图12-1展示了天然气水合物的燃烧状态。

图12-1　正在燃烧的天然气水合物

12.1.1　天然气水合物的组成

天然气水合物(natural gas hydrates，NGH)是烃类气体分子、二氧化碳及硫化氢等小分子气体与水在低温高压条件下相互作用形成的白色固态结晶物质，是一种非化学计量型晶体化合物，或称笼形水合物、气体水合物。自然界中存在的天然气水合物中天然气的主要成分为甲烷(体积分数＞90％)，所以又称甲烷水合物。

天然气水合物可以看作一类主-客体(host-guest)物质，水分子(主体分子)形成一种空间点阵结构，气体分子(客体分子)则充填于点阵间的空穴之中。形成点阵的水分子之间靠较强的氢键结合，而气体分子和水分子之间的作用力为范德瓦耳斯力。主体分子空间的大小与客体分子必须匹配，才能生成稳定的水合物。例如，氦气、氢气(直径小于 0.3 nm)因分子太小而不能形成水合物，但许多简单分子，如单原子的氩、氪，双原子的氧气、氮气、轻烃、硫化物等都能形成水合物。由于客体分子在空隙中的分布是无序的，不同条件下晶体中的客体分子与主体分子的比例不同，因而水合物没有确定的化学分子式，是一种非化学计量的化合物，可用 $M\cdot nH_2O$ 来表示，其中 M 代表水合物中的气体分子(客体分子)，n 为水合指数(也就是水分子数)。组成天然气的成分如甲烷、乙烷、丙烷、丁烷等同系物以及二氧化碳、氮气、硫化氢等可形成单种或多种天然气水合物。从结晶化学上说，甲烷水合物就是甲烷与水的笼形结构物。在标准状况下，甲烷气体与甲烷水合物的体积比为 164∶1，也就是说单位体积的甲烷水合物分解可产生 164 个单位体积的甲烷气体(标准状态下)，同时分解出 0.8 个单位的水，因而是一种重要的潜在能源。

宏观上看，天然气水合物多呈白色或浅灰色，是一种晶体，有的则呈分散状胶结沉积物颗粒，有的以结核状、弹丸状和薄层状的集合体形式赋存于沉积物之中，还可能以细脉状充填于沉积物的裂隙之中。

12.1.2　天然气水合物的结构形态

天然气水合物的结构特点可以总结为：水分子形成结晶水晶格的笼形结构，然后将气体分子包络在笼形结构中。迄今为止在自然界发现的水合物结构有三种：Ⅰ型结构、Ⅱ型结构和 H 型结构。天然气水合物立方笼形结构如图 12-2 所示。

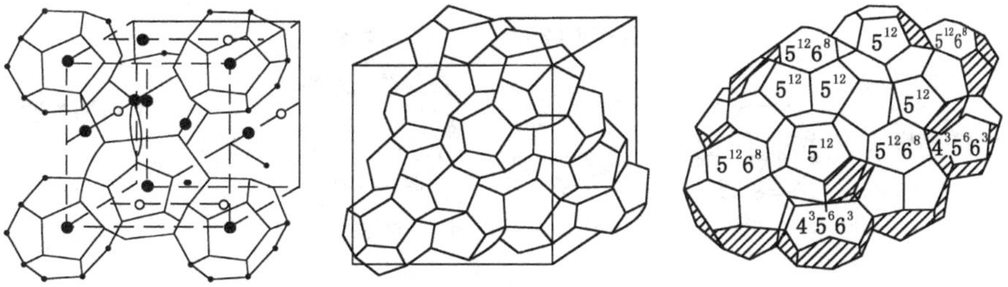

(a) Ⅰ型结构水合物　　(b) Ⅱ型结构水合物　　(c) H型结构水合物

图 12-2　天然气水合物立方笼形结构示意图

Ⅰ型结构为立方晶体结构，如图 12-3(a)所示，包含 46 个水分子，由 2 个小空隙和 6 个大空隙组成。小空隙为五边形十二面体(5^{12})，大空隙是由 12 个五边形和 2 个六边形组成的十四面体($5^{12}6^2$)。5^{12}空隙由 20 个水分子组成，其形状近似为球形，$5^{12}6^2$空隙则是由 24 个水分子组成的扁球形结构。对于Ⅰ型结构的水合物，当所有空隙都被客体分子所占据时，

理想分子式为 $8M \cdot 46H_2O$(或 $M \cdot 5.75H_2O$),式中 M 表示客体分子,5.75 称为水合数。Ⅰ型结构在自然界中分布最为广泛,但仅能容纳甲烷(C_1)、乙烷(C_2)这两种小分子的烃,还有氮气、二氧化碳、硫化氢等非烃分子。

Ⅱ型结构为菱形晶体结构,如图 12-3(b)所示,包含 136 个水分子,由 8 个大空隙和 16 个小空隙组成。小空隙也是 5^{12} 空隙,但直径略小于Ⅰ型结构 5^{12} 空隙的。大空隙是包含 28 个水分子的立方对称准球十六面体($5^{12}6^4$),由 12 个五边形和 4 个六边形所组成。对于Ⅱ型结构的水合物,当所有空隙都被客体分子所占据时,理想分子式为 $24M \cdot 136H_2O$(或 $M \cdot 5.67H_2O$)。Ⅱ型结构除包容甲烷(C_1)、乙烷(C_2)等小分子外,较大的"笼子"(水合物分子中水分子间的空穴)还可容纳丙烷(C_3)及异丁烷(i-C_4)等烃类。

H 型结构为六方晶体结构,如图 12-3(c)所示,包含 34 个水分子,单晶中有三种不同的空隙,3 个 5^{12} 小空隙,2 个 $4^3 5^6 6^3$ 中空隙和 1 个 $5^{12} 6^8$ 大空隙。$4^3 5^6 6^3$ 空隙是由 20 个水分子组成的扁球形十二面体,$5^{12} 6^8$ 空隙则是由 36 个水分子组成的椭球形十二面体。对于 H 型结构的水合物,当所有空隙都被客体分子所占据时,理想分子式为 $6M \cdot 34H_2O$(或 $M \cdot 5.67H_2O$)。其大的"笼子"甚至可以容纳直径超过异丁烷(i-C_4)的分子,如 i-C_5 和其他直径在 7.5～8.6 Å 之间的分子。Ⅱ型和 H 型水合物比Ⅰ型水合物更稳定。H 型结构水合物早期仅见于实验室,1993 年才在墨西哥湾大陆斜坡发现其天然形态。除墨西哥湾外,在格林大峡谷地区也发现了Ⅰ、Ⅱ、H 型三种水合物共存的现象。

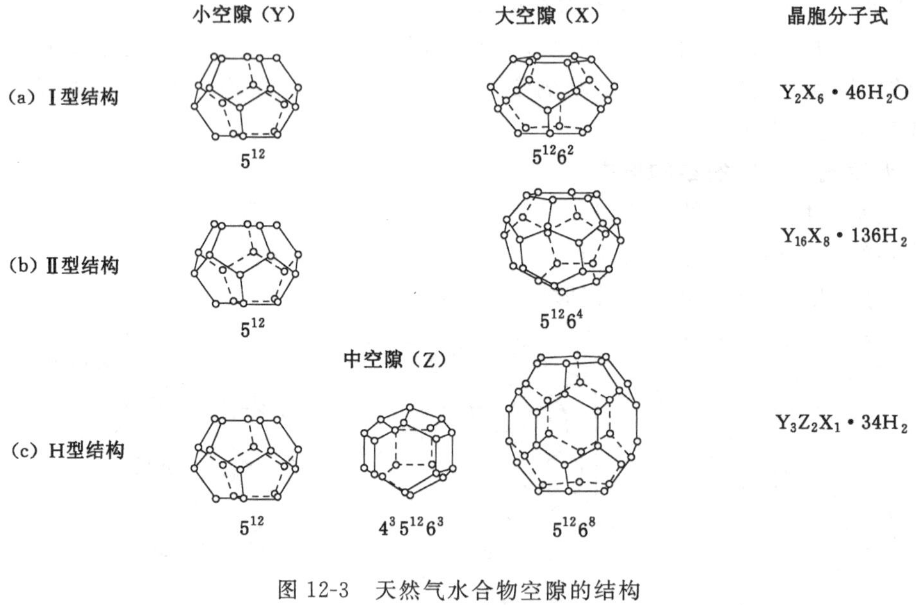

图 12-3　天然气水合物空隙的结构

天然气水合物中,客体分子在主体水分子所形成的笼形空隙中的分布是无序的,只有当客体分子达到一定的空隙占有率时水合物晶体才能稳定存在。客体分子的空隙占有率通常随水合物生成条件的变化而变化,但其变化规律比较复杂。通常客体分子在大空隙中的占有率大于在小空隙中的,大空隙的占有率往往超过 0.9 甚至接近 1。至于形成哪一种水合物晶体结构,主要由客体分子的大小决定,另外也受客体分子形状、是否有辅助成晶体颗粒等因素的影响。

12.1.3　天然气水合物的性质

对水合物结构了解是研究水合物组成、相平衡热力学的基础，也是从微观角度进行反应动力学特性研究的基础。水合物是一种由水分子、碳氢分子组成的结晶状固态络合物。结晶体以紧凑的格子构架排列，与冰的结构非常相似。水合物结构中作为客体分子的碳氢分子填充在水分子晶体格架中，两者在低温和一定压力下通过范德瓦耳斯力稳定地结合在一起。天然气气体成分不同，所形成的晶体结构也不相同。表 12-1 给出了天然气水合物与冰的主要物理性质的比较。

表 12-1　天然气水合物与冰的物理性质比较

项目	冰	水合物	
		Ⅰ	Ⅱ
导热系数 λ/[W/(m·K)]	2.30	0.62	
比热容 C/[kJ/(kg·K)]	2.04	2.04	
晶格直径(0 ℃)/10^{-10} m	4.52	11.97	17.14
体积热膨胀系数/K^{-1}	1.5×10^{-4}	1.5×10^{-4}	1.7×10^{-4}
等温杨氏模量(−5 ℃)/10^9 Pa	9.5	8.4	8.2
泊松比	0.33	0.33	0.33
绝热体积压缩系数(0 ℃)/10^{-11} Pa	12	14	14
纵向声速/(km/s)	4.0	3.8	3.8
水晶格焓值(0 ℃与气体比较)/(kJ/mol)	−51.01	−50.2	−50.2
晶格能量(0 K)/(kJ/mol)	−47.3	略低于冰	略低于冰
剩余熵(0 K)/[J/(K·mol)]	3.43	略低于冰	略低于冰
密度(0 ℃)/(g/cm³)	0.912	CH_4：0.910； C_2H_6：0.951	C_3H_8：0.883； i-C_4H_{10}：0.892

12.1.4　天然气水合物的形成机理

有学者进行了笼形水合物生成的机理和动力学研究认为：当非极性分子溶于水中时，它周围的水分子将围绕气体分子排列形成不稳定的簇团(labile clusters)，簇中水分子的数目取决于气体分子的大小。这种簇团是不稳定的，但对水合物的生成有重要的作用。簇团内非极性分子相互吸引，产生“增水键合”，从而聚结成团。这种聚结作用使得形成的簇团间达到平衡，形成较为稳定的结构。在它们没有达到某个聚结临界值之前，可以增大或缩小；当达到或超过此临界值时，则形成水合物的核。他们假设水合物形成机理如图 12-4 所示。

可以认为，水合物生成过程类似于结晶过程，包括成核、生长两个阶段。水合物成核是指形成临界尺寸、稳定水合物核的过程；水合物生长是指稳定核的成长过程。晶核的形成比较困难，一般都包括一个诱导期，而且诱导期具有很大的不确定性。当过饱和溶液中的晶核达到某一稳定的临界尺寸时，系统将自发进入水合物快速生长期。水合物生成动力学示意图如图 12-5 所示。

12.1.5　天然气水合物资源潜力及分布

形成天然气水合物有三个基本条件：低温、高压和气源。首先是低温，天然气水合物在

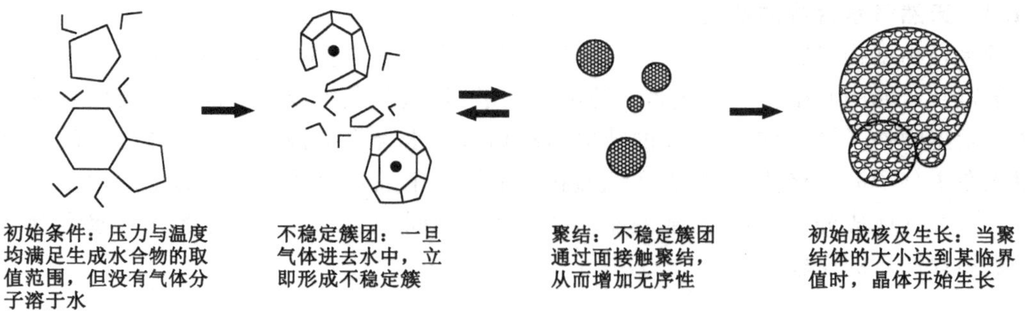

图 12-4　水合物形成机理示意图

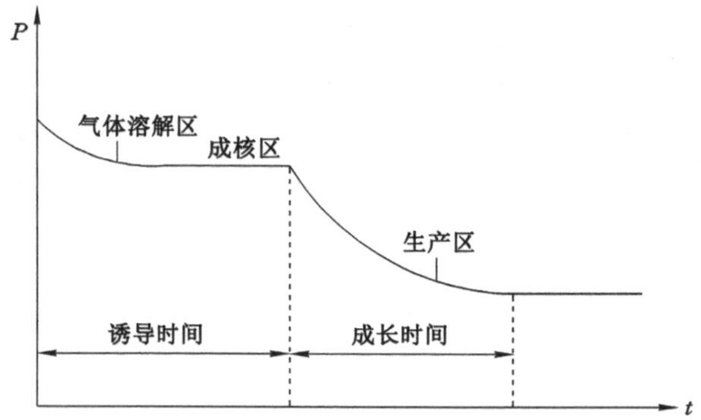

图 12-5　水合物生成动力学示意图

−15～10 ℃生成(海底温度一般保持在 2～4 ℃)，超过 20 ℃便会分解；其次是高压，天然气水合物在 0 ℃时，只需 3 MPa 便可以稳定存在，而以海洋的深度，3 MPa 很容易保证，并且气压越大，水合物就越不容易分解；最后是充足的气源，海底的有机物沉淀，其中丰富的碳氢化合物经过生物转化，可产生充足的气源。海底地层是多孔介质，在温度、压力、气源三者都具备的条件下，天然气水合物就会在介质的空隙中生成。

天然气水合物层段中天然气量的大小主要取决于 5 个参数：① 水合物分布面积；② 储层厚度；③ 孔隙度；④ 水合指数；⑤ 天然气水合物饱和度。天然气水合物层段中天然气体积可表达为：天然气水合物层段内天然气体积＝天然气水合物分布面积(m^2)×天然气水合物厚度(m)×天然气水合物储层孔隙度×天然气水合物饱和度×天然气水合物产气因子(水合指数为 6.325 时产气因子 164，水合指数 7.474 时产气因子为 139)。

根据国际天然气水合物“容积法”计算，取全球海域含天然气水合物矿层面积(5～6)×10^7 km^2、矿层沉积水合物厚度为 500 m、沉积物孔隙度为 50%、孔隙率 10%，计算出全球天然气水合物的总资源量为(1.8～2.1)×10^{16} m^3，总有机碳含量高达 10×10^8 t，是目前全球天然气储量(187.3×10^{12} m^3)的 100 倍，大约是目前已知的全球常规化石能源(包括煤炭、石油、天然气)储量的 2 倍。可采年限＞1 000 a。其中，海域天然气水合物资源量占 99%，主要分布在 300 m 深的海底及海底下数百米沉积层中；陆地天然气水合物资源量仅占 1%，主要分布在地面下 200～2 000 m 的永久冻土层中。

我国海陆域均有天然气水合物分布。经初步评价，我国陆上祁连山南缘及青藏高原地区天然气水合物资源量可达 400 亿 t 左右油当量;而我国南海海域天然气水合物资源量则高达 800 亿 t 油当量。目前通过海洋地质调查,已在南海北部陆坡区圈定了 6 个成矿远景区及 25 个有利区块和 24 个钻探目标区。自 2007 年以来先后通过 3 个航次的钻探,已确定 2 个相当于千亿立方米以上天然气储量规模的可燃冰矿藏。

12.2　天然气水合物开采

全球已经钻探了超过 100 口井专门用于天然气水合物研究和勘探,通过海洋及陆域地质调查,目前已实施或正在实施开展天然气水合物调查研究与勘查区域已遍及全球,但主要集中于北美和亚太地区。

12.2.1　天然气水合物勘探

天然气水合物的形成与赋存需要独特的温压和地质条件。除了海底钻探和海底沉积物取样能获得少量样品外,绝大多数天然气水合物的分布只能通过地质、地球物理和地球化学等间接方法确定,尤其是地震识别标志。用于识别水合物的地震标志主要有拟海底反射(bottom simulating relections,BSR)、空白地震反射带、拟海底反射极性反转、BSR 上下方沉积层速度结构异常、振幅随偏移距变化(AVO)、波形反演及各种地震属性等。

(1) 常规地震剖面上拟海底反射

对于海洋沉积物中水合物的勘测而言,BSR 技术在 1953 年首次使用,且随着深海记录的不断革新而发展。在该项技术中,声波可抵达海洋底层,并产生反射,反射时间是可以测量的。有学者在布莱克的单道地震剖面上发现了一个与海底平行且与一些弱反射层斜交的异常强反射。深海钻探第 11 航次后,这一异常反射被解释为天然气水合物沉积的底界,定名为拟海底反射。这一发现后来被多次深海钻探与大洋钻探所证实,因而通过地震调查可以圈定海洋天然气水合物的大致分布范围,地震方法也成为海洋天然气水合物研究的重要工具。地震剖面上的拟海底反射通常具有与海底大体平行、负极性、高振幅、与沉积层理斜交的特点,可以指示含水合物沉积层与含游离气沉积层或含水沉积层的相边界。在一些地区,BSR 上方振幅极小,呈现空白带的拟海底反射。BSR 研究已经有几十年的历史,大量的地震研究和大洋钻探工作确实表明 BSR 特征与天然气水合物、游离气分布具有一定的关系。拟海底反射图像如图 12-6 所示。

在海底不同密度的介质中,声波的传播速度是不同的,因此 BSR 技术通常可用来显示水合物的基线。当纵波速度(v_p)急剧下降且剪切速度(v_s)急剧上升时可用于确定水合物的基线。

(2) 常规地震剖面上的速度-振幅异常结构现象

在块状水合物赋存处存在明显的强振幅异常,虽然块状水合物的地震波阻抗很高,但由于其厚度已小于现有地震波分辨率,受地震波调谐作用的影响,剖面上难以看到正常 BSR。块状水合物地层的高速度和 BSR 之下游离气引起的低速度造成了明显的上部速度上拉、下部速度下拉现象,两者垂向叠置,称为速度-振幅异常结构(VAMP)现象。当块状水合物厚度较小时,其高速度造成的地震波形的上隆现象并不明显,但由游离气层低速的地震波形下坳现象是明显的,且有限的上隆直接覆盖在多层的下坳之上,所以 VAMP 现象仍然显著,这使得 VAMP 现象的存在成为判断水合物层存在的另一项重要特征。

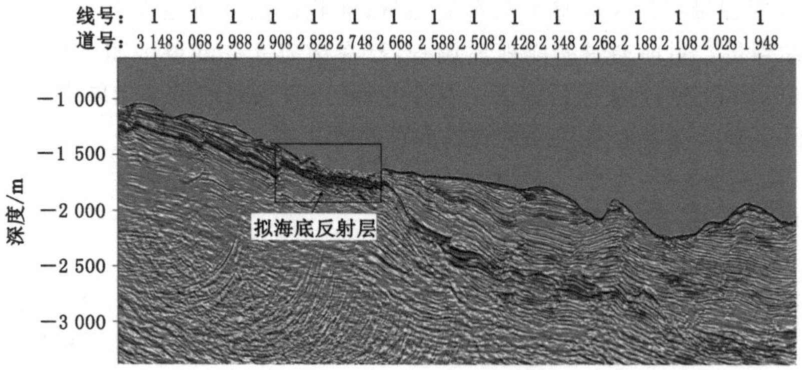

图 12-6　拟海底反射图像

(3) 天然气水合物测井识别标志

学者们通过钻探在全球发现了天然气水合物并且进行了测井分析，分析表明，含天然气水合物沉积层有如下测井识别标志。

① 气测异常

在含水合物岩层钻井过程中，泥浆和钻头等外界引入的热量可以分解井壁的水合物，形成气体异常。泥浆录井和气测录井中有明显的显示。

② 井径扩大

钻井过程中井壁水合物本身的分解会造成井径扩大，同时水合物的分解将使岩石稳定性变差，出现局部坍塌，也会使井径明显扩大。

③ 电阻率升高

岩层空隙被水合物充填后导电率降低，即电阻率升高。在电阻率法的导电模型中，将天然气水合物作为不导电的骨架进行处理，因此电阻率曲线呈现超厚层的稳定高幅形态，这在测井曲线上是极易识别的。与饱和水层相比，天然气水合物层表现出相对高的电阻率偏移，一般是水电阻率的 50 倍以上。

④ 低自然电位

与含游离气层相比，含水合物层存在较低的自然电位异常，而且长电位与短电位分离。

⑤ 密度降低，声波速率增大

由于天然气水合物能提高地层内的声速(纯水合物的横波速度为 3 000 m/s)，而天然气水合物层以下的游离气层内的声速又迅速降低，因此声波测井在天然气水合物地层中得到了很好的应用。与含水或含游离气沉积层相比，含水合物沉积层的密度降低，声波速度增大，水合物底界面存在速度负异常的现象。图 12-7 所示是某钻孔含天然气水合物层段测井曲线。

(4) 天然气水合物取芯

取芯是指在钻井过程中用取芯工具取得地层岩石样品的作业，分为钻井取芯和井壁取芯两类。钻井取芯是利用取芯钻头将井底岩石进行环形破碎，中间保留一圆柱状的岩芯，当钻取一定长度后，将其割断，并提至地面；井壁取芯是利用测井电缆将取芯器下入井中，用炸药将取芯器打入井壁，取芯小块岩芯的方法。钻井取芯又分为单筒钻井取芯和连续钻井取芯两种；而根据取芯目的和用途的不同，钻井取芯分为常规取芯和特殊取芯两类，特殊取芯

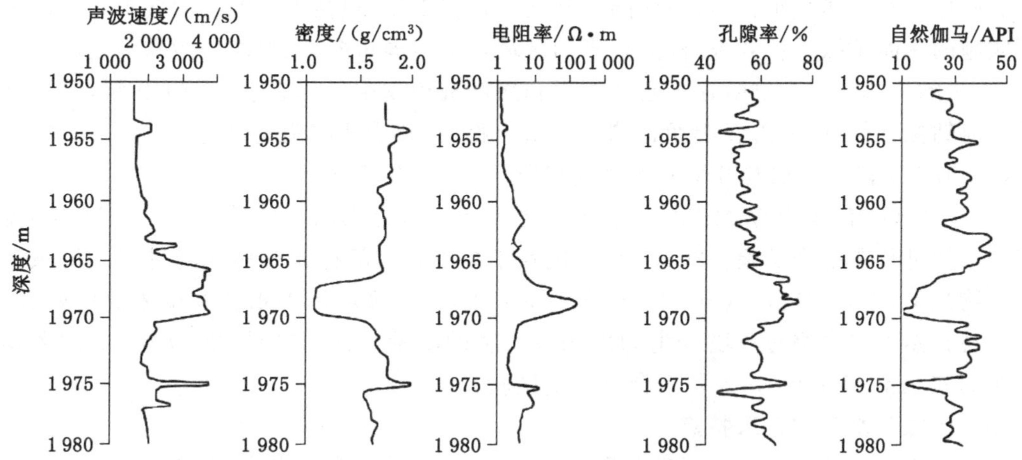

图 12-7　某钻孔含天然气水合物层段测井曲线

包括保压取芯、密闭取芯、定向取芯等。钻井取芯应特别注意井底干净，保持钻井液性能稳定，保持钻井液失水量在 5 mL 以下，否则钻井液失水量过大会浸泡岩芯，在钻井取芯和起钻操作上要注意平稳。天然气水合物取样技术大体上可以分为保温保压水合物取样技术和非保温保压水合物取样技术。要获得原位压力和温度的高保真岩芯样品，必须采用保温保压取芯器。

12.2.2　天然气水合物开发发展历程

天然气水合物开发的发展历程经历了 4 个主要阶段，即实验室研究阶段、管道堵塞与防治阶段、资源调查研究阶段和试验开采及环境研究阶段。

(1) 第 1 阶段——实验室研究阶段(1778—1933 年)

天然气水合物研究最早始于 1778 年。普里斯特利在利用寒冷冬天的夜晚(约－8 ℃)研究在不同气体存在的情况下水的冻结。他发现二氧化硫和水的混合物形成了冰。随后出于科学好奇，研究人员开始在实验室制备和试验这些新的化合物性能。标志事件：1810 年，英国科学家首次试验合成二氧化硫和氯气水合物。

(2) 第 2 阶段——管道堵塞与防治阶段(1934—1968 年)

该阶段始于 1934 年，此阶段研究主要针对工程需要。人们发现，石油和天然气管道的堵塞可能是由天然气水合物导致的。油气在管道运输过程中需要使用高压，若遇寒冷的气温条件，二者结合就创造了一个理想的天然气水合物形成环境，从而导致油气管道的堵塞。关于天然气水合物研究的重要性后来被工业界所认识，由此拉开了现代气体水合物研究的序幕。研究重点放在了寻找水合物晶体的生长条件上，从热力学角度预测其形成时间以及预防方法，包括使用抑制剂(如甲醇)。标志事件：1934 年，苏联科学家首次在输气管道中发现水合物堵塞天然气管道阻止了天然气输送。

(3) 第 3 阶段——资源调查研究阶段(1969—2001 年)

1964 年，在西伯利亚永久冻土带，苏联人第一次发现了大型甲烷水合物矿床。在接下来的 10 年里，天然气水合物在阿拉斯加西端和加拿大麦肯齐三角洲被发现。随后，人们认识到天然气水合物在深海沉积物中也存在。此阶段已把天然气水合物作为能源资源看待。

为了更好地了解天然气水合物，一些国家开展了很多工作，包括为了解天然气水合物矿床特征而实施的深海钻探系统调查，样品采集的区域包括美国东海岸、墨西哥湾和南美洲。人们发现，大量的天然气水合物赋存于永久冻土和海洋沉积物中。标志事件：1979 年，美国首次利用深海钻探计划（DSDP）在墨西哥湾研究水合物，并开始地震调查研究。

（4）第 4 阶段——试验开采及环境研究阶段（2002 年至今）

2002—2008 年间，加拿大进行了永久冻土天然气水合物的生产性试验。2012 年，美国在阿拉斯加进行了生产试验。2017 年，我国在中国南海北部神狐海域成功进行了海域天然气水合物试采，连续稳定产气 60 d。在此次试采中，中国吸取国外水合物试采的经验教训，更加重视天然气水合物对环境产生的影响及灾害的防治。标志事件：2009 年，加拿大麦肯齐三角洲冻土带 Mallik5L-38 井水合物开发试验。

12.2.3 天然气水合物开采特点

随着人们对天然气水合物研究的不断深入，天然气水合物的勘探技术也日趋完善。但是如何把天然气从水合物中开采出来作为能源利用，至今依然处于不断地摸索和改进中，很多开采方案只是概念模式，有的开采技术和工艺还停留在理论和试验阶段。此外，天然气水合物的不合理开发也可能导致全球性的气候灾难。因此，如何解决天然气水合物开采的安全性、有效性和经济性问题，将是人们面临的挑战。

天然气水合物与常规传统能源不同，煤炭在矿井下是固体，开采后仍是固体；石油在地下是流体，开采后仍是流体；而水合物在埋藏条件下是固体，在开采过程中其形态将会发生变化，会从固态变为气态和液态，也就是说，天然气水合物在开采过程中会发生相变。针对天然气水合物的这一特性，其开采的基本原理是围绕如何人为改变天然气水合物稳定存在的温度和压力条件，促使其不稳定并发生分解，进而产出天然气展开研究的。图 12-8 给出了打破天然气水合物稳定状态的方法，可以通过降低水合物矿藏的压力、提高水合物矿藏的温度、向水合物矿藏中注入化学试剂等使处于稳定状态的水合物发生分解。

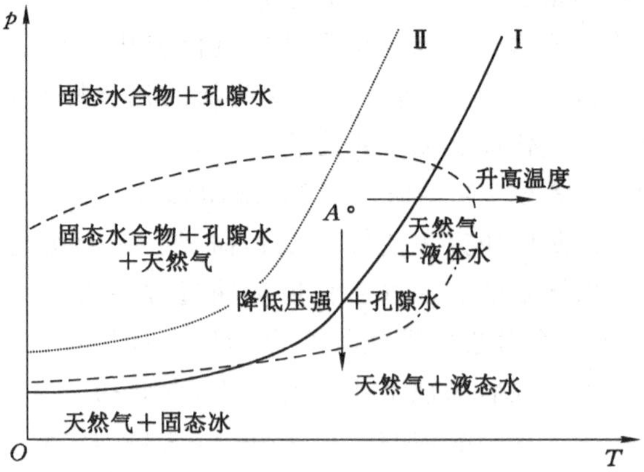

图 12-8 天然气水合物分解的方法

图 12-8 中曲线Ⅰ表示水合物形成相平衡曲线。此时 A 点处于固态水合物区，即位于曲线Ⅰ上部。由于天然气水合物在形成初期有很长的诱导期，目前世界公认的天然气水合物相平衡条件判定标准是：在较高的压力与较低的温度下使水合物大量生成，然后降低压力和

升高温度，使水合物大量分解，若水合物中有微量的水合物存在，保持体系状态不变，经4～6 h后，体系温度和压力都不变，且体系中仍有水合物存在，将此时温度和压力称为水合物相平衡点，不同的相平衡点连接起来构成相平衡线。

图12-8中的曲线Ⅱ代表加入化学试剂后天然气水合物相平衡移动曲线。加入化学试剂后，降低了水合物的分解温度，使原本处于固态区域的水合物脱离固相，打破原有平衡状态，进入天然气和液态水区域，达到分解目的，这便是添加化学试剂法原理。

同时，图12-8也给出了注热法、降压法原理。不断降低水合物层中压力，直到低于水合物相平衡压力，由于水合物本身有自己的蒸汽压，当水合物层压力降低时，水合物分压会降低，此时为了保持其蒸汽压，水合物必须分解，这样便可以实现开采。注热法是通过向水合物层注入温度高的流体，通常注入的是热的水蒸气或者高温液态水，高温流体遇到低温水合物，会提供大量的热量供水合物分解。

12.2.4　天然气水合物开采方法

目前，天然气水合物的勘探技术日趋完善，但是，把天然气水合物作为能源利用，特别是解决天然气水合物的低成本开发技术问题，仍是一个困难。现在这方面的研究尚处于试验阶段，天然气水合物的开采至今仍在不断摸索中。

开发天然气水合物与开发石油、天然气类似，也要进行探矿、储量评价、生产能力评价、采收率评价等，此外还要考虑输送方式和距离等，提出最合适的生产系统。目前全球范围内对天然气水合物的开采都处于探索阶段，实际投入开采的只有苏联的麦索亚哈气田，该气田被水合物藏覆盖，利用降压和加入化学试剂的方法开采，生产高峰时年开采量达$2\times10^9\ m^3$。这一突破性的成功，坚定了人们最终打开天然气水合物宝藏大门的信心。

天然气水合物藏的形成和开采原理是：甲烷气体和水反应生成天然气水合物；天然气水合物分解生成甲烷气体和水。化学反应方程式如下：

$$CH_4(g)+nH_2O(l)\rightleftharpoons CH_4\cdot nH_2O(\text{水合物})$$

当地层压力升高或者温度降低时，反应向右进行，此时地层多孔介质中的甲烷气体分子会结合在水分子中，水分子之间借助氢键形成结晶网格，甲烷气体分子和水分子之间通过范德瓦耳斯力结合成固态形状的水合物。当地层压力降低或者温度升高时，反应向左进行，此时甲烷气体分子和水分子之间范德瓦耳斯力减弱，固体形状的水合物释放出大量的甲烷气体分子。因此，从已经生成天然气水合物的地层中开采天然气，实际上就是天然气水合物的分解反应，即水合物的分解过程。

天然气水合物的开采技术是集多学科、多门类技术于一体的综合性技术，也是当今科学界的前沿课题。目前，大多数有关天然气水合物的开采思路，基本上都是首先考虑人为地打破沉积物中天然气水合物稳定存在的温度、压力条件，将其进行分解，然后采至地面。综合各国科学家提出的开采技术，主要包括以下六类：加热法、降压法、注化学剂法、CO_2置换法、斜井法和开矿法，其中研究较多的是前三类，即加热法、降压法和注化学剂法。

(1) 加热法

将蒸汽、热水、热盐水或其他热流体从地面泵入NGH储层，也可采用开采重油时使用的火烧油层法或利用钻柱加热器，总之只要能促使温度上升使水合物分解都可称为加热法。加热开采方法的主要不足是会造成大量的热损失，热利用效率很低，特别是在永久冻土区，即使利用绝热管道，永冻层也会降低传递给储层的有效热量。

向水合物藏注入热量，当储层温度升高到水合物分解温度后，水合物开始分解。水合物分解需要的热量为 50 kJ/mol(甲烷，273 K)～130 kJ/mol(丙烷，273 K)。这种方法的最大问题是热量会随着传递而损失在周围的岩石和分解后的水中。如果没有热量损失，那么注入能量约为开采热的 10%。由于存在着大量的热量损失，这种方法开采水合物成本很高。

为了提高加热法的效率，采用井下装置加热，井下电磁加热方法就是其中之一。实践证明，电磁加热法是一种比常规开采技术更为有效的方法，在开采稠油方面已显示出有效性。这种方法是在垂直(或水平)井中沿井的延伸方向在紧邻天然气水合物带的上、下层位(或层内)放入不同的电极，再通以交变电流使其生热，从而直接对储层进行加热。储层受热后 NGH 分解产生气体。电磁加热还可很好地降低流体的黏度，促进气体的流动。

加热法的主要缺点是热损失大、效率低。井下电磁加热技术是热激发技术的延伸和拓展，但其设备较复杂，需对很大面积进行加热，这会造成一定的热量浪费。在电磁加热的方法中，微波加热是最有效的方法。

微波开采天然气水合物藏的机理主要有加热作用、造缝作用和非热效应。微波对物质的介电热效应是通过离子迁移和极性分子的旋转使分子运动来实现的。天然气水合物是一种极性分子，它对微波有一定的吸收作用(天然气水合物的介电常数大约为 58)，能量将以热的形式耗散在水合物气藏中。不同物质组分在微波作用下的温度变化和膨胀系数差异极大，因而造成膨胀收缩不均匀，产生热应力，致使地层岩石产生很多微裂缝，从而提高地层的渗透率。同时，天然气水合物是一种极性物质，当微波频率接近天然气水合物分子的固有频率时，极易引起强烈的共振，导致天然气水合物中天然气分子与水分子的结合键发生断裂，进一步促进水合物的分解，进而提高采收率。

(2) 降压法

可通过降低压力使 NGH 低于相平衡曲线的压力，从而达到促使 NGH 分解的目的。一般是通过在水合物层之下的游离气聚集层中降低天然气压力或形成一个天然气“囊”(由加热法或加化学剂作用形成)，使与天然气接触的水合物变得不稳定并且分解为天然气和水。实际上，开采水合物层之下的游离气是降低储层压力的一种有效方法。另外，通过调节天然气的开采速度可以达到控制储层压力的目的，进而达到控制水合物分解的效果。降压法最大的特点是不需要昂贵的连续激发，因而可能成为今后大规模开采 NGH 的有效方法之一。降压法适合用于开采高渗透率和深度大于 700 m 的水合物藏。其特点是经济，不需增加设备，不需昂贵的连续激发作用，可行性较高，但其作用缓慢，不能用于储层原始温度接近或低于 0 ℃的天然气水合物藏，以免分解出的水结冰而堵塞气层。

苏联科学家对海底天然气水合物和下伏游离气共生区天然气水合物的开采技术提出了更为简单实用的设想，即首先开采下伏游离气体，随着游离气体的不断减少，天然气水合物与气之间的平衡不断被破坏，使得天然气水合物开始分解产出气体并不断地补充到下伏游离气气库中，直到天然气水合物开采完为止。

苏联是第一个成功开采天然气水合物的国家，在第 28 届国际地质大会上曾介绍过麦索亚哈天然气水合物藏的开采情况。该气田位于西西伯利亚，背斜构造面积 230 km^2，天然气属热成因气，在构造以南深凹陷中的侏罗系内生成。天然气部分从气藏内沿断层向上运移至第四系地层，由于低温和高压，形成了像冰一样的固态水合物。由于永久冻土层的低温，气藏上层的天然气水合物能以稳定的形式存在。下部游离态气藏中的天然气被开采后压力逐渐降低，当压力低于水合物的稳定压力时，水合物分解，分解的天然气进入下部的游离气储集层，使下部气藏的压力得以保持，可回收的天然气总量不断增加，并延长了天然气田的开发期限。

(3) 注化学剂法

某些化学剂，如盐水、甲醇、乙醇、乙二醇、丙三醇等，可以改变水合物的相平衡条件，降低水合物稳定温度。当将上述化学试剂从井口泵入后，就会引起 NGH 的分解。添加化学试剂较加热法作用缓慢，但有能降低初始能量输入的优点。添加化学试剂最大的缺点是费用太高。大洋中由于 NGH 的压力较高，因而不宜采用此方法。

有学者提出了一种简单方法，可用于估算加化学试剂后气体水合物相平衡温度的降低值。其公式如下：

$$\Delta T = \frac{Kw(100 - w)}{m} \tag{12-1}$$

式中　ΔT ——加入化学试剂后，生成气体水合物时降低的温度，℃；

K ——与化学试剂性质及水合物生成热有关的常数；

m ——化学试剂的分子质量与水分子质量之比；

w ——水相中化学试剂的质量分数，%。

一些常用化学试剂的常数 K 如表 12-2 所列。

表 12-2　常用化学试剂的 K 值

化学剂	甲醇	乙醇	甘醇	二甘醇	三甘醇
K	2 335	2 335	2 700	4 000	5 400

(4) CO_2 置换法

深海地层储存和固定 CO_2，被认为是减少 CO_2 排向大气的有效手段之一。研究显示，CO_2 被收集起来并注入深海地层时，将生成 CO_2 水合物。人们设想，若将 CO_2 注入天然气水合物聚集层，则既能将其中的 CH_4 置换出来，又能有效减少 CO_2 向大气的排放。

日本学者在实验室中验证了将空气中的 CO_2 分离和天然气水合物的开采结合起来的可能性。对单组分纯气体的试验研究表明，在同一温度下，当气体蒸气压升高时，生成水合物的先后次序分别是：硫化氢→异丁烷→丙烷→乙烷→二氧化碳→甲烷→氮气。因此，CO_2 生成 CO_2 水合物的条件比 CH_4 生成 CH_4 水合物的条件低，即 CO_2 生成 CO_2 水合物所需的压力更低、温度更高。

在相同温度条件下 CO_2 水合物的平衡压力比 NGH 的低，CO_2 水合物在低于 283 K 的温度下比天然气水合物更加稳定，所以提出了 CO_2 置换开采 NGH 的方法。这种方法不仅考虑了 NGH 的分解和生成，而且还提出了在开采后消除环境影响的对策，而后者正是海域 NGH 开采中面临的难题。有学者在试验中从反应器的一端注入 CO_2，再从另一端提取气体，以模拟现场置换开采的注入井和采出井。经分析发现，取出的气体不含 CO_2。这说明，CO_2 分子与 CH_4 水合物分子的置换是规律性很好的柱塞式反应。自然赋存的天然气水合物通常不是整块的致密性水合物固体，而是与沉积物区盐水共存的固体或浆状物，其渗透性应该较实验室制成的水合物好，这样在压差作用下，从注入井连续不断地注入 CO_2，从采出井

不断地抽出 CH_4，可实现连续化生产，是比较好的方案。

(5) 斜井法

过去，在海域开采石油和天然气需要购置昂贵的海洋开采设施(如海底固定式、悬浮式平台)，以便在恶劣的海域情况下进行一系列的海上作业。近年来，国外学者提出了一种新的采用在陆地上钻、凿斜井和平巷配合井下钻孔作为采气通道的海洋水合物开采方法。采用这种方法不需海上作业，更重要的是它是一种开采海洋水合物的安全方法。

与石油、天然气不同，水合物是固体，往往在海底形成构造支承体的一部分，开采甲烷有可能给海底天然气层施加更大的应变力，引起地层崩塌，甚至引起水合物气体爆炸，从安全角度考虑，存在不少问题。该方法为解决这一难题开辟了一条新的途径。

斜井法的施工特点为：从相邻埋藏甲烷水合物层海底地层的陆地钻一口斜井至甲烷水合物层埋藏深度，然后朝着甲烷水合物层钻进水平巷道伸入甲烷水合物层 70～100 m 处(见图 12-9)；向水平巷道前端围岩中灌注水泥，形成一个盖层(见图 12-10)，盖层的长度最好为 50～70 m；形成盖层后，通过井管从水平巷道的端部向甲烷层内注入高温蒸汽，甲烷水合物的温度上升后分解成气和水，分解的气和水通过井管输送至地表(见图 12-11)。该施工方法的最大特点是能够不利用海洋油气生产设施安全地开采天然气水合物。

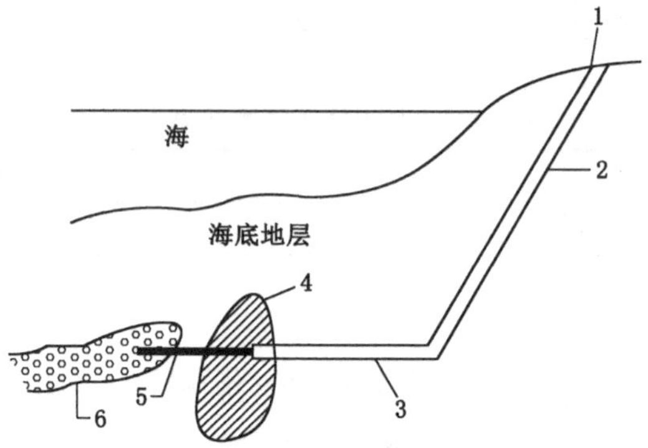

1—陆地；2—斜井；3—水平巷道；4—盖层；5—井管；6—甲烷水合物。

图 12-9 斜井法施工示意图

(6) 开矿法(水力提升法)

科学家们指出，对于在深海中的传统气体矿床通过钻井手段开采应该是可行的，但是大陆斜坡的不稳定和需要铺设的管道很长等会带来技术和经济方面的问题，尤其是管道在冰冷的海水中容易形成管塞，使得难以利用这种手段来开采 NGH 资源。所以，科学家们试图在不使 NGH 分解的情况下，即不用管道而把 NGH 运送到陆地上来。如在深海使 NGH 颗粒化，或将 NGH 装入一种可膨胀的软式气袋(其内部保持 NGH 稳定所需要的温压条件)，再用潜水艇把 NGH 拖到大陆架附近的浅水地区，在那里，NGH 能够缓慢地分解，产生天然气和水。

基于渗漏型天然气水合物埋藏浅、分布集中的特点，科学家提出了一种全新的水合物开采方法，即水力提升法，如图 12-12 所示。与加热、降压、注化学试剂等开采模式不同，水力提升法是将水合物以固体形态提升到海平面，而不是直接在原位进行分解。其基本思路是：

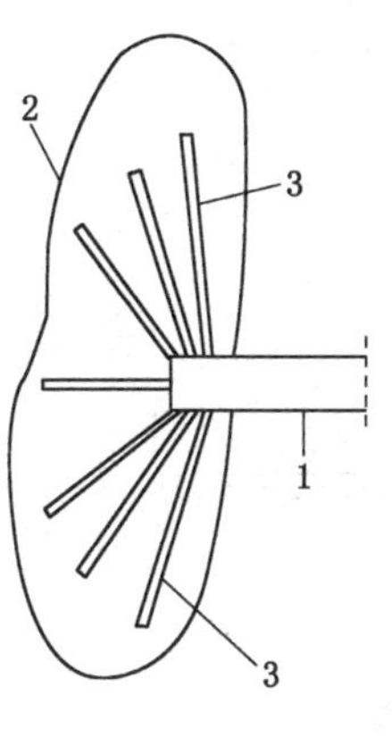

1—水平巷道;2—盖层;3—注浆钻孔。

图 12-10　盖层形成示意图

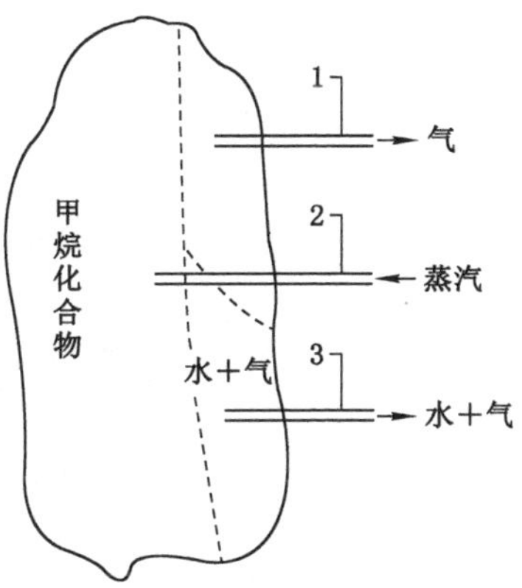

1,2,3—井管。

图 12-11　注入高温蒸汽分解甲烷水合物示意图

在海底用集矿机对水合物进行收集,并进行初步泥沙分离,然后采用固、液、气三相混输技术,将固态水合物及输送过程中分解出的气体提升到海平面,然后利用海面的高温海水(20 ℃左右)对水合物进行分解并获得气体。系统主要包括四大部分:海底集矿系统、水力提升系统、监控系统和海上水合物分解系统。海底集矿系统将浅层的水合物与泥沙等沉积物进行初步分离,并将水合物破碎成适于水力提升的小块(直径不大于 15 mm),通过喷射器将水合物送到水力提升系统;水力提升系统是整个系统的关键,主要由扬矿泵、扬矿管、中继仓、给矿机组成,为了控制水合物的分解,扬矿泵通过高压、低温液体提升水合物碎块;监控系统用于完成系统定位、作业控制和管理等工作;海上水合物分解系统利用海水的温度来分解提升出的未分解水合物。

海底集矿系统收集水合物,并对水合物和沉积物进行初步分离。该过程必须考虑海底的稳定性及造成的生态环境破坏。在水力提升系统中进行的是固、气、液的三相混输。在输送过程中,控制水合物的分解、防止在水力提升管道中再次生成水合物、保证最高的输送效果等都非常重要。目前,固液、气固或者气液两相流输送的研究都比较成熟,但对三相流输送过程中流态、流型的控制等相关的研究较少。三相流中的气体具有高可压缩性,其流态不稳定,如果水合物分解没有被控制,则管道上部高压气体急剧膨胀,会引起管道内的气体组分大量增加,水合物浆体上升速度太快,从而冲击管子和海上平台。监控系统必须实时监控管路中的压力损失和流动变化情况,从而及时调整系统,以保证安全高效地提升水合物。海上水合物分解系统需要保证提升出的水合物快速气化。

12.2.5　天然气水合物开采的风险

天然气水合物的开发利用涉及两方面问题:① 从能源方面考虑,这一资源的储量巨大,有望满足人类未来对清洁能源的需求。天然气水合物的主要成分是甲烷,燃烧后污染很小,且其储量大,分布范围广。这意味着它有可能成为传统化石能源(如石油、煤、天然气等)的一种潜在替代品。② 从环境方面考虑,人们在关注其巨大资源潜力的同时,也不能忽视天然气水合物可能带来的负面环境效应和灾害性的影响。作为温室气体——甲烷的重要载体,天然气水合物的开发利用可能会引发全球气候变化和海底地质灾害。因此,必须有超前的防范意识,及早开展天然气水合物对环境影响的研究,防止其对环境造成不良影响。目

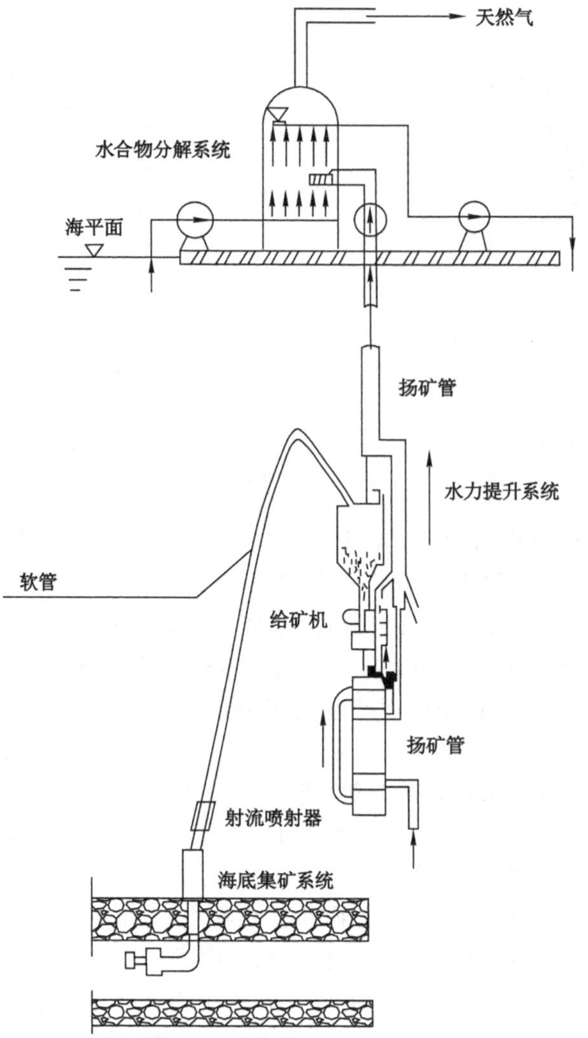

图 12-12　水力提升法开采天然气水合物示意图

前，天然气水合物的环境效应已日益引起世界各国的高度重视，尤其是在天然气水合物资源开发的理论和技术都还不够成熟的阶段。

天然气水合物仅在低温和高压状态下才能够稳定存在，与自然环境条件处于十分敏感的平衡之中，对海洋地质灾害和全球气候变化有着较大的影响。当赋存条件因种种原因(如气候变化、构造活动、地震、火山甚至人为开采等)发生变化时，往往会导致天然气水合物的失稳和无序不可控释放，从而有可能造成海洋地质灾害，进而影响全球气候变化，引发强烈的环境效应。因此，世界各国对天然气水合物的开发都持非常谨慎的态度，在研究其资源前景的同时，也研究其可能诱发的海洋地质灾害以及对全球气候的影响。

(1) 天然气水合物开采与地质灾害

天然气水合物主要存在于低温、高压条件下的海底沉积物和陆地永久冻土带。天然气水合物使气体和水以固态形式储存在地层的孔隙中，水合物的填充可能弱化岩石的强度。

当形成更多的水合物时，沉积层对气体和液体的渗透性下降，最后使它们形成稳定的水合物层。水合物层连续不断地沉积使得自身越埋越深，当水合物层底部的温度高到其自身压力所对应的相平衡温度时，固态天然气水合物不稳定地分解为气水两相混合物，因此会大大降低岩石的胶结强度。天然气水合物的分解使海底沉积物的力学性质减弱，导致天然气水合物层底部可能因重量负荷或地震等外界因素的扰动而出现剪切强度降低的薄弱区域，进而发生大片的水合物层的滑坡，并带动岩层流动或崩塌。

关于天然气水合物引发的海洋地质灾害，目前较为一致的认识是：海平面升降、地震及海啸会导致水合物分解；而水合物分解产生的滑塌、滑坡以及浊流可能进一步引发新的地震和海啸。引发的自然灾害会对海底电缆、通信光缆、钻井平台、采油设备等工程设施造成威胁或破坏，甚至波及海岸的建筑物，危及航行安全和人们的生命财产。天然气水合物引发的灾难事件已在很多海域有所发现，例如南西非大陆斜坡和隆起、美国附近的大西洋大陆斜坡、挪威海域等。图 12-13 为天然气水合物分解诱发海底滑塌示意图。

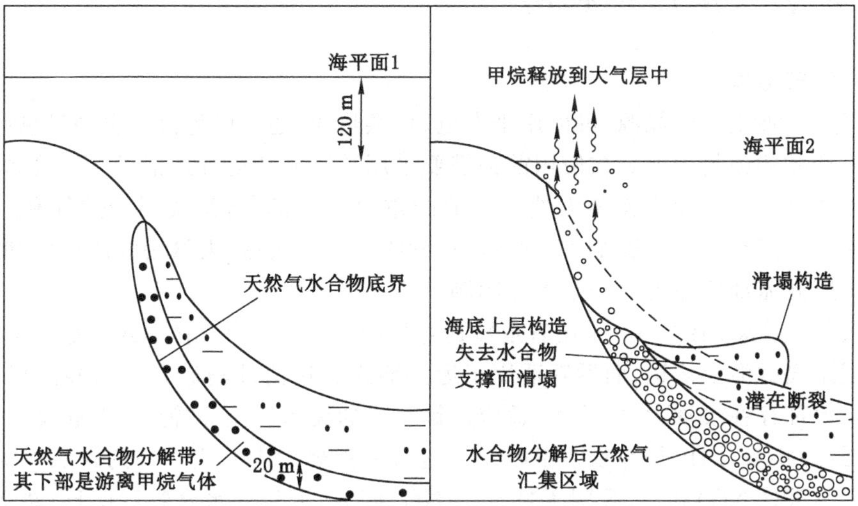

图 12-13　天然气水合物分解诱发海底滑塌示意图

(2) 天然气水合物与温室效应

研究表明，天然气水合物对全球气候变化有很大影响。甲烷是绝大多数天然气水合物的主要成分，也是大气中重要的微量组分之一，目前地球大气中的甲烷含量大约是 4.9×10^{15} g。从工业革命到现在，大气中二氧化碳的浓度提高了 25%，而甲烷的浓度则翻了一番，平均年增长率为 0.9%，这说明甲烷浓度提高得更快。与二氧化碳相同，甲烷也是一种温室气体，而且温室效应比二氧化碳要大得多，是等质量二氧化碳气体的 20 多倍，它对温室效应的相对贡献今后还会增大。圈闭在大陆和海洋天然气水合物中的甲烷量大约是大气中甲烷量的 3 000 倍，所以，天然气水合物中甲烷的释放将对大气层的组分构成产生巨大的影响，进而影响全球气候的变化。随着地球温度受温室效应的影响而不断上升，一旦地层中的甲烷水合物分解，将会造成恶性循环，严重地影响全球的气候。

(3) 天然气水合物与生态环境

如果海底天然气水合物资源开发不当，造成天然气水合物无序、不可控地分解，会导致海水毒化，甚至使海洋生物灭绝。天然气水合物的分解可能会引起全球气候变化，必然对动物、植物的生存和演化产生影响，使地球上整个生态系统发生变化。

海洋中，天然气水合物分解释放的甲烷气或游离的甲烷气在沉积物中向上移动，这些气体如果遇到合适条件可以二次生成天然气水合物；不能二次生成水合物的甲烷继续向上移动，在缺氧环境下与硫酸盐发生厌氧氧化反应，之后，一部分气体以二氧化碳形式进入水中，另一部分排溢的甲烷由于厌氧氧化作用而以固体形式留在海洋沉积物中。厌氧氧化作用不能完全吸收甲烷，余下的甲烷进入海水。进入海水的甲烷有两个去向：① 在含有大量溶解氧的环境中，发生好氧甲烷氧化反应，大部分甲烷会被氧化为二氧化碳；这样大大降低了海水中氧含量，而增加海水中的二氧化碳，导致海洋水体的缺氧、pH 值变化，影响海洋生物生存环境。② 未被氧化的甲烷继续上升，通过水体进入大气层，最终改变大气成分，影响生态自然环境。

12.3 天然气水合物利用

12.3.1 天然气运输

天然气是一种重要的能源，可以用来发电、提供热能，还可以为汽车发动机供应能量，或者作为化工产品的原料。但是在使用前都需要采用适当的储运方式把天然气输送到用户所在地区。天然气的储存和运输是天然气工业的重要组成部分，是实现天然气利用的前提。采用何种输送方式将天然气安全、连续地输送到距离气源较远、大量用气的城市和工业企业是天然气供应商需谨慎考虑的一个重要问题。

世界天然气产量的约 75%采用管道输送，另外约 25%采用液化形式运输。前者适用于陆上或较远距离的海上输送，而后者适用于远洋输送。这两种输送方式的共同优点是输送量大、可靠，但都存在投资大、风险大、适应产销变化的灵活性差等特点。为拓宽天然气的市场覆盖范围，近年来，国内外都致力于研发上述两种常规输送方式以外的天然气储运方式，例如压缩天然气(CNG)储运、吸附天然气(ANG)储运、天然气水合物(NGH)储运、以电能的形式输出天然气能源、地下储气库(UNGS)储气、近临界流体(NCF)储气、液化天然气储存以及天然气的溶剂储存。与其他储运方式相比，天然气水合物储运技术因其具有成本低廉、简单灵活、安全可靠等优点而更受人们的瞩目。

以水合物储运天然气的技术通常称天然气水合物技术，它是和液化天然气、吸附天然气、压缩天然气技术相对应的。天然气生成水合物后体积减小，在标准状况下，1 m^3 的水合物可以释放 160～180 m^3 的天然气。天然气水合物不仅有储存空间小的优点，而且它比气态、液态天然气等传统储运方式更安全。这是因为水合物是固体，不易燃烧，在适当的储存条件下分解缓慢，不易爆炸。天然气水合物的储存条件更为温和，它能够在 −15～0 ℃和 1～10 个大气压下长时间保存而分解量很小。

同其他天然气的储存方式相比，天然气水合物储运只需要较低的固定投资和运行费用就可以提高天然气储存的规模和效率，可用于中心城市较大规模的天然气调峰。我国有许多零散的边际气田，储量不大，铺设天然气管道和采用液化船运都不经济，而利用水合物进行收集、输送可发挥其灵活、经济的优势。

表 12-3 所列为几种天然气储运方式的优缺点比较，从中可以看出，水合物储存是一种

高效、经济、安全的储存方式。

表 12-3　几种天然气储运方式比较

储运方式	优点	缺点
管道运输	技术成熟，连续稳定	压力大，初期投入高
压缩天然气	储量大，储气瓶寿命长	投资费用高，安全性差
储气库	储量大，安全系数高	初期投资大，受地质条件影响大
吸附天然气	压力较低	吸附剂寿命短，吸附和脱附时间长
近临界流体储存	原理简单，操作简便	压力大，未实现工业化
液化天然气	储气密度大	压力大，成本高
天然气水合物	储量大，安全系数高，预处理要求低，费用低	技术不成熟

12.3.2　天然气管道调峰

利用天然气水合物的储气性能，能够实现调节天然气使用中的不均衡性，即起到调峰的作用，主要体现在以下几个方面：

(1) 天然气水合物能有效地调节季节、月度、昼夜用气量的不均衡性，满足天然气市场的变化。夏季天然气市场的需求量低于管网供气量时，可将多余的天然气以水合物的形式储存起来；冬季，市场需求量大于管网供气量时，根据需要可将水合分解成天然气，以补足所缺的气量，调节季节性峰谷差。

(2) 以水合物形式储气可使天然气生产系统的操作和输气管网的运行不受市场消费高峰和低谷的影响，实现均衡生产和输送天然气，充分利用输气设施，从而提高管网利用系数和效率，降低成本。

(3) 在遇到突发事故或灾害时，天然气水合物可作为应急备用气源，确保向用户安全、连续地供气。

(4) 随着进口天然气用量的增加，供气的政治风险也在增大，天然气水合物可以作为战略储备，避免因国际风波导致供气中断而带来的一系列恶果。

(5) 供气方和用气方都可利用水合物储气方式从天然气季节或月差价中实现价格套利，从中获取利润。

12.3.3　车用燃料

近年来，随着汽车燃料供需矛盾以及尾气污染对生态环境危害的加剧，人们正在寻求更为清洁的汽车燃料。天然气水合物以其有害物质少、安全可靠、抗爆震性能好、使用成本低以及能延长汽车行驶距离并且易于储存等优点而成为汽车代用燃料的有效选择。

目前天然气汽车使用的燃料大多是压缩天然气(一般需压缩至 20 MPa)。使用压缩天然气的缺点是存储压力高、行程短。为克服上述缺点，美国已试验将天然气水合物(其平衡压力仅为 4 MPa)作为车用燃料，所涉及的关键技术是如何使水合物快速气化以满足内燃机系统的需要。天然气水合物有高浓度、高储量的特点，每单位体积可储存标准状态下 160～180 倍体积天然气，因此以天然气水合物为燃料的汽车行驶距离长，比压缩天然气汽车、液化天然气汽车和活性炭吸附天然气汽车更具优势。

12.4 天然气水合物发展现状和前景

在全球能源消耗总量中，传统化石能源所占的比例较高。天然气以清洁、可获得、使用便捷、可储存、供应安全等优势成为欧美等国实现碳达峰、碳中和过程中的重要过渡能源，并有望与低碳、零碳能源长期共存。2022 年，天然气在全球能源结构中的占比约为 24.7%，在我国能源结构中占比仅为 8.4%，为保障我国能源经济向着持续、稳定、绿色、高效的方向发展，寻找清洁绿色的接续能源、提高能源利用效率、优化能源消费结构成为必由之路。

12.4.1 天然气水合物发展现状

我国作为世界上唯一在本土实施了陆域和海域水合物试采的国家，取得了持续产气时间最长、产气总量最大、气流稳定、环境安全等多项重大突破性成果。其中，2011 年和 2016 年，中国地质调查局在祁连山木里地区实施了两次陆域水合物试采，第一次试采的累计产气时长为 101 h，累计产气量 95 m^3；第二次试采累计产气时长为 23 d，累计产气量 1 078.3 m^3。2017 年，中国地质调查局在南海神狐海域组织实施了我国第一轮水合物海域试采，在 60 d 内累计产气 30.9×10^4 m^3。2019—2020 年，中国地质调查局利用水平井在南海进行了第二轮海域试采，30 d 内累计产气 86.13×10^4 m^3。此次成功开采，表明我国在天然气水合物勘探、开发等环节上均处于世界领先地位，不仅对我国能源结构优化意义重大，还可为其他国家开采天然气水合物提供很好的借鉴。

日本是世界上最早制订国家级水合物研发计划的国家之一。在国际上积极推进水合物研发的背景下，以及前期在日本海域资源勘查中发现潜在水合物赋存的前提下，日本经济产业省于 2001 年 7 月发布了《日本水合物开发计划》，总体目标是实现水合物资源的开发利用，需要积极推进相关技术研发，寻求更为经济的钻探和生产方式，以确保长期和稳定的能源供给。为此，日本实施水合物开发计划历时 18 a，分三个阶段逐步推进相关研发工作，尽管未能完全实现最初设定的目标(如实现产业化开发、确立开发体系)，尤其是投入巨大的两次海域试采未能很好地解决相关技术问题，但仍然取得了前所未有的成就，使日本在全球水合物勘查开发相关领域处于领先地位。

12.4.2 天然气水合物发展前景

成本问题依然是制约我国南海等地区天然气水合物商业开采的关键因素之一。对全球而言，未来天然气水合物的开采将受到开采成本、开采技术、海洋环境与全球变化、地质灾害等一系列难以精确预测因素的影响。

随着对常规天然气需求的持续增加，常规天然气的供应将变得越来越紧张，由此会带来常规天然气价格的上涨。与此同时，随着天然气水合物开采技术的改进，天然气水合物开采的总成本、边际成本和平均成本都会相应降低。当天然气水合物的价格低于常规天然气价格时，天然气水合物的商业化生产便可能实现。

天然气水合物是一种世界公认的最具潜力的清洁能源，目前我国对水合物的勘探开采研究正进入关键突破阶段，应推动天然气水合物、深部油气等多气源立体开采基础研究和重大工程；强化技术融合，推进理论与实践协同并进；推进天然气水合物中试尺度试验和多场耦合的数值模拟大科学平台建设；建立健全天然气水合物的相关标准等，以提升我国天然气水合物开采技术的研发水平和技术成熟度，早日实现天然气水合物的大规模商业化开发，服务我国的能源安全战略。

思考题

1. 天然气水合物生成条件是什么？
2. 天然气水合物矿藏主要分布区域有哪些？
3. 天然气水合物研究过程主要经历了哪些阶段？
4. 天然气水合物开采与常规能源开采的主要区别是什么？
5. 天然气水合物基于什么理论开采？其开采主要方式有哪些？
6. 为什么天然气水合物逐步成为世界各国研究的重要能源？
7. 天然气水合物开采面临的挑战有哪些？
8. 天然气水合物如果开采不当对生态会造成什么不利后果？

第13章　海洋能开发与利用

对海洋能源的开发利用可以减少对化石能源的依赖，降低温室气体排放，推动实现碳达峰和碳中和的目标。本章详细介绍了海洋能的概念、分类、特点和开发意义等，按能量的表现形式将海洋能分为波浪能、潮汐能、温差能、潮流能和盐差能，并对五种海洋能的形成原理、发电原理、发电方式、发电装置以及国内外发展现状等内容进行了详细阐述。

13.1　海洋能概述

13.1.1　海洋资源及海洋能

海洋是一个巨大的能源宝库，也被称为能量之海。地球表面积约为 5.10×10^{8} km²，其中，海洋面积约占70.9%。从分布状况来看，北半球海洋占60.7%，南半球海洋占80.9%。以海平面计，全部陆地的平均海拔约为840 m，而海洋的平均深度约为3 800 m，海水的体积高达 1.37×10^{9} km³。世界上最深的海是太平洋的马里亚纳海沟，其深度达11 034 m。

海洋中生物资源极其丰富，生活着16万～20万种动物，其中鱼类2.5万多种，软体动物和甲壳动物4万多种。在海水中生长的植物仅藻类就有10万种之多，它们是人类潜在的巨大食物资源。海洋中还蕴藏着丰富的矿产资源，拥有地球半数以上的石油、天然气资源。一望无际的大海不仅为人类提供航运便利、水源和丰富的矿藏，它还能将太阳能以及派生的风能等以热能、机械能等形式蓄积在海水里。

海洋能通常指蕴藏在海水中，并通过海水自身呈现可再生性的清洁能源。它既不同于海底下储存的煤、石油、天然气等海底能源资源，也不同于溶存于海水中的铀、氘、氚等化学能源资源。狭义上，它是波浪能、潮汐能、温差能、潮流能和盐差能的统称。广义的海洋能还包括海洋上空的风能、海洋表面的太阳能以及海洋生物质能等。从成因上来看，海洋能是由太阳能辐射加热海水、天体（主要是月球、太阳）与地球相对运动中对海水的万有引力、地球自转力等因素的影响下产生的，是一种取之不尽、用之不竭的可再生能源。在一定的条件下可以把这些海洋能转换成电能、机械能或其他形式的能，供人类使用。开发海洋能不会产生废水、废气，也不会占用大片良田，更没有辐射污染，因此，海洋能被称为21世纪的绿色能源。

13.1.2　海洋能分类

海洋能按能量的储存形式可分为机械能、热能和物理化学能。按能量的表现形式可分为波浪能、潮汐能、温差能、潮流能和盐差能等。其中温差能是热能，潮汐能、潮流能和波浪能是机械能，盐差能是物理化学能。

（1）波浪能

波浪能是指海洋表面波浪所具有的动能和势能，由风引起的海水沿水平方向周期性运动所产生的能量。波浪的能量与波高的平方、波浪的运动周期及迎波面的宽度成正比。波浪能的缺点是：它是海洋能源中能量最不稳定的一种能源。其优点是资源丰富。在波浪能丰富的欧洲北海地区，其年平均波浪功率密度为 20～40 kW/m，我国海岸大部分的年平均波浪功率密度为 2～7 kW/m。

（2）潮汐能

潮汐是地球与月球、太阳做相对运动时产生的作用于地球上海水的引潮力，它使地球上的海水形成周期性的涨落潮。海水因涨落及流动所产生的能量称为潮汐能，其主要利用方式为发电。全世界海洋的潮汐能年平均功率理论值约有 2.7×10^6 MW。我国潮汐能蕴藏量丰富，约 1.1×10^5 MW，其中可开发的约为 3.58×10^4 MW，年可发电量约 8.70×10^{10} kW·h。

（3）潮流能

潮流能是海水流动的动能，主要是指海底水道和海峡中较为稳定的流动以及由于潮汐导致的有规律的海水流动能量。相对波浪能而言，潮流能的变化要平稳且有规律得多。潮流能随潮汐的涨落每天大小和方向都会改变两次。一般来说，最大流速在 2 m/s 以上的水道，其潮流能就具有开发价值。根据我国各种观测和分析资料统计，我国潮流能年平均功率理论值为 3×10^4 MW。我国属于世界上潮流能功率密度较大的地区之一，其中辽宁、山东、浙江、福建和台湾沿海部分水道的潮流能平均功率密度为 15～30 kW/m²，特别是浙江舟山群岛的金塘、龟山和西堠门水道，平均功率密度在 20 kW/m² 以上，开发环境和条件很好。

（4）温差能

温差能是海洋表层海水和深层海水之间的温差产生的热能。一方面，在热带和亚热带海区，由于太阳照射强烈，海水表面大量吸热，温度升高。在海面以下 40 m 以内，90%的太阳能被吸收，所以 40 m 水深以下的海水温度很低，比如热带海区的表层水温高达 25～30 ℃，而深层海水的温度只有 5 ℃左右。表层海水和深层海水之间存在的温差，蕴藏着丰富的热能资源。另一方面，接近冰点的海水大面积地在 1 000 m 左右的深度从极地缓缓地流向赤道，这样，就在许多热带或亚热带海区终年形成 20 ℃以上的垂直海水温差，利用这一温差可以实现热力循环并发电。我国可利用的温差能 99%在中国南海。

（5）盐差能

盐差能是指海水和淡水之间，或者两种盐浓度不同的海水之间的化学能，主要存在于江河入海口含盐量高的海水与江河流的淡水之间。盐差能是海洋能中能量密度最大的一种可再生能源。通常，海水（3.5%盐度）和河水之间的盐差能有相当于 240 m 水头的位差能量。这种位差可以利用半渗透膜在盐水和淡水交接处实现，利用这一水位差就可以直接利用水轮发电机发电。我国盐差能主要集中在各大江河的出海处。

13.1.3 海洋能资源的特点

蕴藏于海水中的海洋能具有以下特点。

（1）能量密度低，但蕴藏量大。海洋能单位体积、单位面积、单位长度所拥有的能量较小，如潮汐能的世界潮差较大值为 13～15 m，我国最大潮差（杭州湾澉浦）仅为 8.9 m，平均潮差较大值为 4～5 m；潮流能的流速世界较大值为 5 m/s，我国最大值（舟山海区）为 4 m/s，潮流能的流速较大值为 1.5～2.0 m/s。

（2）海洋能具有非耗竭、可再生性。海洋能来源于太阳辐射能与天体间的万有引力，只要太阳、月球等天体与地球共存，海洋就会永不间断地接受太阳辐射和月亮、太阳的作用，这种能源就会再生，取之不尽，而且海洋能的再生不受人类开发活动的影响，因此没有耗竭之虞。

(3) 海洋能有稳定能源与不稳定能源之分。较稳定的为温差能和盐差能；不稳定能源分为变化有规律的与变化无规律的两种；属于不稳定但变化有规律的有潮汐能与潮流能。人们根据潮汐与潮流变化规律，编制出各地逐日逐时的潮汐与潮流预报，可预测未来的潮汐大小与潮流强弱。潮汐电站与潮流电站可根据预报表安排发电运行。既不稳定又无规律的是波浪能。

(4) 海洋能属于清洁能源，海洋能开发对环境污染很小。海洋能发电不消耗一次性化石燃料，几乎不伴有氧化还原反应，不向大气排放有害气体和热，因此不存在常规能源和原子能发电存在的环境污染问题。

(5) 开发环境严酷，一次性投资大，转换装置造价高。开发海洋能资源都存在能量密度低，受海水腐蚀，海洋生物附着，大风、巨浪、强流等环境动力作用影响等问题，致使转换装置设备庞大，要求材料强度高、防腐性能好，投资大，因而开发利用海洋能的技术难度和投资较大。

13.1.4 海洋能开发利用及其意义

20 世纪 70 年代，人们开始认识到矿物燃料开始枯竭，开发新能源已经刻不容缓。海洋能作为新能源，越来越被人们所关注。自 20 世纪 80 年代以来，不少发达国家都在积极研究开发利用海洋能源，有的形式的能量已能被利用，有的已列入开发利用计划。

在《联合国气候变化框架公约》背景下，我国于 2009 年 11 月 25 日率先公布了控制温室气体排放的行动目标，到 2020 年单位国内生产总值的二氧化碳排放比 2005 年下降 40%～50%，并将其作为约束性指标纳入国民经济和社会中长期发展规划，制定了新能源和可再生能源产业发展规划，制定并颁布了《中华人民共和国可再生能源法》。

2020 年 9 月 22 日，在第七十五届联合国大会一般性辩论上，习近平主席第一次提出“中国将提高国家自主贡献力度，采取更加有力的政策和措施，二氧化碳排放力争于 2030 年前达到峰值，努力争取 2060 年前实现碳中和”。这是我国首次明确提出碳中和目标，也是我国经济低碳转型的行动目标。开发利用海洋能是实现这一行动目标的重要途径之一。初步估计，我国近海海洋能资源理论装机容量约为 697 GW，技术可开发量超过 70 GW。海洋能的开发利用可有效缓解东部沿海特别是海岛地区的能源紧缺问题，对于优化我国能源结构、促进清洁能源开发、应对气候变化、发展低碳经济等具有重要的战略意义。

13.2 潮汐能开发与利用

13.2.1 潮汐能的形成原理

潮汐，是发生在沿海地区的一种自然现象，是指海水在太阳和月亮的引潮力作用下所形成的周期性涨落现象。海水一般每天涨落 2 次，在涨潮过程中，月亮或太阳的引力增大，推动海水水位升高，把大量的海水动能转换为势能；在落潮过程中，月亮或太阳的引力减小，水位逐渐降低，大量的势能转换为动能。潮水在涨潮和落潮间产生的动能和势能称为潮汐能。由于电能具有易于生产、便于传输、使用方便、利用率高等一系列优点，因而利用潮汐能发电是目前世界各国利用潮汐能的基本方式。潮汐发电是海洋能发电的一种，是海洋能利用中发展最早、规模最大、技术较成熟的一种。

13.2.2　潮汐发电技术原理

潮汐发电是利用潮水涨、落产生的水位差所具有的能量来发电的，其发电原理与一般的水力发电差别不大。从能量转换的角度来说，潮汐发电首先是把潮汐的动能和位能通过水轮机转变成机械能，然后再由水轮机带动发电机，把机械能转变为电能。具体来说，潮汐发电就是在海湾或有潮汐的河口建一个拦水堤坝，把靠海的河口或海湾与大海隔开，形成一个天然的水库，在大坝中间留一个缺口，并在缺口中安装水轮发电机组。在涨潮时，海水从大海通过缺口流进水库，冲击水轮机旋转，从而带动发电机发电；在落潮时，海水又从水库通过缺口流入大海，从相反的方向带动发电机组发电。这样海水一涨一落，电站就可源源不断地发电。潮汐发电的原理如图 13-1 所示。

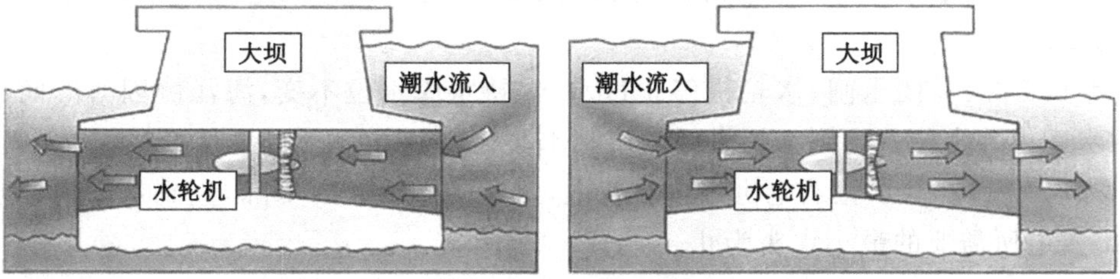

图 13-1　潮汐发电的原理

13.2.3　潮汐发电技术特点

潮汐发电技术特点主要有以下几点。

(1) 潮汐能是一种清洁、不污染环境、不影响生态平衡的可再生能源。

(2) 潮汐能是一种相对稳定的可靠能源，潮汐的涨落具有规律性，可以做出准确的长期预报，很少受气候、水文等自然因素的影响。因而供电量稳定可靠，可长年发电。

(3) 不需要淹没农田构筑水库，因此不存在人口迁移、淹没农田等社会问题。

(4) 不需要筑造高大水坝，即使发生地震等自然灾害，水坝受到破坏，也不至于对下游城市、农田和人民的生命财产等造成严重的灾害。

(5) 不消耗化石燃料，不受化石能源价格的影响，而且运行费用低，是一种经济能源。但存在一次投资大的特点。

(6) 发电机组台数多，不用设置备用机组。

13.2.4　潮汐发电方式和电站的类型

潮汐发电按能量形式的不同可分为两种：一种是利用潮汐的动能发电，就是利用涨落潮水的流速直接冲击水轮机发电；另一种是利用潮汐的势能发电，就是在海湾或河口修筑拦潮大坝，利用坝内外涨、落潮时的水位差来发电。潮汐电站可以分为以下几种。

(1) 单库潮汐电站

单库式潮汐电站是最早出现且最简单的潮汐电站，通常这种电站只有一个大坝，其上建有发电厂及闸门。目前，单库潮汐电站有两种主要的运行方式，即单向运行和双向运行。

① 单库单向式潮汐电站也称单效应潮汐电站，顾名思义，单库单向运行是指电站仅建一个水库调节进出水量，以满足发电的要求，且电站只沿一个水流方向进行发电，通常是单向退潮发电，如图 13-2(a)所示。在整个潮汐周期内，电站的运行按下列 4 个工况进行。

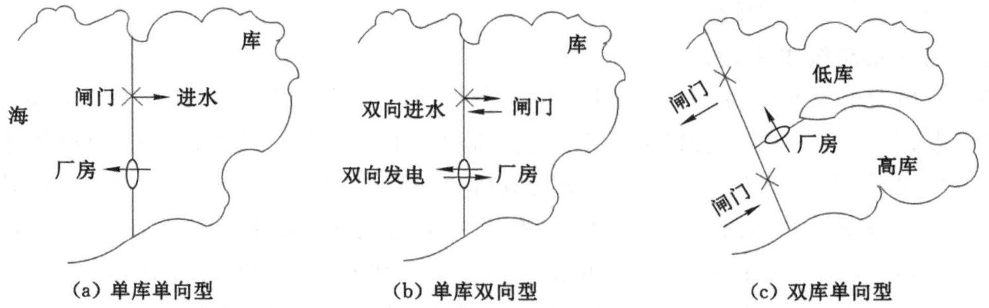

图 13-2　三种潮汐电站示意图

a. 充水工况：电站停止发电，开启水闸，潮水经水闸和水轮机进入水库，至水库内外水位齐平为止。

b. 等候工况：关闭水闸，水轮机停止过水，保持水库水位不变，海洋侧因落潮而水位下降，直到水库内外水位差达到水轮机组的启动水头。

c. 发电工况：开动水轮发电机组进行发电，水库的水位逐渐下降，直到水库内外水位差小于机组发电所需要的最小水头为止。

d. 等候工况：机组停止运行，水轮机停止过水，保持水库水位不变，海洋侧水位因涨潮而逐步上升，直到水库内外水位齐平，转入下一个周期。

这种电站只能在落潮时单方向发电，所以每日发电时间较短，发电量较少。在每天有两次潮汐涨、落的地方，平均每天仅可发电 10～12 h，潮汐能得不到充分的利用，一般电站效率仅为 22%。

单向运行方式也可是涨潮单向发电，这一方式的发电量比退潮发电少，较少被电站采用。这主要是因为涨潮发电运行时的水库水位上涨速度比退潮发电运行时的水库水位下降速度快。

② 单库双向式潮汐电站也只用一个水库，但是在涨潮、落潮时沿两个水流方向均可发电。只有在平潮时，即水库内外水位相平时，才不能发电，如图 13-2(b)所示。单库双向式电站有等候、涨潮发电、充水、等候、落潮发电、泄水等 6 个工况。

(2) 双库潮汐电站

为了克服单库方案发电不连续的问题，可采用双库方案。

双库潮汐电站连接方案如图 13-2(c)所示，两库之间建发电厂，一个水库设有进水闸，仅在潮位比库内水位高时引水进库；另一个水库设有泄水闸，仅在潮位比库内水位低时泄水出库。这样，前一个水库的水位便始终比后一个水库的水位高，故前者称为上水库或高水位库，后者则称为下水库或低水位库。水轮机进水侧在高水位库，出水侧在低水位库。为增加发电量，应选两库中较小的一个为高水位库。高水位库闸门在高潮位时打开，让潮水进入，以保持其高水位；当海潮由高潮位下落至一定值时，此闸门关上，防止库水流出。这样，高水位库与低水位库之间终日保持着水位差，水流即可终日通过水轮发电机组不间断地发电。这种形式的电站需建 2 座或 3 座堤坝、2 座水闸，工程量和投资较大。由于该方案可连续发电，因此其效率较第一种形式的电站要高 34%左右。此外，这种电站易于和火电、水电或核电站并网，进行联合调节。

(3) 发电结合抽水蓄能式潮汐电站

为了使涨潮进水时获得更高的水库水位,可以采用泵水的方法。也就是在海潮位达到最高而又未开始退潮进行正向发电之前,用泵从海侧向库侧泵水,使水库水位进一步提高,以增加退潮时的发电量。虽然泵水需要耗电,但由于泵水时的扬程低于发电时的落差,发电量比耗电量多,所以此法是有利的。另外,水位的提高有利于增强电站的灵活性,延长发电时间。若泵水功能由水轮机来完成,即选用多工况水轮机,则运行起来就比较方便,并且可减少大坝费用。具体做法如下:

① 对于单向发电,涨潮时开闸进水;平潮时将水抽入水库,这时是低水头抽水,耗电少;落潮时放水发电,因增加了有效水头、水量,故发电量得到了提高。

② 对于双向发电,涨潮时进水发电;平潮时将水抽入水库,以增加出水发电的有效水头;落潮时放水发电,泄水完毕时将水库内残存的水往海中抽,以增加进水发电的有效水头,这时也是低水头抽水,耗电少。

上述几种形式的电站各有特点、各有利弊。在建设时,要根据当地的潮型、潮差、地形、电力系统的负荷要求、发电设备的组成情况以及建筑材料和施工条件等综合考虑,慎重选择。

13.2.5 潮汐电站的组成

潮汐电站是由几个单项工程综合而成的,主要由拦水堤坝、水闸和发电厂三部分组成。有通航要求的潮汐能发电站还应设置船闸。

(1) 拦水堤坝

拦水堤坝建于河口或港湾地带,用来将河口或港湾水域与外海隔开,形成一个潮汐水库。其作用是利用堤坝构成水库内、外的水位差,并控制水库内的水量,为发电提供条件。堤坝的种类繁多,按所用材料的不同可分为土坝、石坝和钢筋混凝土坝等。近年来研究开发出了浮运式钢筋混凝土沉箱堵坝,并已在工程上广为采用。这种坝不需建造围堰,可在坝基上直接浇灌,施工较简便,工程量、资金、劳动力均较少,工期也较短。

(2) 水闸

水闸用来调节水库的进出水量,在涨潮时向水库进水,在落潮时从水库往外放水,以调节水库的水位,加速涨、落潮时水库内、外水位差的形成,从而缩短电站的停机时间,增加发电量。水闸的另一作用是在洪涝和大潮期间加速库内水量的外排,或阻挡潮水侵入,控制库内最高、最低水位,使水库迅速恢复到正常的蓄水状态,同时满足防洪、排涝、挡潮、抗旱、航运等多方面的水利要求。闸门可用木材、钢材和钢筋混凝土制造。闸门形式一般有平面和弧形两种,结构比较简单。闸的施工方法主要有现场浇筑和预制浮运两种。

(3) 发电厂

发电厂是直接将潮汐能转变为电能的机构。发电厂的设备主要有水轮发电机组、输配电设备、起吊设备、中央控制室和下层的水流通道及阀门等。其中最关键的设备是水轮发电机组。潮汐电站的水轮发电机组有竖轴式机组、卧轴式机组和贯流式机组 3 种基本结构形式。

13.2.6 潮汐发电国内外发展进程

19 世纪末,有法国工程师提出了一个在易北河下游兴建潮汐发电站的设计构想。1912 年,德国率先在石勒苏益格-荷尔斯太因州建成了一座小型潮汐发电站。接着,法国在布列塔尼半岛建了一座装机容量为1 865 kW的小型潮汐发电站。近几十年来，由于扩大能源来源的要求日益增长，法国、英国、俄罗斯、加拿大、美国等潮汐能资源丰富的国家都在进行潮汐发电的开发建设。

法国朗斯潮汐发电站建成于20世纪60年代，电站装机容量为240 MW，安装了24台单机容量10 MW的灯泡贯流式发电机组，并采用单库双向发电的方式发电。

21世纪初，挪威在哈默菲斯特建成了第一座商用的潮汐能发电站，装机容量300 kW。尽管其装机容量很小，仅可供当地30户家庭使用，但这是历史上第一次将潮汐能发电实现并网。

2011年，韩国建设完成并运营了装机容量254 MW的始华湖潮汐发电站，装机规模创下了历史新高。

2012年7月，美国第一个并网潮汐能项目投入运营，项目位于缅因州和加拿大之间的芬迪湾，这里每天都有千亿吨的水流湍急流过，形成高15 m左右的海浪，其发电功率为5 884 kW。项目将分几期完成，最终将达到4 MW的发电量，能供应1 000户家庭和商业机构使用。

中国对潮汐能的开发和利用的历史，向前追溯可达千年之久。但是成规模的现代化开发，开始于20世纪50年代。我国的潮汐能资源较为丰富，东部沿海地区，浙江、福建一带的潮汐能资源占全国可开发总量的80%以上。1975年，我国在浙江玉环建成了海山潮汐电站，经扩容扩建，该电站目前装机容量250 kW。1980年，我国在浙江温岭建设的江厦潮汐电站投产发电，目前是中国排名第一的潮汐电站。

总的来说，在世界范围内，潮汐发电技术是最早被认识也是最为成熟的海洋能开发技术之一。据不完全统计，除上述的法国、韩国、挪威、美国以外，英国、俄罗斯、加拿大、丹麦、瑞典、印度也都拥有各自的潮汐能研究及应用项目。不过，相比潮汐能的资源总量，目前各国的总装机容量仍然是一个小数目。中国对潮汐能的开发利用起步较早，经过几十年的探索与实践，技术上也基本成熟。但中国的潮汐发电技术的单机容量和开发规模仍相对较小。

目前制约潮汐能发电的因素主要是成本，由于常规电站廉价电费的竞争，建成投产的商用潮汐电站不多。然而，由于潮汐蕴藏量的巨大和潮汐发电的许多优点，人们还是非常重视对潮汐发电的研究和试验。

13.3 波浪能开发与利用

13.3.1 波浪能的形成原理

波浪是海面水在风或重力的作用下高低起伏、有规律运动的表现。海洋中存在着各种不同形式的波动，从由风产生的表面波，到由月亮和太阳的万有引力产生的潮波，还有表面看不见的由密度梯度层造成的内波，以及较为少见的海啸、风暴潮等长波。波力输送由近及远，永不停息，是一种机械传播，其能量与波高的平方成正比。

13.3.2 波浪发电技术原理

波浪发电的原理主要是将波浪能转换为压缩空气能来驱动透平发电机发电。波浪发电的能量转换系统主要有三级：第一级是吸能装置；第二级是能量传递机构，其作用是把低速、低压的低品位波能变成高品位的机械能；第三级是发电机系统。

（1）第一级转换

第一级转换是指将波能转换为装置实体所特有的能量。因此，要有一对实体，即受能体和固定体。受能体必须与具有能量的海浪接触，直接接受从海浪传来的能量并转换为本身的机械运动；固定体相对固定，它与受能体形成相对运动。

波力装置有多种形式，如浮子式、鸭式、筏式、推板式、浪轮式等，它们均为第一级转换的受能体。此外，还有蚌式、软袋式等柔性受能体。水体本身也可直接作为受能体，设置库室或流道容纳这些受能水体，例如，波浪越过堤坝进入水库，然后以位能形式蓄能。通常的波能利用，大多靠空腔内水柱振荡运动作为第一级转换。

按照第一级转换的原理不同，波能的利用形式可分为活动型、振荡水柱型、水流型、压力型等四类。压力型主要是利用波浪的压力使气袋压缩和膨胀，然后通过压力管道做功。按装置在海上不同的布置和不同的吸能效果，大概分成点吸式、衰减式、截止式三类。

① 点吸式

单体的浮体锚泊在离岸较远、水较深的海域，浮体随着波浪运动而上下垂荡和摆荡，当浮体的垂荡固有频率与波浪运动的频率相同时，浮体运动的幅度最大，该频率能与波浪的最高能量波发生共振，达到最大的吸能效果。点吸式的浮体有聚波的功能。

② 衰减式

多个单元漂浮的波浪能转换装置连接成一线，像木排一样面向外海面，多数是垂直于来波方向布置，也可以是平行于来波方向布置。大部分入射波的波浪能被装置吸收，少部分入射波绕到装置后面的水域，使装置后面水域的波浪相对平静，有消波的作用。

③ 截止式

多个单元的波浪能转换装置连成一线布置在离海岸不远的水域，像防波堤一样阻挡从外海来的波浪，或者布置在海边的岩石上，大部分入射波能被装置吸收，少部分被反射回大海。

从波浪发电的过程看，第一级转换阶段要想获得更大的发电功率，用岸坡固定式受能体收集波能更为有利，并可用收缩水道的办法提高集波能力。所以大型波力发电站的第一级转换装置多为坚固的水工建筑物，如集波堤、集波岩洞等。

（2）中间转换

中间转换作用是将第一级转换与最终转换连接。由于波浪能的水头低，速度也不高，经过第一级转换后，往往还不能达到最终转换的动力机械要求。中间转换过程将起到稳向、稳速和增速的作用。此外，第一级转换是在海洋中进行的，它与动力机械装置之间还有一段距离，中间转换能起到传输能量的作用。中间转换装置的种类有机械式、液动式、气动式等。早期多采用机械式，即利用齿轮、杠杆和离合器等机械部件。液动式波浪能发电主要是采用鸭式、筏式、浮子式、带转臂的推板等装置，将波浪能均匀地转换为液压能，然后通过液压马达发电。这种液动式的波浪能发电装置，在能量转换、传输、控制及储能等方面比气动式使用方便，但是其机械部件较复杂，材料要求高，机体易被海水腐蚀。气动式转换过程是通过空气泵，先将机械能转换为空气压缩能，再经整流气阀和输气道传给汽轮机，即以空气为传能介质，这样对机械部件的腐蚀大为减少。目前多为气动式，因为空气泵借用水体作活塞，只需构筑空腔，结构简单。同时，空气密度小，限流速度高，可使汽轮机转速较高，机组的尺寸也较小，输出功率可变。在空气的压缩过程中，实际上也起着阻尼的作用，使波浪的冲击力减弱，可以稳定机组的波动。近年来采用无阀式汽轮机，如对称翼形转子、S形转子和双盘式转子等，在结构上进一步简化。

(3) 最终转换

为适应用户的需要，最终转换多为机械能转换为电能，即实现波浪发电，这种转换基本上用的是常规发电技术。波浪能发电用的发电机，要适应较大幅度变化的工况。一般小功率的波浪发电都采用整流输入蓄电池的办法，较大功率的波力发电站一般与陆地电网并联。

最终转换若不以发电为目的，也可直接产生机械能，如波力抽水或波力搅拌等。也有波力增压用于海水淡化的实例。

13.3.3 波浪发电装置类型及组成

目前比较成熟的波浪能转化装置所采用的技术手段有以下三种。

(1) 振荡水柱型

它是用一个容积固定的、与海水相通的容器装置，通过波浪产生的水面位置变化造成容器内的空气容积发生变化，压缩容器内的空气(中间介质)从而驱动叶轮，带动发电装置发电，如图13-3所示。

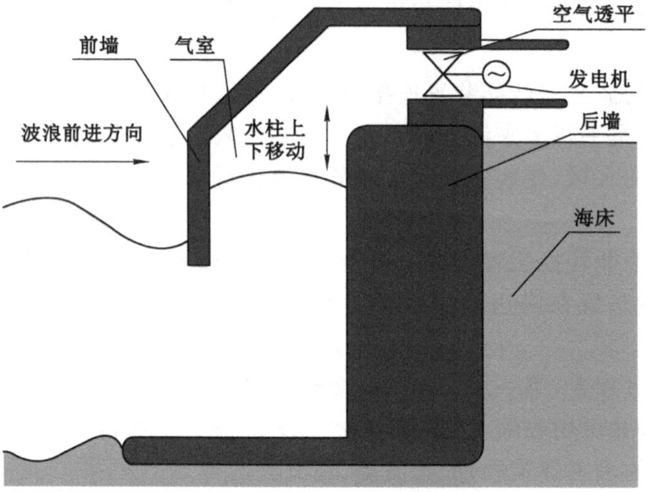

图13-3　振荡水柱波浪能发电装置示意图

(2) 机械型

它是利用波浪的运动推动装置的活动部分，如鸭体、筏体、浮子等，活动部分压缩(驱动)油、水等中间介质，通过中间介质推动转换发电装置发电。

(3) 水流型

它是利用收缩水道将波浪引入高位水库形成水位差(水头)，利用水头直接驱动水轮发电机组发电。

这三种类型各有优缺点，但有一个共同的问题是波浪能转换成电能的中间环节多，效率低，电力输出波动性大，这也是影响波浪发电大规模开发利用的主要原因之一。把分散的、低密度的、不稳定的波浪能吸收起来，集中、经济、高效地转化为有用的电能，使装置及构筑物能承受灾害性海洋气候的破坏，实现安全运行，是波浪能开发的难题和方向。

波浪能转化装置按照能量传递方式的不同，可分为振荡水柱式、筏式、点吸收式、鸭式、摆式等;按安装位置可以分为近岸式和离岸式;按照工作的场所,可以分为海岸式波浪能转换装置和海洋式波浪能转换装置。

以海洋式波浪能发电装置为例,其主要组成部分可归纳如下。

(1) 浮体

浮体用于安装发电设备,使装置能浮于海面,为漂浮式的波浪发电装置所必需。浮体必须具有一定的容积与浮力,结构要坚固,能耐海水腐蚀,外形能适应波浪环境;还要能够承载全部发电设备,使整个装置浮动于海面之上。

(2) 波浪能接收器

波浪能接收器用于接收或吸收波浪的能量。由于波浪能是一种散布在海面的低密度能量,故该部件尺寸要足够大,或组成阵列,以吸收较多的波浪能。波浪能接收器接收波浪能效率的高低是衡量整个装置性能优劣的主要指标。

(3) 波力放大器

它是将波浪能接收器所吸收的分散波浪能变成集中能量的设备。一般波浪的冲击力只有$(2\sim4)\times10^4$ Pa,必须变成$(1.47\sim1.96)\times10^7$ Pa 及以上,才能冲击发电机,使之旋转。通常用气筒、液压泵等来完成。例如在气柱振荡式波浪发电装置中,需要把流经空气涡轮的气流速度加大,从 1 m/s 左右提高到 100 m/s,才能驱动空气涡轮高速旋转,带动发电机发电。

(4) 原动机-发电机

它们的作用是完成波能向电能的转换,原动机可用空气涡轮、液压马达、水轮机等,发电机可用交流或直流发电机。

(5) 电气控制与自动控制装备

其主要用来保证整个装置在无人看管的条件下正常运转。例如,在恶劣的海况条件下运转、防止海水的侵蚀、在潮湿环境中保持电气设备的良好绝缘性能等。

13.3.4　波浪发电国内外发展进程

波浪发电是继潮汐发电之后发展较快的一种海洋能源利用手段。据不完全统计,已有 28 个国家(地区)研究波浪能的开发,建设大小波力电站(装置、机组或船体)上千座(台),总装机容量超过 80 万 kW,其建站数和发电功率分别以每年 2.5%和 10%的速度上升。

20 世纪 40 年代,日本发明了用于为导航浮标供电的振荡水柱式发电装置,但能量转化效率相对较低。随后,英国、瑞典、挪威等国家相继开展了不同形式的波浪能开发项目,如 20 世纪 80 年代挪威在卑尔根进行海试的功率分别为 350 kW 和 500 kW 的波浪发电装置原型和 90 年代初苏格兰在艾莱岛安装的功率为 75 kW 的近岸振荡水柱式波浪发电装置。

进入 21 世纪后,波浪能发电技术得到了进一步的发展。2011 年 7 月,西班牙 Mutriku(穆特里库)电站正式投入运行,总装机功率 296 kW,年发电 400 MW·h。另外,澳大利亚也研制了多个型号的样机,并于 2010 年完成了最后的定型试验,实现了并网发电。

我国对波浪能开发与利用的技术研发起始于 20 世纪 60 年代,较欧美等国晚,但在 70—80 年代取得了较快发展。我国的波浪能蕴藏量在世界范围内并不占据优势,能流密度仅为高能流密度区的 1/10 左右。

2011 年 11 月,中国科学院广州能源研究所研制的"哪吒 1 号"直驱式海试装置在广东珠海大万山岛海域投放成功,设计发电功率 10 kW,海试时最高输出相电压 381 V。

2023 年 6 月 14 日，由南方电网广东电网公司牵头研制的世界首台兆瓦级漂浮式波浪能发电装置“南鲲号”开始试运行。该发电装置整体转换效率可达 22%，在满负荷的条件下，每天可发电 2.4×10^4 kW·h。

总的来说，我国波浪能研究虽然起步较晚，但是发展较为迅速，在理论研究和装备制造方面都取得了一定的成果。

13.4 潮流能开发与利用

13.4.1 潮流能形成原理

潮流是伴随潮汐发生的水团运动，是指大范围的海水朝着一定的方向做有规律流动的现象。潮流的运动包括水平运动和垂直运动，其运动主要是由涨潮或落潮引起的。虽然短期的天气情况会对潮流产生微弱的影响，但是潮流发生的时间和幅度基本不受地域、天气的影响，具有很高的可预测性。

潮流能是指海水水平流动的动能，主要是指海底水道和海峡中较稳定的流动以及由潮汐导致的有规律的海水流动所产生的能量。潮流能的利用方式主要是发电，其原理和风力发电相似。潮流能与太阳能、风能、波浪能等可再生能源相比，其规律性更强，能量更稳定，电网的发配电管理更容易，因此是优秀的可再生清洁能源。

13.4.2 潮流发电的原理

潮流发电装置的基本形式与风力发电装置类似，故又称为“水下风车”。潮流发电装置主要由水轮机和电机组成，水轮机有垂直翼和水平翼两种，视实际需要而定。当海流流过水轮机时，在水轮机的叶片上产生环流，造成升力，因而对水轮机的轴产生扭矩，推动水轮机上叶片转动，故可驱动发电机发电。

13.4.3 潮流发电特点

(1) 能量密度低，但总蕴藏量大，可以再生。在我国，潮流的流速最大值约为 40 m/s，仅相当于水力发电的水头 0.5 m，故能量转换装置的尺度要大。

(2) 能量随时间、空间变化，但有规律可循，可以提前预报。潮流因地而异，有的地方流速大，有的地方流速小，同一地点表、中、底层的流速也不相同。潮流流速、流向变化使潮流发电输出功率存在不稳定、不连续的特点。但潮流的地理分布变化可以通过海洋调查研究掌握其规律，目前国内外已能对潮流流速做出准确的预报。

(3) 开发环境严酷、投资大、单位装机造价高，但不污染环境、不占用农田、不需迁移人口。由于在海洋环境中建造的潮流发电装置要抵御狂风、巨浪、暴潮的袭击，装置设备要经受海洋腐蚀、海生物附着破坏，加之潮流能量密度低，所以要求潮流发电装置设备庞大、材料强度高、防腐性能好。由于设计施工技术复杂，故一次性投资大，单位装机造价高。

13.4.4 潮流发电装置

在整个潮流发电系统中，潮流能获取装置是极为重要的一环。目前，大部分潮流能获取装置为旋转式水轮机，其中水平轴与垂直轴水轮机应用较多。通常可对潮流能获取装置进行如下分类。

(1) 垂直轴水轮机

垂直轴水轮机一般指叶轮旋转轴与水流方向垂直的水轮机，可分为直叶片式、螺旋叶片式、带导流罩式三种。图 13-4 所示为全球首个并网发电的垂直轴水轮机潮流发电机组。

图 13-4　世界首台垂直轴水轮机潮流发电机组

(2) 水平轴水轮机

水平轴水轮机的旋转轴与水流方向平行,可分为风车式、空心贯流式和带导流罩式。

(3) 振荡水翼装置

振荡水翼式发电装置主要由振荡悬臂、水翼、液压发电装置构成。水翼受两侧潮流推动带动振荡悬臂摆动做功,通过振荡悬臂驱动高压液体带动高压液流系统中的水轮机发电。

潮流能获取装置有一个共同点就是必须置于水面以下。这就需要一个承载结构来支撑这些潮流能获取装置正常平稳运行。承载结构是整个潮流电站的主体部分,它对于潮流发电系统的正常运作起着至关重要的作用。就当前开发水平而言,潮流电站的承载结构主要分为以下三种。

(1) 漂浮式结构

通过漂浮于海面上的船舶或者海洋平台搭载水轮机结构实现潮流发电,是一种比较成熟的技术方式,也是未来潮流电站承载结构的主要形式。

(2) 桩基式结构

该种结构易于形成规模化、大型化,但建造运营成本高并且受水深限制较大。

(3) 坐底式结构

坐底式结构建造成本低廉、结构简单,整个电站运行稳定,大多用于河道及浅海,无法应用于深海和远海。

13.4.5　潮流发电国内外发展

潮流发电是目前海洋能开发利用中较为成熟的技术。1985 年春,美国 OEK 公司设计建造了 1 台 20 kW 的三叶片潮流能发电装置,在纽约东河上开展了试验;1994 年,英国 IT 动力公司设计了一款双叶片潮流能发电装置,叶片直径为 3.5 m,当潮流流速为 2.5 m/s 时,发电输出功率可达 15 kW;1996 年,英国 CT 公司推行了“水下风车”项目商业运行计划,2003 年研制完成 1 台 300 kW 的试验装置 SeaFlow 并在英国西海岸运行,发出的电力已通过电缆与国家电网相连。

欧盟在 2016 年发布的海洋能现状统计表明:国际潮流能技术基本进入了商业化应用阶段。英国、荷兰、法国等国家均实现了兆瓦级机组并网运行。

我国潮流能发电技术发展迅速,哈尔滨工程大学在国内较早开展垂直轴潮流能能量转换装置的研究，设计制造的“万向Ⅰ”漂浮式 70 kW 垂直轴潮流能发电装置与“万向Ⅱ”坐底式垂直轴潮流能发电装置分别于 2002 年和 2005 年进行投放测试。

2013 年，哈尔滨工程大学在青岛斋堂岛海域投放“海明Ⅱ”潮流发电装置，其涡轮叶片直径为 12 m，能量转换效率为 34%左右。

浙江大学自 2009 年以来，先后研制了 30 kW、60 kW、120 kW、300 kW 和 650 kW 半直驱水平轴潮流发电机组样机，并在浙江舟山摘箬山海域成功开展了海试。2018 年，由浙江大学提供技术支撑，国电联合动力技术有限公司研制的 300 kW 半直驱水平轴变桨机组在浙江大学摘箬山岛海流发电试验基地入海并成功发电。

综上，国内潮流发电总体技术接近国际先进水平。我国首台兆瓦级潮流能发电装置“奋进号”连续并网运行超过 18 个月，累计发电量突破 2 万 kW·h。我国已成为世界上为数不多的掌握规模化潮流能开发利用技术的国家之一。

13.5 温差能开发与利用

13.5.1 温差能形成原理

温差能是一种以表层和底层海水温度差的形式储存的海洋能。温差能的主要来源是太阳能的辐射，海洋接收的太阳能量中有 15%左右作为热能储存在海洋中，海面到水深 60 m 左右的表层海水一般温度为 25～27 ℃；由于太阳辐射减弱，水深 60～300 m 的中层海水的温度随深度变化剧烈；300 m 以下的深层海水因常年得不到阳光照射，温度在 4 ℃左右。一般来说，海水温差最小要有 20 ℃的差距才能稳定发电，古巴、印度尼西亚和我国南海等低纬度地区是温差能利用的理想场所。温差能除了可以应用在发电领域，还具有海水淡化、海水养殖以及制氢等多方面用途。

13.5.2 温差发电的原理

温差发电是指利用海水层间的温差能发电，海水表层和底层之间形成的 20 ℃温度差可使低沸点的工质(如用氨作工质)通过蒸发及冷凝的热力过程推动汽轮机发电。

13.5.3 温差发电技术分类

温差能发电的主要方式有三种，即闭式循环系统、开式循环系统和混合式循环系统。图 13-5～图 13-7 所示分别为这三种循环方式的系统原理图。

在开式循环系统中，将表层海水引入真空状态的蒸发槽中，因低压下水的沸点极低而沸腾为水蒸气，再引至凝结槽，深层海水使之凝结为水。在这个过程中，在蒸发槽与凝结槽之间因压力差会形成蒸汽流，在其间加上涡轮机就可以发电。开式循环在发电的同时可以得到淡水。

闭式循环系统使用低沸点物质(例如丙烷、氟利昂、氨)作为工作介质，使整个装置(特别是透平机组)的尺寸大大缩小。海洋温差发电用的透平与普通电厂用的透平不同，普通电厂透平的工质参数很高，而温差发电用透平的工质压力、温度都相当低，且焓降小。大型温差发电装置一般采用轴流式透平。发电时，需抽取表层温度较高的海水，使热交换机内的低沸点液体沸腾为蒸汽，然后推动发电机发电，再将其导入另一热交换机，使用深层海水将其冷却，如此完成一个循环。

混合循环系统综合了开式和闭式循环系统的优点，开始时类似开放式循环，将温暖的海

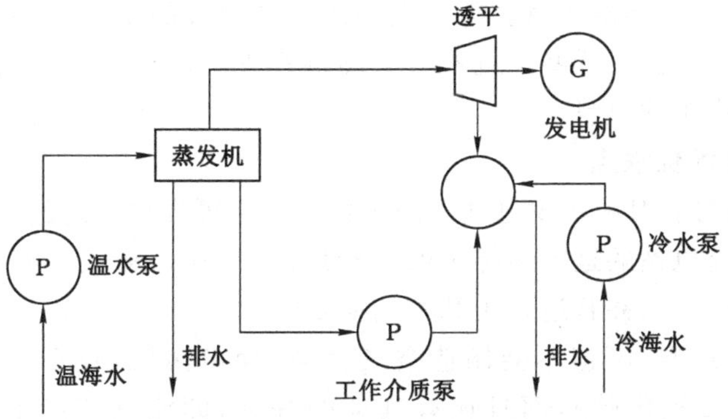

图 13-5　闭式温差发电系统

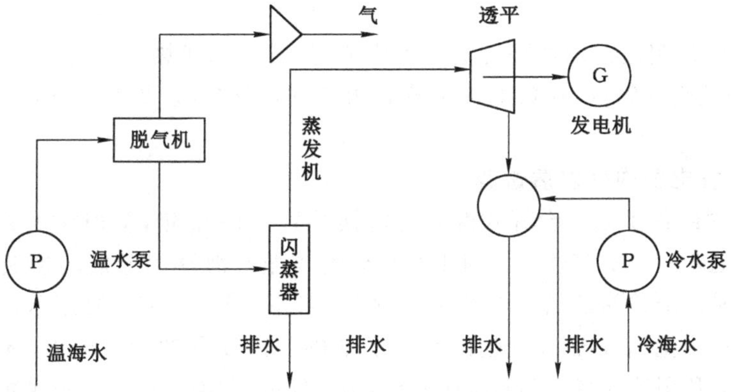

图 13-6　开式温差能发电系统

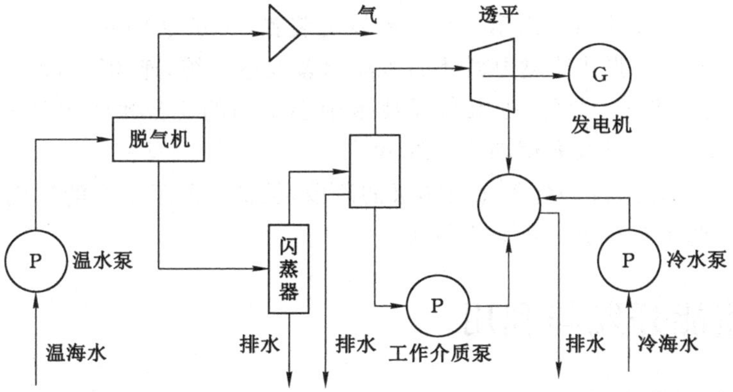

图 13-7　混合式温差能发电系统

面水引进真空容器使其闪蒸成蒸汽，蒸汽再进入氨的蒸发器，使工作介质(氨)气化来使涡轮机转动发电。如同封闭式循环一般，它以闭式循环发电，同时生产淡水。

这三种循环系统中，技术上以闭式循环方案最接近商业化应用。开式和闭式循环温差电站均可安装在船上就地利用电能，制造可运送到陆地的产品；而建在岸边，则需要有一条较长的通过水下陡峭斜坡的冷水管。无论是开式还是闭式的工作循环，都与常规热电站的工作方式类似，不同的是温度低些并且不需要燃料费支出。温差电站用的是表层海水的热量，而不是燃料燃烧产生的热量。

13.5.4 温差发电技术优缺点

（1）温差发电站与波浪和潮汐电站不同之处在于它可提供稳定的电力。同矿物燃料电站或核电站相比，温差电站的运行与维护保养费用低，工作寿命长。如果不是维修问题，则这种电站可无限期地工作，并且适合于基本负荷发电。

（2）发电过程无废料，不但不会制造空气污染、噪声污染，整个发电过程几乎不排放任何温室气体（例如二氧化碳），而且还有其他的好处，即能副产淡水。开式循环电站本身就是一台海水淡化器，冷凝后的水基本上是无盐的，并且可以很容易地与冷却水分开。开式或闭式循环电站发电时，从海洋深处抽取的用于冷却的海水是富营养水，可用于海洋养殖。

（3）温差发电站附近的海洋环境会受到影响，如排放羽状热水流造成温度结构异常，进水管工作时生物被吸入管内，排放的水中营养物的重新分布，以及工作介质溢漏后对生物的潜在毒害等。

13.5.5 温差能发电国内外发展进程

1930 年，法国制作了第一台开式温差能转换装置。1990 年，美国在夏威夷建成了一套 103 kW 温差发电装置。2015 年，美国 100 kW 闭式循环海洋温差能转换装置在夏威夷正式启动，成为美国首个并网的温差电站。2013 年，日本基于 30 kW 温差示范电站技术建成 50 kW 示范电站，为温差能技术商业化奠定了基础。该发电站除发电外，还开展了深海水养殖、深海水化学利用等业务。目前，国际上美国、日本、印度等国家在温差能技术及示范工程方面较为领先，但仍处于比较初级的示范阶段。

我国在温差能方面研究起步较晚。2012 年，原国家海洋局第一海洋研究所（现自然资源部第一海洋研究所）成功研制出第一台温差发电装置，功率为 15 kW。自然资源部第一海洋研究所研建的 10 kW 非共沸热力循环的海洋温差发电系统，连续运行时间大于 720 h，最高热力循环效率达 3.8%。此外，国家海洋技术中心研制的 5 台海洋观测平台温差供电模块在北黄海进行了海试，最大海试功率 303 W。

温差发电技术总体来说仍处于比较初级的阶段，较低温差下工质的汽化与冷凝、海水腐蚀、生物腐蚀等问题仍有待进一步研究解决。

13.6 盐差能开发与利用

13.6.1 盐差能形成原理

盐差能是指海水和淡水之间或两种含盐浓度不同的海水之间的化学电位差能，是以化学能形态出现的海洋能，主要存在于河海交界处。同时，淡水丰富地区的盐湖和地下盐矿也具有盐差能。盐差能是海洋能中能量密度最大的一种可再生能源。

13.6.2 盐差发电的原理

当两种不同盐度的海水被一层只能通过水分而不能通过盐分的半透膜分离的时候，两边的海水就会产生渗透压，促使水从浓度低的一侧通过这层膜向浓度高的一侧渗透，使浓度高的一侧水位升高，直到膜两侧的含盐浓度相等。通常，海水和河水之间的化学电位差具有相当于 240 m 高水位的落差所产生的能量，利用这一差值就可以直接用水轮发电机发电。盐差发电的基本方式是，将不同盐浓度的海水之间或海水与淡水之间的化学电位差能转换成水的势能，再利用水轮机发电。

13.6.3　盐差发电技术分类

目前盐差发电技术主要有以下三种。

（1）渗透压能法：以淡水与盐水之间的渗透压力差为动力，推动水轮机发电。

（2）反电渗析法：用阴阳离子渗透膜将浓、淡盐水隔开，利用阴阳离子的定向渗透在整个溶液中产生电流。

（3）蒸汽压能法：以淡水与盐水之间的蒸汽压差为动力，推动发电机发电。

下面对常见的盐差发电方式进行简单介绍。

（1）水压塔式盐水发电

水压塔与淡水之间用半透膜隔开，先由海水泵向水压塔内充入海水，运行时淡水从半透膜向水压塔内渗透，使水压塔内水位不断上升，从塔顶水槽溢出，海水（经管道）冲击水轮机旋转，带动发电机发电。该系统如图 13-8 所示，主要由水压塔、半透膜、海水泵、水轮机-发电机组等组成。

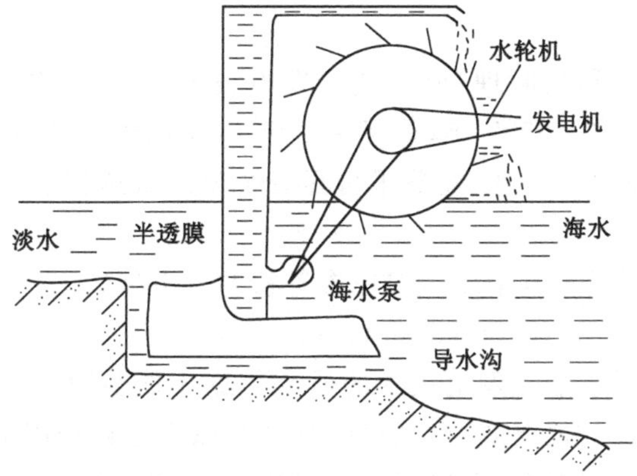

图 13-8　水压塔式盐水发电系统示意图

在运行过程中，为了使水压塔内的海水保持盐度，海水泵不断向塔内打入海水。发出的电能，有一部分消耗于装置本身，如海水补充泵所消耗的能量、半透膜洗涤所消耗的能量。

（2）压力室盐水发电

为了实现盐水发电的目标，也可以不采取修建水压塔把水引入高处的办法，而以压力室代替水压塔。该装置是用海水泵把海水压缩到某一压力（小于海水和淡水的渗透压差）后进入压力室，运行时在渗透压作用下，淡水透过半透膜渗透到压力室同海水混合，渗入的淡水部分获得了附加的压力。混合后的海水和淡水与海水比具有较高的压力，可以在流入大海的过程中推动涡轮机做功发电。

（3）强力渗压发电

在河水与海水之间建两座水坝，坝间挖一个低于海平面的水库。前坝内安装水轮发电机组，使河水与水库相连；后坝底部安装半透膜渗流器，使水库与海水相通。水库的水通过半透膜不断流入海水，水库水位不断下降，这样河水就可以利用它与水库的水位差冲击水轮机旋转，并带动发电机发电。该系统如图 13-9 所示。

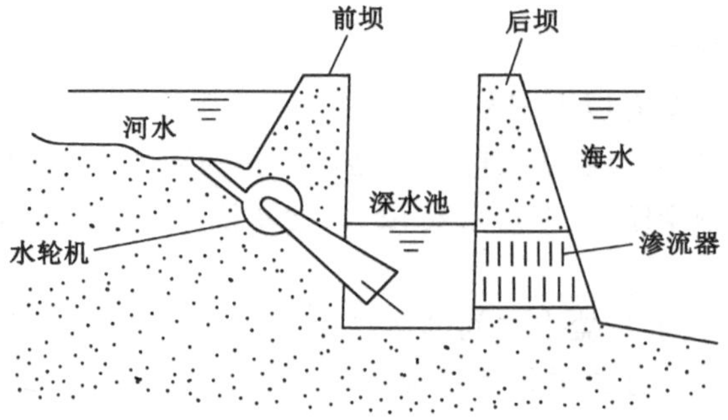

图 13-9　强力渗压发电系统示意图

13.6.4　海洋盐差能发电国内外发展进程

据估计，世界各河口区的盐差能蕴藏量达 30 TW，可以利用的有 2.6 TW。我国的盐差能蕴藏量估计有 1.1×10^{8} kW，主要集中在各大江河的入海处。同时，我国青海省等地还有不少内陆盐湖可以利用。

美国最早提出盐差能利用原理，但在盐差发电技术上，荷兰和挪威率先开展了相关研究，目前处于世界领先地位。2007 年，荷兰率先利用反向电透析原理研制出第一台样机。2013 年，荷兰公司和日本公司合作，建造了世界首个反向电透析盐差能示范装置，装机容量 50 kW。

2009 年，挪威建成了世界首个压力阻尼渗透盐差发电装置，设计装机容量 10 kW，可实现 4 kW 输出，但该装置已于 2013 年停止运行。

目前在国际范围内对于盐差发电技术的研究仍处于试验阶段，不具备产业化条件。已建成的试验电厂所能实现的发电效率均较低，甚至难以满足自身用电需求。

中国在地理上具有江河众多、海岸线长的优势，因此盐差能资源较为丰富。但相较于其他各类海洋能，盐差能在我国的开发进程最为缓慢，基本处于停滞状态。我国关于盐差能利用的相关研究工作，始于 20 世纪 80 年代。1985 年，曾成功研制了干涸盐湖浓差发电实验室装置，然而，在之后的 20 多年中，国内对于盐差发电技术的研究较少。

近期我国的盐差能发电装置研发是在 2013 年。中国海洋大学通过对盐差能技术的研究与试验，设计制造了总装机容量 100 W 的盐差发电装置样机。该发电装置样机的能量转换效率为 3%，运行时间超过 200 h，突破了渗透膜性能、膜组结构设计、渗透压力交换器、膜清洗技术等关键技术。

总体上说，我国海洋盐差能技术还处于基础研究和原理试验阶段。尽管目前世界范围内的盐差发电技术仍不成熟，但盐差发电的实践为解决能源问题提供了新的思路，未来有望通过改善半透膜本身的性质使盐差发电技术更加成熟。已有专家预测，盐差能的开发和利用具有非常广阔的前景，在未来海洋能源开发利用的研发方面，盐差能将会扮演越来越重要的角色。

思考题

1. 海洋能按蕴藏形式分为哪几种形式？请列举并简述其成因。
2. 海洋能有什么特点？
3. 什么是潮汐能？如何用潮汐能进行发电？
4. 画出三种潮汐电站示意图,并写出其运行工况。
5. 简述波浪发电的三个阶段。
6. 海洋式波浪发电装置的主要组成部分有哪些？每部分起到什么作用？
7. 温差能是如何形成的？如何利用温差能发电？
8. 结合我国当前形势,说说你认为我国在海洋能开发利用方面应该采取哪些措施。

参考文献

[1] 别如山,兰祯.生物质能应用技术现状及发展趋势[J].工业锅炉,2023(5):1-6.
[2] 蔡振兴,李一龙,王玲维.新能源技术概论[M].北京:北京邮电大学出版社,2017.
[3] 陈家远.中国水利水电工程[M].成都:四川大学出版社,2012.
[4] 陈砺,王红林,方利国.能源概论[M].北京:化学工业出版社,2009.
[5] 陈烨.天然气水合物降压试采井筒多相流动规律及保障技术研究[D].大庆:东北石油大学,2020.
[6] 陈颖.电解水制氢技术的研究现状及未来发展趋势[J].太阳能,2024(1):5-11.
[7] 陈月明,李淑霞,郝永卯,等.天然气水合物开采理论与技术[M].东营:中国石油大学出版社,2011.
[8] 陈作,许国庆,蒋漫旗.国内外干热岩压裂技术现状及发展建议[J].石油钻探技术,2019,47(6):1-8.
[9] 程新群.化学电源[M].2版.北京:化学工业出版社,2019.
[10] 戴松元.太阳能转换原理与技术[M].北京:中国水利水电出版社,2018.
[11] 电力规划设计总院.中国能源发展报告:2023[M].北京:人民日报出版社,2023.
[12] 董福品.可再生能源概论[M].北京:中国环境出版社,2013.
[13] 窦立荣,孙龙德,吕伟峰,等.全球二氧化碳捕集、利用与封存产业发展趋势及中国面临的挑战与对策[J].石油勘探与开发,2023,50(5):1083-1096.
[14] 杜计平,孟宪锐.采矿学[M].2版.徐州:中国矿业大学出版社,2014.
[15] 高安娜."双碳"目标驱动下的中国清洁能源发展优化路径研究[D].镇江:江苏大学,2021.
[16] 高进,王永旺,徐靓,等.浅述煤炭综合利用的应用前景[J].化工管理,2017(35):91.
[17] 高泽远.生物质气化综合利用技术概述[J].盐科学与化工,2024,53(2):10-13.
[18] 贡力,孙文.水利工程概论[M].北京:中国铁道出版社,2012.
[19] 顾大钊.煤矿地下水库理论框架和技术体系[J].煤炭学报,2015,40(2):239-246.
[20] 顾永和,席静,王静,等.水能资源利用技术的研究综述[J].山东化工,2019,48(1):53.
[21] 关新.风电原理与应用技术[M].北京:中国水利水电出版社,2017.
[22] 郭帮杰,孔祥银,姜衡,等.全球钍资源分布特征与我国供应现状分析[J].世界核地质科学,2023,40(2):281-287.
[23] 郭凯.天然气水合物分解过程强化技术及应用研究[D].广州:华南理工大学,2020.
[24] 郝永富.浅析我国煤矿的绿色开采技术[J].科技资讯,2013,11(24):76.
[25] 郝宇.世界能源发展格局、博弈风险与供需治理[J].人民论坛,2023(24):44-47.
[26] 华炜.石化工业进展概论[M].北京:中国石化出版社,2014.

[27] 黄素逸. 能源科学导论[M]. 北京:中国电力出版社,2012.
[28] 黄文件,刘道平,周文铸,等. 天然气水合物的热物理性质[J]. 天然气化工,2004,29(4):66-71.
[29] 贾承造. 中国石油工业上游前景与未来理论技术五大挑战[J]. 石油学报,2024,45(1):1-14.
[30] 揭俐. 中国能源开采业碳排放时空演化及情景模拟[D]. 武汉:中国地质大学(武汉),2022.
[31] 鞠玲,周丽华. 煤炭综合利用思考与分析[J]. 内蒙古煤炭经济,2016(17):67.
[32] 李健. 海洋能开发利用标准分析及标准战略研究[M]. 北京:海洋出版社,2021.
[33] 李菊根. 水力发电实用手册[M]. 北京:中国电力出版社,2014.
[34] 李维明. 我国煤炭资源开发利用策略研究[D]. 北京:中国矿业大学(北京),2010.
[35] 李维尊. 现代生物质资源化应用技术[M]. 北京:化学工业出版社,2021.
[36] 李卫星,李永利. 浅析我国煤矿开采技术发展现状及趋势[J]. 科技与企业,2016(7):178.
[37] 李文翠,胡浩权,郝广平,等. 能源化学工程概论[M]. 2 版. 北京:化学工业出版社,2021.
[38] 李文清,罗祾,齐晓曼,等. 海洋能技术发展现状及其在上海地区的适应性[J]. 电力与能源,2022,43(6):518-520.
[39] 李业发,杨廷柱. 能源工程导论[M]. 2 版. 合肥:中国科学技术大学出版社,2013.
[40] 梁彤祥,王莉. 清洁能源材料与技术[M]. 哈尔滨:哈尔滨工业大学出版社,2012.
[41] 刘柏谦,洪慧,王立刚. 能源工程概论[M]. 北京:化学工业出版社,2009.
[42] 刘建文,刘珍. 能源概论[M]. 北京:中国建材工业出版社,2021.
[43] 刘俊杰,马贵阳,潘振,等. 天然气水合物开采理论及开采方法分析[J]. 当代化工,2014,43(11):2293-2296.
[44] 刘明义,于波,徐景明. 固体氧化物电解水制氢系统效率[J]. 清华大学学报(自然科学版),2009,49(6):868-871.
[45] 刘森峻. 驳船式潮流电站载体结构强度分析及优化设计[D]. 哈尔滨:哈尔滨工程大学,2013.
[46] 卢金炼. 高密度储氢材料设计与储氢机制研究[D]. 湘潭:湘潭大学,2016.
[47] 骆仲泱,周劲松,余春江,等. 生物质能[M]. 北京:中国电力出版社,2021.
[48] 麻常雷. 中国海洋能产业进展. 2020[M]. 北京:海洋出版社,2020.
[49] 马栩泉. 核能开发与应用[M]. 北京:化学工业出版社,2004.
[50] 潘小勇,马道胜. 新能源技术[M]. 南昌:江西高校出版社,2019.
[51] 彭苏萍. 中国氢能源与燃料电池发展战略及未来展望[J]. 中国工业和信息化,2023(4):36-41.
[52] 朴政国,周京华. 光伏发电原理、技术及其应用[M]. 北京:机械工业出版社,2020.
[53] 齐海鹰. 天然气资源与开发利用[M]. 北京:中国石化出版社,2014.
[54] 齐荣荣. 页岩气多组分竞争吸附机理研究[D]. 北京:中国石油大学(北京),2019.
[55] 钱圣涛,何勇,翁武斌,等. 阴离子交换膜电解水制氢技术的研究进展[J]. 新能源进展,

2024,12(1):1-14.
[56] 强岱民.浅析我国煤矿的绿色开采技术[J].山西焦煤科技,2010,34(7):39-41.
[57] 任建华.煤层气井产能预测及提高产能方法研究[D].东营:中国石油大学(华东),2014.
[58] 沈振中,王润英,刘晓青,等.水利工程概论[M].2版.北京:中国水利水电出版社,2018.
[59] 盛广龙.页岩气藏不同尺度介质孔渗表征及流动模拟研究[D].东营:中国石油大学(华东),2019.
[60] 施亦做,沙秋,张训华,等.石油企业有效开发利用地热资源的问题与建议[J].石油科技论坛,2024,43(1):31-39.
[61] 史晓斐.风能光能互补耦合大规模制备低碳氢源集成化工系统[D].广州:华南理工大学,2021.
[62] 宋敏,董占飞.我国水能开发现状及发展机遇[J].科技创新与应用,2023,13(19):25-28.
[63] 宋先知,李根生,王高升,等.中深层地热能取热技术研究进展[J].科技导报,2022,40(20):42-51.
[64] 苏锋,甄梅楠,刘孝刚.我国水能工程发展现状及其对生态环境的影响研究[J].中国设备工程,2022(13):231-233.
[65] 宿宇,方华峰.我国粉煤灰相关政策研究[J].洁净煤技术,2016,22(4):52-55.
[66] 孙景博,王阳,杨晓帆,等.中国风光资源气候风险时空变化特征分析[J].中国电力,2023,56(5):1-10.
[67] 孙旭东,徐小宇,罗魁,等.新能源应用安全风险防控战略框架研究[J].中国工程科学,2023,25(6):179-190.
[68] 田慧芳.全球核能发展的现状与趋势[J].世界知识,2022(4):48-50.
[69] 王革华.新能源概论[M].2版.北京:化学工业出版社,2012.
[70] 王贵玲,刘彦广,朱喜,等.中国地热资源现状及发展趋势[J].地学前缘,2020,27(1):1-9.
[71] 王建录,赵萍,林志民,等.风能与风力发电技术[M].3版.北京:化学工业出版社,2015.
[72] 王瑞川,张杰,王继.质子交换膜燃料电池金属双极板流道结构及制造工艺[J].新能源进展,2024,12(1):82-90.
[73] 王瑞和,张卫东.石油天然气工业概论[M].2版.东营:中国石油大学出版社,2016.
[74] 王淑玲,孙张涛.全球天然气水合物勘查试采研究现状及发展趋势[J].海洋地质前沿,2018,34(7):24-32.
[75] 王廷健,韩俊磊.铀矿开采技术综述与展望[J].江西化工,2019,35(4):1-4.
[76] 王义民,畅建霞.水能利用[M].5版.北京:中国水利水电出版社,2021.
[77] 王永真,韩恺.碳中和与综合智慧能源[M].北京:电子工业出版社,2023.
[78] 吴朝玲,李永涛,李媛 等.氢能利用关键技术系列:氢气储存和输运[M].北京:化学工业出版社,2021.

[79] 吴金星. 能源工程概论[M]. 北京:机械工业出版社,2014.
[80] 吴金星. 能源工程概论[M]. 2 版. 北京:机械工业出版社,2019.
[81] 吴伟民. 水利工程概论[M]. 2 版. 北京:中国水利水电出版社,2022.
[82] 吴宇强. 燃料电池发电系统控制优化与设计[D]. 武汉:武汉理工大学,2018.
[83] 武国庆,薛晓舟,闵剑,等. 全球能源低碳转型下生物液体燃料产业现状与展望[J]. 中国生物工程杂志,2024,44(1):88-97.
[84] 武曈,刘钰莹,董喆,等. 地源热泵的研究与应用现状[J]. 制冷技术,2014,34(4):71-75.
[85] 肖波,魏泉源,李建芬,等. 生态能源技术[M]. 北京:化学工业出版社,2016.
[86] 肖刚,倪明江,岑可法,等. 太阳能[M]. 北京:中国电力出版社,2019.
[87] 肖钢,白玉湖,董锦. 天然气水合物综论[M]. 北京:高等教育出版社,2012.
[88] 肖荣鸽,姚培芬. 天然气集输[M]. 北京:中国石化出版社,2019.
[89] 肖雪. 直接过氧化氢燃料电池(Fe、Ni、Co)基催化电极的制备及性能研究[D]. 哈尔滨:哈尔滨工程大学,2018.
[90] 邢万里. 2030 年我国新能源发展优先序列研究[D]. 北京:中国地质大学(北京),2015.
[91] 徐士祺. 油气田地面工程概论[M]. 东营:中国石油大学出版社,2018.
[92] 徐伟,刘志坚. 中国地源热泵技术发展与展望[J]. 建筑科学,2013,29(10):26-33.
[93] 徐志鹏. 干热岩压裂裂缝剪切滑移特性研究[D]. 北京:中国石油大学(北京),2018.
[94] 许天福,胡子旭,李胜涛,等. 增强型地热系统:国际研究进展与我国研究现状[J]. 地质学报,2018,92(9):1936-1947.
[95] 许潇. 计及储能的混合可再生能源系统规划与运行研究[D]. 成都:电子科技大学,2021.
[96] 薛广彬,陈雪芹. 核电站的发展历程及应用前景[J]. 科技展望,2016,26(13):100.
[97] 杨科,赵新元,何祥,等. 多源煤基固废绿色充填基础理论与技术体系[J]. 煤炭学报,2022,47(12):4201-4216.
[98] 杨天华. 新能源概论[M]. 2 版. 北京:化学工业出版社,2020.
[99] 杨天华. 新能源概论[M]. 北京:化学工业出版社,2013.
[100] 杨万斌,沈玉旭. 能源工程导论[M]. 徐州:中国矿业大学出版社,2022.
[101] 姚彬,王丽莉,张国辉. 氢燃料电池用于发电技术的研究现状[J]. 应用化工,2023,52(12):3466-3468.
[102] 殷喜平,王加欣,李腾飞. 碱性电解水制氢催化剂的研究现状与进展[J]. 当代石油石化,2022,30(10):30-36.
[103] 由蓝. 分析我国地热能开发利用现状及发展趋势[J]. 应用能源技术,2021(7):51-53.
[104] 袁亮,张通,张庆贺,等. 双碳目标下废弃矿井绿色低碳多能互补体系建设思考[J]. 煤炭学报,2022,47(6):2131-2139.
[105] 翟秀静,刘奎仁,韩庆. 新能源技术[M]. 3 版. 北京:化学工业出版社,2017.
[106] 张福强. 浅谈煤矿开采技术的应用问题及发展前景[J]. 科技创新与应用,2013,3(35):129.
[107] 张鸽. 太阳能光伏发电技术现状及其发展方向研究[J]. 光源与照明,2023(12):

132-134.
[108] 张国平，王永豪. 我国生物质转化技术应用现状及展望[J]. 安徽农业科学，2023，51(17)：1-5.
[109] 张海龙. 中国新能源发展研究[D]. 长春：吉林大学，2014.
[110] 张宏伟. 煤矿绿色开采技术[M]. 徐州：中国矿业大学出版社，2015.
[111] 张华武，胡以怀. 风力发电技术在船舶上的应用与展望[J]. 船舶工程，2020，42(8)：1-6.
[112] 张剑辉，钱昊，吕喆，等. 储能系统集成技术与工程实践[M]. 北京：化学工业出版社，2023.
[113] 张烈辉，谢军，霍进. 油气简史[M]. 北京：石油工业出版社，2021.
[114] 张平，韩立娟，魏一康. 取之不尽的太阳能[M]. 兰州：甘肃科学技术出版社，2012.
[115] 张舒涵. 质子交换膜电解水制氢中阴阳极催化剂及膜电极的制备研究[D]. 杭州：浙江大学，2023.
[116] 张炜，邵明娟，姚树青. 日本天然气水合物开发工作发展历程分析及对我国的启示[J]. 中外能源，2023，28(8)：15-22.
[117] 张一，刘鹏磊，王玉敏，等. 综合物探技术在济南北部地热勘查中的应用[J]. 物探与化探，2024，48(1)：58-66.
[118] 张作义，吴宗鑫，王大中，等. 我国高温气冷堆发展战略研究[J]. 中国工程科学，2019，21(1)：12-19.
[119] 赵兵涛，苏亚欣. 新能源与可再生能源工程[M]. 北京：化学工业出版社，2022.
[120] 赵金洲，周守为，张烈辉，等. 世界首个海洋天然气水合物固态流化开采大型物理模拟实验系统[J]. 天然气工业，2017，37(9)：15-22.
[121] 赵利安，许振良. 洁净煤技术概论[M]. 沈阳：东北大学出版社，2011.
[122] 郑志勇. 煤矿开采技术的发展趋势研究[J]. 科技信息，2013(23)：407.
[123] 中国大唐集团公司赤峰风电培训基地. 风电场建设与运维[M]. 北京：中国电力出版社，2020.
[124] 中国汽车工程学会. 世界氢能与燃料电池汽车产业发展报告. 2021[M]. 北京：机械工业出版社，2022.
[125] 周安宁，黄定国. 洁净煤技术[M]. 2 版. 徐州：中国矿业大学出版社，2018.
[126] 周锦，李倩. 新能源技术[M]. 北京：中国石化出版社，2011.
[127] 周鹏飞. 考虑流速和低电压穿越的潮汐流能发电系统的建模和仿真[D]. 青岛：青岛科技大学，2021.
[128] 朱明亮. 中国电力能源替代经济性及路径研究[D]. 北京：华北电力大学，2021.